国家精品课程配套教材

普通高等学校机械类一流本科专业建设精品教材

辽宁省“十二五”普通高等教育本科省级规划教材

机械设计课程设计

(第二版)

巩云鹏　张伟华　孟祥志
杨贺绪　马　超　冯龙龙　主编

科学出版社

北京

内 容 简 介

本书为高等工科院校机械类各专业“机械设计课程设计”教材。本书以齿轮及蜗杆减速器为例，按课程设计进程和需要，编写了机械设计课程设计指导书、常用设计资料、参考图例、课程设计题目，阐述了计算机辅助机械设计过程中的数据处理技术和典型机械零件设计程序的编制方法。

本书可作为学生自学和教师指导用书，也可供有关工程技术人员参考。

图书在版编目(CIP)数据

机械设计课程设计 / 巩云鹏等主编. —2 版. —北京：科学出版社，2021.9
（国家精品课程配套教材 · 普通高等学校机械类一流本科专业建设精品教材 · 辽宁省“十二五”普通高等教育本科省级规划教材）
ISBN 978-7-03-069590-1

Ⅰ. ①机…　Ⅱ. ①巩…　Ⅲ. ①机械设计-课程设计-高等学校-教材
Ⅳ. ①TH122-41

中国版本图书馆 CIP 数据核字(2021)第 166460 号

责任编辑：朱晓颖　毛　莹 / 责任校对：王　瑞
责任印制：赵　博 / 封面设计：迷底书装

科学出版社出版
北京东黄城根北街 16 号
邮政编码：100717
http://www.sciencep.com
保定市中画美凯印刷有限公司印刷
科学出版社发行　各地新华书店经销
*
2008 年 3 月第　一　版　开本：889×1194　1/16
2021 年 9 月第　二　版　印张：16 1/4
2025 年 1 月第二十次印刷　字数：526 000

定价：59.00 元

（如有印装质量问题，我社负责调换）

前　言

本书依据教育部高等学校机械基础课程教学指导委员会制定的“机械设计课程教学基本要求”，在保留原有教材特色的基础上，结合近年来的教学实践工作修订编写而成。

本书是“机械设计”课程的配套教材，适用于机械类各专业的机械设计课程设计教学。

本书以齿轮及蜗杆减速器为例，按设计进程和需要，编写了机械设计课程设计指导书、常用设计资料、参考图例、课程设计题目，对课程设计过程中的难点均有例题或例图，并加以详细说明。同时，为使机械设计教学过程适应现代设计技术发展的需求，编写了计算机辅助设计的相关内容，阐述了计算机辅助机械设计过程中的数据处理技术和典型机械零件设计程序的编制方法。

本书所用资料全部为截止到2020年底的国家和有关行业最新标准、资料；参考例图全部按新标准绘制，结构视图清晰；在课程设计教学规范化方面制定了规则，提出了控制课程设计教学质量的具体方法。

考虑渐开线圆柱齿轮精度国家标准 GB/T 10095—2008 未规定齿轮的公差组和检验组，本书提供了设计时建议的检验组、齿坯公差等检验参数值；考虑圆柱蜗杆传动国家标准 GB/T 10089—2018 对蜗杆传动的侧隙及检验未做规定，本书推荐了 GB/T 10089—1988 的相关内容。

本书是机械设计国家精品课程配套教材、国家级精品资源共享课程主干教材、辽宁省“十二五”普通高等教育本科省级规划教材、东北大学百种优质教材建设项目规划教材。

参加本书编写的人员有：东北大学巩云鹏、张伟华、孟祥志，宁夏理工学院杨贺绪，辽宁工业大学马超，沈阳农业大学冯龙龙。全书由巩云鹏统稿。

在本书修订编写过程中，承蒙东北大学机械设计课程主讲教师团队和使用本教材的兄弟院校同行提出宝贵建议，在此谨致谢意。

由于编者水平有限，书中难免存在不妥和疏漏之处，敬请读者提出宝贵意见。

编　者

2021年1月

目　录

第1篇　机械设计课程设计指导书

第 2 篇 计算机辅助机械设计

第 3 篇 设 计 资 料

第 4 篇　参 考 图 例

第 4 篇 参考图例

第 1 篇

机械设计课程设计指导书

第1章 概　　述

1.1 机械设计课程设计的目的

机械设计课程设计是高等工科学校多数专业第一次较全面的机械设计训练，是机械设计课程的最后一个重要教学环节，其目的是：

(1)培养学生综合运用机械设计及相关课程知识解决机械工程问题的能力，并使所学知识得到巩固和发展；

(2)学习机械设计的一般方法和步骤；

(3)进行机械设计基本技能的训练，如计算、绘图(其中包括计算机辅助设计)和学习使用设计资料、手册、标准及规范。

此外，机械设计课程设计还为专业课课程设计和毕业设计奠定了基础。

1.2 机械设计课程设计的内容

1.2.1 题目

机械设计课程设计的题目一般选择通用机械的传动装置，如图 1-1 所示。两种传动中包括齿轮或蜗杆减速器、带传动、链传动及联轴器等零部件。

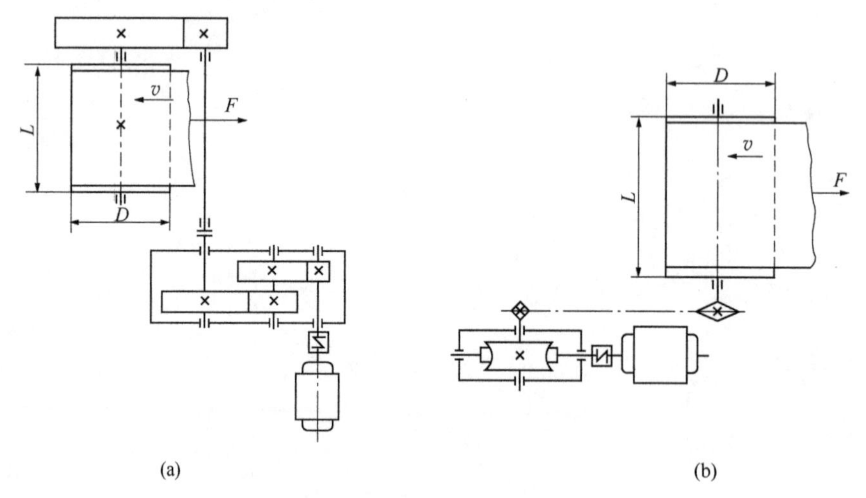

图 1-1 设计题目类型

传动装置是一般机械不可缺少的组成部分，其设计内容包括机械设计课程中学过的主要零部件，也涉及机械设计的一般问题，适合学生目前的知识水平，能达到课程设计的目的。

1.2.2 内容

课程设计的内容包括：传动装置的总体设计、传动件与支承件的设计计算、减速器装配工作图和零件工作图的绘制及设计计算说明书的编写。

要求学生完成的工作有：减速器装配工作图 1 张(A0 或 A1 幅面图纸)；零件工作图 2 或 3 张，包括轴、齿轮或蜗轮、箱体；设计计算说明书 1 份。

1.3 机械设计课程设计的步骤和进度

课程设计的具体步骤如下。

(1)设计准备。认真阅读设计任务书，明确设计要求、工作条件、内容和步骤；通过阅读有关资料和图纸、参观实物和模型，了解设计对象；准备好设计需要的图书、资料和用具；拟定设计计划等。

(2)传动装置的总体设计。确定传动装置的传动方案；计算电动机的功率、转速，选择电动机的型号；计算传动装置的运动和动力参数(确定总传动比，分配各级传动比，计算各轴的转速、功率和转矩等)。

(3)传动零件的设计计算。减速器以外的传动零件设计计算(带传动、链传动等)；减速器内部的传动零件设计计算(如齿轮传动、蜗杆传动等)。

(4)减速器装配草图设计。绘制减速器装配草图，选择联轴器，初定轴径；选择轴承类型并设计轴承组合的结构；定出轴上力作用点的位置和轴承支点跨距；校核轴及轮毂连接的强度；校核轴承寿命；箱体和附件的结构设计。

(5)工作图设计。零件工作图设计；装配工作图设计。

(6)编写设计计算说明书。整理编写设计计算说明书，总结设计的收获和经验教训。

为帮助大家拟定好设计进度，表 1-1 给出了各阶段所占总工作量的大致百分比，可供设计时参考。教师可根据学生是否按时完成各阶段的设计任务来考察其设计能力，并作为评定成绩量化考核的依据之一。

表 1-1 设计进度表

序号	设计内容	占总设计工作量百分比/%
1	传动装置的总体设计	5
2	传动零件的设计计算	10
3	减速器装配草图设计	40
4	装配工作图设计	20
5	零件工作图设计	10
6	整理编写设计计算说明书	10
7	答辩	5

1.4 机械设计课程设计的方法和要求

1.4.1 方法

机械设计课程设计与机械设计的一般过程相似，从方案设计开始，进行必要的计算和结构设计，最后以图纸表达设计结果，以计算说明书表示设计的依据。

由于影响设计的因素很多，机械零件的结构尺寸不可能完全由计算决定，还需要借助画图、初选参数或初估尺寸等手段，通过边画图、边计算、边修改的过程逐步完成设计。这种设计方法即通常所说的“三边”设计法。因此，企图完全用理论计算的方法来确定零件的所有尺寸和结构，迟迟不敢动手画图，或一旦画出草图便不愿再做必要修改的做法，都是不对的。

1.4.2 课程设计的要求和注意事项

课程设计应注意以下几点。

(1)认真、仔细、整洁。设计工作是一项认真仔细的工作，一点也马虎不得。无论是在数字计算上或结构设计中，一点细小的差错都会导致产品的报废。因此，要通过课程设计培养出认真、细致、严谨、整洁的工作作风。

(2)理论联系实际，综合考虑问题，力求设计合理、实用、经济、工艺性好。

(3)正确处理继承与创新的关系，正确使用标准和规范。正确继承以往的设计经验和利用已有的资料，既可减轻设计的重复工作量，加快设计的进程，又有利于提高设计质量。但是，继承不是盲目地机械抄袭。设计中正确地运用标准规范，有利于零件的互换性和加工工艺性，从而收到良好的经济效益，同时也可减少设计工作量。对于国家标准和本部门的规范，一般要严格遵守。设计中是否尽量采用标准和规范，也是评价设计质量的一项指标。但是，标准和规范是为了便于设计、制造和使用而制定的，不是用来限制其创新和发展的。因此，当遇到与设计要求有矛盾时，也可以突破标准和规范的规定，自行设计。

(4)学会正确处理设计计算和结构设计之间的关系，要统筹兼顾。确定零件尺寸有以下几种不同的情况。

① 由几何关系导出的公式计算出的尺寸是严格的等式关系。若改变其中的某一参数，则其他参数必须相应改变，一般是不能随意圆整或变动的。例如，齿轮传动的中心距 $a = m(z_1 + z_2)/2$，如欲将 a 圆整，则必须相应地改动 z_1、z_2 或 m，以保证其恒等式关系。

② 由强度、刚度、磨损等条件导出的计算公式通常是不等式关系。有的是表示机械零件必须满足的最小尺寸，却不一定就是最终采用的结构尺寸。例如，根据强度计算，轴的某段直径至少需要 32mm，但考虑到与其相配合的零件(如联轴器、齿轮、滚动轴承等)的结构、安装、拆卸和加工制造等要求，最终采用的尺寸可能为 50mm，这个尺寸不仅满足了强度要求，也满足了其他要求，是合理的，而不是浪费。

③ 由实践总结出来的经验公式，常用于确定那些外形复杂、强度情况不明的尺寸。例如，箱体的结构尺寸。这些经验公式是经过生产实践考验的，应尊重它们。但这些尺寸关系都是近似的，一般应圆整取用。

④ 另外，还有一些次要尺寸可由设计者自行根据需要确定，不必进行计算。这些零件的强度往往不是主要问题，又无经验公式可循，故可由设计者考虑加工、使用等条件，参照类似结构，用类比的方法确定，例如，轴上的定位轴套、挡油盘等。

(5)要求图纸表达正确、清晰，符合机械制图标准；说明书计算准确、书写工整，并遵守要求的书写格式。

第 2 章　传动装置的总体设计

传动装置总体设计的任务是，确定传动方案，选择电动机型号，合理地分配传动比及计算传动装置的运动和动力参数，为设计计算各级传动零件准备条件。具体设计内容按下列步骤进行。

2.1　确定传动方案

合理的传动方案，应能满足工作机的性能要求、工作可靠、结构简单、尺寸紧凑、加工方便、成本低廉、效率高和使用维护方便等。要同时满足这些要求，常常是困难的。因此，应统筹兼顾，保证重点要求。

当采用多级传动时，应合理地选择传动零件和它们之间的传动次序，扬长避短，力求方案合理。常需要考虑以下几点。

(1) 带传动为摩擦传动，传动平稳，能缓冲吸振，噪声小，但传动比不准确，传递相同转矩时，结构尺寸较其他传动形式大。因此，应布置在高速级。因为传递相同功率，转速越高，转矩越小，可使带传动的结构紧凑。

(2) 链传动靠链轮齿啮合工作，平均传动比恒定，并能适应恶劣的工作条件，但运动不均匀，有冲击，不适于高速传动，故应布置在多级传动的低速级。

(3) 蜗杆传动平稳，传动比大，但传动效率低，适用于中、小功率及间歇运转的场合。当和齿轮传动同时应用时，应布置在高速级，使其工作齿面间有较高的相对滑动速度，利于形成流体动力润滑油膜，提高效率，延长寿命。

(4) 圆锥齿轮传动用于传递相交轴间的运动。由于圆锥齿轮(特别是当尺寸较大时)加工比较困难，应放在传动的高速级，并限制其传动比，以减小其直径和模数。

(5) 开式齿轮传动的工作环境一般较差，润滑不良，磨损严重，应布置在低速级。

(6) 斜齿轮传动的平稳性较直齿轮传动好，当采用双级齿轮传动时，高速级常用斜齿轮。

某些专业因受学时限制，传动方案可在设计任务书中给出，不需学生选择确定。但学生应对设计任务书给出的传动装置简图进行分析，了解传动方案的组成和特点，以提高对传动方案的选择能力。

2.2　减速器类型简介

减速器是用于原动机和工作机之间的独立的封闭传动装置。由于减速器具有结构紧凑、传动效率高、传动准确可靠、使用维护方便等特点，故在各种机械设备中应用甚广。

减速器的种类很多，用以满足各种机械传动的不同要求。其主要类型、特点及应用见表 2-1。常用减速器已标准化，由专门工厂成批生产。标准减速器的有关技术资料，可查阅减速器标准或《机械零件设计手册》，也可根据需要设计制造非标准减速器。

表 2-1　常用减速器的类型、特点及应用

名称	运动简图	推荐传动比范围	特点及应用
单级圆柱齿轮减速器		$i \leq 8 \sim 10$	轮齿可做成直齿、斜齿或人字齿。直齿用于速度较低($v \leq 8$m/s)或负荷较小的传动，斜齿或人字齿用于速度较高或负荷较大的传动。箱体通常用铸铁做成，有时也采用焊接结构或铸钢件。轴承通常采用滚动轴承，只在重型或特高速时，才采用滑动轴承。其他形式的减速器也与此类同

续表

名称		运动简图	推荐传动比范围	特点及应用
两级圆柱齿轮减速器	展开式		i=8～60	两级展开式圆柱齿轮减速器的结构简单，但齿轮相对轴承的位置不对称，因此轴应具有较大的刚度。高速级齿轮应布置在远离转矩输入端，这样轴在转矩作用下产生的扭转变形，能减弱轴在弯矩作用下产生的弯曲变形所引起的载荷沿齿宽分布不均匀，建议用于载荷比较平稳的场合。高速级做成斜齿，低速级可做成直齿或斜齿
	同轴式		i=8～60	减速器长度较短。两对齿轮浸入油中深度大致相等。但减速器的轴向尺寸及重量较大；高速级齿轮的承载能力难于充分利用；中间轴较长、刚性差，载荷沿齿宽分布不均匀；仅能有一个输入和输出轴端，限制了传动布置的灵活性
单级锥齿轮减速器			i≤8	用于输入轴和输出轴两轴线垂直相交的传动，可做成卧式或立式。由于锥齿轮制造较复杂，仅在传动布置需要时才采用
锥-圆柱齿轮减速器			i≤8～22	特点同单级锥齿轮减速器。锥齿轮应布置在高速级，以使锥齿轮的尺寸不致过大，否则加工困难。锥齿轮可做成直齿、斜齿或曲线齿，圆柱齿轮可做成直齿或斜齿
蜗杆减速器	蜗杆下置式		i=10～80	蜗杆布置在蜗轮的下边，啮合处的冷却和润滑都较好，同时蜗杆轴承的润滑也较方便。但当蜗杆圆周速度太大时，油的搅动损失较大，一般用于蜗杆圆周速度 v<10m/s 的情况
	蜗杆上置式		i=10～80	蜗杆布置在蜗轮的上边，装拆方便，蜗杆的许用圆周速度高一些，但蜗杆轴承的润滑不太方便，需采取特殊的结构措施

2.3 选择电动机

根据工作负荷的大小和性质、工作机的特性和工作环境等，选择电动机的种类、类型和结构形式、功率及转速，确定电动机的型号。

2.3.1 选择电动机的种类、类型和结构形式

根据电源种类(直流或交流)、工作条件(环境、温度、空间位置等)及负荷性质、大小、启动特性和过载情况等来选择。

由于一般生产单位均用三相电源，故无特殊要求时都采用三相交流电动机。其中以三相异步电动机应用最多，常用 Y 系列电动机。经常启动、制动和正反转的场合(如起重、提升设备)，要求电动机具有较小的转动惯量和较大的过载能力，因此，应选用冶金及起重用三相异步电动机，常用 YZ 型(鼠笼式)或 YZR 型(绕线式)。电动机结构有开启式、防护式、封闭式和防爆式等，可根据防护要求选择。常用电动机的技术数据及外形尺寸参见表 25-1、表 25-2。

2.3.2 选择电动机的功率(容量)

电动机功率选择是否合适，对电动机的工作和经济性都有影响。功率过小不能保证工作机的正常工作，或使电动机因超载而过早损坏；若功率选得过大，电动机的价格高，能力不能充分发挥，经常不在满载下运转，效率和功率因数都较低，造成浪费。

负荷稳定(或变化很小)、长期连续运转的机械(如运输机)可按照电动机的额定功率选择，而不必校验电动机的发热和启动转矩。选择时应保证满足

$$P_0 \geqslant P_r$$

式中，P_0为电动机额定功率，kW；P_r为工作机所需电动机功率，kW。

所需电动机功率由下式计算

$$P_r = \frac{P_W}{\eta}$$

式中，P_W为工作机所需有效功率，由工作机的工艺阻力及运行参数确定；η为电动机到工作机的总效率。

不同专业机械的P_W有不同的计算方法，例如

皮带运输机　$$P_W = \frac{Fv}{1000} = \frac{F\pi Dn}{60\times 10^6}, \quad \text{kW}$$

链式运输机　$$P_W = \frac{Fv}{1000} = \frac{Fzpn}{60\times 10^6}, \quad \text{kW}$$

式中，F为工作机的圆周力，如运输机上运输带(链)的有效拉力(即工艺阻力)，N；v为工作机的线速度，如运输带的带速，m/s；D为带运输机主动滚筒的直径，mm；z为链运输机主动链轮的齿数；p为运输链链条节距，mm；n为工作机卷筒轴(或主动链轮)的转速，r/min。

传动装置的总效率η由传动装置的组成确定。多级串联的传动装置的总效率为

$$\eta = \eta_1 \cdot \eta_2 \cdot \eta_3 \cdot \cdots \cdot \eta_W$$

式中，$\eta_1, \eta_2, \eta_3, \cdots, \eta_W$为传动装置中每对运动副或传动副(如联轴器、齿轮传动、带传动、滚动轴承及卷筒等)的效率。

计算总效率时，应注意以下各点。

(1)各运动副或传动副效率的概略值，可参见表 14-8。表中数值是效率的范围，情况不明确时可取中间值。如果工作条件差，加工精度低，维护不良时，应取低值，反之取高值。

(2)动力每经过一个传动副或运动副，就发生一次损失，故在计算效率时，不要遗漏。

(3)轴承的效率均指一对轴承而言。

(4)蜗杆传动的效率与蜗杆头数、材料、润滑及啮合参数等诸因素有关，初步设计时可根据初选的头数，由表 14-8 估计一个效率值，待设计出蜗杆、蜗轮的参数和尺寸后，再计算效率和验算传动功率。

2.3.3　确定电动机的转速

选择电动机，除了选择合适的电动机系列及容量外，尚需确定适当的转速。因为容量相同的同类电机，可以有不同的转速，如三相异步电动机的同步转速，有 3000r/min、1500r/min、1000r/min 及 750r/min 四种。一般来说，高速电动机的磁极对数少，结构较简单，外廓尺寸小，价格低。但电机转速相对工作机转速过高时，势必使传动比增大，致使传动装置复杂，外廓尺寸增大，制造成本提高。而选用的电动机转速过低时，优缺点刚好相反。因此，在确定电动机转速时，应分析比较，权衡利弊，按最佳方案选择。本课程设计中，一般建议取同步转速为 1000r/min 或 1500r/min，个别题目可取 750r/min。

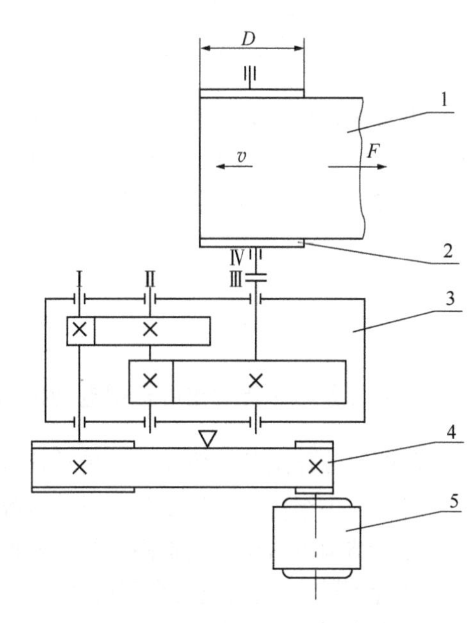

图 2-1　胶带输送机的传动装置

1-输送胶带；2-传动滚筒；3-两级圆柱齿轮减速器；4-V 带传动；5-电动机

例 2-1　如图 2-1 所示胶带输送机，运输带的有效拉力 $F = 6000$N，带速 $v = 0.5$m/s，卷筒直径 $D = 300$mm，载荷平稳，常温下连续运转，工作环境多尘，电源为三相交流，电压 380V，试选择电动机。

解　(1)选择电动机系列。按工作要求及工作条件选用三相异步电动机，封闭式结构，电压 380V，Y 系列。

(2) 选择电动机功率。

卷筒所需有效功率

$$P_W = \frac{Fv}{1000} = \frac{6000 \times 0.5}{1000} = 3.0 \ \text{(kW)}$$

传动装置总效率

$$\eta = \eta_{带} \cdot \eta_{齿}^2 \cdot \eta_{承}^4 \cdot \eta_{联} \cdot \eta_{卷筒}$$

按表 14-8 取：

V 带传动效率 $\eta_{带} = 0.96$

齿轮啮合效率 $\eta_{齿} = 0.97$（齿轮精度为 8 级）

滚动轴承效率 $\eta_{承} = 0.99$

联轴器效率 $\eta_{联} = 0.99$

滚筒效率 $\eta_{滚筒} = 0.96$

则传动总效率 $\eta = 0.96 \times 0.97^2 \times 0.99^4 \times 0.99 \times 0.96 = 0.825$

所需电动机功率 $P_r = \dfrac{P_W}{\eta} = \dfrac{3.0}{0.825} = 3.64(\text{kW})$

查表 25-1，可选 Y 系列三相异步电动机 Y112M-4 型，额定功率 P_0=4kW，或选 Y 系列三相异步电动机 Y132M1-6 型，额定功率 P_0=4kW。

(3) 确定电动机转速。滚筒轴转速

$$n_W = \frac{60v}{\pi D} = \frac{60 \times 0.5}{\pi \times 0.3} = 31.8(\text{r/min})$$

现以同步转速为 1500r/min 及 1000r/min 两种方案进行比较，由表 25-1 查得电动机数据，计算出的总传动比列于表 2-2。

表 2-2 电动机数据及总传动比

方案号	电动机型号	额定功率/kW	同步转速/(r/min)	满载转速/(r/min)	电动机质量/kg	总传动比
1	Y112M-4	4.0	1500	1440	51	45.28
2	Y132M1-6	4.0	1000	960	73	30.19

比较两方案可见，方案 1 选用的电动机虽然质量和价格较低，但总传动比大。为使传动装置结构紧凑，决定选用方案 2。电动机型号为 Y132M1-6，额定功率为 4kW，同步转速为 1000r/min，满载转速为 960r/min。由表 25-2 查得电动机中心高 H=132mm，外伸轴段 $D \times E$=38mm×80mm。

2.4 分配传动比

传动装置的总传动比可根据电动机的满载转速 n_0 和工作机轴的转速 n_W，由 $i = \dfrac{n_0}{n_W}$ 算出。然后将总传动比合理地分配给各级传动。总传动比等于各级传动比的连乘积，即 $i = i_1 \cdot i_2 \cdots$。

当设计多级传动的传动装置时，分配传动比是一个重要的步骤。往往由于传动比分配不当，造成尺寸不紧凑、结构不协调、成本高、维护不便等许多问题。欲做到较合理地分配传动比应注意以下几点。

(1) 各级传动比均应在合理的范围内，以符合各种传动形式的特点，使结构紧凑、工艺合理。各种传动的传动比荐用值列于表 14-8。

(2) 传动装置中各级传动间应尺寸协调、结构匀称。例如，在由带传动和单级齿轮减速器组成的双级传动中，带传动的传动比不宜过大，一般应使 $i_{带} < i_{齿}$，这样可使传动装置结构较为紧凑。当带的传动比过大

时，大带轮的外圆半径大于减速器中心高 H，造成安装困难(如有时需将地基挖坑)，如图 2-2 所示。

(3) 各传动件彼此不发生干涉碰撞。例如，在双级圆柱齿轮减速器中，若高速级传动比过大，可能会使高速级的大齿轮顶圆与低速级大齿轮的轴相碰，如图 2-3 所示。传动比分配不当，也会使滚筒与开式齿轮传动的小齿轮轴发生干涉，如图 2-4 所示。

(4) 当设计展开式两级圆柱齿轮减速器时，为便于油池润滑，应使高速级和低速级大齿轮的浸油深度大致相近。当两级齿轮的配对材料相同、齿宽系数相等时，令齿面接触强度大致相等，传动比可按下式分配

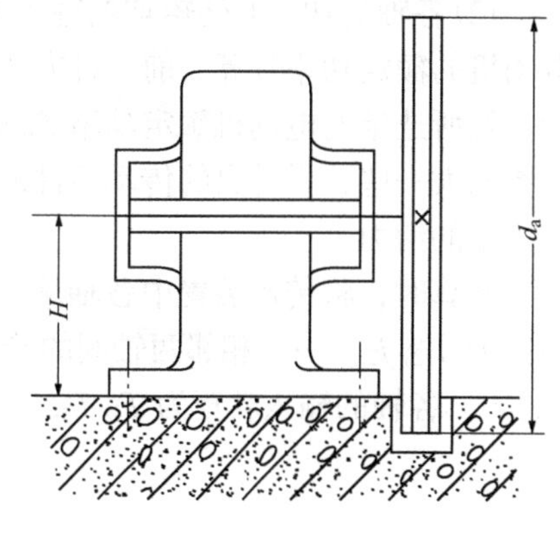

图 2-2　大带轮过大与地基相碰

$$i_1=(1.3\sim1.4)\,i_2$$

即

$$i_1=\sqrt{(1.3\sim1.4)i_{减}}$$

式中，i_1、i_2 分别为高速级和低速级的传动比；$i_{减}$ 为减速器的传动比。

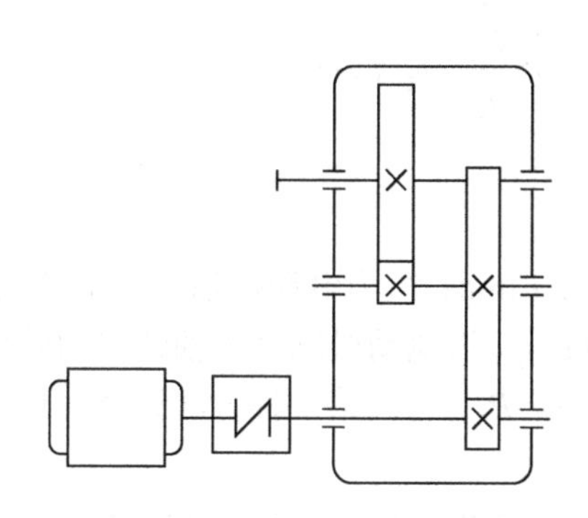
图 2-3　高速级大齿轮与低速轴相碰

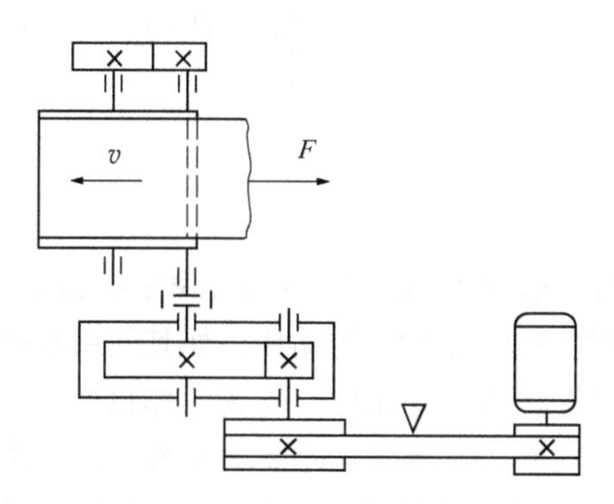

图 2-4　滚筒与齿轮轴干涉

例 2-2　数据同例 2-1，选定电动机的满载转速 n_0=960r/min，总传动比 $i=\dfrac{n_0}{n_W}=\dfrac{960}{31.8}=30.19$，试分配各级传动比。

解　据表 14-8 取 $i_{带}$=2.5，则减速器的传动比为

$$i_{减}=\frac{i}{i_{带}}=\frac{30.19}{2.5}=12.076$$

取两级齿轮减速器高速级的传动比

$$i_1=\sqrt{1.35i_{减}}=\sqrt{1.35\times12.076}=4.038$$

则低速级的传动比

$$i_2=\frac{i_{减}}{i_1}=\frac{12.076}{4.038}=2.989$$

要注意，以上传动比的分配只是初步的。传动装置实际传动比的准确数值必须在各传动零件的参数(如带轮直径、齿轮齿数等)确定后才能计算出来，故实际传动比应在各传动零件的参数确定后进行核算。允许总传动比的实际值与设计任务书的要求有 ± (3～5)%的误差。

2.5　传动装置的运动和动力参数计算

在选出电动机型号、分配传动比之后，应将传动装置中各轴的传递功率、转速、转矩计算出来，为传动零件和轴的设计计算提供依据。

(1) 各轴的转速可根据电动机的满载转速及传动比进行计算。

(2)各轴的功率和转矩均按输入处计算，有两种计算方法，其一是按工作机的需要功率计算；其二是按电动机的额定功率计算。前一种方法的优点是，设计出的传动装置结构尺寸较为紧凑；而后一种方法，由于一般所选定的电动机额定功率 P_0 略大于所需电动机功率 P_r，故根据 P_0 计算出的各轴功率和转矩较实际需要的大一些，设计出的传动零件的结构尺寸也较实际需要的大一些，因此传动装置的承载能力对生产具有一定的潜力。

计算时，将传动装置中各轴从高速到低速依次定为Ⅰ轴、Ⅱ轴……(电动机的 0 轴)，相邻两轴间的传动比为 $i_{12}, i_{23}, \cdots$，相邻两轴间的传动效率为 $\eta_{12}, \eta_{23}, \cdots$，各轴的输入功率为 $P_1, P_2, \cdots$，各轴转速为 $n_1, n_2, \cdots$，各轴的输入转矩为 $T_1, T_2, \cdots$，则各轴功率、转速和转矩的计算公式为

$$P\begin{cases}P_0\\P_1=P_0\cdot\eta_{01}\\P_2=P_1\cdot\eta_{12}\\P_3=P_2\cdot\eta_{23}\\\cdots\cdots\end{cases},\quad n\begin{cases}n_0\\n_1=\dfrac{n_0}{i_{01}}\\n_2=\dfrac{n_1}{i_{12}}\\n_3=\dfrac{n_2}{i_{23}}\\\cdots\cdots\end{cases},\quad T\begin{cases}T_0=9.55\dfrac{P_0}{n_0}\\T_1=9.55\dfrac{P_1}{n_1}=T_0\cdot i_{01}\cdot\eta_{01}\\T_2=9.55\dfrac{P_2}{n_2}=T_1\cdot i_{12}\cdot\eta_{12}\\T_3=9.55\dfrac{P_3}{n_3}=T_2\cdot i_{23}\cdot\eta_{23}\\\cdots\cdots\end{cases}$$

式中，P_0 为电动机轴的输出功率，W；n_0 为电动机轴的满载转速，r/min；T_0 为电动机轴的输出转矩，N · m；i_{01} 为电动机轴至Ⅰ轴的传动比，如其间用联轴器连接，则 $i_{01}=1$；η_{01} 为电动机轴至Ⅰ轴的传动效率。

按第一种方法计算时，P_0 为工作机所需的电动机功率，即 $P_0=P_r$；若按第二种方法计算，P_0 即为电动机的额定功率。本课程设计要求按第一种方法计算。

例 2-3 数据同例 2-1 及例 2-2，传动装置简图见图 2-1，试从电动机开始计算各轴运动及动力参数。

解 0 轴：即电动机轴

$$P_0=P_r=3.64\text{kW}$$

$$n_0=960\text{r/min}$$

$$T_0=9.55\frac{P_1}{n_1}=9.55\times\frac{3.64\times10^3}{960}=36.21(\text{N}\cdot\text{m})$$

Ⅰ轴：即减速器高速轴

$$P_1=P_0\cdot\eta_{01}=P_0\cdot\eta_{带}=3.64\times0.96=3.49(\text{kW})$$

$$n_1=\frac{n_0}{i_{01}}=\frac{n_0}{i_{带}}=\frac{960}{2.5}=384(\text{r/min})$$

$$T_1=9.55\frac{P_1}{n_1}=9.55\times\frac{3.49\times10^3}{384}=86.80(\text{N}\cdot\text{m})$$

Ⅱ轴：即减速器中间轴

$$P_2=P_1\cdot\eta_{12}=P_1\cdot\eta_{齿}\cdot\eta_{承}=3.49\times0.97\times0.99=3.35(\text{kW})$$

$$n_2=\frac{n_1}{i_{12}}=\frac{384}{4.038}=95.1(\text{r/min})$$

$$T_2=9.55\frac{P_2}{n_2}=9.55\times\frac{3.35\times10^3}{95.1}=336.41(\text{N}\cdot\text{m})$$

Ⅲ轴：即减速器低速轴

$$P_3 = P_2 \cdot \eta_{23} = P_2 \cdot \eta_{齿} \cdot \eta_{承} = 3.35 \times 0.97 \times 0.99 = 3.22(\text{kW})$$

$$n_3 = \frac{n_2}{i_{23}} = \frac{95.1}{2.989} = 31.8(\text{r/min})$$

$$T_3 = 9.55\frac{P_3}{n_3} = 9.55 \times \frac{3.22 \times 10^3}{31.8} = 967.00(\text{N} \cdot \text{m})$$

Ⅳ轴：即传动滚筒轴

$$P_4 = P_3 \cdot \eta_{34} = P_3 \cdot \eta_{承} \cdot \eta_{联} = 3.22 \times 0.99 \times 0.99 = 3.16(\text{kW})$$

$$n_4 = n_3 = 31.8\text{r/min}$$

$$T_4 = 9.55\frac{P_4}{n_4} = 9.55 \times \frac{3.16 \times 10^3}{31.8} = 949.00(\text{N} \cdot \text{m})$$

将上述计算结果汇总列于表 2-3，以便查用。

表 2-3　各轴运动及动力参数

<table>
<tr><th>轴序号</th><th>功率 P/kW</th><th>转速 n/(r/min)</th><th>转矩 T/(N · m)</th><th>传动形式</th><th>传动比</th><th>效率η</th></tr>
<tr><td rowspan="2">0</td><td rowspan="2">3.64</td><td rowspan="2">960</td><td rowspan="2">36.21</td><td rowspan="3">带传动</td><td rowspan="3">2.5</td><td rowspan="3">0.96</td></tr>
<tr></tr>
<tr><td rowspan="2">Ⅰ</td><td rowspan="2">3.49</td><td rowspan="2">384</td><td rowspan="2">86.80</td></tr>
<tr><td rowspan="2">齿轮传动</td><td rowspan="2">4.038</td><td rowspan="2">0.96</td></tr>
<tr><td rowspan="2">Ⅱ</td><td rowspan="2">3.35</td><td rowspan="2">95.1</td><td rowspan="2">336.41</td></tr>
<tr><td rowspan="2">齿轮传动</td><td rowspan="2">2.989</td><td rowspan="2">0.96</td></tr>
<tr><td rowspan="2">Ⅲ</td><td rowspan="2">3.22</td><td rowspan="2">31.8</td><td rowspan="2">967.00</td></tr>
<tr><td rowspan="3">联轴器</td><td rowspan="3">1.0</td><td rowspan="3">0.98</td></tr>
<tr><td rowspan="2">Ⅳ</td><td rowspan="2">3.16</td><td rowspan="2">31.8</td><td rowspan="2">949.00</td></tr>
<tr></tr>
</table>

第 3 章　传动零件的设计计算

传动零件的设计计算，包括确定传动零件的材料、热处理方法、参数、尺寸和主要结构。这些工作为装配草图的设计做好准备。

传动装置的运动和动力参数及设计任务书给定的工作条件，即为传动零件设计计算的原始数据。

下面仅就传动零件设计计算的要求和应注意的问题作简要提示。

3.1　减速器以外的传动零件设计计算

当所设计的传动装置中，除减速器以外还有其他传动零件(如带传动、链传动、开式齿轮传动等)时，通常首先设计计算这些零件。在这些传动零件的参数(如带轮的基准直径、链轮齿数、开式齿轮的齿数等)确定后，外部传动的实际传动比便可确定，然后修改减速器的传动比，进行减速器内传动零件的设计，这样可使整个传动装置的传动比累积误差减小。

通常，由于学时的限制，减速器以外的传动零件只需要确定主要参数和尺寸，而不进行详细的结构设计。装配图只画减速器部分，一般不画外部传动零件。

3.1.1　普通 V 带传动

设计普通 V 带传动须确定带的型号、带轮基准直径和宽度、计算出带的长度、根数和中心距及对轴的作用力的大小和方向。

在带轮尺寸确定后，应检查带传动的尺寸在传动装置中是否合适，例如，直接装在电动机轴上的小带轮，其外圆半径是否小于电动机的中心高，其轮毂孔径是否与电动机的轴直径相等，大带轮外圆是否与其他零部件相碰等。如有不合适的情况，应考虑改选带轮直径 d_{d1} 及 d_{d2}，重新设计计算。在带轮直径确定后，应验算带传动的实际传动比。

在确定带轮毂孔直径时，应根据带轮的安装情况确定。当带轮直接装在电动机轴或减速器轴上时，则应取毂孔直径等于电动机或减速器的轴伸直径；当带轮装在其他轴(如开式齿轮轴端或卷筒轴端等)上时，则应根据轴端直径来确定。无论按哪种情况确定的毂孔直径，一般均应符合标准规定，见表 14-9。

3.1.2　链传动

设计链传动需确定出链节距、齿数、链轮直径、轮毂宽度、中心距及对轴的作用力的大小和方向。

大、小链轮的齿数最好为奇数或不能整除链节数的数。为不使大链轮尺寸过大，以控制传动的外廓尺寸，速度较低的链传动齿数不宜取得过多。当采用单排链传动计算出的链节距过大时，可改用双排链。为避免使用过渡链节，链节数最好取为偶数。

3.1.3　开式齿轮传动

设计开式齿轮传动须确定出模数、齿数、分度圆直径、齿顶圆直径、齿宽、轮毂长度以及作用在轴上力的大小和方向。

在选择和计算开式齿轮传动的参数时，首先按弯曲疲劳强度计算所需模数，并圆整为标准值，再选择计算其他参数。针对开式齿轮传动的工作特点，考虑磨损对弯曲疲劳强度的影响，应将材料的许用弯曲应力降低 20%～35%，或将计算所得的模数加大 10%～15%。

一般开式齿轮用于低速级，通常采用直齿。由于工作环境一般较差，灰尘大、润滑不良，故应注意材料的配对选择，使之具有较好的减摩和耐磨性。

开式齿轮轴的支承刚度较小，为减轻齿轮轮齿偏载的程度，齿宽系数宜取小些，一般取ϕ_a=0.1～0.3，常取ϕ_a=0.2。

尺寸参数确定之后，应检查传动的外廓尺寸，如与其他零件发生干涉或碰撞，则应修改参数重新计算。

3.1.4　联轴器的选择

联轴器按计算转矩 T_c 进行选择，要求所选联轴器允许的最大转矩大于计算转矩 T_c，且孔径应与被连接的两轴轴径一致。

联轴器的类型应根据工作要求选择，一般多采用可移式联轴器，它可以补偿由于制造、安装产生的径向位移和角位移。在启动频繁、变载荷、高速及正反转的场合，应采用弹性联轴器。

3.2　减速器内的传动零件设计计算

减速器外部的传动零件设计完成后，应检验开始计算的运动及动力参数有无变动。如有变动，应作相应的修改，再进行减速器内传动零件的设计计算。

3.2.1　齿轮传动设计计算

齿轮的设计计算可参考教材进行。设计中应注意以下几点。

(1)齿轮材料及热处理方法的选择。齿轮材料的选择要考虑齿轮毛坯的制造方法。当齿轮的顶圆直径$d_a \leqslant$400～600mm 时，一般采用锻造毛坯；当 d_a>400～600mm 或结构形状复杂不宜锻制时，因受锻造设备能力的限制，才采用铸铁或铸钢制造。

用热处理的方法可以提高材料的性能，尤其是提高硬度，从而提高材料的承载能力。按齿面硬度可以把钢制齿轮分为两类，即软齿面齿轮(齿面硬度≤350HBS)和硬齿面齿轮(齿面硬度>350HBS)。提高齿面硬度还可以降低减速器的体积。当今国际上齿轮制造向着高精度、高性能的方向发展，从而使机械传动装置体积小、质量小并且传动功率大。

(2)齿轮的结构。当齿轮直径和轴的直径相差不大时，如图 3-1(a)、(b)所示。$d_a<2d$ 或齿轮齿根至键槽的距离小于两倍齿轮模数，即 $X<2m$，齿轮和轴可制成一体，称为齿轮轴。当设计齿轮时，有时齿根圆直径会小于两端相邻轴径，如图 3-1(a)所示，此时过渡圆弧根据齿轮滚刀外径尺寸画出，结构设计应以保证齿根圆的计算齿宽为原则，齿轮滚刀外径见表 14-14。锻造齿轮的结构及各部分尺寸可参考表 22-1、表 22-2 设计。

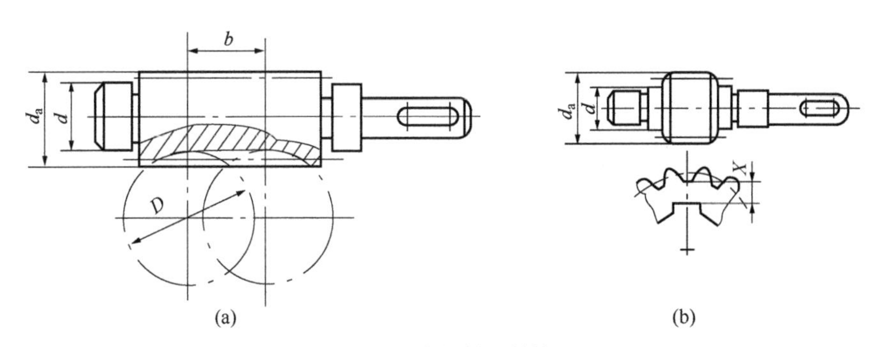

图 3-1　齿轮轴的结构

(3)齿轮传动的中心距。设计的减速器若为大批生产，为提高零件的互换性，中心距等参数可参考标准减速器选取；若为单件或小批生产，中心距等参数可不必参考标准减速器的数值。但为了制造、安装方便，最好使中心距取表 14-9 中 R40 系列的值。直齿圆柱齿轮传动可通过改变齿数、模数或采取变位，斜齿圆柱齿轮除可通过改变齿数、模数或采取变位外，还可通过改变螺旋角调整中心距为 R40 系列的值。

(4) 齿轮参数。为保证计算和制造的精度，斜齿轮的螺旋角β的数值必须精确计算到“秒(″)”，齿轮分度圆直径必须精确计算到小数点后三位数值，绝不允许随意圆整。

直齿锥齿轮的节锥距R精确计算到小数点后三位，节锥角δ精确计算到“秒(″)”。

3.2.2 蜗杆传动

蜗杆传动副材料的选择和滑动速度有关，一般是在估计滑动速度的基础上选择材料，待参数计算确定后再验算滑动速度。

蜗杆上置或下置取决于蜗杆分度圆的圆周速度v_1，当$v_1 \leqslant 10$m/s 时，可取下置。

蜗杆和蜗轮的结构可参考图 22-1 和表 22-3。为了便于加工，蜗杆和蜗轮的螺旋线方向应选为右旋。在蜗杆传动的几何参数确定后，应校核其滑动速度和传动效率，如与初步估计有较大的出入，应重新修正计算。

第 4 章　减速器的构造

减速器主要由传动零件(齿轮或蜗杆等)、轴承、箱体及其附件组成。图 4-1 为两级圆柱齿轮减速器的结构图。现结合该图简要介绍一下减速器的构造。

4.1　齿轮、轴及轴承组合

图 4-1 中小齿轮与轴制成一体，即采用齿轮轴结构。这种结构用于齿轮直径和轴的直径相差不大的情况。大齿轮装配在轴上，利用平键作周向固定。轴上零件利用轴肩、轴套(或挡油盘)和轴承盖作轴向固定。轴承采用润滑脂润滑时，为防止箱体中的油进入轴承，在轴承和齿轮之间，位于轴承座孔的箱体内壁处设挡油盘。为防止在轴外伸段与轴承透盖接合处箱内润滑剂漏失以及外界灰尘、异物进入箱内，在轴承透盖中装有密封元件。

4.2　箱　　体

箱体是减速器的重要组成部件。它是传动零件的基座，应具有足够的强度和刚度。

箱体通常用灰铸铁铸造，对于受冲击载荷的重型减速器也可采用铸钢箱体。单件生产的减速器，为了简化工艺、降低成本，可采用钢板焊接箱体。

图 4-1 中箱体是由灰铸铁铸造的。为了便于轴系部件的安装和拆卸，箱体制成沿轴心线水平剖分式。上箱盖和下箱座用普通螺栓连接。轴承旁的连接螺栓应尽量靠近轴承座孔，而轴承座旁的凸台应具有足够的承托面，以便放置连接螺栓，并保证旋紧螺栓时需要的扳手空间。为了保证箱体具有足够的刚度，在轴承座附近加支承肋。为了保证减速器安置在基座上的稳定性，并尽可能减少箱体底座平面的机械加工面积，箱体底座一般不采用完整的平面。图中减速器下箱座底面是采用三块矩形加工基面。

4.3　减速器的附件

为了保证减速器的正常工作，除了对齿轮、轴、轴承组合和箱体的结构设计应给予足够重视外，还应考虑到为减速器润滑油池注油、排油、检查油面高度、检修拆装时上下箱的精确定位、吊运等辅助零部件的合理选择和设计。

(1) 检查孔及其盖板。为了检查传动零件的啮合情况、接触斑点、侧隙并向箱体内注入润滑油，应在箱体能直接观察到齿轮啮合部位的位置设置检查孔，其大小应允许将手伸入箱内，以便检查齿轮啮合情况。图中检查孔设在上箱顶部，为长方形。平时，检查孔的盖板用螺钉固定在箱盖上。

(2) 通气器。减速器工作时，箱内温度升高，气体膨胀、压力增大，为使箱内受热膨胀的空气能自由地排出，以保证箱体内外压力平衡，不致使润滑油沿分箱面和轴伸或其他缝隙渗漏，通常在箱体顶部装设通气器。图 4-1 中通气器旋紧在检查孔盖板的螺孔中。

(3) 轴承盖和密封装置。为了固定轴系部件的轴向位置并承受轴承载荷，轴承座孔两端用轴承盖封闭。轴承盖有凸缘式和嵌入式两种(参见表 21-4 及表 21-5)。图 4-1 中采用的是凸缘式轴承盖，利用六角螺钉固定在箱体上。在轴伸处的轴承盖是透盖，透盖中装有密封装置。凸缘式轴承盖的优点是拆装、调整轴承比较方便，与嵌入式轴承盖相比，零件数目较多，尺寸较大，外观不够平整。

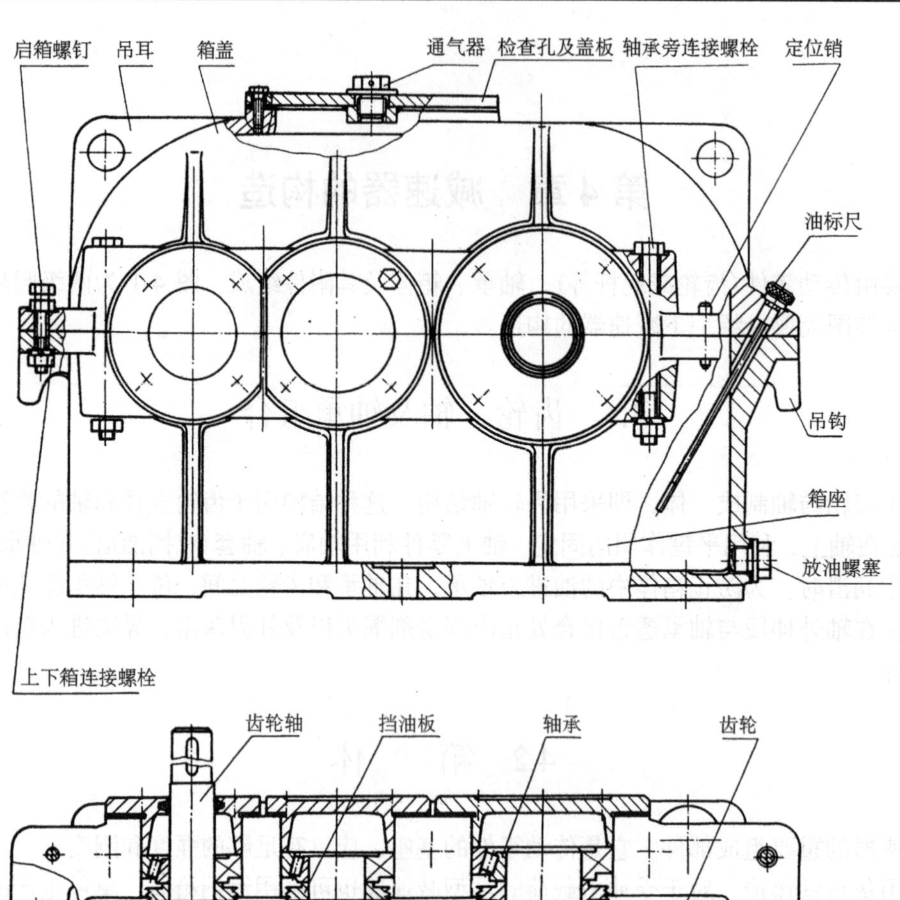

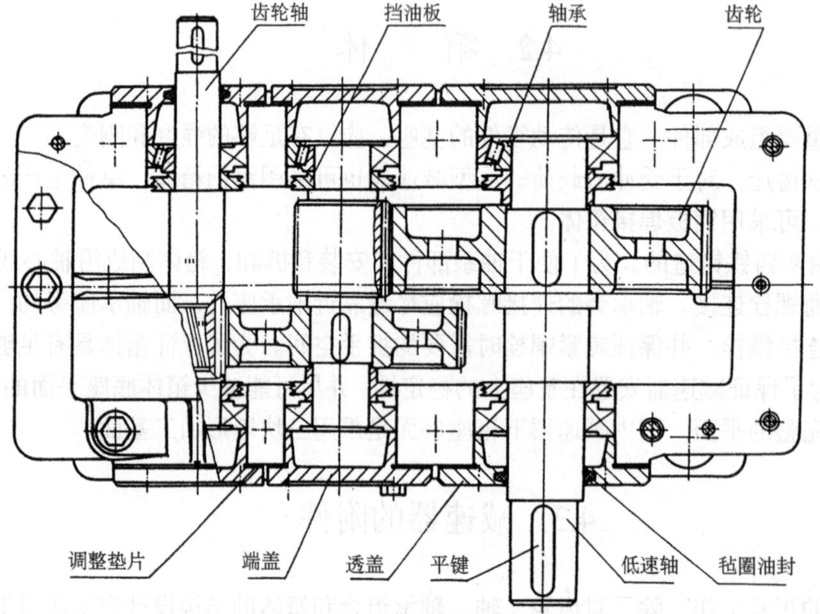

图4-1　两级圆柱齿轮减速器

(4)轴承挡油盘。轴承干油(润滑脂)润滑时和稀油(润滑油)润滑时的挡油盘的功能和结构都是不同的。4.1节已说明了轴承干油润滑挡油盘的功用。轴承稀油润滑时，挡油盘只安装在高速齿轮轴上，以防止齿轮齿侧喷出的热油进入轴承，影响轴承寿命。当齿根圆直径大于轴承座孔径时，不必安装挡油盘。两种挡油盘的结构参见表21-7。

(5)定位销。为了精确地加工轴承座孔，并保证每次拆装后轴承座的上下半孔始终保持加工时的位置精度，应在精加工轴承座孔前，在上箱盖和下箱座的连接凸缘上配装定位销。图4-1中采用的两定位圆锥销安置在箱体纵向两侧连接凸缘上，并呈非对称布置。

(6)启箱螺钉。为了加强密封效果，在装配时通常于箱体剖分面上涂以水玻璃或密封胶，往往因胶结紧密使分开困难。为此常在箱盖连接凸缘的适当位置，加工出一两个螺孔，旋入圆柱端的启箱螺钉。旋动启箱螺钉便可将上箱盖顶起。

(7)油面指示器。为了检查减速器内油池油面的高度，以保证油池内有适当的油量，一般在箱体便于观察，油面较稳定的部位，装设油面指示器。图4-1中采用的油面指示器是油标尺。

(8)放油螺塞。换油时，为了排出污油和清洗剂，应在箱体底部、油池的最低位置处开设放油孔，平时放油孔用带有细牙螺纹的螺塞堵住。放油螺塞和箱体接合面间应加防漏用的垫圈。

(9)油杯。滚动轴承采用润滑脂润滑时，应经常或定期补充润滑脂。为了补充润滑脂方便，可在箱盖轴承座上加油杯，供注润滑脂用。

(10)起吊装置。当减速器的质量超过 25kg 时，为了便于搬运，常需在箱体上设置起吊装置，如在箱体上铸出吊耳或吊钩等。图 4-1 中上箱盖设有两个吊耳，下箱座铸有四个吊钩。

第5章　减速器装配草图设计

装配图是表达各零件相互关系、结构形状以及尺寸的图样，也是机器进行组装、调试、维护等环节的技术依据。因此，设计一般总是从装配图的设计开始。而装配草图设计又是整个设计工作中的重要阶段。由于大部分零件的结构和尺寸都是在这个阶段决定的，所以这个阶段的工作，必须综合地考虑零件的强度、刚度、制造工艺、装配、调整和润滑等各方面的要求。

装配草图设计最初目的是观察初步确定的运动参数(主要是传动比)、各传动件的结构和尺寸是否协调和是否干涉，同时在绘图过程中定出轴的结构、跨距和受力点的位置，以便验算轴的强度和滚动轴承寿命；装配草图设计的最终目的是确定所有零部件的结构和尺寸，为工作图(零件工作图、减速器装配工作图)设计打下基础。

这个阶段的设计不可避免地要进行反复的修改才能得到较好的结构。因此，要敢于动手，又不可草率，必须逐步学会并掌握“三边”设计方法。绘制草图时，必须用绘图仪器，按一定比例尺和指定的设计步骤绘制，不得用目测、徒手等不正确的方法绘制。利用计算机绘图设计时，也应按要求准确绘制。

减速器装配草图设计可按初绘草图和完成草图两个阶段进行。

5.1　初绘减速器装配草图

5.1.1　初绘草图的准备工作

在画草图之前，应认真读懂一张典型减速器装配图，观看有关减速器的录像，参观或拆装实际减速器，以便深入了解减速器各零部件的功用、结构关系，做到对设计内容心中有数。除此之外，其他具体准备工作还有：

(1)确定齿轮传动的主要尺寸。如中心距、分度圆和齿顶圆的直径；齿轮宽度、轮毂长度等。

(2)查出所选电动机的安装尺寸。按已选定的电动机型号查出其安装尺寸，如电动机轴伸直径 D 和轴伸长度 E 以及中心高 H 等。

(3)选择联轴器类型。联轴器的类型应根据它在本传动系统中所要完成的功能来选择。

当原动机和减速器安装在公共底座上时，两轴的同心度容易保证，因此用于此处的联轴器无需很高的补偿功能。另外这个联轴器连接高速轴，为了减小启动载荷，它应具有较小的转动惯量和良好的减振性能。这里多采用带弹性元件的联轴器，如弹性柱销联轴器、弹性套柱销联轴器和梅花形联轴器(参见表19-1～表19-3)等。

连接减速器和工作机的联轴器，由于它处于低速轴，对这个联轴器不必提出具有较小转动惯量的要求。如果减速器和工作机是安装在同一底座上时，可采用上述几种结构的联轴器。若工作机构和减速器不是安置在公共底座上，则这个联轴器要求有较高的补偿功能。十字滑块联轴器等就能满足这些要求。

(4)初选滚动轴承类型。根据轴承所受载荷大小、性质、转速及工作要求，初选轴承类型。首先应考虑是否能采用结构最简单而价格最便宜的深沟球轴承。当支座上作用径向力 R 和较大的轴向力 A($A>0.25R$)时，或者需要调整传动件(圆锥齿轮、蜗轮等)的轴向位置时，应选择角接触轴承，最常用的是圆锥滚子轴承。因为圆锥滚子轴承的外圈是可拆的，这样在装拆调整时就很方便。此外，从轴承的相对价格(轴承价格与其基本额定动载荷之比)来看，圆锥滚子轴承是最便宜的。

(5)确定滚动轴承的润滑和密封方式。当浸浴在油池中的传动零件(齿轮或蜗杆等)的圆周速度 $v>2$～3m/s时，可采用传动件转动时溅起的油来润滑轴承(简称稀油润滑)，润滑油被溅起甩到箱体内壁上后，沿上箱盖分箱面处的坡口流进下箱座分箱面上的输油沟内，再经轴承端盖上的导油槽流进轴承，如图5-1所示。开设导油槽的轴承端盖如图 5-2 所示。

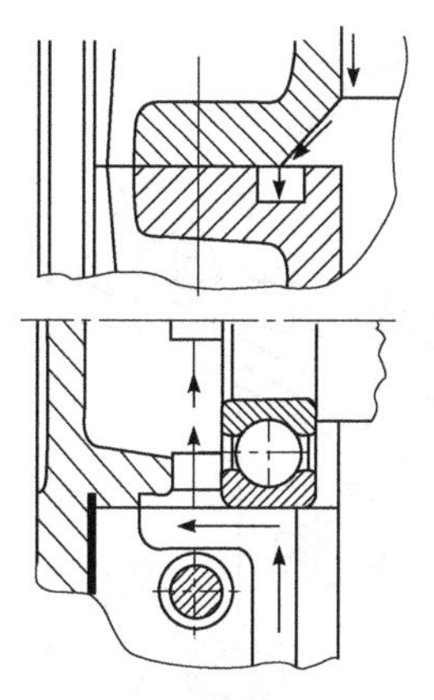
图 5-1　飞溅润滑的油路

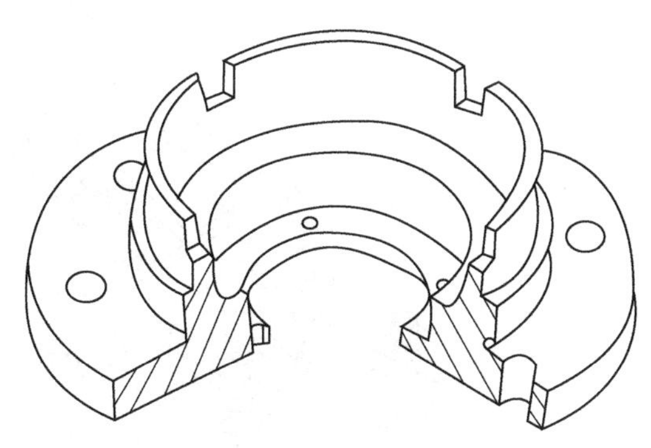
图 5-2　带导油槽的轴承端盖

当传动零件的圆周速度 $v \leqslant 2\text{m/s}$ 时，应采用润滑脂来润滑轴承。采用脂润滑方式比较简单，一般可在装配时将脂装入轴承空间的 1/3～1/2，以后定期更换或补充，工作繁重的轴承也可采用旋盖式油杯或压注式油杯等给脂装置，其结构及尺寸参见表 20-3～表 20-6。

根据润滑方式和工作环境条件(清洁或多尘)选定轴承端盖的密封形式。

(6)确定减速器箱体的结构尺寸。减速器的箱体是支承和安装齿轮等传动零件的基座，因此，它本身必须具有很好的刚性，以免产生过大的变形而引起齿轮上载荷分布不均。为此目的，在轴承座凸缘的下部设有肋板。箱体多制成剖分式，剖分面一般设在水平位置并与齿轮轴面重合。

批量或大量生产时，箱体一般是用铸铁(如 HT150、HT200 等)铸成。单件生产时，有时也采用钢板焊接箱体，其质量为铸造箱体的 1/2～3/4。

由于箱体的结构形状比较复杂，对箱体的强度和刚度进行计算极为困难，故箱体的各部分尺寸借助于经验公式确定。按经验公式计算出尺寸后应将其圆整，有些尺寸应根据结构要求适当修改。与标准件有关的尺寸(如螺栓、螺钉、销的直径)应取相应的标准值。

图 5-3～图 5-5 为目前常见的铸造箱体结构图，其各部尺寸按表 5-1 中公式确定。

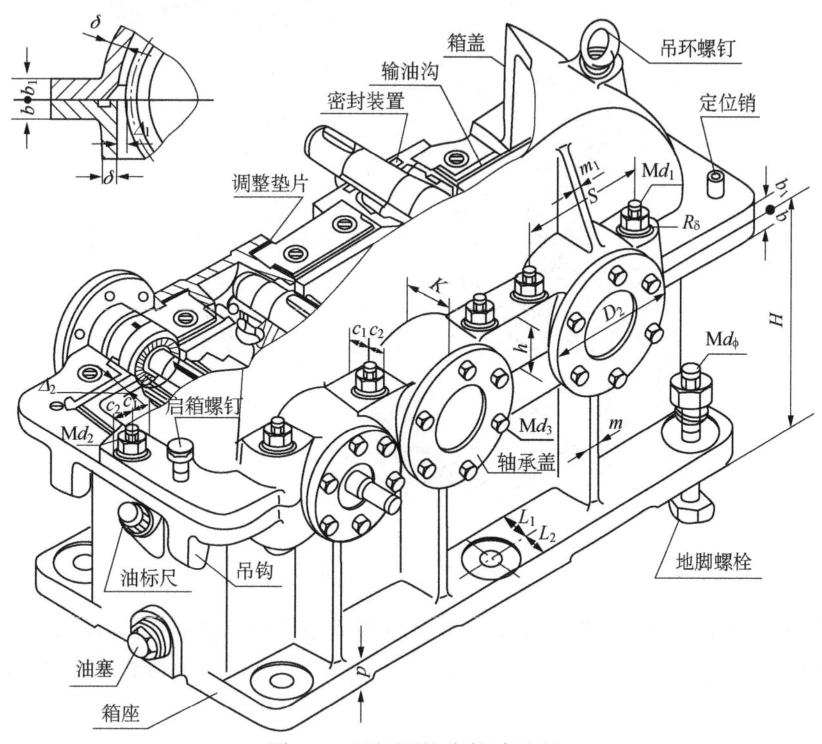

图 5-3　两级圆柱齿轮减速器

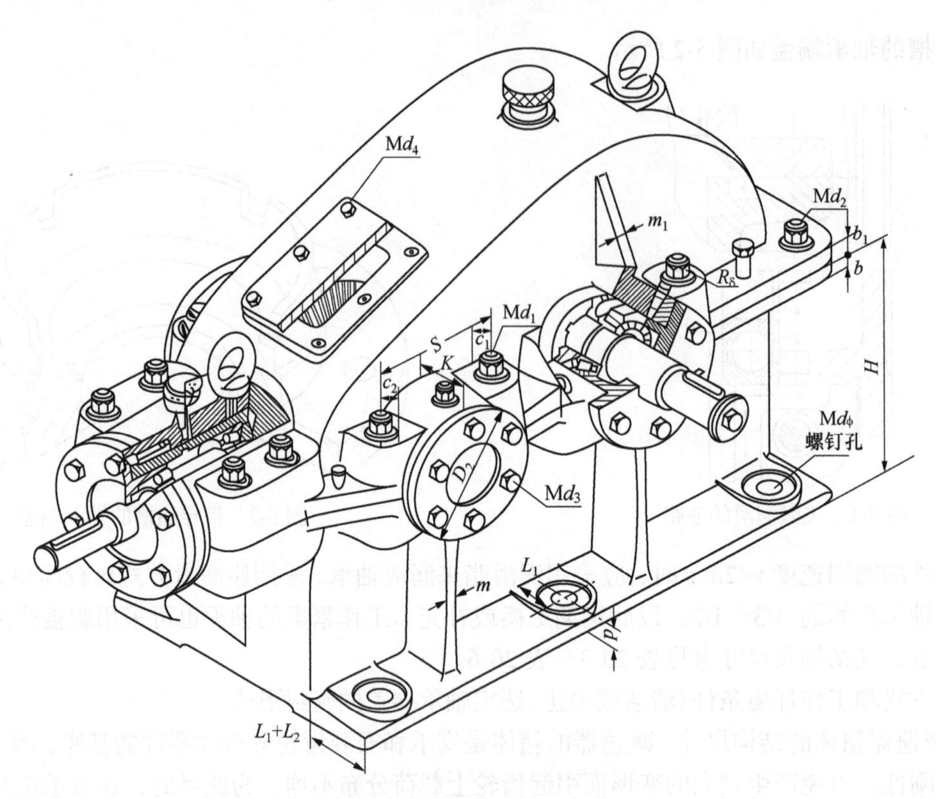

图 5-4　锥圆柱齿轮减速器

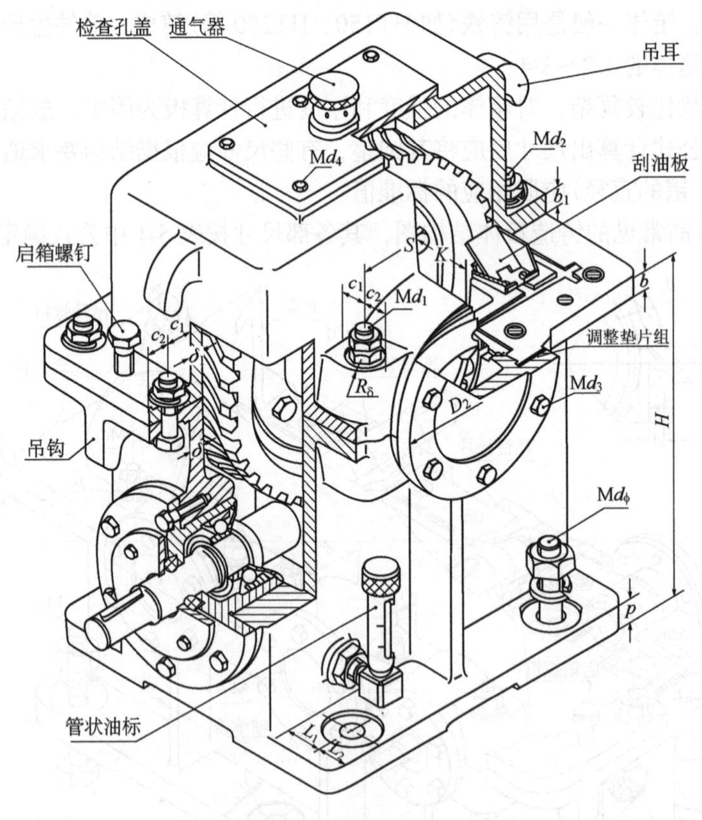

图 5-5　蜗杆减速器

焊接箱体如图 5-6 所示，焊接结构箱体的下箱座壁厚δ'为铸造箱体下箱座壁厚δ的 0.7～0.8，即$\delta'=(0.7\sim0.8)\delta$（$\delta$的尺寸确定见表 5-1）。焊接箱体的其他各部结构尺寸的确定可参考图 5-6 及表 5-1。

表 5-1　减速器铸造箱体的结构尺寸

<table>
<tr><th>名称</th><th colspan="2">代号</th><th colspan="4">荐用尺寸关系</th></tr>
<tr><td rowspan="2">下箱座壁厚</td><td rowspan="2" colspan="2">δ</td><td colspan="2">两级齿轮减速器</td><td colspan="2">蜗杆减速器</td></tr>
<tr><td colspan="2">$\delta=0.025a^*+3\geqslant 8$</td><td colspan="2">$\delta=0.04a^*+3\geqslant 8$</td></tr>
<tr><td>上箱盖壁厚</td><td colspan="2">δ_1</td><td colspan="2">$\delta_1=0.9\delta\geqslant 8$</td><td colspan="2">蜗杆在下：$\delta_1=0.85\delta\geqslant 8$
蜗杆在上：$\delta_1=\delta\geqslant 8$</td></tr>
<tr><td>下箱座剖分面处凸缘厚度</td><td colspan="2">b</td><td colspan="4">$b=1.5\delta$</td></tr>
<tr><td>上箱盖剖分面处凸缘厚度</td><td colspan="2">b_1</td><td colspan="4">$b_1=1.5\delta_1$</td></tr>
<tr><td>地脚螺栓底脚厚度</td><td colspan="2">p</td><td colspan="4">$p=2.5\delta$</td></tr>
<tr><td>箱座上的肋厚</td><td colspan="2">m</td><td colspan="4">$m>0.85\delta$</td></tr>
<tr><td>箱盖上的肋厚</td><td colspan="2">m_1</td><td colspan="4">$m_1>0.85\delta_1$</td></tr>
<tr><td>两级圆柱齿轮减速器中心距之和</td><td colspan="2">a_1+a_2</td><td rowspan="2">≤300</td><td rowspan="2" colspan="2">≤400</td><td rowspan="2">≤600</td></tr>
<tr><td>锥-圆柱齿轮减速器锥距与中心距之和</td><td colspan="2">$R+a$</td></tr>
<tr><td>蜗杆减速器中心距</td><td colspan="2">a</td><td>≤200</td><td colspan="2">≤250</td><td>≤350</td></tr>
<tr><td>轴承旁连接螺栓(螺钉)直径</td><td colspan="2">d_1</td><td>M12</td><td colspan="2">M16</td><td>M20</td></tr>
<tr><td>轴承旁连接螺栓通孔直径</td><td colspan="2">d_1'</td><td>13.5</td><td colspan="2">17.5</td><td>22</td></tr>
<tr><td>轴承旁连接螺栓沉头座直径</td><td colspan="2">D_0</td><td>26</td><td colspan="2">32</td><td>40</td></tr>
<tr><td rowspan="2">轴承旁凸台的凸缘尺寸(扳手空间)</td><td colspan="2">c_1</td><td>20</td><td colspan="2">24</td><td>28</td></tr>
<tr><td colspan="2">c_2</td><td>16</td><td colspan="2">20</td><td>24</td></tr>
<tr><td>上下箱连接螺栓(螺钉)直径</td><td colspan="2">d_2</td><td>M10</td><td colspan="2">M12</td><td>M16</td></tr>
<tr><td>上下箱连接螺栓通孔直径</td><td colspan="2">d_2'</td><td>11</td><td colspan="2">13.5</td><td>17.5</td></tr>
<tr><td>上下箱连接螺栓沉头座直径</td><td colspan="2">D_3</td><td>24</td><td colspan="2">26</td><td>32</td></tr>
<tr><td rowspan="2">箱缘尺寸(扳手空间)</td><td colspan="2">c_1</td><td>18</td><td colspan="2">20</td><td>24</td></tr>
<tr><td colspan="2">c_2</td><td>14</td><td colspan="2">16</td><td>20</td></tr>
<tr><td>地脚螺栓直径</td><td colspan="2">d_ϕ</td><td>M16</td><td colspan="2">M20</td><td>M24</td></tr>
<tr><td>地脚螺栓孔直径</td><td colspan="2">d_ϕ'</td><td>20</td><td colspan="2">25</td><td>30</td></tr>
<tr><td>地脚螺栓沉头座直径</td><td colspan="2">D_ϕ</td><td>45</td><td colspan="2">48</td><td>60</td></tr>
<tr><td rowspan="2">底脚凸缘尺寸(扳手空间)</td><td colspan="2">L_1</td><td>27</td><td colspan="2">32</td><td>38</td></tr>
<tr><td colspan="2">L_2</td><td>25</td><td colspan="2">30</td><td>35</td></tr>
<tr><td rowspan="2">地脚螺栓数目</td><td rowspan="2">n</td><td>两级齿轮</td><td colspan="4">6</td></tr>
<tr><td>蜗杆</td><td colspan="4">4</td></tr>
<tr><td>轴承盖螺钉直径</td><td colspan="2">d_3</td><td colspan="4">参见表 21-4</td></tr>
<tr><td>检查孔盖连接螺钉直径</td><td colspan="2">d_4</td><td colspan="3">M6</td><td>M8</td></tr>
<tr><td>圆锥定位销直径</td><td colspan="2">d_5</td><td>10</td><td colspan="2">12</td><td>16</td></tr>
<tr><td>减速器中心高</td><td colspan="2">H</td><td colspan="4">$H\approx(1\sim1.12)a^*$</td></tr>
<tr><td>轴承旁凸台高度</td><td colspan="2">h</td><td colspan="4">根据低速轴轴承座外径 D_2 和 Md 扳手空间 c_1 的要求由结构确定</td></tr>
<tr><td>轴承旁凸台半径</td><td colspan="2">R_δ</td><td colspan="4">$R_\delta\approx c_2$</td></tr>
<tr><td>轴承端盖(即轴承座)外径</td><td colspan="2">D_2</td><td colspan="4">见表 21-4</td></tr>
<tr><td>轴承旁连接螺栓距离</td><td colspan="2">S</td><td colspan="4">取 $S=D_2$</td></tr>
<tr><td>箱体外壁至轴承座端面的距离</td><td colspan="2">K</td><td colspan="4">$K=c_1+c_2+(5\sim8)$</td></tr>
<tr><td>轴承座孔长度(即箱体内壁至轴承座端面的距离)</td><td colspan="2"></td><td colspan="4">$K-\delta$</td></tr>
<tr><td>大齿轮顶圆与箱体内壁间距离</td><td colspan="2">Δ_1</td><td colspan="4">$\Delta_1\geqslant 1.2\delta$</td></tr>
<tr><td>齿轮端面与箱体内壁间距离</td><td colspan="2">Δ_2</td><td colspan="4">$\Delta_2\geqslant\delta$</td></tr>
</table>

注：a^*为多级传动时，取低速级中心距的值。

按照现代工业美学的要求，箱体造型设计出现了下列趋势：外表几何形状简单（图 5-6），限于直线平面，轴承孔露在外面而肋藏在箱体里面；装地脚螺栓用底脚不伸出箱体的外表面；起吊减速器用的吊耳与箱体铸成一体；箱体没有伸出部分，使减速器在传动的总体布局中易于配置；箱盖顶部的水平面是加工剖分面和安装时对准减速器用的工艺基准面；箱体内的贮油空间增大。当然这种外貌比较整齐美观的箱体结构也存在某些公认的缺点：质量稍有增加、铸造造型工时多、内部清理和涂漆困难。为了减少这些缺点，对中小型减速器，可只在低速轴孔下设肋板，以减少肋板数目。这种新型箱体的各部尺寸见图 5-7。

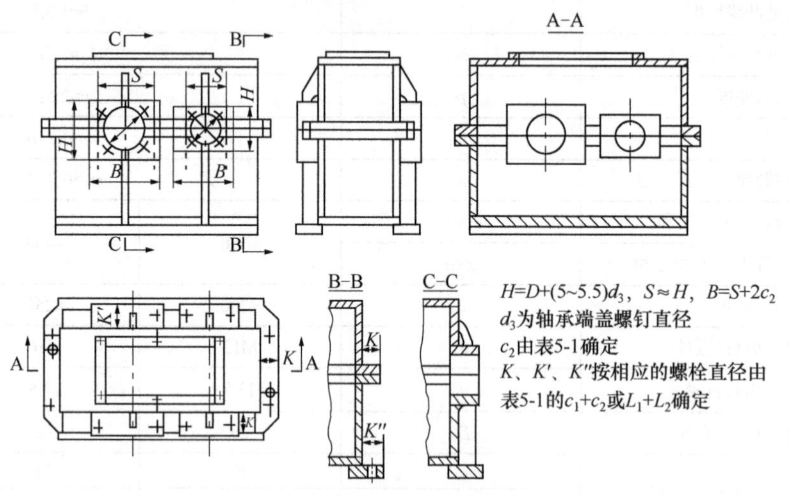

图 5-6　减速器焊接箱体结构

5.1.2　初绘草图的步骤

现以两级圆柱齿轮减速器为例，说明初绘草图的大致步骤，见图 5-8。

(1) 选择比例尺，合理布置图面，为了加强真实感，培养图上判断尺寸的能力，一般应选用 1∶1 的比例尺，用 A0 幅面的图纸绘制(经教师同意，也可缩小比例或用其他幅面图纸)。减速器装配图一般用三个视图(必要时另加剖视图或局部视图)来表达。布置好图面后先将中心线(基准线)画出。

(2) 在俯视图上画出齿轮的轮廓尺寸，如齿顶圆和齿宽等，其他细部结构，待完成草图阶段画出。为了保证全齿宽啮合并降低安装要求，通常取小齿轮比大齿轮宽 5～10mm。画图时，应将大小齿轮宽度 b_1、b_2 分别画出。

当设计两级齿轮传动时，必须保证两级传动件之间有足够大的距离 Δ_3，一般可取 Δ_3=8～15mm。

(3) 画出箱体的内壁线。在俯视图上，按小齿轮端面与箱体内壁间的距离 $\Delta_2 \geqslant \delta$，画出沿箱体长度方向的两条内壁线，按 $\Delta_1 \geqslant 1.2\delta$ 的关系画出沿箱体宽度方向低速级大齿轮一侧的内壁线；而沿箱体宽度方向高速级小齿轮一侧的内壁线，留待完成草图阶段在主视图上确定。小齿轮端面与箱体内壁间的间隙 Δ_2 之所以须大于箱体壁厚 δ，是因为铸造箱体时砂芯可能歪斜，这将影响预留间隙，甚至造成大齿轮轮缘与箱体相碰，但砂芯最大歪斜量不允许超过壁厚 δ。

(4) 初步确定轴的直径。

① 初步确定高速轴外伸段直径，如果高速轴外伸段上安装带轮，其轴径可按下式求得

$$d \geqslant A_0 \sqrt[3]{\frac{P}{n}}, \quad \text{mm} \tag{5-1}$$

式中，A_0 为与轴的材料有关的许用扭剪应力系数，通常取 A_0=110～160，材料好，估计轴伸处弯矩较小时取小值，反之取大值；P 为轴传递的功率，kW；n 为轴的转速，r/min。

如果减速器高速轴通过联轴器与电动机轴连接，则外伸段轴径与电动机轴径不得相差很大，否则难以选择合适的联轴器。换句话说，减速器外伸段轴径和电动机轴径均应在所选联轴器毂孔最大、最小直径的允许范围内。在这种情况下，荐用减速器高速轴外伸段轴径 d=(0.8～1.0)$d_{电机}$。按公式或用类比法求得的结果应按 GB 2822—2005 圆整到 R40 系列中的标准值(表 14-9)。

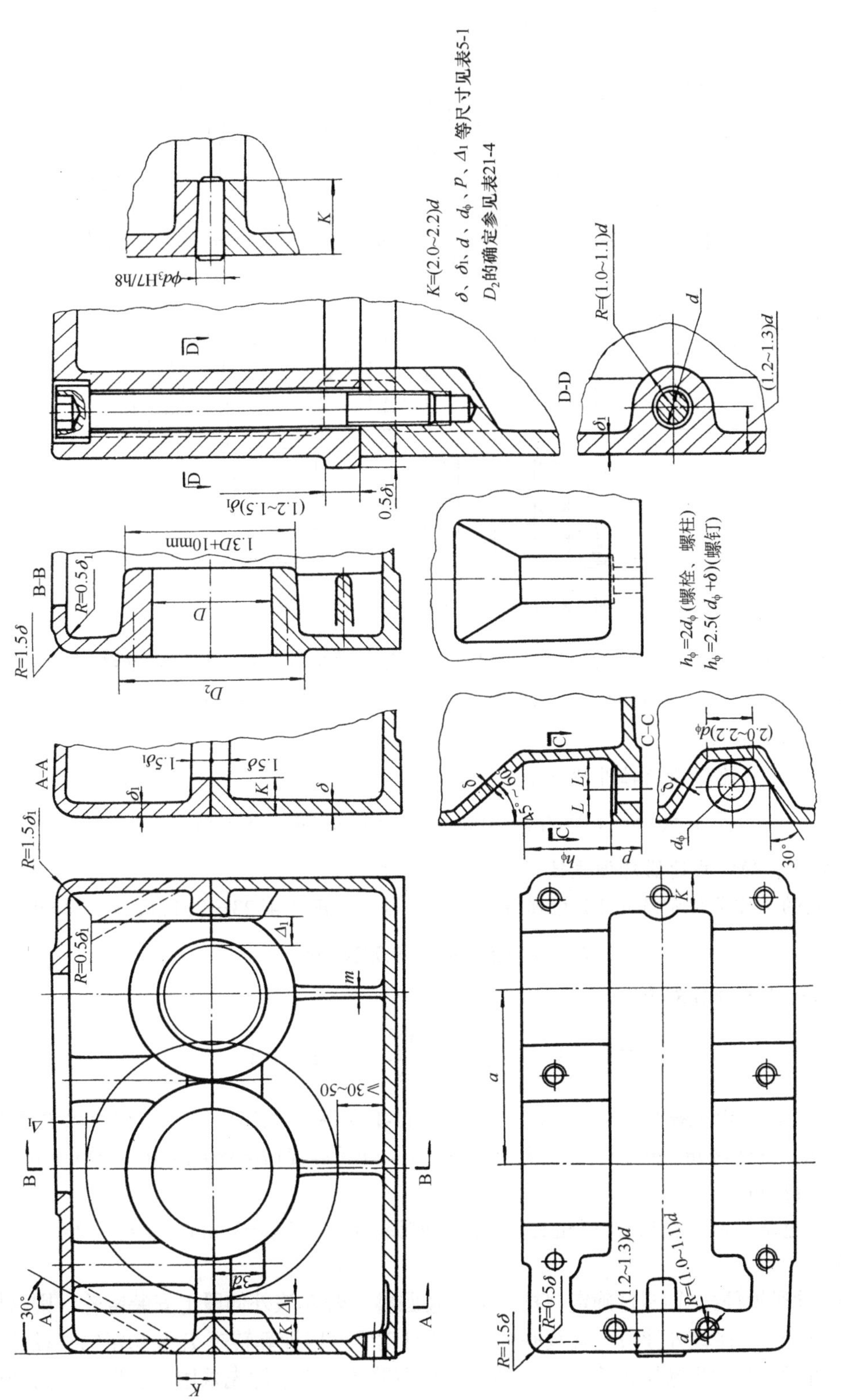

图5-7　圆柱齿轮减速器(新型箱体结构)箱体

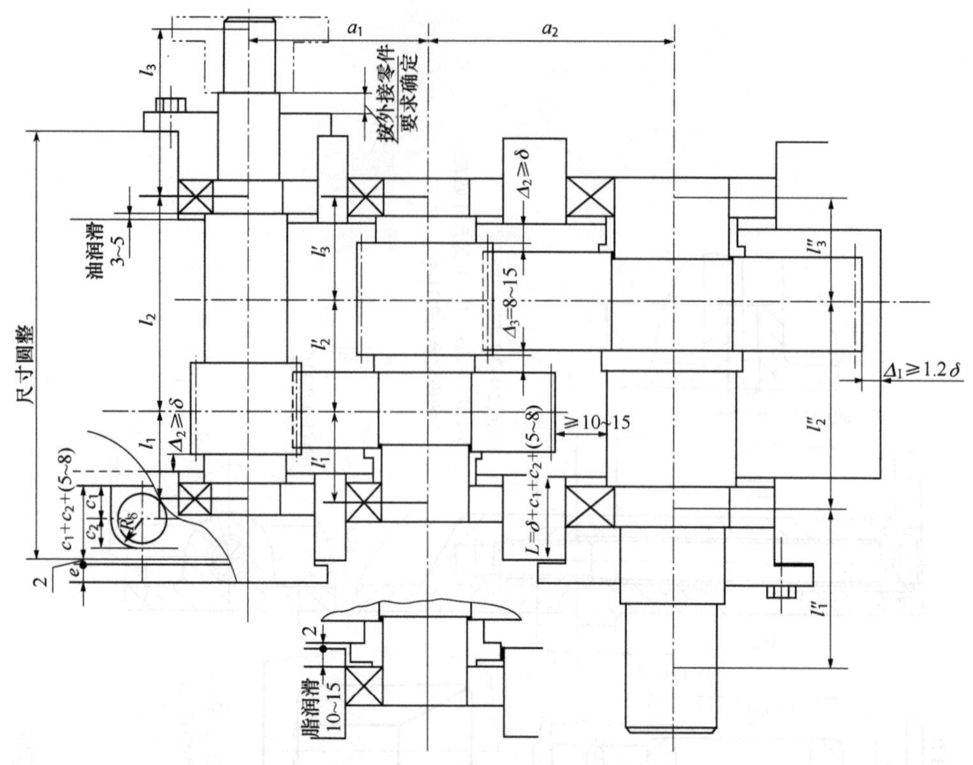

图 5-8　两级圆柱齿轮减速器初绘草图

例 5-1　某两级圆柱齿轮减速器，其高速轴通过联轴器与电动机轴连接，已选定电动机型号为 Y132M1-6，额定功率 P_0=4kW，满载转速 n_0=960r/min，轴径 $d_{电机}$=38mm，轴伸长 E=80mm。试确定减速器高速轴外伸段轴径并选择合适的联轴器。

解　Ⅰ. 初步估定减速器高速轴外伸段轴径。

$$d=(0.8\sim1.0)\,d_{电机}=(0.8\sim1.0)\times38=30.4\sim38\,(\text{mm})$$

Ⅱ. 选择联轴器，确定减速器外伸段轴径。

根据传动装置的工作条件拟选用 LT 型弹性套柱销联轴器(GB/T 4323—2017)，计算转矩 T_c为

$$T_c=KT=1.5\times39.8=59.7\,(\text{N}\cdot\text{m})$$

式中，T 为联轴器所传递的名义转矩

$$T=9.55\frac{P}{n}=9.55\times\frac{4\times10^3}{960}=39.8(\text{N}\cdot\text{m})$$

K 为工作情况系数，由文献(孙志礼等，2015)中表 11-1 查得 K=1.25～1.5，本例中取 K=1.5。

查 LT6 联轴器，公称转矩 T_n=355N · m>T_c=59.7N · m，许用转速[n]=3800r/min>n_0=960r/min，轴孔直径 d_{min}=32mm，d_{max}=42mm。

若取减速器高速轴外伸段轴径 d=32mm，可选联轴器轴孔 d_1=$d_{电机}$=38mm，d_2=d=32mm，所以 LT6 联轴器能满足要求。

② 低速轴外伸段轴径按式(5-1)确定并按标准直径圆整。若在该外伸段上安装链轮，则这样确定的直径即为链轮轴孔直径；若在该外伸段上安装联轴器，此时就要根据计算转矩 T_c及初定的直径选出合适的联轴器。轴外伸段可做成圆柱形或圆锥形。在单件生产和小批量生产中优先采用圆柱形，因为圆柱形制造较为简便。在成批和大量生产中通常做成圆锥形，因为零件与圆锥体配合能保证装拆方便，定位精度高，轴向定位不需轴肩，并能产生适当过盈。

③ 中间轴轴径按式(5-1)确定，并以此直径为基础进行结构设计。一般情况下，中间轴轴承内径不应小于高速轴轴承内径。

(5)轴的结构设计。轴的结构设计，是在上述初定轴的直径的基础上进行的。轴的结构主要取决于轴上所装的零件、轴承的布置和轴承密封方式。齿轮减速器中的轴做成阶梯轴(图 5-9)。阶梯轴装配方便，轴肩可用于轴上零件的定位和传递轴向力。但是，在设计阶梯轴时，应力求台阶数量最少，以减少换刀次数和刀具种类，从而保证结构的良好工艺性。目前出现了设计光轴(图 5-10)的趋势。在设计光轴时应注意两个问

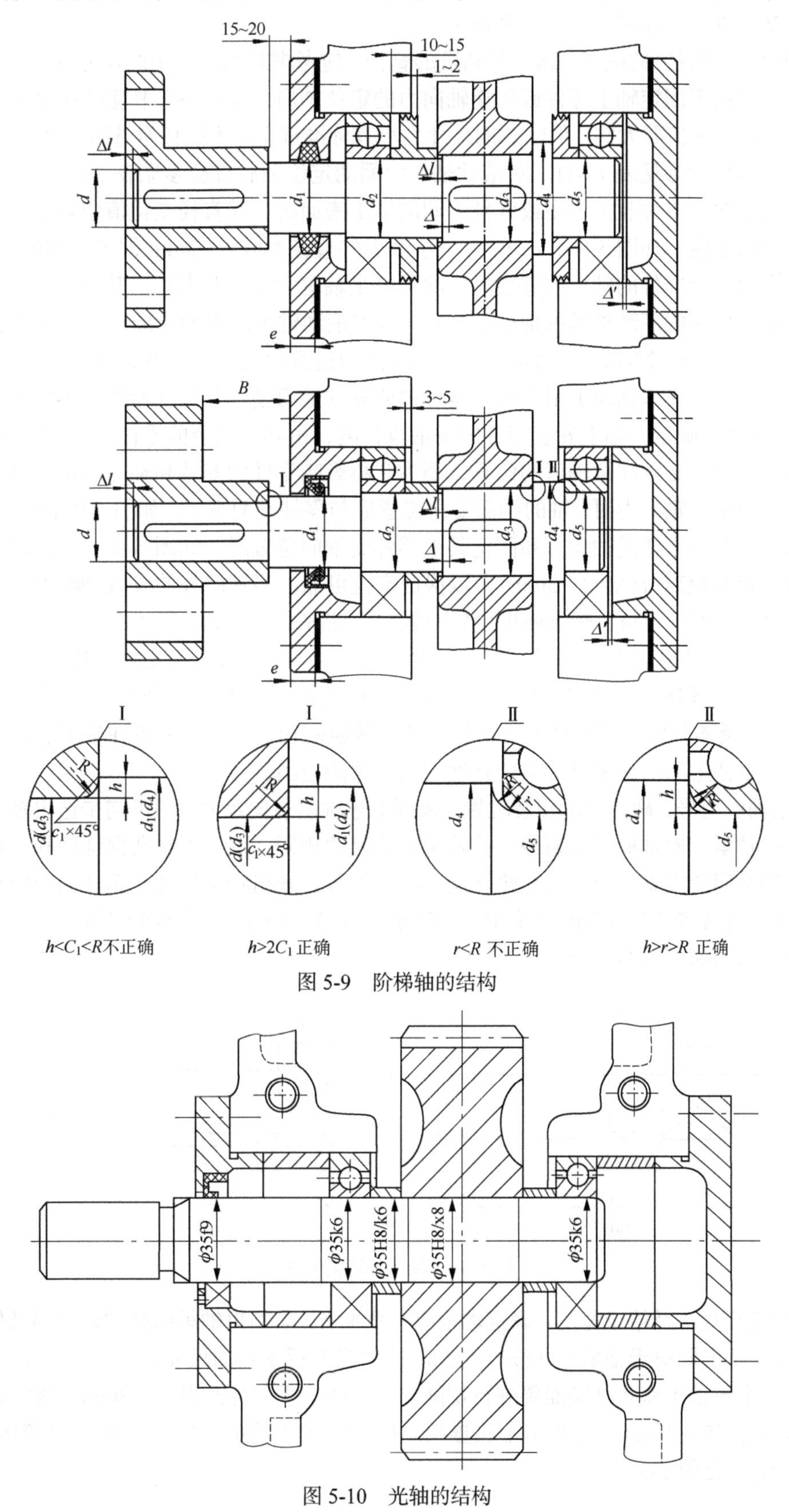

图 5-9　阶梯轴的结构

图 5-10　光轴的结构

题，一是在同一个公称直径下，各段轴的公差和表面粗糙度不同；二是装在轴上的任何整体零件都应该无过盈地装到本身的配合位置，以避免装配时擦伤表面。

阶梯轴结构尺寸的确定包括径向尺寸和轴向尺寸两部分。各轴段径向尺寸的变化和确定主要取决于轴上零件的安装、定位、受力状况以及轴的加工精度要求等。而各轴段的长度则根据轴上零件的位置、配合长度、轴承组合结构以及箱体的有关尺寸来确定。

① 轴的径向尺寸(轴径)的确定。确定各轴段的直径，应考虑对轴肩大小的尺寸要求及与轴上零件、密封件的尺寸匹配。对用于固定轴上零件或传递轴向力的定位轴肩，如图 5-9 中直径 d 和 d_1，d_3 和 d_4，d_4 和 d_5 形成的轴肩，直径变化值要大些。但轴肩的尺寸大小有标准规定，不能任意选取。对齿轮、带轮、链轮、联轴器等的定位轴肩尺寸参见表 14-11。对滚动轴承内圈的定位轴肩直径参见表 18-1～表 18-3 中的安装尺寸。对于仅仅是为了轴上零件装拆方便或区别不同的加工表面时，其直径变化值应较小，甚至采用同一公称直径而取不同的偏差值。如图 5-9 中 d_1 和 d_2，d_2 和 d_3 的直径差取 1～3mm 即可。在确定装有滚动轴承、毡圈密封、橡胶密封等标准件的轴段的直径时，除了满足轴肩大小的要求外，其轴径应根据标准件的尺寸查取相应的标准值。如装配滚动轴承的轴径 d_2 和 d_5 应取滚动轴承内圈的标准直径，d_1 应根据所采用的密封圈查取标准直径，参见表 20-11 和表 20-12。相邻轴段的过渡圆角半径，参见表 14-12。当轴表面需要磨削加工或切削螺纹时，应在该轴段上留有砂轮越程槽或螺纹退刀槽，其尺寸参见表 14-15 或表 16-4。

② 轴的轴向尺寸的确定。轴上安装零件的各轴段长度，由其上安装的零件宽度及其他结构要求确定。在确定这些轴段长度时，必须注意轴肩的位置，因为它将影响零件的安装和轴向固定的可靠性。当轴的轴肩起固定零件作用和承受轴向力时，轴的端面变化位置应与零件端面平齐，如图 5-9 中的 d 和 d_1，d_3 和 d_4，当用轴套和挡油盘等零件来传递轴向力和固定其他零件的轴向位置时，如图 5-9 所示，轴端面应与轴套或轮毂端面间留有一定的距离 Δl (Δl=2～3mm)，以保证定位可靠。当轴的外伸段(轴伸)上安装有联轴器、带轮、链轮等零件时，为保证定位，轴端面也应较轮毂端面缩进 Δl 的距离。轴上装有平键时，键的长度应略小于零件(齿轮、蜗轮、带轮、链轮、联轴器等)的轮毂宽度，一般平键长度比轮毂长度短 5～10mm 并圆整为标准值(见表 17-1)。键端距轮毂装入侧轴端的距离不宜过大，以便于装配时轮毂键槽容易对准键，一般取 $\Delta \leqslant 2$～5mm。伸出箱体外的轴伸长度和与密封装置相接触的轴段长度，需要在轴承、轴承座孔处的箱缘宽度、轴承透盖、轴伸上所装的零件等的位置确定之后才能定出。

(6) 初选滚动轴承型号，确定轴承安装位置。根据上述轴的径向尺寸，即可初步选出轴承型号及具体尺寸，同一根轴上的轴承一般都取同样型号，使轴承座孔尺寸相同，可一次镗孔保证两孔有较高精度的同轴度。然后再根据轴承润滑方案定出轴承在箱体座孔内的位置，画出轴承外廓。箱体内壁距轴承端面的距离 S，轴承采用干油润滑时 S=10～15mm，采用稀油润滑时 S=3～5mm(见图 5-8 和图 5-9)。深沟球轴承和圆锥滚子轴承外廓的画法如图 5-11 所示。

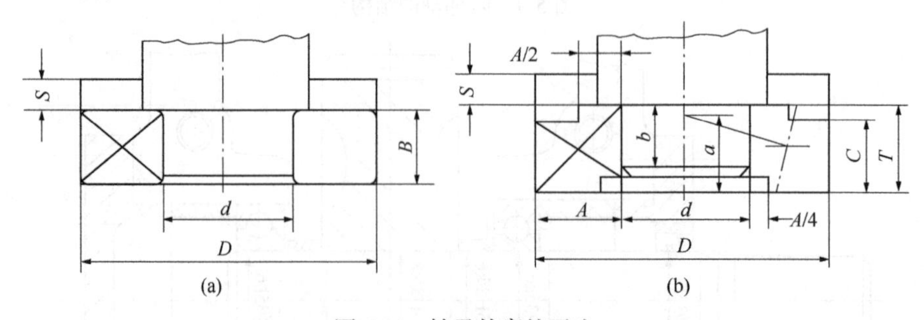

图 5-11 轴承外廓的画法

(7) 确定轴承座孔宽度及箱缘宽度。确定轴承座孔宽度 L，需画出轴承座孔的外端面及轴承旁凸台，见图 5-8。轴承座孔的宽度取决于轴承旁联接螺栓 Md_1 所要求的扳手空间尺寸 c_1 和 c_2，c_1+c_2 即为安装螺栓所需要的凸台宽度，由于轴承座孔外端面要进行切削加工，故应再向外凸出 5～8mm。这样就得到轴承座孔总宽度为 $L=\delta+c_1+c_2+(5\sim8)$ mm。根据上下箱连接螺栓 Md_2 要求的扳手空间 c_1 和 c_2 及箱体壁厚 δ，可确定箱缘厚度为 $\delta+c_1+c_2$，见图 5-3。

(8) 画出所有的轴承盖及其连接螺栓和调整垫片。其连接螺栓只需完整地画出一个，其余只画中心线。

(9) 确定轴的外伸长度。轴的外伸长度，与外接零件及轴承盖的结构有关，当采用螺栓连接的凸缘式轴承盖时，轴伸出长度必须考虑在不拆下外接零件的情况下能方便地拆下端盖螺钉，以便打开箱盖；若外接零件(带轮、链轮、柱销联轴器、梅花联轴器等)的轮毂直径较小，不影响轴承盖螺钉的拆卸，则轴伸的轴肩距轴承盖间的距离可取小些，一般取 5～10mm 即可。否则，这个距离至少应等于或大于轴承盖螺钉的长度。当采用嵌入式轴承盖时，因为没有螺钉拆卸问题，这个距离也可取小些(5～10mm)。

(10) 确定轴和轴上零件的受力点。按以上步骤初绘草图后，即可从草图上确定出轴上传动零件受力点的位置和轴承支点间的距离 l_1、l_2、l_3、l_1'、l_2'、l_3'、l_1''、l_2''、l_3''。传动零件的受力点一般取为齿轮、蜗轮、带轮、链轮等宽度的中点，柱销联轴器的受力点取为柱销处宽度 b 的中点；梅花联轴器的受力点取为结合齿宽的中点；深沟球轴承的支点取为轴承宽度的中点；向心角接触轴承的支点取为轴承法向反力在轴上的作用点(图 5-11)，它距轴承外圈宽边的距离为 a(a 值参见表 18-2 和表 18-3)。确定出传动零件的力作用点及支点距离后，便可进行轴和轴承的校核计算。

5.2　轴、轴承及键的强度校核计算

(1) 轴的强度校核计算。根据初绘草图阶段定出的轴结构和支点及轴上零件的力作用点，参照教材便可进行轴的受力分析、绘制弯矩图、扭矩图及当量弯矩图，然后对危险截面进行强度校核。校核后如果强度不够，应加大轴径，如强度足够且计算应力或安全系数与许用值相差不大，则以轴结构设计确定的轴径为准，一般不再修改。

(2) 滚动轴承寿命的校核计算。轴承的寿命最好与减速器的寿命或减速器的检修期(2～3 年)大致相符。通用齿轮减速器的工作寿命不应低于 36000h，轴承的计算寿命最好也取该值。若达不到，轴承的工作寿命可以是上述减速器寿命的 1/2 或 1/3，即 L_{10h}=18000h 或 L_{10h}=12000h。齿轮减速器中轴承的最低寿命为 10000h。如果轴承寿命达不到规定的要求，一般先考虑选用另一种直径系列的轴承，其次再考虑改变轴承的类型，提高基本额定动载荷 C。

(3) 键连接强度的核校计算。键连接强度的校核计算主要是验算它的挤压应力，使计算应力小于材料的许用应力。许用挤压应力按键、轴、轮毂三者材料最弱的选取，一般是轮毂材料最弱。如果计算应力超过许用应力，可通过改变键长、改用双键、采用花键、加大轴径、改选较大剖面的键等途径，以满足强度要求。校核计算完毕，并修改初绘草图后便可进入完成草图设计阶段。

5.3　完成减速器装配草图设计

这一阶段的主要工作是设计轴系部件(包括箱内传动零件、轴上其他零件和与轴承组合有关的零件)、箱体及减速器附件的具体结构，其设计步骤大致如下。

(1) 轴系部件的结构设计：

① 画出箱内齿轮的细部结构，齿轮的结构尺寸参见表 22-1 和表 22-2。

② 画出滚动轴承的细部结构。各种滚动轴承的外形与安装尺寸参见表 18-1～表 18-3。

③ 画出轴承透盖和闷盖的详细结构。轴承盖的结构尺寸参见表 21-4。

④ 在轴承透盖处画出轴承密封件的细部结构。各种密封装置的尺寸参见表 20-11～表 20-15。

⑤ 画出挡油盘。当轴承采用脂润滑时，为防止减速器内的润滑油浸入轴承，使润滑脂变稀或变质，通常在箱体内侧加装挡油盘；采用稀油润滑时，为防止斜齿轮(齿轮直径小于轴承孔时)啮合沿轴向排出的油或下置式蜗杆搅油直接冲击轴承，在轴孔处也应加挡油盘。挡油盘有铸铁铸造和钢板冲压成型的两种。冲压成型的挡油盘其钢板厚度为 1～2mm。挡油盘的结构参见表 21-7。

⑥ 画出轴套、轴端挡圈等的结构。轴端挡圈的结构尺寸参见表 16-17。

利用电子图板绘图时，可调用其图库中的图符画出标准件的视图。

(2)圆柱齿轮减速器箱体的结构设计。在进行完成草图阶段的箱体结构设计时，有些尺寸(如轴承旁连接螺栓凸台高度 h、箱座高度 H 和箱缘连接螺栓的布置等)常需根据结构和润滑要求确定。下面分别阐述确定这些结构尺寸的原则和方法。

① 轴承旁连接螺栓凸台高度 h 的确定。如图 5-12 所示，为了尽量增大剖分式箱体轴承座的刚度，轴承旁连接螺栓在不与轴承盖连接螺栓相干涉的前提下，其钉距 S 应尽可能地缩短，通常取 $S \approx D_2$，D_2 为轴承盖的外径。在轴承尺寸最大的那个轴承旁螺栓中心线确定后，根据螺栓直径 Md_1 确定扳手空间 c_1 和 c_2 值。在满足 c_1 的条件下，用作图法确定出凸台的高度 h。这样定出的 h 值不一定是整数，可向增大方向圆整成 R20 系列标准数值(表 14-9)。箱体上各轴承旁连接螺栓的凸台高度都取该值。

② 小齿轮侧箱盖外表面圆弧 R 的确定。大齿轮所在一侧箱盖的外表面圆弧半径 $R=(d_{a2}/2)+\Delta_1+\delta_1$，在一般情况下轴承旁连接螺栓凸台均在圆弧内侧，按有关尺寸画出即可。而小齿轮所在一侧的外表面圆弧半径须根据箱体对称的原则在主视图上作图确定，见图 5-13。在主视图上小齿轮侧箱盖结构确定之后，将有关部分再投影到俯视图上，便可画出俯视图上小齿轮侧的箱体内壁、外壁和箱缘等结构。

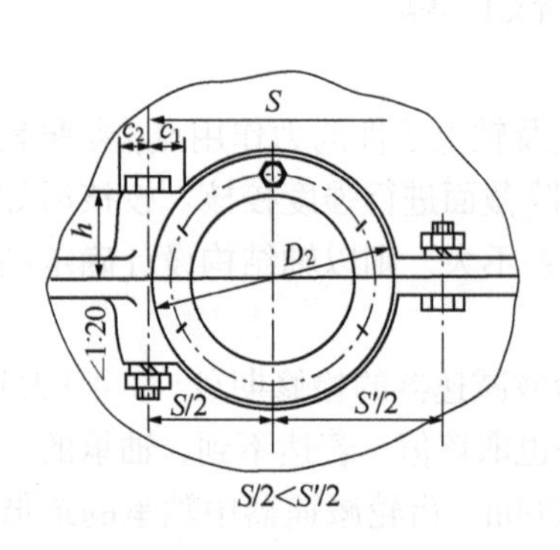

图 5-12　轴承旁连接螺栓凸台

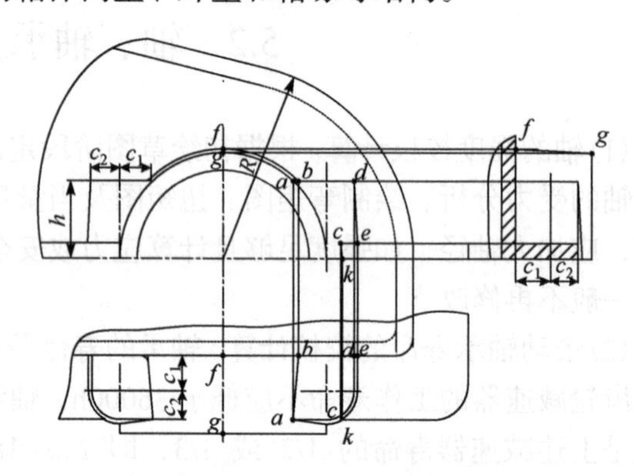

图 5-13　小齿轮侧箱盖圆弧 R

③ 在俯视图上确定箱缘上零件的布置。为保证上、下箱连接的紧密性，箱缘连接螺栓的间距不宜过大，对于中小型减速器来说，由于连接螺栓数目较少，间距一般不大于 100～150mm；大型减速器可取 150～200mm。在布置上尽量做到均匀对称，并注意不要与吊耳、吊钩和定位销等干涉。

④ 油面及箱座高度 H 的确定。图 5-14 中表示出了传动件在油池中的浸油深度，圆柱齿轮应浸入油中一个齿高，但应不小于 10mm。这样确定出的油面可作为最低油面，考虑使用中油不断蒸发耗失，还应给出一个允许的最高油面，中小型减速器最高油面比最低油面高出 5～10mm 即可。因此，确定箱座高度 H 的原则为，既要保证大齿轮齿顶圆到箱座底面的距离不小于 30～50mm(图 5-14)，以避免齿轮回转时将池底部的沉积物搅起，又要保证箱座有足够的容积存放传动所需的润滑油。通常单级减速器每传递 1kW 的功率，需油量 V_0=0.35～0.7dm^3；多级减速器，按级数成比例增加。需油量 V_0 的小值用于低黏度油，大值用于高黏度油。油池的容积越大，则油的性能维持得越久，因而润滑条件越好。

设计可先按 $H \geqslant (d_{a2}/2)+(50\sim30)+\delta+(3\sim5)$ mm，确定箱座高度，再计算箱座中可储存的油量 V，应使 $V \geqslant V_0$。若 $V<V_0$，应将箱体底面下移，适当增加箱座高度，以增加油池深度，直至 $V \geqslant V_0$。

⑤ 箱缘输油沟的结构形式和尺寸。当轴承利用齿轮飞溅起来的润滑油润滑时，应在箱座的箱缘上设输油沟，使溅起的油沿箱盖内壁经斜面流入输油沟里，再经轴承盖上的导油槽流入轴承(图 5-1 及图 5-2)。输油沟有机械加工和铸造两种(图 5-15)，机械加工油沟由于容易制造、工艺性好，故一般多用；铸造油沟由于工艺性不好，用得较少。中小型减速器最好采用机械加工油沟。

⑥ 箱体结构的工艺性。在进行箱体结构设计时，还要特别注意结构工艺性问题。因为结构工艺性的优劣直接关系到制造是否方便和价格的高低。结构工艺性包括铸造工艺性和机械加工工艺性等方面。下面简述在大多数情况下必须遵守的结构设计原则，供设计时参考。

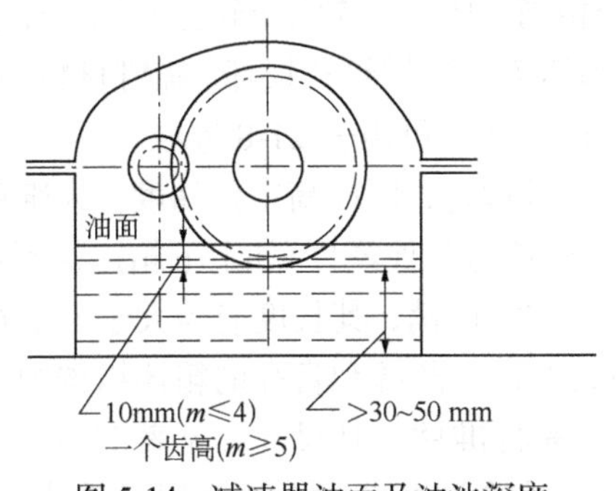

图 5-14　减速器油面及油池深度

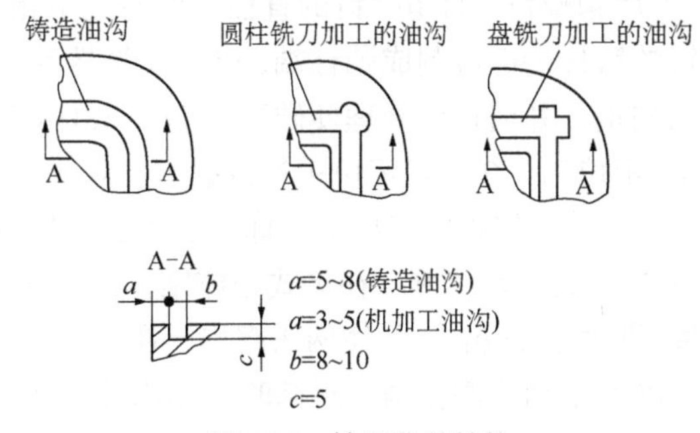

图 5-15　输油沟的结构

a. 箱体结构的铸造工艺性。设计铸造箱体(包括轴承盖、套杯等)时，应注意铸造生产中的工艺要求，力求外形简单、壁厚均匀、过渡平缓，避免大量的金属局部积聚等。在确定壁厚尺寸时，一定要考虑金属液态流动的通畅性、壁厚不可太薄，太薄则可能出现铸件充填不满的缺陷，对于 HT150 及 HT200 的最小允许壁厚为 6～8mm。在采用砂型铸造时，箱体上铸造表面(铸后不再进行机械加工的表面)相交处，应设计成圆角过渡(称铸造圆角)，以便于液态金属的流动。铸造圆角半径可取 R>5mm，参见表 14-19 和表 14-20。设计铸件结构时，还应注意沿拔模方向有 1：20 或 1：10 的拔模斜度，以便于造型时的拔模(见图 5-12)。

b. 箱体结构的机械加工工艺性。在设计箱体结构形状时，应尽可能减少机械加工面，以提高劳动生产率和减少刀具的磨损。同一轴心线上的轴承座孔的直径、精度和表面粗糙度尽可能一致，以便一次镗出，这样既可以缩短工时又容易保证精度。箱体上各轴承座的端面应位于同一平面内，且箱体两侧轴承座端面应与箱体中心平面对称，以便于加工和检验。箱体上任何一处加工表面与非加工表面必须严格分开，不要使它们处于同一表面上，或凸出或凹入，根据加工方法而定。例如，箱体表面在轴承座端面处、通气装置处、吊环螺钉处、放油螺塞处等均应凸起，凸起高度一般为 5～8mm，检查孔处凸起 3～5mm。上下箱连接螺栓的头部及螺母与箱缘接触的表面也需进行机械加工，一般多采用沉头座的结构形式。沉头座用锪刀锪削，深度不限，锪平为止，画图时可画成 2～3mm 深。

(3)减速器的附件设计。4.3 节中已介绍了各附件的功用，现对草图设计中的注意事项简述如下。

① 检查孔及检查孔盖。检查孔的位置应开在传动件啮合区的上方，并应有适宜的大小，以便手能伸入进行检查。检查孔平时用盖板盖住，盖板上应加防渗漏的垫片。盖板可用钢板、铸铁或有机玻璃制造。箱盖上安放盖板的表面应进行刨削或铣削，故应有凸台，凸台高度一般取 3～5mm。检查孔及其盖板的尺寸见表 21-1。

② 油面指示装置。油面指示装置的种类很多，有油标尺(杆式油标)、圆形油标、长形油标和管状油标等。在难以观察到的地方，应该采用油标尺。油标尺由于结构简单，在减速器中应用较多，其上刻有最高和最低油面的标线。长期连续工作的减速器，在油标尺的外面常装有油标尺套。以便能在不停车的情况下随时检查油面。设计时要注意油标尺在箱体上放置的部位及倾斜角度(一般与水平面成 45°或大于 45°)。各种油标的结构和尺寸参见表 20-8～表 20-10。

③ 通气器。常用的通气器有通气螺塞和网式通气器两种结构型式。清洁环境可选用构造简单的通气螺塞；多尘环境应选用有过滤灰尘作用的网式通气器。通气器的尺寸规格视减速器尺寸的大小而定。通气器的结构和尺寸参见表 21-2、表 21-3。

④ 放油孔及螺塞。减速器通常设置一个放油孔，也有设置两个的。螺塞有带圆柱细牙螺纹和圆锥螺纹的两种。圆柱螺纹螺塞自身不能防止漏油，因此在螺塞的下面要放置一个封油垫片，垫片用石棉橡胶纸板或皮革制成。圆锥螺纹螺塞能形成密封连接，因此它无需附加密封。近年来，常用圆锥螺纹螺塞取代圆柱螺纹螺塞。螺塞及封油垫片的尺寸参见表 21-6。

⑤ 起吊装置。吊钩和吊耳的结构尺寸参见表 21-9。吊环螺钉是标准件，其公称直径的大小按起吊重量由表 21-10 选取。各种减速器的参考质量可由表 21-10 查得。

当减速器质量较小时，允许用箱盖上的吊耳或吊环螺钉吊运整个减速器，当减速器质量较大时，箱盖上的吊耳或吊环螺钉只允许吊运箱盖，而用箱座上的吊钩吊运下箱座或整个减速器。

⑥ 启箱螺钉。启箱螺钉的直径一般与上下箱连接螺栓直径相同，其长度应大于箱盖凸缘的厚度 b_1，启箱螺钉的钉杆端部应制成圆柱端，以免反复拧动时将杆端螺纹和箱盖上的螺纹孔损坏。螺钉材料为 35 优质碳素结构钢，并通过热处理使硬度达 28～38HRC。启箱螺钉的规格尺寸可由表 21-8 查取。

⑦ 定位销。在确定定位销的位置时，应使两定位销的距离尽量远些，以提高定位精度。为避免箱盖装反，两定位销的位置应明显不对称。除此还要照顾到装拆方便并避免与其他零件(如上下箱连接螺栓、油标尺、吊耳、吊钩等)干涉。在老式箱体结构的减速器中，多采用圆锥定位销，其长度应稍大于上下箱凸缘的总厚度(即大于 $b+b_1$)，并使两头露出，便于安装和拆卸。在新式的带内凸缘和盲孔的箱体结构中，要用带内螺纹的圆锥销或圆柱销，拆卸时利用内螺纹拔出销钉。定位销是标准件，其尺寸参见表 17-4～表 17-7。

(4)选择配合种类，标注配合尺寸。为绘制零件工作图方便，应在装配草图上注明配合零件(如传动件与轴，轴承与轴、轴承外圈和轴承端盖与箱体轴承座孔)的尺寸、配合性质和精度等级。装配草图绘好后，不要急于加深，待零件工作图设计完成后，进行某些必要的修改，再加深完成装配工作图的设计。

(5)完成草图设计阶段的正误结构分析。草图设计阶段的常见正误结构对比见表 5-2。完成后的两级圆柱齿轮减速器装配草图如图 5-16 所示。

表 5-2　箱体及附件设计中正误结构示例

不正确的结构	正确的结构
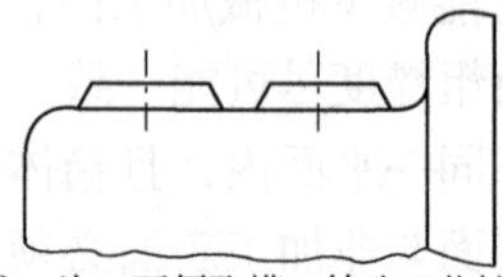 几个凸台没有连成一片，不便取模，铸造工艺性不好	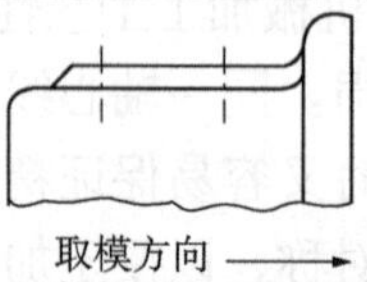 取模方向 ⟶ 几个凸台连成一片，凸起高度相同，便于起模，便于加工
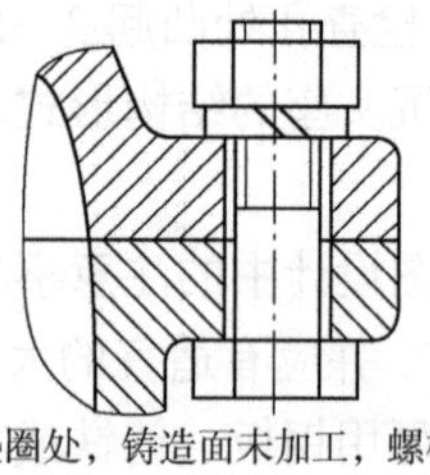 箱缘在安装钉头及垫圈处，铸造面未加工，螺栓易受偏心载荷	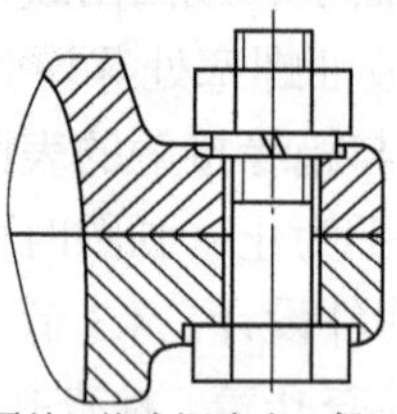 箱缘在安装钉头及垫圈处，锪出沉头座，保证了支承面与钻孔中心线垂直
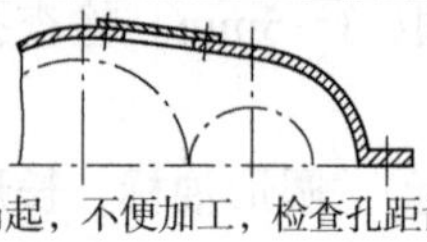 箱盖的检查孔处无凸起，不便加工，检查孔距齿轮啮合处太远，不便观察，检查孔盖下无垫片易漏油	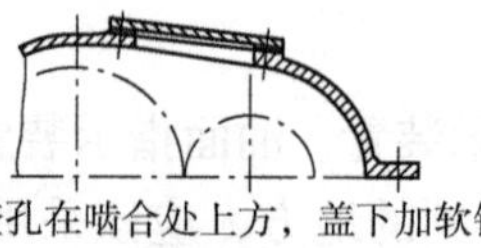 箱盖增设凸台，检查孔在啮合处上方，盖下加软钢纸板垫片
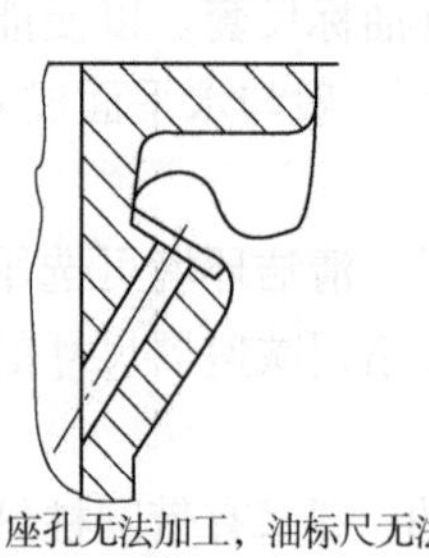 油标尺座孔倾斜过大，座孔无法加工，油标尺无法装配	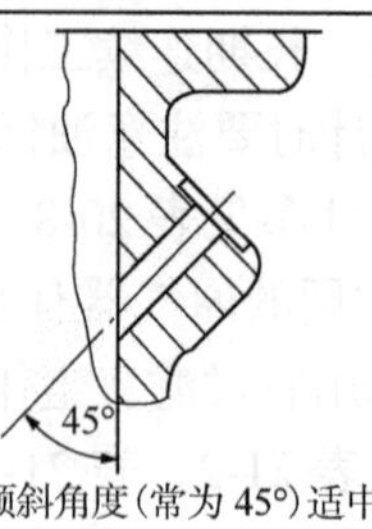 45° 油标尺座孔位置高度、倾斜角度(常为 45°)适中，便于加工，装配时油标尺不与箱缘干涉
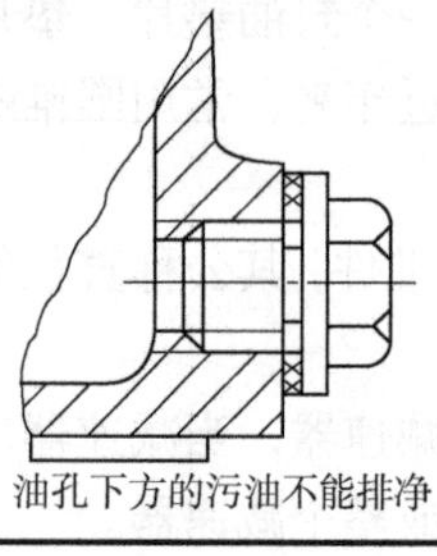 放油孔开设得过高，油孔下方的污油不能排净	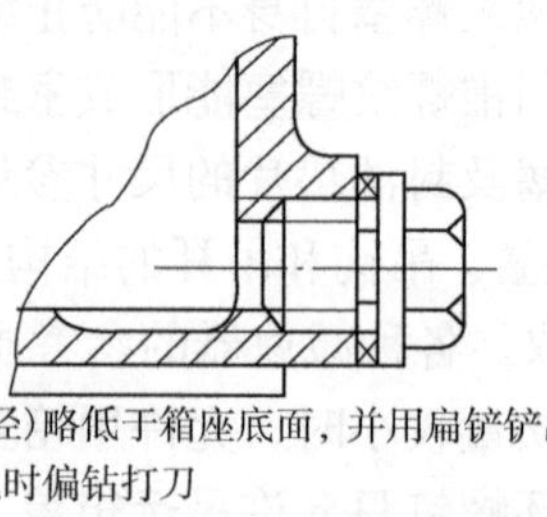 螺孔内径(螺纹小径)略低于箱座底面，并用扁铲铲出一块凹坑或铸出一块凹坑，以免钻孔时偏钻打刀

续表

不正确的结构	正确的结构
支承面未锪削出沉头座；螺钉根部的螺孔未扩孔，螺钉不能完全拧入；装螺钉处凸台高度不够，螺钉连接的圈数太少，连接强度不够；箱盖内表面螺钉处无凸台，加工时易偏钻打刀	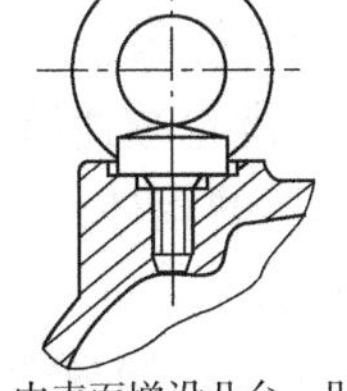 箱盖外表面加高凸台，内表面增设凸台；凸台上表面锪沉头座；螺钉根部螺孔扩孔
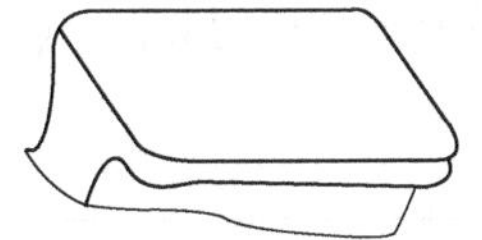 箱体底座全部为加工面，加工面积大，增大刀具磨损，生产率低	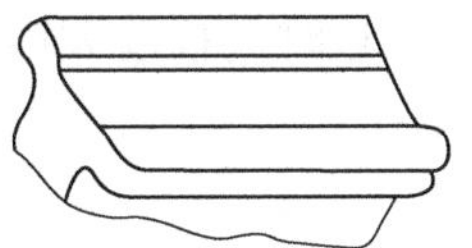 将箱体底座设计成条状或块状，以减少加工面积，有利于安装定位

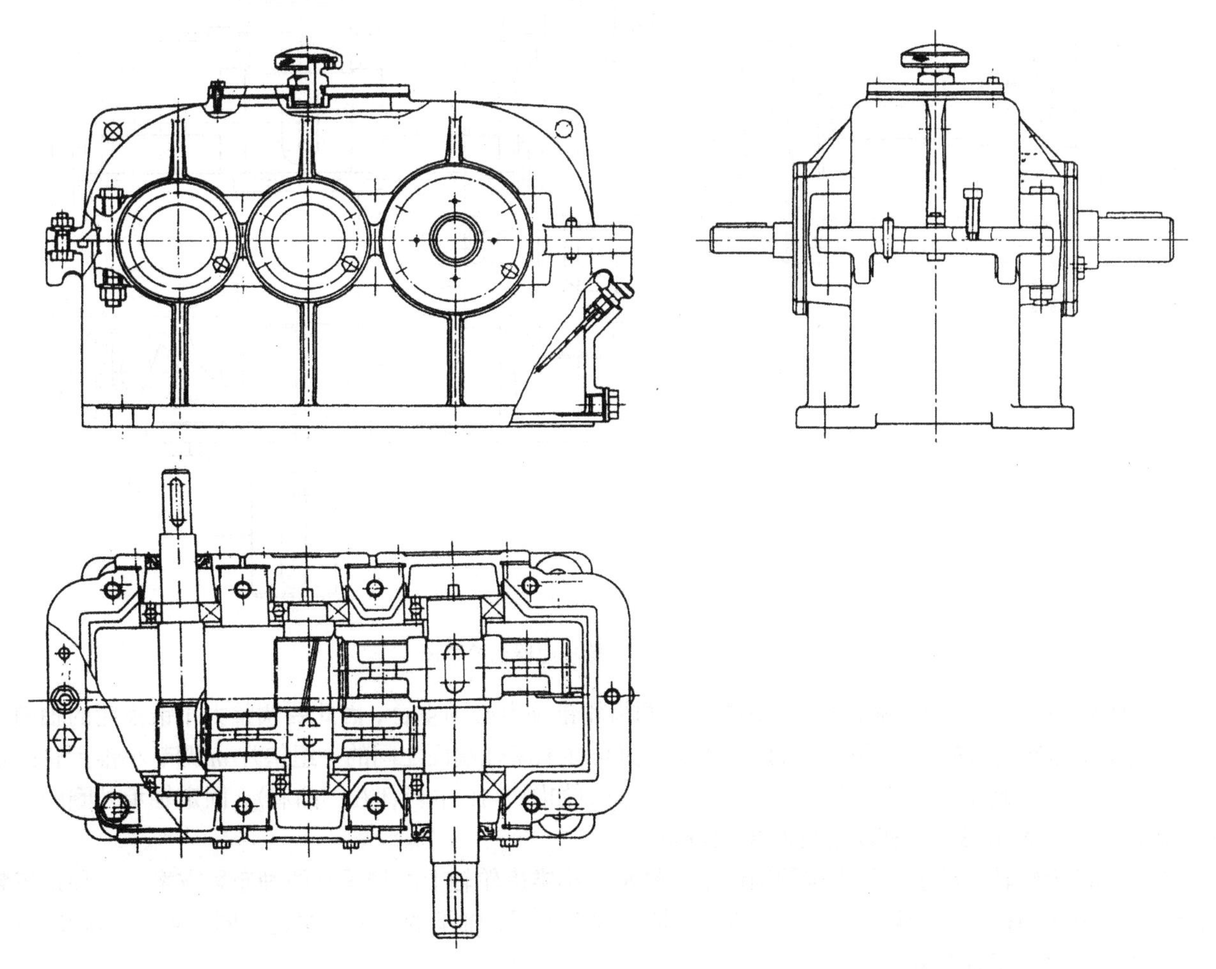

图 5-16　两级圆柱齿轮减速器装配草图

5.4　锥-圆柱齿轮减速器装配草图设计的特点与绘图步骤

锥-圆柱齿轮减速器装配草图的设计内容与绘图步骤，与两级圆柱齿轮减速器大同小异，因此要求在设计时应仔细阅读有关两级圆柱齿轮减速器装配草图设计的全部内容。现仅就其设计特点与绘图步骤阐述如下。

(1) 在设计锥-圆柱齿轮减速器时，有关箱体的结构尺寸，仍查表 5-1 并参考图 5-4。

锥-圆柱齿轮减速器的箱体，一般都采用以小锥齿轮的轴线为对称线的对称结构，以便于大齿轮调头安装时，可改变出轴方向。

(2) 如图 5-17 所示，在俯视图上画出各轴的轴心线和大小锥齿轮的外廓；按使小锥齿轮大端轮缘的端面与箱体内壁距离$\Delta \geqslant \delta$，画出小锥齿轮侧箱体的内壁；按使大锥齿轮轮毂端面与内壁距离$\Delta_2 \geqslant \delta$，以及小锥齿轮轴线为箱体对称线的原则，画出箱体沿长度方向的内壁；使小圆柱齿轮端面与内壁距离$\Delta_2 \geqslant \delta$，画出大、小圆柱齿轮的轮廓，这时应检验大锥齿轮与大圆柱齿轮的间距Δ_3是否大于 5～10mm。若Δ_3<5～10mm，则应将箱体适当加宽。

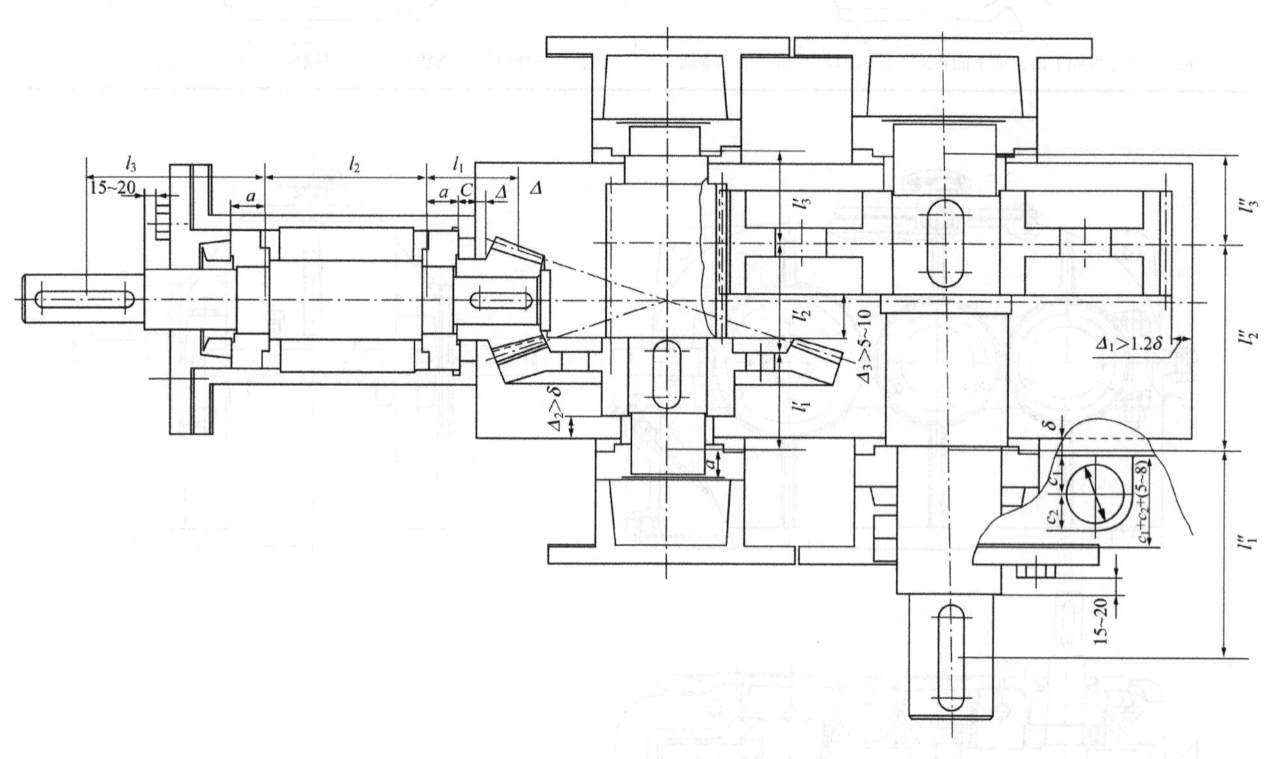

图 5-17　锥-圆柱齿轮减速器初绘草图

(3) 为保证锥齿轮传动的啮合精度，装配时，两齿轮锥顶点必须重合，因此要调整大小锥齿轮的轴向位置，为此小锥齿轮通常放在套杯内，用套杯凸缘端面与轴承座外端面之间的一组垫片 *m* 调节小锥齿轮的轴向位置(图 5-18)。此外，采用套杯结构也便于固定轴承(如图 5-18 中套杯右端凸肩)。固定轴承外圈的凸肩高度见表 18-1～表 18-3。套杯厚度可取 8～10mm。

大、小锥齿轮轴的轴承一般常选用圆锥滚子轴承。小锥齿轮轴上的轴承有两种布置方案，一种是正装(图 5-18)，另一种是反装(图 5-19)。两种方案，轴的刚度不同，轴承的固定方法也不同。从刚度角度来看，反装方案刚度大于正装方案。

对正装方案，轴承固定方法根据小锥齿轮与轴的结构关系而定。图 5-18(a)是齿轮轴结构的轴承固定方法——两个轴承的内圈各端面都需要加以固定(在这里采用轴肩、轴套和轴用弹性挡圈)，而外圈各固定一个端面(在这里采用套杯凸肩和轴承盖)。这种结构方案适用于小锥齿轮大端齿顶圆直径小于套杯凸肩孔径 D_2 的场合，因为齿轮外径大于套杯孔径时，轴承需在套杯内进行安装，很不方便。图 5-18(b)是齿轮与轴分开结构的轴承的固定方法——轴承内外圈都只固定一个端面(内圈靠轴肩固定，外圈靠套杯凸肩和轴承盖端面固定)，轴承安装方便。图 5-18 所示两种方案的轴承游隙都是借助于轴承盖与套杯间的垫片进行调整的。

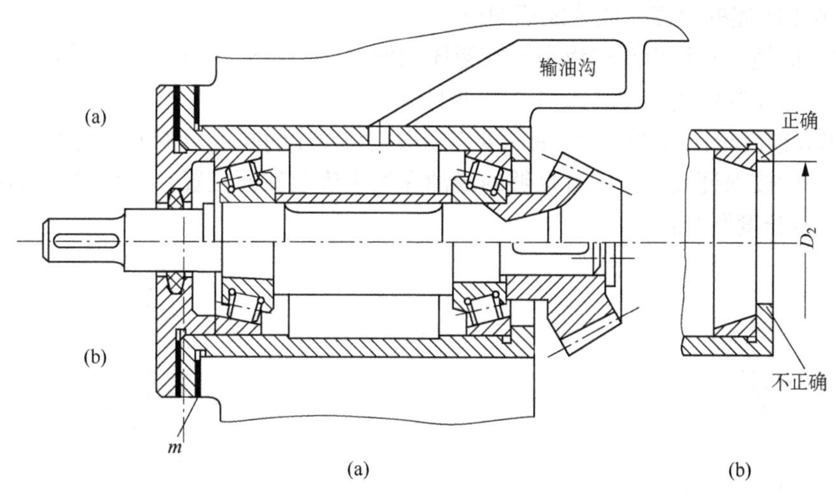

图 5-18　小锥齿轮轴承组合(正安装)

对反装方案，轴承固定和游隙调整方法也和轴与齿轮的结构有关。图 5-19(a)为齿轮轴结构，轴承内圈借助右端轴肩和左端圆螺母固定，外圈借助套杯凸肩固定。图 5-19(b)为齿轮与轴分开的结构，右端轴承内圈借助轴环和齿轮端面固定，左端轴承内圈借助圆螺母固定，而两个轴承外圈都借助套杯凸肩固定。这种反装结构的缺点是轴承安装不便，轴承游隙靠圆螺母调整也很麻烦，故应用较少。

(4)如图 5-20 所示，小锥齿轮多采用悬臂结构，悬臂长 l_1 可这样确定：根据结构定出尺寸 M；按 $\Delta \geqslant \delta$ 定出箱内壁；轴承外圈宽边距内壁距离(即套杯凸肩厚)C=8～12mm；从轴承外圈宽边再定出尺寸 a(a 值见表 18-2、表 18-3)，然后从图上量出悬臂长度 l_1。为使小锥齿轮轴具有较大的刚度，轴承支点距离 l_2 不宜过小，通常取 $l_2=2.5d$ 或 $l_2=(2～2.4)l_1$，式中 d 为轴颈直径，见图 5-17。在确定出支点跨距之后，画出轴承的轮廓。

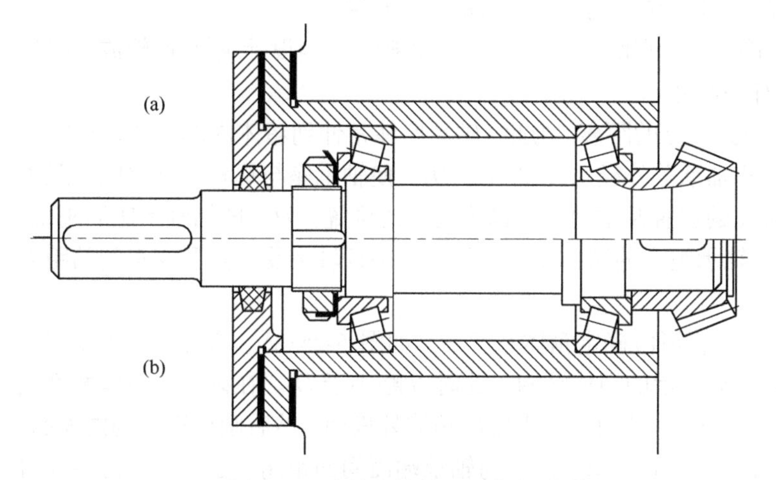

图 5-19　小锥齿轮轴承组合(反安装)

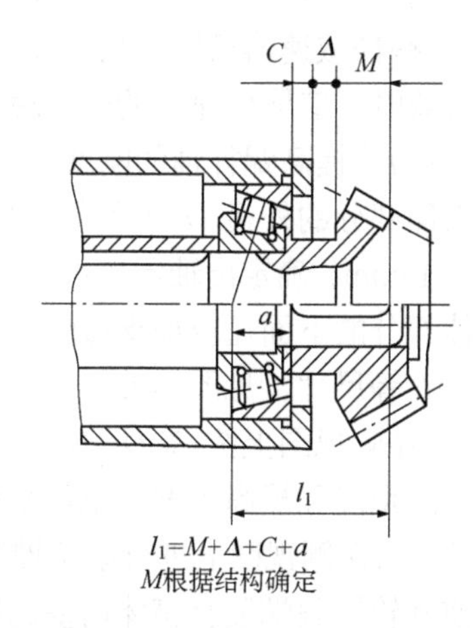

图 5-20　小锥齿轮悬臂长度 l_1 的确定

(5)画出小锥齿轮处的轴承套杯及轴承盖的轮廓尺寸。

(6)画出小锥齿轮轴的结构。定出轴的外伸长度和外伸端所装零件作用于轴上的力的位置。

(7)确定中间轴和低速轴上滚动轴承的位置，画出轴承轮廓。滚动轴承端面至箱体内壁间距离，当轴承采用稀油润滑时取 3～5mm，干油润滑时取 10～15mm。

(8)在俯视图上根据箱体壁厚和螺栓的配置尺寸(即能容纳下扳手的空间)确定轴承孔的总长度为 $l=\delta+c_1+c_2+(5～8)$mm。然后画出中间轴和低速轴的轴承盖的轮廓。根据低速轴外伸端所装零件定出轴伸长度，并画出轴的其他各部结构。

(9)从初绘草图中量取支点间和受力点间的距离 l_1、l_2、l_3、l_1'、l_2'、l_3'、l_1''、l_2''、l_3''，并圆整成整数。然后校核轴、轴承及键的强度。

(10)根据 5.3 节中所述的内容完成装配草图设计。

在画主视图时，应使大圆柱齿轮的齿顶圆与箱体内壁之间的距离$\Delta_2 \geqslant 1.2\delta$。若采用圆弧形的箱盖造形，还须保证小锥齿轮与箱盖内壁间的距离$\Delta_1 > 1.2\delta$，见图 5-21。

图 5-22 表示出大锥齿轮在油池中的浸油深度，一般应将整个齿宽或至少 0.7 倍齿宽浸入油中。对于锥-圆柱齿轮减速器，一般按保证大锥齿轮有足够的浸油深度来确定油面位置，然后检验低速级大齿轮浸油深度不应超过(1/6～1/3)分度圆半径。

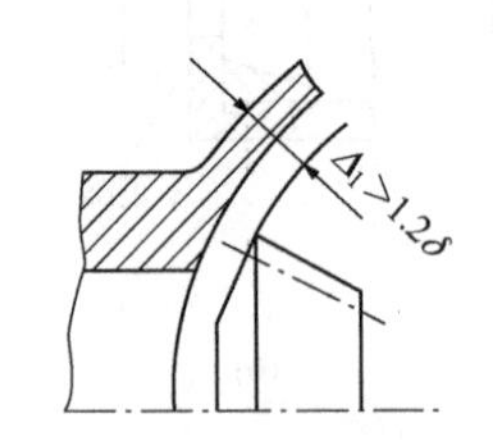

图 5-21　小锥齿轮与箱壁间隙

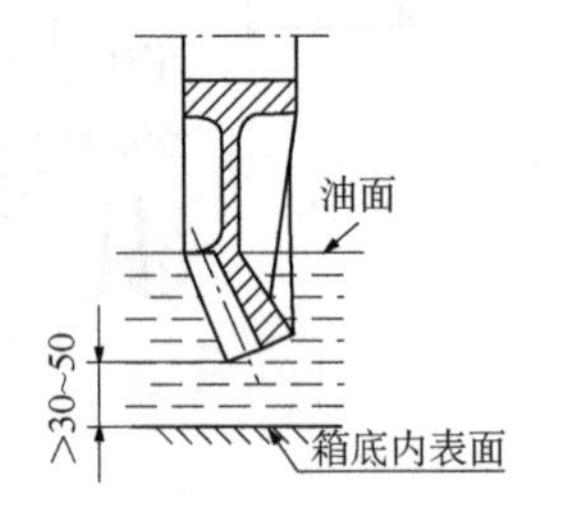

图 5-22　锥齿轮油面的确定

图 5-17 为锥-圆柱齿轮减速器装配草图设计初绘草图阶段应完成的设计内容。

5.5　蜗杆减速器装配草图设计的特点与绘图步骤

因为蜗杆和蜗轮的轴线呈空间交错，所以不可能在一个视图上画出蜗杆和蜗轮轴的结构。画装配草图时需主视图和侧视图同时绘制。在绘图之前，应仔细阅读 5.1～5.3 节中所阐述的内容。现以单级蜗杆减速器为例，说明设计特点与绘图步骤。

(1)如图 5-23 所示，在各视图上，定出蜗杆和蜗轮的中心线位置。绘出蜗杆的节圆、齿顶圆、齿根圆、长度及蜗轮的节圆、外圆等，画出蜗杆轴的结构。在侧视图上画出蜗轮的轮廓。

(2)蜗杆减速器箱体的结构尺寸可参看图 5-5，利用表 5-1 的经验公式确定。当设计蜗杆-齿轮或两级蜗杆减速器时，应取低速级的中心距去计算有关尺寸。

(3)为了提高蜗杆轴的刚度，应尽量缩小其支点的距离。为此，轴承座体常伸到箱体内部，如图 5-24 所示。内伸部分的外径 D_1 近似等于螺钉连接式轴承盖外径 D_2，即 $D_1 \approx D_2$。使轴承座与蜗轮外圆之间的距离$\Delta \geqslant 12$～15mm，确定出轴承座内伸部分端面 A 的位置及主视图中箱体内壁的位置。为了增加轴承座的刚度，在内伸部分的下面还应加支撑肋。通过轴及轴承组合的结构设计，可定出蜗杆轴上受力点和支点间的距离 l_1、l_2、l_3 等尺寸，见图 5-23。

(4)在侧视图上按 $B \approx D_2$(D_2 为蜗杆轴轴承盖外径)确定箱体宽度 B，如图 5-25(a)。有时为了缩小蜗轮轴的支点距离和提高刚度，也可采用图 5-25(b)所示的箱体结构，此时 B 略小于 D_2。在确定了箱体宽度之后，就可以在侧视图上进行蜗轮轴及轴承组合的结构设计。首先定出箱体外表面，然后画出箱壁的内表面，务必使蜗轮轮毂端面至箱体内壁的距离$\Delta_2 \geqslant 10$～15mm。箱体内壁与轴承端面间的距离，当采用润滑脂润滑时取 10～15mm；当采用润滑油润滑时取 3～5mm。在轴承位置定出后，画出轴承轮廓。通过蜗轮轴及轴承组合的初步设计，就可从图上量得支点和受力点间的距离 l_1'、l_2'、l_3'，见图 5-23。

(5)蜗杆减速器轴承组合的润滑与蜗杆传动的布置方案有关。当蜗杆圆周速度小于 10m/s 时，通常采用蜗杆布置在蜗轮的下面，称为蜗杆下置式。这时蜗杆轴承组合靠油池中的润滑油润滑，比较方便。蜗杆浸油深度为(0.75～1.0)h(h 为蜗杆的螺牙高或全齿高)，同时油面不得超过蜗杆轴承最低位置滚动体的中心。为防止蜗杆轴承浸油过深，或当蜗杆的圆周速度较高时，为了避免蜗杆直接浸入油中增加搅油损失，可在蜗杆轴上设溅油环，如图 5-26 所示，利用溅油环飞溅的油来润滑传动零件及轴承。蜗杆置于蜗轮上面称为上置式，用于蜗杆圆周速度大于 10m/s 的传动。由于蜗轮速度低，故搅油损失小，油池中杂质和磨料进入啮

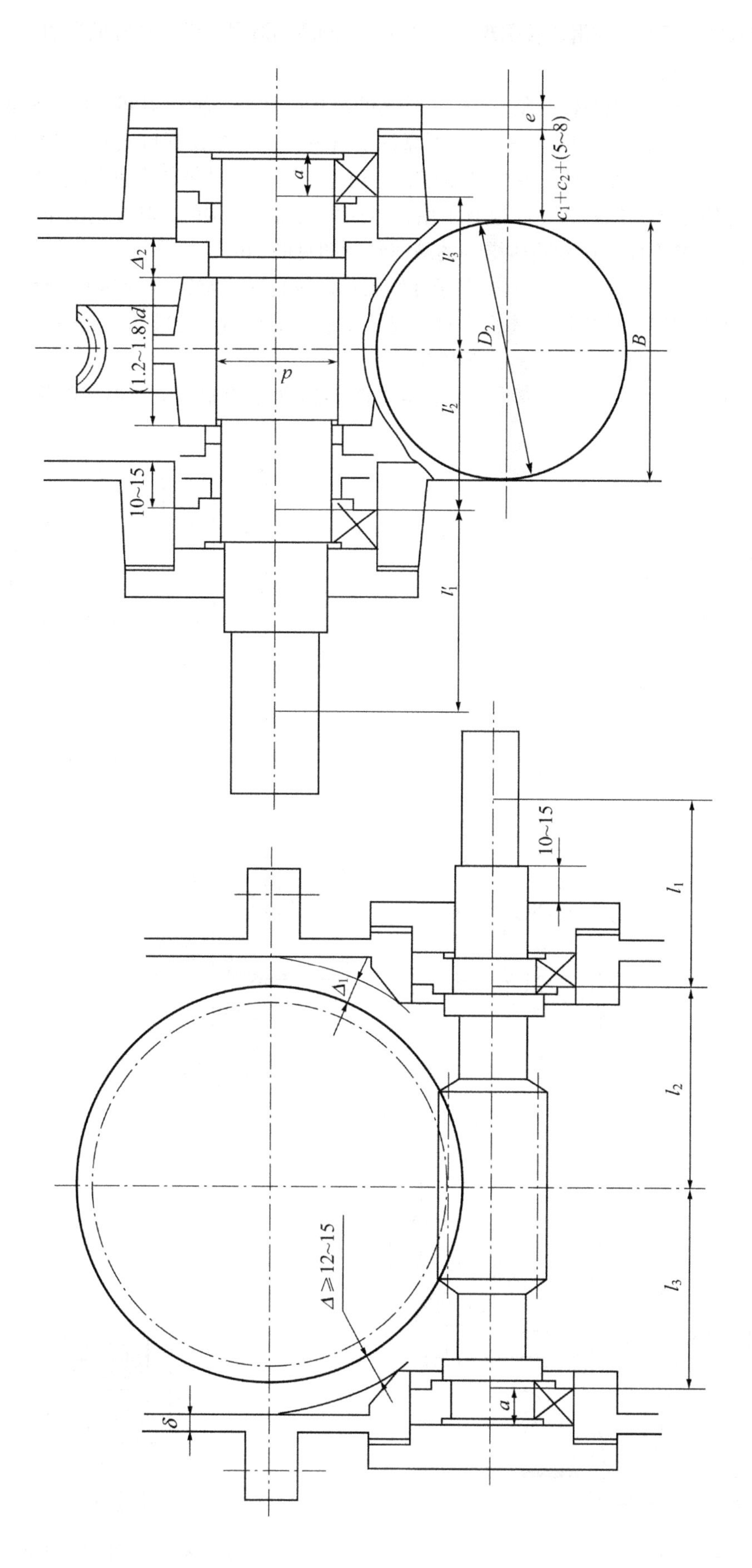

图5-23　单级蜗杆减速器初绘草图

合处的可能性小。但其轴承组合的润滑比较困难，此时可采用润滑脂润滑或设计特殊的导油结构，见图 5-27，图中蜗轮轴的轴承是用刮油润滑的。

(6) 轴承游隙的调整，通常靠箱体轴承座与轴承盖间的垫片或套杯与轴承盖间的垫片来实现。

(7) 对于蜗杆下置式减速器，蜗杆轴应采用较可靠的密封装置，如橡胶密封或混合式密封。

(8) 大多数蜗杆减速器都采用沿蜗轮轴线平面剖分的箱体结构，这种结构可使蜗轮轴的安装调整比较方便，见图 26-6。中心距较小的蜗杆减速器也有采用整体式大端盖箱结构的，其结构简单、紧凑、质量小，但蜗轮及蜗轮轴的轴承调整不便，这种箱体结构的减速器例图见图 26-7。

(9) 蜗杆传动效率较低，发热量较大，因此对于连续工作的蜗杆减速器需进行热平衡计算。不满足要求时，应增大箱体散热面积和增设散热片，散热片的结构和尺寸见图 5-28。当采取了上述措施仍不满足要求时，则可考虑采用在蜗杆轴头加风扇等强迫冷却措施。

(10) 根据 5.3 节中所述各点完成装配草图设计内容。图 5-23 为单级蜗杆减速器装配草图设计中初绘草图阶段的示例。

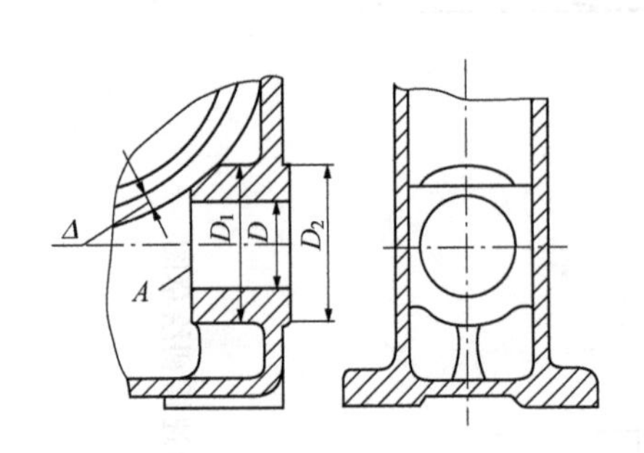

图 5-24　蜗杆轴承座结构

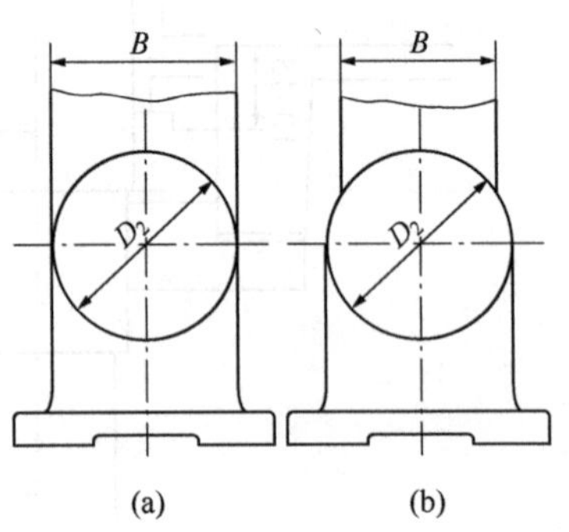

图 5-25　蜗杆减速器箱体宽度

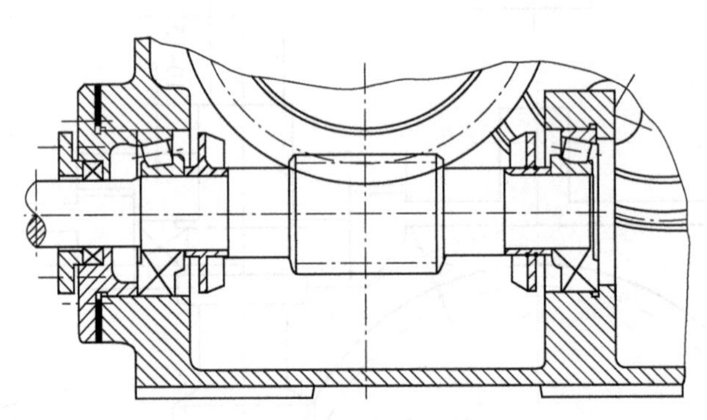

图 5-26　溅油环结构

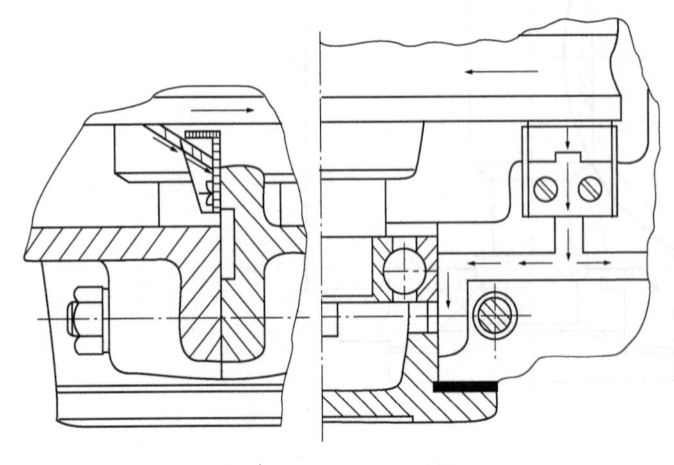

图 5-27　刮油导油结构

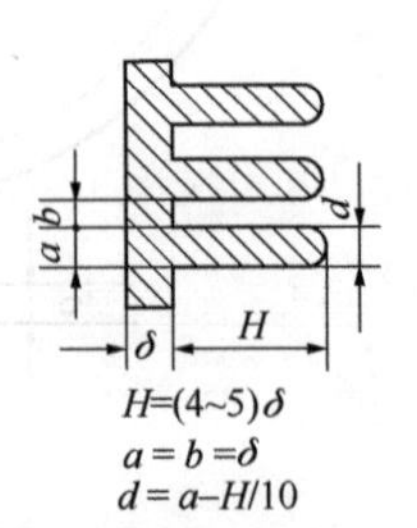

图 5-28　散热片的结构和尺寸

第6章 零件工作图设计

零件工作图是制造、检验和制定零件工艺规程的基本技术文件。它是在装配草图的基础上拆绘和设计而成的。它既要反映设计者的意图，又要考虑到制造、装拆的可能性和结构的合理性。零件工作图应该包括制造和检验零件所需的全部详细内容。如视图、尺寸与公差、形位公差、表面粗糙度、材料及热处理要求，以及上述各项中尚未表明的技术条件的各项说明。

6.1 零件工作图的设计要求

对零件工作图的设计要求简述如下。

6.1.1 基本视图、比例尺、局部视图

每个零件必须单独绘制在一张标准图幅中。应合理地选用一组视图(包括基本视图、剖面图、局部视图和其他规定画法)，将零件的结构形状和尺寸都完整、准确而清晰地表达出来。比例尺应尽量采用 1：1，以增强对零件的真实感。必要时，可适当放大或缩小，放大或缩小的比例尺亦必须符合标准规定。对于零件的细部结构(如退刀槽、过渡圆角和需要保留的中心孔等)如有必要，可以采用局部放大图。

图面的布置应根据视图的轮廓大小，考虑标注尺寸、书写技术条件，以及绘制标题栏等占据的位置做全盘安排。

零件的基本结构与主要尺寸，均应根据装配草图来绘制，即与装配草图一致，不得随意改变。如果必须改动时，则应对装配草图做相应的修改。

6.1.2 零件工作图尺寸的标注

在零件工作图上标注的尺寸和公差，是加工和检验零件的根据，必须完整、准确且合理。尺寸和公差的标注方法，应符合标准规定，符合加工工序要求，还应便于检验。标注尺寸与公差时应当注意下列各点。

(1)正确选定基准面和基准线。

(2)零件的大部分尺寸尽量集中标注在最能反映该零件结构特征的一个视图上。

(3)图面上应有供加工和检测所需要的足够尺寸和公差。以避免在加工过程中作任何换算。

(4)所有尺寸应尽量标注在视图的轮廓之外，尺寸引出线只能引到可见轮廓线上。尺寸线之间最好不交叉。

(5)对于配合处的尺寸及精度较高部位的几何尺寸，均应根据装配草图中已经确定了的配合性质和精度等级查有关公差表，注出各自尺寸的极限偏差。如装配草图上注出的齿轮与轴的配合部分尺寸与配合性质为ϕ60H7/n6，按 n6 查出轴上、下极限偏差为+0.039 和+0.020，则轴的该部分直径尺寸记为$\phi 60^{+0.039}_{+0.020}$。对于齿轮的零件工作图，孔的极限偏差则应按 H7 查，得到上、下极限偏差为+0.030 和 0，则齿轮孔的直径应该记为$\phi 60^{+0.030}_{0}$。此外，轴颈的直径尺寸，箱体上的中心距尺寸、轴与键配合的键槽的尺寸等都须在零件工作图上标注尺寸及相应的极限偏差值。

6.1.3 零件表面粗糙度的标注

零件表面的粗糙度选择的恰当与否，将影响到零件表面的耐磨性、耐腐蚀性、零件的抗疲劳能力及其配合性质等，也直接影响到零件的加工工艺和制造成本。所以，确定零件表面粗糙度时，应根据零件的工作要求、精度等级和加工方法等综合考虑慎重选定。在不影响零件正常工作的前提下，尽量选用较大的粗糙度，否则将使零件的加工费用增高。

零件粗糙度的选择，通常采用类比法。表 23-17 的荐用值可供参考。

零件的所有表面均应注明粗糙度。如有较多的表面具有相同的粗糙度时，为避免出现多处同样标注，使图面更清晰，可统一标注在零件工作图的标题栏附近，并在粗糙度要求的符号后面加上在圆括号内的基本符号，可参考第 4 篇的零件工作图。

6.1.4　形位公差的标注

零件工作图上应标注必要的形状和位置公差，即形位公差，这也是评定零件加工质量的重要指标之一。对于不同零件的工作性能要求不同，所需标注的形位公差项目及等级亦不相同。

轴和箱体零件工作图中应标注的形位公差项目和荐用精度等级参见表 23-13 和表 23-14。

6.1.5　技术条件

对零件在制造时必须保证的技术要求，且又不便用图形或符号表示时均可用文字简明扼要地书写在技术条件中。不同零件的技术条件也不尽相同，通常按照如下方面进行编制。

(1) 对铸造或锻造毛坯的要求。如要求毛坯表面不允许有毛刺、氧化皮，箱体件在机械加工前必须经时效处理等。

(2) 对材料热处理方法及达到的硬度等要求。

(3) 对机械加工的要求。如是否要求保留中心孔，箱体上的定位销孔，一般是要求上、下箱体配钻和配铰，都应在技术条件中写明。

(4) 其他要求。如对未注明的倒角、圆角的说明；对零件局部修饰的要求，如要求涂色、镀铬等；对于高速、大尺寸的回转零件，常要求做静、动平衡试验等。

此外，是否有允许替代的材料，如果有，则应写明替代材料的牌号及热处理要求等；是否要打钢印及打印的位置；对于检验、包装和运输等方面的要求等。总之，技术条件的内容很广，课程设计中可由指导教师酌情指定编写几项即可。

6.1.6　标题栏

零件工作图的标题栏位置应布置在图幅的右下角，用以说明该零件的名称、材料、数量、图号、比例以及责任者姓名等，其规格尺寸如图 13-1 所示。

6.2　轴零件工作图设计

(1) 视图。轴类零件的结构特点是各组成部分常为同轴线的圆柱体及圆锥体，带有键槽、退刀槽、轴环、轴肩、螺纹段及中心孔等。因此，一般只画一个视图，即将轴线水平横置，且使键槽朝上，便能全面地表达了轴类零件的外形与尺寸。再在键槽、圆孔等处加画辅助的剖面图。对零件的细部结构，如退刀槽、砂轮越程槽、中心孔等处，必要时可画出局部放大图加以辅助。

(2) 标注尺寸。轴类零件应该标注各段直径尺寸、长度尺寸、键槽和细部结构尺寸等。为了保证轴上所装零件轴向定位，标注轴各段长度尺寸时，应根据设计和工艺要求确定主要基准和辅助基准。并选择合理的标注形式。对于长度尺寸精度要求较高的部分应当直接注出，精度要求不高的某一长度尺寸可不予标注。要避免标注成封闭尺寸链。

(3) 公差及表面粗糙度的标注。轴的重要尺寸，如安装齿轮、链轮、联轴器及轴承部位的直径，均应依据装配草图上所选定的配合性质和精度查出公差值标注在零件图上；键槽尺寸及公差，亦应依键连接公差的规定进行标注。表 23-13 列出了轴形状和位置公差的推荐标注项目和精度等级。形位公差的具体数值，由表 23-9～表 23-12 查取。标注方法见第 4 篇中轴的零件工作图。由于轴的各部分精度不同，加工方法不同，表面粗糙度亦不相同。表面粗糙度参数值的选择参见表 23-17，其标注方法参见图 28-1。

(4) 技术条件。参考 6.1.5 节中所述各点编制。图 28-1 为轴的零件工作图例，供参考。

6.3　齿轮零件工作图设计

(1)视图的安排。齿轮可视为回转体，一般用一两个视图即可表达清楚。选择主视图时，常把齿轮的轴线水平横置，用全剖或半剖视图表示孔、键槽、轮毂、轮辐及轮缘的结构；左或右侧视图可以全部画出，以表示齿轮的轮廓形状和轴孔、键槽、轮毂、轮缘等整体结构，也可以绘局部视图只表示轴孔和键槽的形状和尺寸。总之，齿轮零件工作图的视图安排与轴类零件工作图很相似。

(2)尺寸、公差与表面粗糙度的标注。齿轮零件工作图上的尺寸按回转体尺寸的标注方法进行。以轴线为基准线、端面为齿宽方向的尺寸基准。既要注意不要遗漏，如各圆角、倒角、斜度、锥度、键槽尺寸等，又要注意避免重复。

齿轮的分度圆直径是设计计算的基本尺寸，齿顶圆直径、轮毂直径、轮辐(或腹板)等尺寸，都是加工中不可缺少的尺寸，都应标注在图纸上，而齿根圆直径则是根据其他尺寸参数加工的结果，按规定应不予标注。

齿轮零件工作图上所有配合尺寸或精度要求较高的尺寸，均应标注尺寸公差、形位公差及表面粗糙度。

齿轮的轴孔是加工、检验和装配时的重要基准，其直径尺寸精度要求较高。应根据装配草图上选定的配合性质和公差精度等级，查公差表，标出各极限偏差值。

齿轮的形位公差除须标注表 24-17(圆柱齿轮)、表 24-27(圆锥齿轮)及表 24-41 和表 24-42(蜗轮、蜗杆)的规定项目外，还包括键槽两个侧面对于中心线的对称度公差，按 7～9 级精度选取。此外，齿轮所有表面都应标注表面粗糙度参数值。

(3)啮合特性表。齿轮的啮合特性表应布置在齿轮零件工作图幅的右上角。其内容包括：齿轮的基本参数(模数 m_n，齿数 z，齿形角α及斜齿轮的螺旋角β)、精度等级和相应各检验项目的公差值。

图 28-2～图 28-9 为齿轮等传动零件工作图例，供参考。

6.4　箱体零件工作图设计

(1)视图的安排。箱体(箱盖或箱座)零件的结构较复杂。为了把它的各部结构表达清楚，通常不能少于三个视图，另外还应增加必要的剖视面、向视图和局部放大图。

(2)标注尺寸。箱体的尺寸标注比轴、齿轮等零件要复杂得多。标注尺寸时，应注意下列各点。

① 要选好基准。最好采用加工基准作为标注尺寸的基准，这样便于加工和测量。如箱座和箱盖的高度方向尺寸最好以剖分面(加工基准面)为基准。箱体宽度方向尺寸应采用宽度对称中心线作为基准。箱体长度方向尺寸可取轴承孔中心线作为基准。

② 机体尺寸可分为形状尺寸和定位尺寸。形状尺寸是箱体各部位形状大小的尺寸，如壁厚、圆角半径、槽的深宽、箱体的长宽高、各种孔的直径和深度及螺纹孔的尺寸等，这类尺寸应直接标出，而不应有任何运算。定位尺寸是确定箱体各部位相对于基准的位置尺寸，如孔的中心线、曲线的中心位置及其他有关部位的平面与基准的距离等，对这类尺寸都应从基准(或辅助基准)直接标注。

③ 对于影响机械工作性能的尺寸(如箱体孔的中心距及其偏差)应直接标出，以保证加工准确性。

④ 配合尺寸都应标出其偏差。

⑤ 所有圆角、倒角、拔模斜度等都必须标注或者在技术条件中说明。

⑥ 各基本形体部分的尺寸，在基本形体的定位尺寸标出后，其形状尺寸都应从自己的基准出发进行标注。

⑦ 标注尺寸时应避免出现封闭尺寸链。

(3)形位公差及表面粗糙度。箱体形位公差推荐标注项目参见表 23-14。箱体加工表面粗糙度的荐用值参见表 23-17。

(4)技术条件。参考 6.1.5 节中所述编写。

图 27-1～图 27-6 为箱体零件工作图例，供设计时参考。

第 7 章　装配工作图设计

机械和设备的装配工作图是制造、安装、使用和维护诸环节的指导性技术文件，同时也是供技术人员了解和研究机械内部结构原理的重要资料。因此，装配工作图应当清晰准确地表示出机械中各零部件的装配和拆卸的可能性及次序，以及调整、使用和维护方法等。

经过装配草图设计，已将减速器各零部件的结构及其装配关系确定出来。在其后的零件工作图设计中，又作了进一步地修改和完善。在装配工作图设计阶段，仍应对草图设计的结构进行认真的分析，改进零件间或部件之间存在的某些不协调、制造或装配工艺方面的欠妥之处。现分别提示如下。

7.1　绘制装配工作图各视图

装配工作图应选择以下两个或三个视图为主，用必要的剖视、剖面或局部视图加以辅助。要尽量将减速器的工作原理和主要装配关系集中表达在一个基本视图上。如齿轮减速器可取拆掉箱盖的俯视图作为集中表达的基本视图，蜗杆减速器可取主视图作为基本视图。

各视图都应当完整、清晰、避免采用虚线表示零件的结构形状。必须表达的内部结构或某些附件的细部结构，可以采用局部剖视或向视图表示。

画剖视图时，相邻零件的剖面线方向或剖面线的间距应取不同，以便区别。对于剖面宽度尺寸较小(<2mm)的零件，其剖面线允许涂黑表示。应该特别注意同一零件在各视图上的剖面线方向和间距必须一致。

装配工作图上某些结构允许采用机械制图标准规定的简化画法。

7.2　标 注 尺 寸

由于装配工作图是安装减速器时所依据的图样，因此在装配图上应标注相关零件的定位尺寸、减速器的外廓尺寸、零件间的配合关系及配合尺寸等。至于各零件的结构形状尺寸及公差，不在装配图上标注，而应在零件工作图上标注。装配工作图上应该标注的尺寸一般有：

(1) 特性尺寸。表明减速器的性能、规格和特征的尺寸。如传动零件的中心距及其偏差等。

(2) 配合尺寸。见 5.3 节的 (4) 中已阐述过的内容。

(3) 安装尺寸。减速器本身需要安装在基础上或机械设备的某部位上，同时减速器还要与电动机或与其他传动部分相连接，这就需要标注一些安装尺寸。如箱体底面的尺寸、地脚螺栓的直径和中心距、地脚螺栓孔的定位尺寸、主动轴与从动轴外伸端直径及配合长度、外伸端的中心高、伸出轴端面距箱体某基准面的距离等。

(4) 外形尺寸。表明减速器占有的空间尺寸。如减速器的总长、总宽及总高的尺寸，以供包装运输和布置安装场所时参考。

标注尺寸时，尺寸线的布置应力求整齐、清晰，并尽可能集中标注在反映主要结构关系的视图上。多数尺寸应注在视图图形的外边，数字要书写得工整清楚。

7.3　零件序号、标题栏、明细表和技术特性

为了便于读图、装配和做好生产准备工作，必须对装配图上每个不同的零件、部件进行编号。同时编制出相应的标题栏和明细表。

(1) 零件序号的编注。零件序号的编注，应符合我国机械制图标准的有关规定。避免出现遗漏和重复。编号应将所有零件按顺序整齐排列。对于形状、尺寸及材料完全相同的零件应编为一个序号。编号的引线用细实线引到视图的外面，引线之间不应相交，也不要平行，更不应与视图中的剖面线平行。对于装配关系明显的零件组，如螺栓、螺母及垫圈这样的零件组，可利用一个公用的指引线，但应分别给予编号。指引线的画法见图 26-1。

各独立部件，如滚动轴承、通气器和油标等，虽然是由几个零件所组成，也只编一个序号。序号应安排在视图外边，沿水平方向及垂直方向，以顺时针或逆时针顺序排列，要求字体工整且字高要比尺寸数字高度大一号或两号。

(2) 标题栏和明细表。标题栏应布置在图纸的右下角，用以说明减速器的名称、视图比例、件数、质量和图号。

明细表是减速器所有零部件的详细目录。应注明各零部件的序号、名称、数量、材料及标准规格等。填写明细表的过程，也是最后确定各零部件的材料和选定标准的过程，应尽量减少材料的品种和标准件的规格种类。

明细表应自下而上按顺序填写。各标准件均须按规定标记书写。材料应注明牌号。

标题栏和明细表的格式及其填写方法参见第 4 篇的参考图例。

利用电子图板绘图时，应利用其零件编号、标题栏及明细表的生成功能。

(3) 减速器的技术特性。通常采用表格形式布置在装配图面的空白处，所列项目见表 7-1。

表 7-1　减速器技术特性

输入功率/kW	入轴转速/(r/min)	效率/%	总传动比 i	传动特性						
				传动级	m_n	z_1	z_2	β	精度等级	
				高速级					小齿轮	
									大齿轮	
				低速级					小齿轮	
									大齿轮	

7.4　编写技术条件

技术条件是根据设计要求而决定的。应该用文字或符号注写在装配图的适当位置上。一般应包括关于装配、调整、检查和维护等方面的内容。简述如下。

(1) 对于齿轮和蜗杆传动接触斑点的要求。接触斑点是由传动件的精度等级决定的，各具体数值可查表 24-18、表 24-25 及表 24-36。接触斑点的检查，通常是在主动轮齿面上涂色，当主动轮回转 2～3 周后，观察从动轮齿面的着色情况，分析接触区的位置和接触面积的大小，看其是否符合精度要求。

当接触斑点没能达到精度要求时，应该调整传动件的啮合位置，或对齿面进行适当刮研及进行负载跑合，以提高装配精度。

(2) 对于滚动轴承安装和调整的要求。滚动轴承工作过程必须保证一定的游隙。游隙过大将使轴系发生窜动，若游隙过小，轴承运转阻力增加，影响其正常工作，严重时会将轴承卡死，致使轴承损坏。对于游隙不可调的轴承(深沟球轴承)，可在轴承外圈端面与轴承盖间留有适当的间隙 Δ(Δ=0.2～0.5mm)，跨度尺寸愈大，此间隙就愈大，反之应取较小值。当采用可调游隙的轴承(角接触球轴承和圆锥滚子轴承)时，其游隙值较小。游隙值可查表 18-4。轴向游隙的调整方法简述如下：

如图 7-1 所示，在将轴承组合装入箱体轴承座孔后，先不加调整垫片将端盖装在轴承座上，再拧紧轴承端盖的连接螺钉使端盖的端面顶紧轴承外套圈的端面，使轴转动感到困难，即完全消除轴承内部

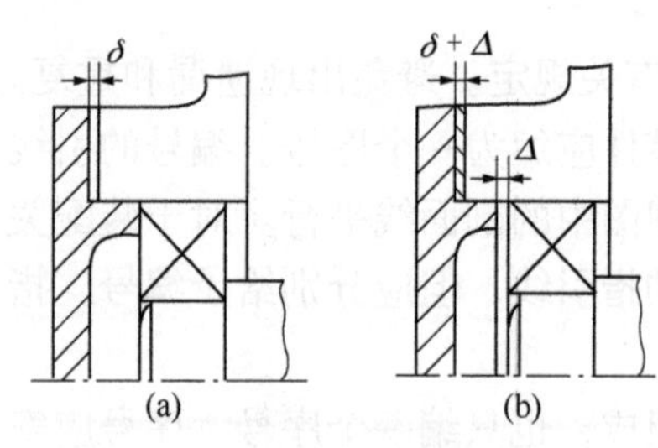

图 7-1 滚动轴承游隙的调整

游隙，这时利用塞尺测出轴承端盖凸缘和箱体轴承座端面的间隙δ（见图 7-1(a)）。然后拆下端盖，将厚度等于$\delta+\Delta$的调整垫片置于轴承端盖和箱体之间，重新装上端盖拧紧螺钉。这时，轴承组合便具有轴向游隙Δ（见图 7-1(b)）。

(3)对齿轮啮合侧隙的要求。齿轮副的侧隙要求，应根据工作条件用最大极限侧隙j_{nmax}（或j_{tmax}）与最小极限侧隙j_{nmin}（或j_{tmin}）来规定。

侧隙的检查可以用塞尺或压铅法进行。所谓压铅法，是将铅丝放在齿槽上，然后转动齿轮而压扁铅丝，测量齿两侧被压扁的铅丝厚度之和即为侧隙大小。

当侧隙不符合要求时，可通过调整传动件的位置来满足要求。对于锥齿轮传动可通过增减垫片的厚度调整大小锥齿轮的位置，使两轮锥顶重合。对于蜗轮传动，可调整蜗轮轴承盖与箱体之间的垫片（一端加垫片，另一端减垫片），使蜗轮中间平面通过蜗杆的轴线。

(4)对箱盖与箱座接合面的要求。接合面严禁用垫片。必要时允许涂密封胶或水玻璃。在拧紧连接螺栓前，应用 0.05mm 的塞尺检查其密封性。运转过程中不允许有漏油和渗油现象。

(5)试验要求。

① 空载试验：在额定转速下，正、反转各回转 1～2h，要求运转平稳、响声均匀且小，连接不松动，不漏油不渗油等。

② 负载试验：在额定转速及额定功率下进行试验，试验至油温稳定为止。油池温升不得超过 35℃，轴承温升不得超过 40℃。

(6)擦洗及涂漆要求。经试运转检验合格后，用煤油擦洗所有零部件，并用汽油洗净滚动轴承待装。如果滚动轴承采用润滑脂润滑，则应向轴承空腔内填入适量的（为空腔体积的 1/2 左右）润滑脂，然后进行装配。

箱体未经切削加工的外表面，应清除砂粒，并涂以某种颜色油漆。

(7)搬动、起吊减速器时应用底座上的吊钩。箱盖上的吊环螺钉（或吊耳）只供起吊箱盖时用。

(8)减速器中传动零件及轴承使用的润滑剂品种、用量及更换时间。

根据承载情况，按机械设计教材及表 20-1 和表 20-2 选择油品种类及黏度。

当传动件与轴承采用同一润滑剂时，应优先满足传动件的要求并适当兼顾轴承要求。

对多级传动，应按高速级和低速级所需润滑油黏度的平均值来选择润滑剂。

减速器箱体内装油量的计算如前所述。换油时间取决于油中杂质的多少及氧化与被污染的程度，一般为半年左右。

7.5 检查装配工作图

待上述工作完成之后，应按下列各项内容检查图纸。

(1)检查视图，看其是否清楚地表达了减速器的工作原理和装配关系，投影关系是否正确，是否符合机械制图国家标准。

(2)检查各零部件的结构，看其是否有错误，装拆、调整、维修等是否可行和方便。

(3)检查各项尺寸的标注是否正确，重要零件的位置及尺寸（如齿轮、轴承、轴等）是否与设计计算一致。相关的其他零件的尺寸是否协调一致，各处配合与精度的选择是否适当。

(4)技术特性表内各项数据是否正确无误，技术条件中所列的各项是否合理。

(5)仔细检查零件的编号，看有否重复或遗漏。标题栏和明细表的格式、项目是否正确，填写内容是否有错误等。

(6) 利用电子图板绘图时，最后应检查图中各实体的线型是否正确。

7.6　减速器装配工作图的改错练习

7.6.1　改错练习的目的与要求

改错练习的目的是加强对结构的分析和判断能力，提高机械制图技能和结构设计能力；同时也是为完成好减速器装配图的最后设计，避免重大原则性、结构性错误。

改错练习要求每个学生在课堂上独立完成，时间约 40min，找出 25 个以上错误者，其成绩为“优”，找出 15～25 个错误记“良”，找出 10～14 个错误者为“合格”，找出不到 10 个错误者为“不合格”，此成绩记入平时成绩。

7.6.2　改错练习

在图 7-2 中找出出现下列错误的部位。

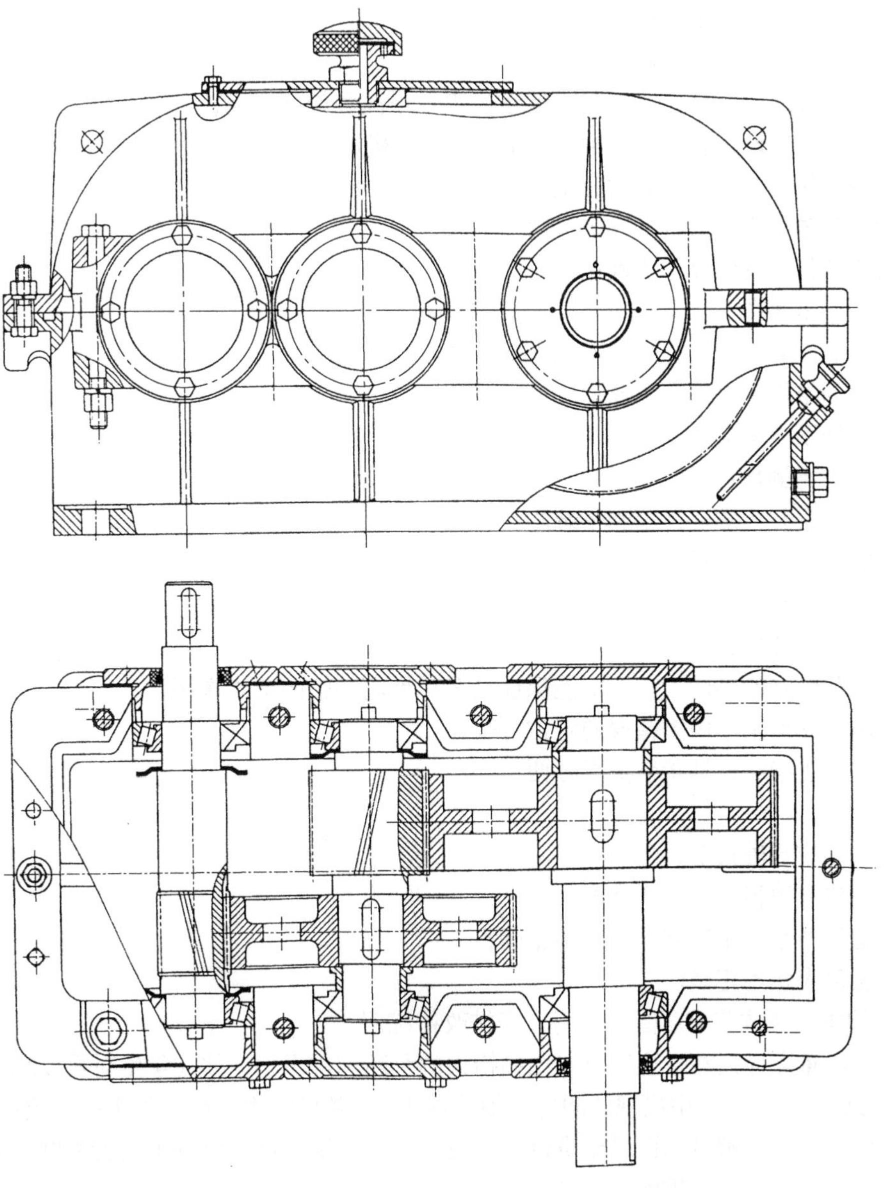

图 7-2　有错误的减速器装配图

(1) 排油孔位置过高，油排不尽；
(2) 排油孔螺塞头部应加密封圈；
(3) 定位销过短，上下端都应高出凸缘平面 5～10mm；
(4) 安装上下箱连接螺栓部位锪平面太小，不符合要求；
(5) 安装轴承旁连接螺栓处应有锪平面；
(6) 安装轴承旁连接螺栓的螺栓孔径应大于螺栓杆直径；
(7) 同一零件各局部剖面剖的面线方向不一致；
(8) 观察孔盖上不应有螺纹孔；
(9) 轴承端盖连接螺栓不应布置在分箱面上；
(10) 轴承端盖是整体的，不是剖分的；
(11) 轴承端盖相距太近，应将端盖切掉一部分，保证有 2mm 以上间距；
(12) 轴承座应有拔模斜度；
(13) 支撑肋应有拔模斜度；
(14) 上箱的斜面不能使润滑油流入下箱的油沟；
(15) 齿轮的齿顶距油池底面距离太小；
(16) 油标尺的刻度线方向不正确，且不能正确表示最高和最低油面；
(17) 观察孔上表面应凸出箱体外表面 3～5mm，便于机加工；
(18) 观察孔盖连接螺栓尾部未表达完整；
(19) 挡油盘应与轴承座孔壁有 0.5mm 间隙；
(20) 挡油盘未定位，且位置不正确；
(21) 轴承座孔应是通孔；
(22) 轴承座端面应突出箱体外表面 5～8mm，便于机加工；
(23) 轴承端盖的结构不正确，不能形成润滑油的回路；
(24) 油沟拐弯处不应是尖角；
(25) 齿轮顶圆应有倒角；
(26) 键太短，且距装入端远，不利于装配；
(27) 同轴上的键应在同一母线上，便于加工；
(28) 键的画法不正确；
(29) 齿轮应有铸造圆角；
(30) 与齿轮轮毂配合的轴段太长，不能保证轴套对齿轮的轴向定位作用；
(31) 多余的轴肩导致轴承内圈错误的定位方式；
(32) 轴的结构不正确，使轴承装拆不方便；
(33) 轴端无倒角；
(34) 轴承端盖不应与轴接触；
(35) 轴承端盖应有清根槽，利于装配；
(36) 轴承端盖调整垫片未剖部分表达不正确；
(37) 齿轮啮合区表达不正确。

在 70%左右的学生完成装配草图设计后，安排改错练习。

教师检查练习的重点应放在学生对重要结构错误的判断和辨识上，放在学生对重要结构、工艺问题的理解上，完成练习后应针对练习中出现的问题作细致的讲解，帮助学生分析何处出错及错误的原因和性质，使学生留下深刻的印象。讲解可以面对全班进行，也可分成小组进行，以分组进行为好。分组进行时可先让学生讨论，互相补充，然后再讲解、总结。

7.6.3　装配图审图提纲及审图要求

该审图提纲可以作为学生自审和互审的指南，也可以作为教师检查各阶段工作图完成情况的参考。

依据提纲进行审图是为了使学生更进一步理解结构问题，减少疏漏。学生在参考该提纲进行自审或互审之前，应首先按指导书的要求独立完成装配工作图的有关内容。如果事先没有认真阅读指导书，只是照搬抄图册，就难收到良好效果。

审图提纲如下。

(1) 总体布置与图面布局。

① 输入、输出轴位置是否与确定的设计方案一致；

② 三个视图的布置是否匀称、适当，比例是否合理(以图形在整个图框中的布满率为 70%左右为宜)；

③ 是否给标题栏、明细表、技术要求、标注尺寸及零件编号留出足够的空间。

(2) 轴系。

① 与联轴器、带轮、链轮配合的外伸轴端轴径是否与孔径一致；

② 用平键连接的带轮、链轮或齿轮是否有轴向固定措施；

③ 安装联轴器、带轮、链轮或齿轮的定位轴肩高度是否满足定位要求，轴承处的定位轴肩是否按规定设计；

④ 外伸轴的定位轴肩与轴承盖的距离能否保证轴承盖固定螺钉的装拆或轴上零件的正确安装；

⑤ 外伸轴轴端部分的配合长度是否与联轴器、带轮、链轮或齿轮的轴向尺寸相对应，键的长度是否合适；

⑥ 用作轴承与齿轮间定位的套筒或挡油盘去掉倒角后能否满足定位的要求，图面上轴套端面是否与轴和齿轮同时接触；

⑦ 轴承拆卸器的钩头能否放入，钩头厚可按 15mm 考虑；

⑧ 轴承与箱体内壁的距离是否按指导书的要求确定；

⑨ 斜齿轮的高速轴轴承应有挡油盘；

⑩ 采用干油润滑的轴承处都应有挡油盘；

⑪ 键的位置是否便于轴上零件的装配，同一轴上的各个键槽是否在同一母线上；

⑫ 若用螺纹零件作轴上零件的轴向固定，是否有可靠的防松措施；

⑬ 齿轮轴的材料是否与强度计算中的小齿轮材料一致；

⑭ 对轴承游隙是否有可靠的调整措施。

(3) 齿轮、蜗轮、蜗杆。

① 齿轮的结构(锻造或铸造)与强度计算时考虑的是否一致；

② 大小齿轮的宽度是否符合要求；

③ 齿轮的倒角是否是 $0.5m$(m 为模数)；

④ 齿向在视图上是否表示清楚；

⑤ 小齿轮的齿根圆与键槽顶的距离是否大于 $2m$；

⑥ 齿轮的结构尺寸是否符合图册或手册的有关规定；

⑦ 主、从动齿轮啮合部位是否正确画出；

⑧ 蜗杆轴能否从箱座蜗杆轴承座孔中装入；

⑨ 装配时，有无可靠措施使蜗轮中间平面通过蜗杆轴线。

(4) 箱体。

① 底座、轴承座及左右两边的箱缘宽度是否按地脚螺栓、轴承旁连接螺栓、上下箱连接螺栓的扳手空间来确定的；

② 上、下箱体凸缘(箱边)和底座箱边的厚度是否符合要求；

③ 轴承旁连接螺栓凸台是否满足扳手空间的要求；

④ 上、下箱连接螺栓分布是否均匀，距离是否合适；

⑤ 有无启箱螺钉及定位销，其尺寸是否符合要求，其位置是否合理；

⑥ 箱盖吊耳是否按箱盖质量确定的；
⑦ 箱座起重耳钩尺寸是否符合规定，其位置会不会与上、下箱连接螺栓发生干涉；
⑧ 轴承旁连接螺栓凸台在三个视图上的投影是否正确；
⑨ 检查孔的位置和大小是否合适；
⑩ 上、下箱体加强筋的厚度是否符合要求；
⑪ 侧视图中下箱体与箱底座间的过渡线是否正确；
⑫ 装螺栓处有无沉头座、尺寸是否与相应的螺栓尺寸对应；
⑬ 箱体壁厚是否符合铸造规范；
⑭ 箱座底面是否考虑了减少加工面；
⑮ 地脚螺栓孔的位置是否合理，会不会与加强筋干涉。

(5)润滑、密封及通气器。

① 箱座的深度是否根据两个条件确定的；
② 传动件的浸油深度是否符合要求，油标上有无表示油面上下界限的标志；
③ 是否根据传动件的圆周速度选择轴承润滑方式；
④ 下置式蜗杆减速器油面是否超过蜗杆轴轴承最低位置滚动体的中心；
⑤ 是否按需要设置了溅油环；
⑥ 用润滑脂润滑轴承是否需要定期补充润滑脂，如何补充；
⑦ 若用稀油润滑轴承，油怎样进入油沟，又怎样流入轴承，中途是否会漏掉；
⑧ 油沟的画法与加工方法是否一致，用盘铣刀加工油沟时要考虑转角处油能否顺利通过；
⑨ 油标和油塞的位置是否便于操作，油塞孔能否将油排净；
⑩ 如用探针式油标(油标尺)，油标尺座孔能否加工，油标尺能否装配；
⑪ 密封形式是否根据接触处的速度和环境条件选取的，画法是否符合要求；
⑫ 如采用旋转轴唇形密封圈，应有拆卸孔；
⑬ 排油孔螺塞、检查孔盖处是否有密封垫片；
⑭ 通气器是否根据环境选取的，它与箱体的连接是否牢固。

(6)螺钉、螺栓连接。

① 螺钉头和螺母在三个视图上的投影是否正确；
② 螺栓和螺钉长度是否符合标准，螺栓尾有无余留长度；
③ 弹簧垫圈的开口方向、角度和直径是否正确；
④ 螺钉和螺栓的扳手空间是否根据 c_1、c_2 或手册确定的；
⑤ 剖视图中螺纹孔端倒角、螺纹收尾等是否按规定画出；
⑥ 轴承旁连接螺栓的螺母在上面时，螺栓能否从下箱座的孔穿入；
⑦ 轴承盖与箱体的连接螺钉是否避开了上下箱的结合面，会不会与轴承旁连接螺栓发生干涉；
⑧ 排油孔螺塞、通气器和轴上面的螺纹收尾处应有退刀槽。

(7)配合性质和尺寸标注。

① 是否正确标注了轴与齿轮、蜗轮、链轮、带轮及联轴器的配合尺寸和配合性质；
② 是否标注了轴与密封元件的配合，配合性质是否正确；
③ 滚动轴承内圈与轴、外圈与承轴座孔的配合是否按规定选取；
④ 是否正确标注了轴承盖与轴承座孔的配合性质和配合尺寸；
⑤ 是否正确标注了轴与轴套或与挡油盘、溅油盘的配合性质和配合尺寸；
⑥ 是否标注了传动零件的中心距及偏差；
⑦ 是否标注了减速器安装于基础上或与其他机械设备相联所需的安装尺寸；
⑧ 是否标注了减速器的总长、总宽和总高尺寸。

第 8 章　编写设计计算说明书

设计计算说明书是整个设计计算过程的整理总结，也是图纸设计的理论依据，同时也是审核设计能否满足生产和使用要求的技术文件之一。因此，设计计算说明书应能反映所设计的机械是否可靠和经济。

8.1　设计计算说明书的内容与要求

设计计算说明书应以计算内容为主，要求写明整个设计的主要计算及简要说明。

设计计算说明书必须按规定格式书写，并装订成册。封面格式及书写格式如图 8-1 所示。要求计算正确，文字精练，字体工整。

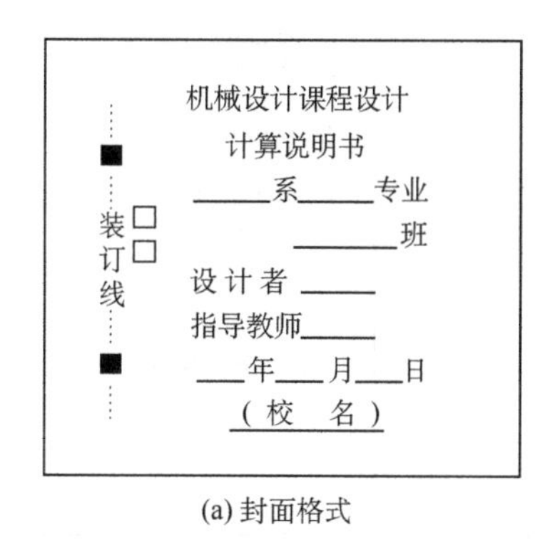

(a) 封面格式

装订线
(计算内容)
(计算结果)

(b) 书写格式

图 8-1　格式

对于计算过程的书写，要求先写出公式(注明公式来源)，代入相关数据，略去演算过程，直接得出运算结果，并注明单位。对于计算结果应作出简短的结论，如“满足强度要求”“在允许范围内”等。

在设计计算说明书中，应附有与计算有关的必要简图，如在轴的设计计算中应绘制轴的结构简图、受力图、弯矩图等。其他如齿轮、链轮等结构，均不必在说明书中画出。

设计计算说明书除包括计算内容之外，还应有一些技术说明。例如，在装配和拆卸过程中的注意事项；传动零件和滚动轴承的润滑方法及润滑剂的选择等。由于课程设计的时间较短，关于技术说明的内容可不详细编入。

8.2　设计计算说明书的编写大纲

设计计算说明书应在全部计算及全部图纸完成之后进行整理编写。所含内容概括如下：

(1) 目录(标题及页次)；

(2) 设计任务书；

(3) 电动机的选择计算；

(4) 传动装置的运动与动力参数的选择和计算；

(5) 传动零件的设计计算；

(6) 轴的设计计算；

(7) 滚动轴承的选择和寿命验算；

(8) 键连接的选择和验算；

(9)联轴器的选择；

(10)减速器的润滑方式及密封形式的选择，润滑油牌号的选择及装油量的计算；

(11)参考资料目录。

8.3　设计计算说明书的书写示例

…… 6　轴的设计计算 …… …… 6.2　减速器低速轴的设计 …… 6.2.4　轴的强度计算 从动齿轮的受力，根据前面计算知 圆周力　$F_{t2}=F_{t1}=2253N$ 径向力　$F_{r2}=F_{r1}=813N$ 轴向力　$F_{a2}=F_{a1}=372N$ 链轮对轴的作用力，根据前面计算知 $Q_R=4390N$ 6.2.5　求垂直面内的支承反力，作垂直面内的弯矩图 $\sum M_B=0,\ R_{AY}=\frac{F_{t2}l_2}{l_1+l_2}=\frac{2253\times 54}{54+54}=1126.5(N)$ $\sum Y=0,\ R_{BY}=F_{t2}-R_{AY}=2253-1126.5=1126.5(N)$ 求 C 点垂直面内的弯矩 $M_{CY}=R_{AY}l_1=1126.5\times 54=60831(N\cdot m)$ 作垂直面内的弯矩图 …… ……	$F_{t2}=2253N$ $F_{r2}=813N$ $F_{a2}=372N$ $Q_R=4390N$ $R_{AY}=1126.5N$ $R_{BY}=1126.5N$ $M_{CY}=60831N\cdot m$

装订线

第 9 章　课程设计的总结、答辩与成绩评定

总结与答辩是机械设计课程设计的最后环节，是对整个设计过程系统的总结和评价。通过个人系统地回顾总结和教师的质疑、答辩，可使学生进一步发现设计计算和图样中存在的问题，搞清尚未弄懂的，不甚理解或未曾考虑的问题，从而取得更大的收获，圆满地达到课程设计的目的和要求。

设计总结在完成全部图样并编写完成设计说明书之后进行。通过对设计过程的全面回顾，分析自己完成的设计中存在的优缺点，总结设计成功与失败的经验和教训，找出应该注意的问题，从而掌握通用机械设计的一般方法和步骤，巩固和提高分析与解决工程实际问题的能力。设计总结应作为设计说明书的一项内容。

设计答辩工作，应对每个同学单独进行。答辩小组以设计指导教师为主，必要时可聘请一两名技术人员。

答辩中所提的问题一般以设计方法、步骤及设计计算说明书和图样所涉及的内容为主。可就计算原理、结构设计、数据查取、视图画法、公差配合等方面提出质疑，让学生回答，也可要求学生当场查取数据等。

课程设计的成绩，应根据设计计算说明书、设计图样(含初始阶段草图设计)、答辩情况及设计过程考核综合评定。一般说明书成绩约占 20%，图样成绩占 30%～40%，答辩成绩约占 20%，平时成绩占 20%～30%。在采用计算机绘图设计时，为避免学生互相拷贝抄袭，应加强设计过程的考核，同时提高平时成绩的比例，图样成绩所占比例可取低限，而平时成绩取高限。对在设计过程中，独立工作能力强、有创新性设计的同学，应提高平时成绩，以示鼓励。

第 2 篇
计算机辅助机械设计

第 10 章　计算机辅助机械设计技术

机械产品的设计主要包括产品分析与综合两个主要阶段。产品的分析涉及产品功能分析、工作原理、结构组成等产品概念设计；产品的综合则是在概念设计的基础上进行产品详细设计、性能评价及综合优化。

现代产品设计是一个复杂反复迭代优化的创造性设计过程。需要面对产品设计准则的复杂性、设计方案的多样性、设计结果的不确定性、产品设计周期的紧迫性等诸多问题。因此，传统的经验性设计、手工绘图等方法已经不能满足现代机械产品的设计需求。

计算机辅助设计(CAD)是以新产品的设计开发为目标，以计算机软硬件技术为基础，以产品的数字化信息为载体，支持产品建模、性能分析、寿命预测、参数优化等相关的数字化设计技术。

数字化设计技术涉及产品设计的不同方面：

(1) 计算机辅助设计。包括产品的概念设计、几何造型、数字化建模、工程制图及设计文档的自动化生成。

(2) 计算机辅助分析。包括产品的运动学、动力学等性能分析。

计算机辅助设计是现代产品设计的先进技术和手段。通过计算机辅助设计系统进行机械产品设计、判断、计算、绘图等工作，不仅极大地减轻设计人员的劳动强度，还可以大幅度提高设计速度和设计质量，缩短设计开发周期，减低设计成本，提高产品的竞争力。

计算机辅助设计系统涉及的知识范畴很广。它既涉及机械设计的基础知识，又涉及复杂的现代设计理论。一个完善的机械 CAD 系统主要包括：

(1) 通用设计方法库。包含一般的设计计算方法、优化设计、可靠性设计、有限元法、边界元法、离散元法等设计方法。

(2) 图形库。包括图形显示系统及常用的工程图形基本图元库。

(3) 数据库及数据管理系统。按一定的数据结构方式存储相关的设计信息，实现设计、建模、分析信息的交互。

(4) 产品设计方法库。产品设计专用程序集合，主要由机械设计专业人员基于所设计产品的基本设计理论开发而成。

为给学生打下一个良好的基础，使他们尽快掌握计算机辅助机械设计的一般方法，本教材结合机械设计课程设计，重点论述典型机械零件设计的程序编制方法和基础设计数据的处理技术，它属于 CAD 系统中产品设计方法库开发范畴。

第 11 章 计算机辅助机械设计中的设计资料处理

在机械设计中，总是要查阅大量有关设计参数的数表、线图及各种标准规范等。在传统的设计中，这些设计资料通常是以手册的形式提供，如机械零件设计手册等。而应用计算机辅助进行机械设计，需要把设计用到的数表、线图等有关资料加工处理，存入计算机，即所谓的数据资料程序化，显然它是机械 CAD 的基础。

11.1 数表程序化

在机械设计中，参数之间的关系难以用数学公式表达时，常用数表函数给出，如平键剖面尺寸与轴径的关系，材料的牌号及其力学性能等。其特点是在非列表节点上不存在数值。

根据自变量的数量，数表函数可分为一元数表函数、二元数表函数等。其程序化最常用的方法是以一维、二维数组的形式存入计算机。

11.1.1 一维数表程序化

一维数表的特征是查取的数据只与一个变量有关，在程序中与一维数组相对应。

表 11-1 列出了常用的几种轴的材料牌号和力学性能。热处理方法及毛坯直径均影响材料的力学性能，此表看起来很复杂，但仍可作为一维数组来存取。比如，可将三种材料分为 10 种规格，每种规格材料的重要力学性能σ_B、σ_s、σ_{-1}、τ_{-1}分别存在一维数组 sgmb(10)、sgms(10)、sgm(10)和 tau(10)中。

表 11-1 轴的常用材料及其主要力学性能

序号	材料牌号	热处理	毛坯直径/mm	硬度/HBS	sgmb	sgms	sgm	tau
					σ_b	σ_s	σ_{-1}	τ_{-1}
1	Q235A	热轧、锻造			375	235	175	100
2	45	正火	25		600	355	257	148
3		正火	≤100		588	294	238	138
4	45	回火	>100～300		570	285	230	133
5		调质	≤200		637	353	268	155
6	40Cr	调质	25	241～286	980	785	477	275
7			≤100		736	539	344	199
8			>100～300		686	490	317	183
9			>300～500	229～669	640	440	260	167
10			>500～800	217～255	588	343	246	142

下面是一维数表查询的 C 语言程序：

```
/*AA*/
void main()
  {int i;
```

```
    static int sgmb[10]={375,600,588,570,637,980,736,686,640,588};
    static int sgms[10]={235,355,294,285,353,785,539,490,440,343};
    static int sgm[10]={175,257,238,230,268,477,344,317,260,246};
    static int tau[10]={100,148,138,133,155,275,199,183,167,142};
    printf("please input I=?\n");
    scanf("%d",&i);
    printf("sgmb[%d]=%d  sgms[%d]=%d  sgm[%d]=%d  tau[%d]=%d\n",
      i,sgmb[i-1],i,sgms[i-1],i,sgm[i-1],i,tau[i-1]);
  }
```

本程序只要稍作修改，便可用于某个一维数组的检索。

11.1.2 二维数表程序化

二维数表的特征是查取的数据与两个变量有关，在程序中与二维数组相对应，如表 11-2 所示。

表 11-2 齿轮传动的使用系数 K_A

原动机特性 K_1	工作机特性 K_2			
均匀平稳(1)	1.00	1.25	1.50	1.75
轻微冲击(2)	1.10	1.35	1.60	1.85
中等冲击(3)	1.25	1.50	1.75	2.00
严重冲击(4)	1.50	1.75	2.00	2.25

下面是一段查取齿轮传动使用系数 K_A 的 C 语言程序，表 11-2 中的数据存储在数组 gka(4,4) 中。

```
/*BB*/
void main()
  { static float gka[4][4]={ {1,1.25,1.50,1.75},
                             {1.10,1.35,1.60,1.85},
                             {1.25,1.50,1.75,2.00},
                             {1.50,1.75,2.00,2.25}};

    float ka;
    int k1,k2;
      printf("input k1=?\n");
      scanf("%d",&k1);
    if (k1>4||k1<1)
    printf("error\n");
    printf("input k2=?\n");
    scanf("%d",&k2);
     if(k2>4||k2<1)
    printf("error\n");
    ka=gka[k1-1][k2-1];
    printf("ka=%f\n",ka);
  }
```

本程序只要稍作修改，便可用于某个二维数组的检索。

11.2　数表的插值计算

表 11-1 和表 11-2 是自变量和函数值均为离散值的数表函数，而有些数表函数的自变量和函数值皆为连续值，如表 11-3 所示滚动轴承寿命计算的温度系数。由工作温度查取温度系数 f_t 时，若不是列表节点上的值，则需用插值法确定。

表 11-3　温度系数 f_t

轴承工作温度/℃	≤120	125	150	175	200	225	250	300
f_t	1	0.95	0.90	0.85	0.80	0.75	0.70	0.60

插值的基本思想是，构造一个简单函数 $y=p(x)$，作为数表函数 $f(x)$ 的近似表达式，使得在列表节点上满足

$$f(x_i)=p(x_i),\quad i=1, 2, 3, \cdots, n$$

式中，$p(x)$ 是 $f(x)$ 的插值函数，点 $x_1, x_2, x_3, \cdots, x_n$ 称为插值节点。最常用的插值函数是多项式。

11.2.1　线性插值

线性插值即两点插值。已知两端点函数值 $y_1=f(x_1)$，$y_2=f(x_2)$，构造一个一次多项式 $y=p_1(x)$，使它满足 $p_1(x_1)=y_1, p_1(x_2)=y_2$。$y=p_1(x)$ 的几何意义就是过两点 (x_1, y_1)，(x_2, y_2) 的直线，如图 11-1 所示。

由解析几何可知插值公式为

$$p_1(x)=y_1+\frac{y_2-y_1}{x_2-x_1}(x-x_1)=\frac{x-x_2}{x_1-x_2}y_1+\frac{x-x_1}{x_2-x_1}y_2 \tag{11-1}$$

式(11-1)也称为线性拉格朗日插值多项式。

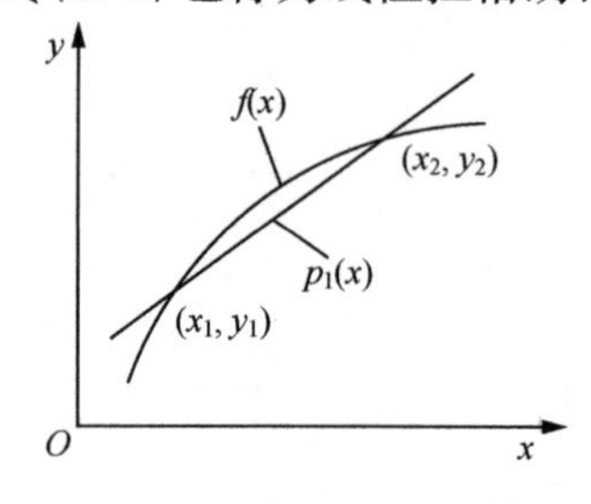

图 11-1　线性插值几何示意图

在进行计算时，必须按照插值节点 x_i 的大小，从数表中选取最靠近 x 的两个节点 $x_{k-1}<x<x_k$ 进行计算，因此插值计算公式为

$$p_1(x)=y_{k-1}+\frac{x-x_{k-1}}{x_k-x_{k-1}}(y_k-y_{k-1}) \tag{11-2}$$

$$k=\begin{cases}2, & x\leqslant x_1\\ i, & x_{i-1}<x\leqslant x_i,\quad i=2,3,\cdots,n\\ n, & x>x_n\end{cases}$$

11.2.2　抛物线插值(一元三点插值)

线性插值虽然计算方便，但由于它是用直线代替曲线，只有在插值区间 $[x_{k-1}, x_k]$ 较小，函数变化较平缓时能满足要求，否则插值的误差较大。为了提高插值精度，可以用抛物线插值法。

抛物线插值的几何意义是用过三个插值节点的一条抛物线近似函数 $f(x)$。

式(11-1)可改写成

$$p_1(x)=L_1(x-x_2)+L_2(x-x_1)$$

其中

$$L_1=\frac{y_1}{x_1-x_2},\quad L_2=\frac{y_2}{x_2-x_1}$$

可以看出，线性插值多项式是由两个一次多项式的线性组合构成的，因此二次插值多项式可由三个二次多项式的线性组合构成，即

$$p_2(x)=L_1(x-x_2)(x-x_3)+L_2(x-x_1)(x-x_3)+L_3(x-x_1)(x-x_2)$$

式中，L_1、L_2、L_3 为待定常数。

由插值条件 $p_2(x_1)=y_1$，令 $x=x_1$ 代入上式，得

$$L_1=\frac{y_1}{(x_1-x_2)(x_1-x_3)}$$

同理，由插值条件 $p_2(x_2)=y_2, p_2(x_3)=y_3$ 得

$$L_2=\frac{y_2}{(x_2-x_3)(x_2-x_1)},\quad L_3=\frac{y_3}{(x_3-x_1)(x_3-x_2)}$$

最后，得到二次插值多项式

$$p_2(x)=\frac{(x-x_2)(x-x_3)}{(x_1-x_2)(x_1-x_3)}y_1+\frac{(x-x_1)(x-x_3)}{(x_2-x_1)(x_2-x_3)}y_2+\frac{(x-x_1)(x-x_2)}{(x_3-x_1)(x_3-x_2)}y_3 \tag{11-3}$$

式(11-3)也可简记为

$$p_2(x)=\sum_{j=1}^{3}y_j\left(\prod_{\substack{i=1\\i\neq j}}^{3}\frac{x-x_i}{x_j-x_i}\right) \tag{11-4}$$

与线性插值一样，在进行抛物线插值时，应按插值节点 x_i 的大小，在数表中选取最近靠近 x 值的三个节点 x_k、x_{k+1}、x_{k+2} 进行计算。此时计算式表示为

$$p_2(x)=\sum_{j=k}^{k+2}y_j\left(\prod_{\substack{i=k\\i\neq j}}^{k+2}\frac{x-x_i}{x_j-x_i}\right) \tag{11-5}$$

$$k=\begin{cases}1, & x\leqslant x_1\\ i-1, & x_{i-1}<x\leqslant x_i,\quad |x-x_i|\leqslant|x-x_{i-1}|\\ i, & x_{i-1}<x\leqslant x_i,\quad |x-x_i|>|x-x_{i-1}|\\ n-2, & x>x_{n-1}\end{cases}$$

按上式编写的 C 语言程序如下(见图 11-2)：

```
/*SDCZ*/
float sdcz(float xx,float x[],float y[],int n)
  { float tempt,p;
    int k,i,j;
     if(xx<x[0])
       {k=0;
        goto loop;
       }
     if(xx>x[n-2])
        {k=n-3;
        goto loop;
        }
for(i=0;i<n-1;i++)
   {if(xx>x[i]&&xx<x[i+1])
   {if(fabs(xx-x[i])<=fabs(x[i+1]-xx))
       k=i;
    else
```

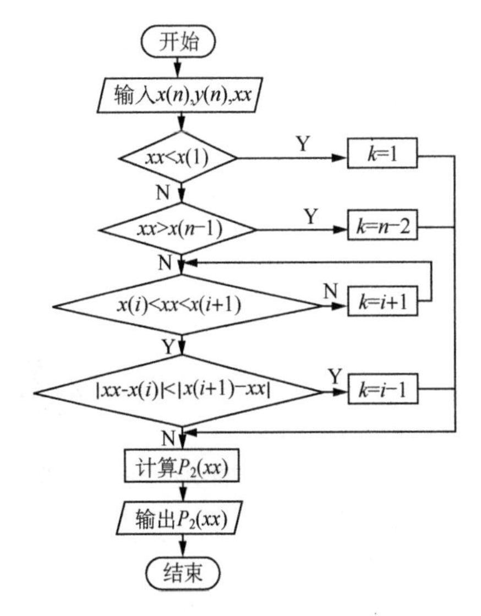

图 11-2　抛物线插值程序框图

```
          k=i+1;
        break;
         }
       }
    loop: p=y[k]*(xx-x[k+1])*(xx-x[k+2])/((x[k]-x[k+1])*(x[k]-x[k+2]))+
          y[k+1]*(xx-x[k])*(xx-x[k+2])/((x[k+1]-x[k])*(x[k+1]-x[k+2]))+
          y[k+2]*(xx-x[k])*(xx-x[k+1])/((x[k+2]-x[k])*(x[k+2]-x[k+1]));
    return p;
    }
main()
{ static float t[8]={120,125,150,175,200,225,250,300} ;
   static float ft[8]={1.0,0.95,0.90,0.85,0.80,0.75,0.70,0.60};
   float xx,yy;
   printf("\ninput xx:\n");
   scanf("%f",&xx);
   yy=sdcz(xx,t,ft,8);
   printf("%f",yy);
 }
```

11.2.3　二元插值

式(11-2)和式(11-5)是一元插值公式，可直接用于一维数表的插值计算。但在机械设计中，除一元插值外，还经常用到二元插值，甚至三元插值，可以分别多次调用一元插值处理，也可直接用二元插值公式计算。

(1) 二元拟线性插值。二元拟线性插值可以二次调用一元线性插值来完成。已知函数 $z(x,y)$ 第一变量 x 的节点 $x_i(i=1, 2, \cdots, n)$，第二变量 y 的节点 $y_j(j=1, 2, \cdots, m)$，可以把 y 看成不变值，用一元插值求 $z(x, y_j)$ 和 $z(x, y_{j+1})$，然后再一次调用一元插值求 $z(x, y)$，其几何示意见图 11-3。

$$z(x,y_j)=z(x_i,y_j)\frac{x-x_{i+1}}{x_i-x_{i+1}}+z(x_{i+1},y_j)\frac{x-x_i}{x_{i+1}-x_i}$$

$$z(x,y_{j+1})=z(x_i,y_{j+1})\frac{x-x_{i+1}}{x_i-x_{i+1}}+z(x_{i+1},y_{j+1})\frac{x-x_i}{x_{i+1}-x_i}$$

$$\begin{aligned}z(x,y)&=z(x,y_j)\frac{y-y_{j+1}}{y_j-y_{j+1}}+z(x,y_{j+1})\frac{y-y_j}{y_{j+1}-y_j}\\&=z(x_i,y_j)\frac{x-x_{i+1}}{x_i-x_{i+1}}\frac{y-y_{i+1}}{y_j-y_{i+1}}+z(x_{i+1},y_j)\frac{x-x_i}{x_{i+1}-x_i}\frac{y-y_{j+1}}{y_j-y_{j+1}}\\&\quad+z(x_i,y_{j+1})\frac{x-x_{i+1}}{x_i-x_{i+1}}\frac{y-y_j}{y_{j+1}-y_j}+z(x_{i+1},y_{j+1})\frac{x-x_i}{x_{i+1}-x_i}\frac{y-y_j}{y_{j+1}-y_j}\\&=\sum_{q=i}^{i+1}\sum_{p=j}^{j+1}\left(\prod_{\substack{u=i\\u\neq q}}^{i+1}\frac{x-x_u}{x_q-x_u}\right)\left(\prod_{\substack{v=j\\v\neq p}}^{j+1}\frac{y-y_v}{y_p-y_v}\right)z(x_q,y_p)\end{aligned}\tag{11-6}$$

(2) 二元三点插值。与二元拟线性插值公式的推导方法相似，两次调用一元三点插值，可导出二元三点插值公式

$$z(x,y)=\sum_{q=i}^{i+2}\sum_{p=j}^{j+2}\left(\prod_{\substack{u=i\\u\neq q}}^{i+2}\frac{x-x_u}{x_q-x_u}\right)\left(\prod_{\substack{v=j\\v\neq p}}^{j+2}\frac{y-y_v}{y_p-y_v}\right)z(x_q,y_p)\tag{11-7}$$

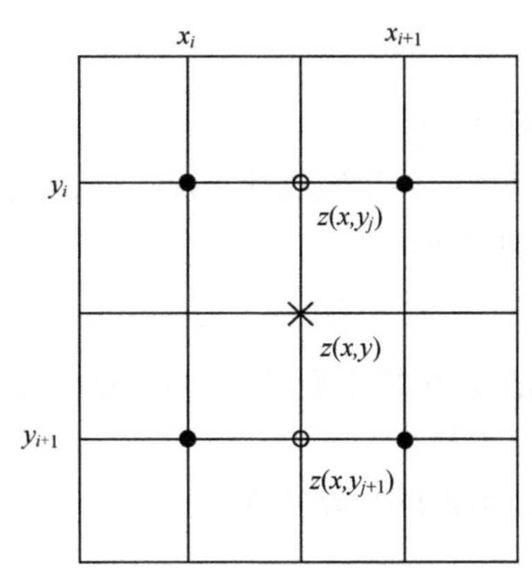

图 11-3　二元拟线性插值几何示意

11.3　数表解析化

数表的解析化就是构造近似表达式来拟合数表中各参数的函数关系，以简化程序编制和减少数据存储。这种方法称为数据的曲线拟合，或称数据解析化。曲线拟合得到的公式称为回归方程。

与插值公式不同，在几何上回归方程表示的近似曲线并不严格通过节点，只是尽可能反映所给数据的趋势。工程上常用这种方法处理实验数据。

数据的曲线拟合或数表解析化包括两方面的内容：一是选择回归方程的类型，二是确定回归方程中的系数。

11.3.1　回归方程的常用类型

回归方程的常用类型有线性回归、抛物线回归、可化为线性回归的曲线及多元回归等。

(1)线性回归及抛物线回归

$$y=a_0+a_1x \tag{11-8}$$

$$y=a_0+a_1x+a_2x^2 \tag{11-9}$$

式中，a_0、a_1、a_2为待定系数。

(2)可化为线性回归的曲线回归。工程实验中的数据序列是多样的，有时用多项式构造近似曲线难于满足精度的要求，这时可根据数据的趋势，选用幂回归、指数回归等。

① 幂回归

$$y=ax^b$$

$$\ln y=\ln a+b\ln x \tag{11-10}$$

令
$$p(z)=\ln y,\quad a_0=\ln a,\quad a_1=b,\quad z=\ln x$$

则
$$p(z)=a_0+a_1z$$

拟合求出系数 a_0、a_1，则 $a=\mathrm{e}^{a_0}$，$b=a_1$。

② 指数回归

$$y=a\mathrm{e}^{bx}$$

$$\ln y=\ln a+bx \tag{11-11}$$

令
$$p(z)=\ln y,\quad a_0=\ln a,\quad a_1=b,\quad z=x$$

则
$$p(z)=a_0+a_1z$$

拟合求出 a_0、a_1，则 $a=\mathrm{e}^{a_0}$，$b=a_1$。

11.3.2　回归方程系数的确定

确定回归方程中待定系数最常用最小二乘法。

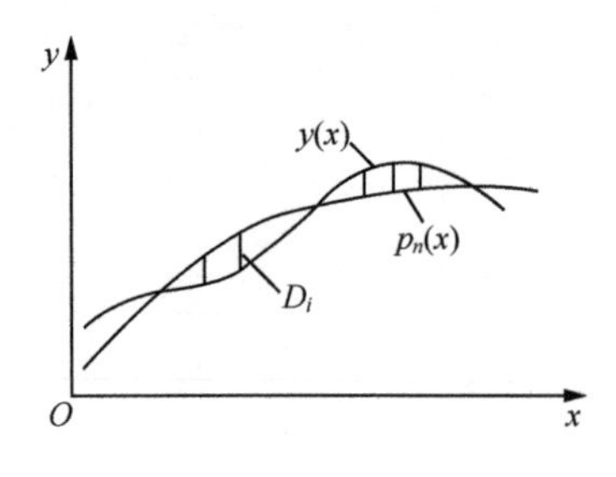

图 11-4　曲线拟合示意

例如，一组数据序列$[x_i, y_i]$ $(i=1, 2, \cdots, m)$，用一个多项式$p_n(x)$拟合，如图 11-4 所示。

$$p_n(x)=a_0+a_1x+a_2x^2+\cdots+a_nx^n\ (n<<m) \tag{11-12}$$

如果把x_i处的偏差记为$D_i=p_n(x_i)-y_i$，则最小二乘法要求各节点的偏差D_i的平方和最小。

设偏差的平方和为

$$\varphi=\varphi(a_0,a_1,\cdots,a_n)=\sum_{i=1}^{n}D_i^2=\sum_{i=1}^{n}(p_n(x_i)-y_i)^2$$

只要求出$\varphi=\varphi_{\min}$时的a_j $(j=0, 1, \cdots, n)$，代入式(11-12)，即为偏差平方和最小的拟合曲线方程。由此可见，曲线拟合可归结为多元函数极值问题，即

$$\frac{\partial\varphi(a_0,a_1,\cdots,a_n)}{\partial a_j}=0\quad (j=0,1,2,\cdots,n)$$

或

$$a_0\sum_{i=1}^{n}x_i^j+a_1\sum_{i=1}^{n}x_i^{j+1}+\cdots+a_n\sum_{i=1}^{n}x_i^{j+n}=\sum_{i=1}^{n}x_i^j y_i\quad (j=0,1,2,\cdots,n)$$

令

$$\sum_{i=1}^{n}x_i^k=s_k,\quad \sum_{i=1}^{n}x_i^k y_i=t_k$$

则得线性方程组

$$\left.\begin{array}{lllll} s_0a_0+s_1a_1 & +s_2a_2 & +\cdots+s_na_n & =t_0 \\ s_1a_0+s_2a_1 & +s_3a_2 & +\cdots+s_{n+1}a_n & =t_1 \\ \vdots\quad\quad\vdots & \vdots & \quad\quad\vdots & \vdots \\ s_na_0+s_{n+1}a_1 & +s_{n+2}a_2 & +\cdots+s_{2n}a_n & =t_n \end{array}\right\} \tag{11-13}$$

求解方程组(11-13)，即可得到各系数a_j $(j=0,\cdots, n)$。

11.4　线图程序化

在机械设计资料中，有些参数间的函数关系常用线图表示。线图的特点是非常直观，能一目了然地反映函数的变化规律。但线图对于计算机来说要比计算公式、数表难于接受和处理，因此需将线图程序化。通常用以下两种方式来实现。

(1)将线图表格化。从线图上读取离散节点数据，然后使用数表程序化方法。

(2)将线图解析化。读取离散节点数据，采用数值方法进行曲线拟合。对于一些比较复杂的曲线，可采用分段拟合的方法。

对于区域图的程序化，如齿轮材料的极限应力图(图 11-5)，要注意两个问题：一是要使用方便，能够根据需要选取图中任意一点作为极限应力；二是存储信息尽可能少。

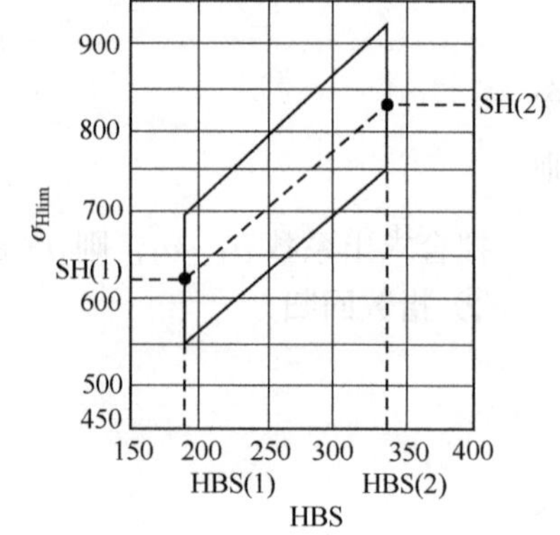

图 11-5　齿轮材料极限应力图

对于图 11-5，应在程序中存储区域图中的最小硬度 HBS(1)、最大硬度 HBS(2)以及它们对应的极限应力平均值 SH(1)和 SH(2)，还有极限应力变化幅度 SH(3)。在检索时只要输入极限应力在区域中的位置信息 IT$(-1\leqslant \text{IT}\leqslant 1)$及实际硬度 HBS，即可由下式求出极限应力值

$$SH = \frac{(HBS - HBS(1))(SH(2) - SH(1))}{HBS(2) - HBS(1)} + SH(1) + IT \times SH(3) \tag{11-14}$$

11.5　数表与线图的文件化处理及数据库

前面介绍的数表与线图的程序化和公式化处理有两个缺点：

(1)数表与线图的程序化处理占用大量的内存；

(2)一个应用程序中经程序化和公式化处理的数表和线图，只能在该程序中使用，没有共享性。为克服上述缺点，较为完善的方法是将数表与线图作文件处理，即将数据与程序分开，单独建立数据文件，存放在计算机外存中供调用。

机械 CAD 从本质上说是一个信息处理过程。在此过程中，要加工和记录大量的数据信息，为了适应 CAD 的工作要求，数据库已成为 CAD 系统不可缺少的一部分。数据库系统具有完善的数据管理技术，它使 CAD 的各种软件模块建立在一个公共的数据库基础上，便于各模块间数据通信，还易于实现数据的安全与保密。

第 12 章　典型机械零件的计算机辅助设计

机械设计的基础是机械零件设计。欲设计一台性能优良的机器，必须合理地设计或选择它的零件。所以机械 CAD 必须从机械零件的 CAD 入手。本章重点介绍几种典型零件设计的程序编制及数表、线图处理方法。

12.1　V 带传动的计算机辅助设计

12.1.1　有关数表及线图处理

(1) 普通 V 带选型图处理。将图 12-1 中各斜线拟合成公式

$$n_1 = AP_c^{1.17} \tag{12-1}$$

式中，系数 A 见表 12-1。

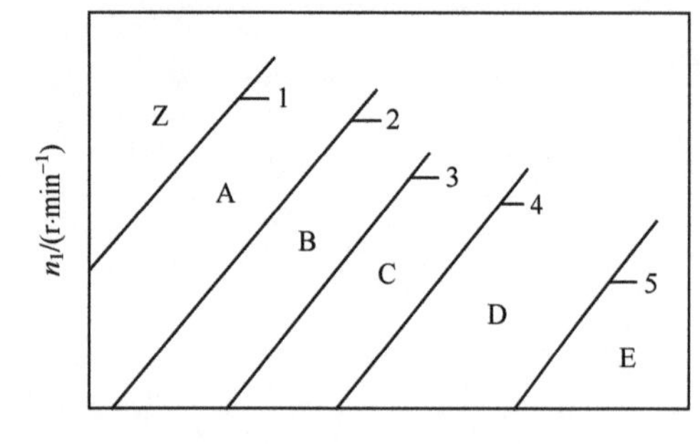

图 12-1　普通 V 带选型图

表 12-1　系数 *A*

斜线序号	A
1	447
2	101.9
3	28
4	8.2
5	1.06

(2) V 带传动参数表。将 V 带传动的下列参数构成二维数表(表 12-2)，存在程序的二维数组 aa 中。

① 每米带长质量 q，kg/m(文献(孙志礼等，2015)中表 4-1)。

② 主动带轮的基准直径 d_{d1}，mm(文献(孙志礼等，2015)中表 4-6)。

③ 单根带能传递的功率计算公式中的系数(文献(孙志礼等，2015)中表 4-3)。

④ 式(12-1)中的系数 A。

⑤ V 带最多许用根数 z_{max}(文献(孙志礼等，2015)中表 4-7)。

(3) 带基准长度、带轮基准直径按一维数表作程序化处理，存在程序一维数组 ld，dd 中。

表 12-2　V 带传动参数表

V 带型号		q/(kg/m)	主动带轮基准直径 d_{d1}/mm					单根带能传递的功率计算公式中的系数					式(12-1)中的系数 A	z_{max}
								c_1	c_2	c_3	c_4	l_0		
	行＼列	1	2	3	4	5	6	7	8	9	10	11	12	13
Z	1	0.06	50	63	71	80	90	2.07×10^{-4}	3.92×10^{-3}	5.5×10^{-15}	2.55×10^{-5}	1320	447	2
A	2	0.10	75	85	95	112	132	3.78×10^{-4}	9.81×10^{-3}	9.6×10^{-15}	4.65×10^{-5}	1700	101.9	5
B	3	0.17	125	140	150	170	180	6.69×10^{-4}	25.30×10^{-3}	16.4×10^{-15}	8.22×10^{-5}	2240	28	6
C	4	0.30	200	224	236	265	280	12.46×10^{-4}	71.65×10^{-3}	29.3×10^{-15}	15.3×10^{-5}	3750	8.2	8
D	5	0.62	355	400	425	475	500	26.61×10^{-4}	253.75×10^{-3}	59.6×10^{-15}	32.7×10^{-5}	6000	1.06	8
E	6	0.90	500	560	630	800	900	38.48×10^{-4}	475.85×10^{-3}	88.1×10^{-15}	47.3×10^{-5}	7100	0	9

12.1.2　V 带传动设计源程序清单(图 12-2)

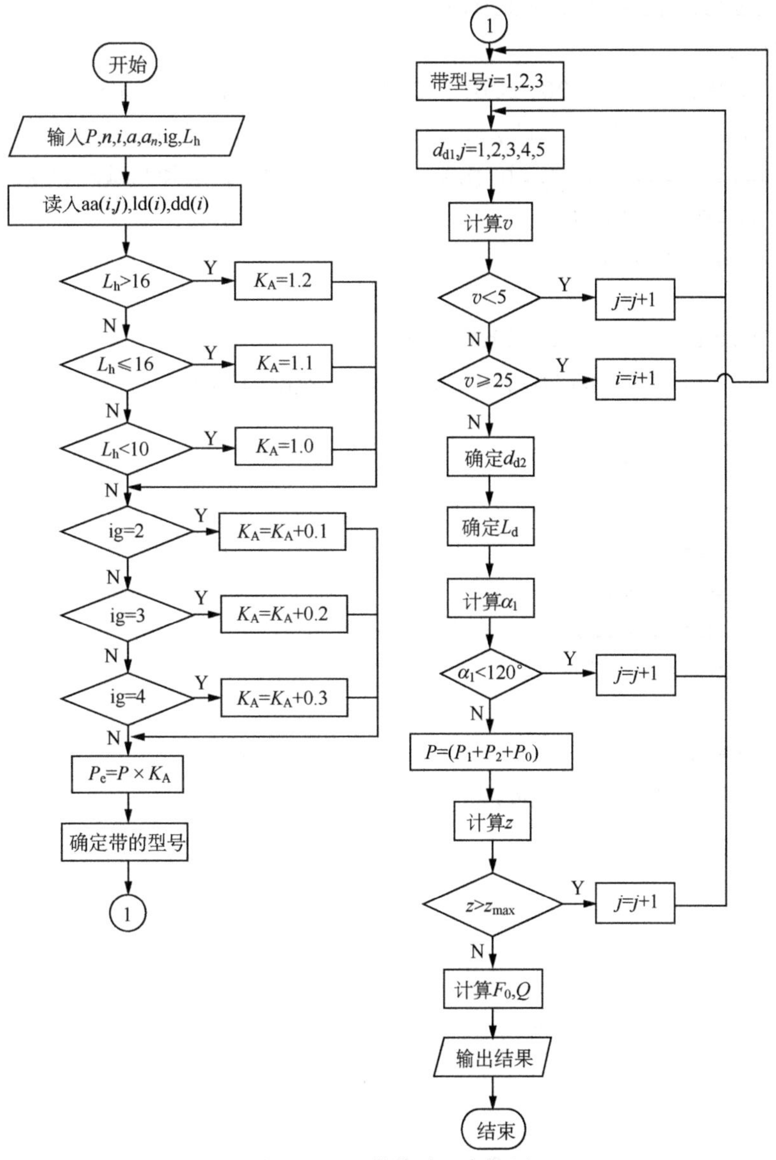

图 12-2　V 带传动程序框图

```
/* the design of the V belt */
  # define PI 3.1415926
  # include "math.h"
  void main()
  { static float aa[6][13]=
    {  {0.06,50,63,71,80,90,2.07e-4,3.92e-3,5.5e-15,2.55e-5,1320,447,2},
   {0.10,75,85,95,112,132,3.78e-4,9.81e-3,9.6e-15,4.65e-5,1700,101.9,5},
   {0.17,125,140,150,170,180,6.69e-4,25.30e-3,16.4e-15,8.22e-5,2240,28,6},
   {0.30,200,224,236,265,280,12.46e-4,71.65e-3,29.3e-15,15.3e-5,3750,8.2,8},
   {0.62,355,400,425,475,500,26.61e-4,253.75e-3,59.6e-15,32.7e-5,6000,1.06,8},
   {0.9,500,560,630,800,900,38.48e-4,475.85e-3,88.1e-15,47.3e-5,7100,0,9}
    };
 static int ld[33]=
    {400,450,500,560,630,710,800,900,1000,1120,1250,1400,1600,1800,2000,
```

```
    2240,2500,2800,3150,3550,4000,4500,5000,5600,6300,7100,8000,9000,
    10000,11200,12500,14000,16000};
static int dd[36]=
    {63,71,75,80,85,90,95,100,106,112,118,125,132,140,150,160,170,180,200,
    212,224,236,250,265,280,315,355,375,400,425,450,475,500,530,560,630};
float n1,ka,kalf,l,lc,lo,ig,lh,p,u,a,ao,pc,sn[5],dd1,dd2,v,alf,c1,c2,c3,c4,
        p1,p2,po,dlg,w,fo,q;
int z,i,ik,ix,iy,j,m,im;
char b1,*b;
printf("input p,n1,u,a,ao,ig,lh\n");
scanf("%f%f%f%f%f%f%f",&p,&n1,&u,&a,&ao,&ig,&lh);
b="ZABCDE";
  if(lh>16)      ka=1.2;
  if(lh<=16&&lh>=10)  ka=1.1;
  if(lh<10)      ka=1;
  if(ig==2)      ka=ka+0.1;
  if(ig==3)      ka=ka+0.2;
  if(ig==4)      ka=ka+0.3;
  pc=p*ka;
  for(i=1;i<=5;i++)
  { sn[i-1]=aa[i-1][11]*pow(pc,1.17);
    if(n1>=sn[i-1])
    {ik=i;
     break;
    }
  }
  if(ik==1)
   {ix=1;iy=2;
    goto loop1;
   }
  if(n1<=sn[4])
   {ix=5;iy=6;
    goto loop1;
   }
   ix=ik-1;iy=ik+1;
   loop1:
     for(i=ix;i<=iy;i++)
     {
       for(j=2;j<=6;j++)
       {dd1=aa[i-1][j-1];
        v=PI*dd1*n1/60/1000;
        if(v<5)    continue;
        if(v>25)   break;
        dd2=u*dd1;
```

```
    for(m=0;m<36;m++)
    {if(dd2<=dd[m])
       {im=m;
        goto loop2;
       }
     }
  loop2:
   if((dd2-dd[im])>(dd[im+1]-dd2))
   im=im+1;
   dd2=dd[im];
   if(a==0)
   a=ao*(dd1+dd2);
   lc=2*a+0.5*PI*(dd2+dd2)+(dd2-dd1)*(dd2-dd1)/(4*a);
   for(m=0;m<33;m++)
   {if(lc<=ld[m])
    {im=m;
     goto loop3;
    }
   }
 loop3:
   if((lc-ld[im])>(ld[im+1]-lc))
   im=im+1;
   l=ld[im];
   alf=180-(dd2-dd1)*180/(PI*a);
   if(alf<120)        continue;
   kalf=1.25*(1-pow(5,(-alf/180)));
   c1=aa[i][6];      c2=aa[i][7];
   c3=aa[i][8];      c4=aa[i][9];
   lo=aa[i][10];
   w=n1*PI/30;
   dlg=1+pow(10,c2*(1-u)/(c4*dd1*u));
   dlg=2.0/dlg;
   p1=c4*dd1*w*log10(dlg);
   p2=c4*dd1*w*log10(l/lo);
   po=dd1*w*(c1-c2/dd1-c3*(dd1*w)*(dd1*w)-c4*log10(dd1*w));
   p=kalf*(po+p1+p2);
   z=pc/p+0.5;
   if(z>aa[i][12]) continue;
   fo=500*pc/v/z*(2.5/kalf-1)+aa[i][0]*v*v;
   q=2*fo*z*sin(0.5*alf*PI/180);
   b1=b[i-1];
   printf("belt type: %c\n",b1);
   printf("L=%fDD1=%fDD2=%fZ=%dFO=%fQ=%f",l,dd1,dd2,z,fo,q);
       }
```

```
    }
    }
```

12.1.3　程序使用说明

(1)适用范围。

①5m/s< v ≤25m/s；② α_1 ≥120°；③限制和不限制中心距两种情况；④原动机为交流电动机(普通转矩鼠笼式、同步电动机)、直流电动机(并激；n>600r/min 的内燃机的减速传动)。

(2)输入参数说明。

程序执行后，屏幕显示：

input –p，n1，u，a，ao，ig，lh

依次输入各标识符的数据即可。各标识符的意义见表 12-3。

限制中心距时，输入要求的中心距值 a、ao 任意；不限制中心距时，输入 ao=(0.7～2)，a=0。

ig 为载荷情况代码，取值见表 12-4。

表 12-3　V 带传动设计程度主要标识符

标识符	代表符号	单位	说明	标识符	代表符号	单位	说明
p	P	kW	输入功率	dd1	d_{d1}	mm	小带轮基准直径
n1	n_1	r/min	小带轮转速	dd2	d_{d2}	mm	大带轮基准直径
u	i		传动比	ld	L_d	mm	带基准长度
a	a	mm	中心距	z	z		带根数
ao			中心距系数	alf	α_1	(°)	小带轮包角
lh	h	h	每天运转时间	fo		N	初拉力
ka	K_A		工作情况系数	q		N	压轴力
v	v	m/s	带速	ig			载荷情况代码(表 12-4)
b			带型号				

表 12-4　载荷情况代码 ig

载荷情况	平稳	变动小	变动较大	变动很大
ig	1	2	3	4

(3)说明。

本程序最多输出三种 V 带型号各五种带轮基准直径共 15 个设计方案，供择优选用。

(4)例题。

设计一带式输送机中的普通 V 带传动，装于电动机与齿轮减速器之间。电动机功率为 P=6kW，转速 n_1=1450r/min，从动轴转速，n_2=500r/min，每天工作 8 小时。

键盘输入 p，n1，u，a，ao，ig，lh，分别为 6，1450，2.9，0，1.17，1，16。

设计结果：

belt type：A

L=2000，DD1=112，DD2=355，Z=4，FO=189.065292，Q=1411.828857；

belt type：A

L=2000，DD1=132，DD2=400，Z=3，FO=222.163330，Q=1225.302856；

belt type：B

L=2240，DD1=140，DD2=425，Z=5，FO=152.000671，Q=1381.399170；

belt type：B

L=2240，DD1=150，DD2=450，Z=3，FO=225.631195，Q=1217.228882；
belt type：B
L=2500，DD1=170，DD2=500，Z=2，FO=305.609344，Q=1073.770508。
可以在以上结果中择优选用。

12.2　滚子链传动的计算机辅助设计

12.2.1　有关线图及数表处理

（1）许用功率曲线处理。将图 12-3 中的线段 a_1a_2、a_3a_4、a_5a_6、a_7a_8、a_9a_{10}、$a_{11}a_{12}$、$a_{13}a_{14}$、$a_{15}a_{16}$、$a_{17}a_{18}$、$a_{19}a_{20}$、a_4a_6、a_6a_8、a_8a_{10}、$a_{10}a_{12}$、$a_{12}a_{14}$、$a_{14}a_{16}$、$a_{16}a_{18}$、$a_{18}a_{20}$，拟合成公式

$$P_0=\exp(k\ln n_1+b) \tag{12-2}$$

式中，系数 k、b 见表 12-5。

图中线段 a_2a_4、$a_{20}a_{21}$ 拟合成公式

$$P_0=\exp(b_0+b_1\ln n_1+b_2\ln^2 n_1) \tag{12-3}$$

式中，系数 b_0、b_1、b_2 见表 12-6。

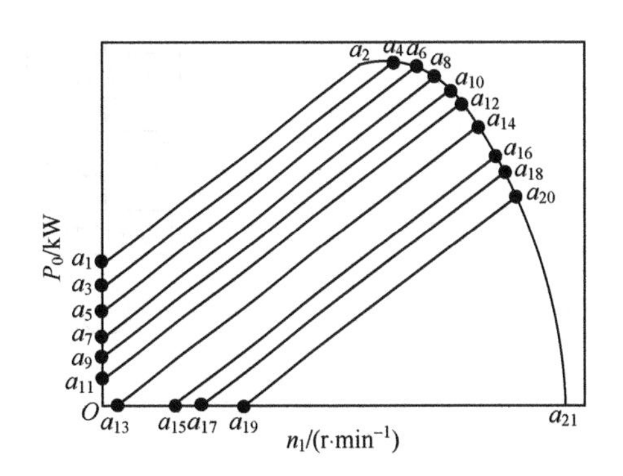

图 12-3　滚子链许用功率曲线

表 12-5　系数 k、b

线段	k	b	线段	k	b	线段	k	b
a_1a_2	0.8707	0.5595	$a_{13}a_{14}$	0.8889	−2.5860	a_8a_{10}	−0.4462	7.0878
a_3a_4	0.8895	0	$a_{15}a_{16}$	0.0919	−3.5766	$a_{10}a_{12}$	−0.9382	10.2184
a_5a_6	0.9156	−0.5860	$a_{17}a_{18}$	0.8853	−3.8561	$a_{12}a_{14}$	−1.7572	15.6398
a_7a_8	0.8889	−0.9765	$a_{19}a_{20}$	0.8940	−4.6077	$a_{14}a_{16}$	−1.6649	15.0055
a_9a_{10}	0.8748	−1.3210	a_4a_6	−0.4328	7.1019	$a_{16}a_{18}$	−1.7703	15.7688
$a_{11}a_{12}$	0.8814	−1.8149	a_6a_8	−0.7552	8.9617	$a_{18}a_{20}$	−2.8171	23.4917

表 12-6　系数 b_0、b_1、b_2

线段	b_0	b_1	b_2
a_2a_4	−19.5693	9.4161	−0.9091
$a_{20}a_{21}$	−144.9748	41.3493	−2.8947

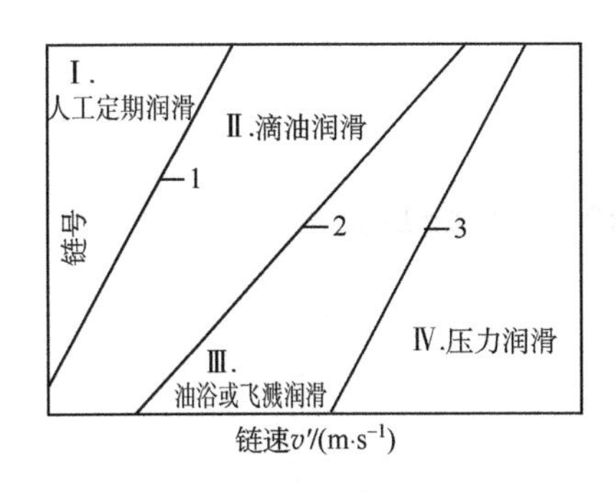

图 12-4　润滑方式选择

（2）小链轮齿轮系数处理。小链轮齿数系数图（文献（孙志礼等，2015）中图 4-39 拟合成公式

$$K_z=\exp(-1.0503\ln z_1+3.076) \tag{12-4}$$

（3）润滑方式选择图处理。润滑方式选择图（图 12-4）中有三条限制线，各拟合成公式

$$v_1=\exp(-0.5749\ln E_p+0.8529) \tag{12-5}$$

$$v_2=\exp(-0.9635\ln E_p+3.3645) \tag{12-6}$$

$$v_3=\exp(-0.552\ln E_p+3.2519) \tag{12-7}$$

式中，E_p 为链型号中的数值部分。

（4）工况系数 K_A、多排链系数 K_p 分别按二维、一维数表处理，存于数组 gk 和 pk 中。

12.2.2 滚子链传动设计源程序清单(图 12-5)

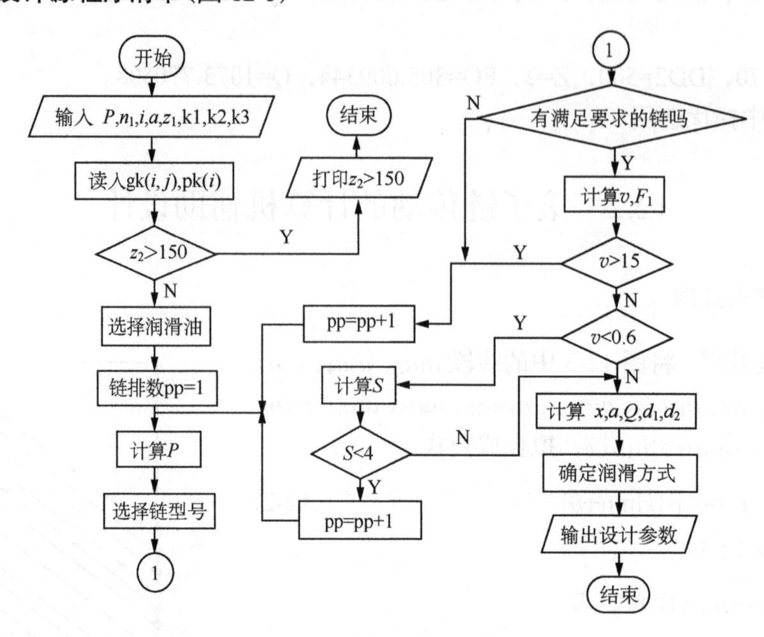

图 12-5 滚子链传动程序框图

```
/* the design of chain drives*/
#define PI 3.1415926
#include "math.h"
#include "stdio.h"
void main()
 {
 static float gk[3][3]={ {1,1,1.2},{1.5,1.4,1.6},{2,1.9,2.2} };
 static float pk[6]={1.0,1.75,2.5,3.3,4.1,5.0};
 float pna[10],pnb[10],n1,ka,kz,na,nb,k1,k2,k3,a,u,p,logn,ft,pt,s,x,v,v1,
       v2,v3,q,po,d1,d2;
 static float Na[10]={14.0,7.0,4.0,1.6,1.0,1.0,1.0,1.0,1.0,1.0} ;
 static float Nb[10]={2000.0,1600.0,1400.0,900.0,700.0,530.0,440.0,310.0,
        210.0,150.0};
 static float Pt[10]={12.70,15.875,19.05,25.40,31.75,38.10,44.45,50.80,
        63.50,76.20};
 static int Q1[]={1380,2180,3110,5566,8670,12460,16900,22240,34700,50040};
 static int Chn[]={8,10,12,16,20,24,28,32,40,48};
  int z1,z2,pp,i,Q,chn; long int ix;
 char y,ch='A',*oil;
  printf("input p,n1,u,a,k1,k2,k3,z1\n");
 scanf("%f %f %f %f %f %f %f %d",&p,&n1,&u,&a,&k1,&k2,&k3,&z1);
  printf("\n");
  z2=u*z1;
  if(z2>150){ printf("z2=%d>150\n",z2);exit(0);}
  if(k3==1)   oil="N32";
  if(k3==2)   oil="N46";
  if(k3==3)   oil="N68";
  ka=gk[k2-1][k1-1];
```

```
   kz=exp(-1.0503*log(z1)+3.067);
   pp=0;
loop1:if(pp>5)
       {printf("pp>6\n");
        exit(0);
       }
     po=ka*kz*p/pk[pp];
     logn=log(n1);
     pna[0]=exp(0.8940*logn-4.6077);
     pnb[0]=exp(-2.8947*logn*logn+41.3493*logn-144.9748);
     pna[1]=exp(0.8853*logn-3.8561);
     pnb[1]=exp(-2.8171*logn+23.4917);
     pna[2]=exp(0.0919*logn-3.5766);
     pnb[2]=exp(-1.7703*logn+15.7688);
     pna[3]=exp(0.8889*logn-2.5860);
     pnb[3]=exp(-1.6649*logn+15.0055);
     pna[4]=exp(0.8814*logn-1.8149);
     pnb[4]=exp(-1.7572*logn+15.6398);
     pna[5]=exp(0.8748*logn-1.321);
     pnb[5]=exp(-0.9382*logn+10.2184);
     pna[6]=exp(0.8889*logn-0.9765);
     pnb[6]=exp(-0.4462*logn+7.0878);
     pna[7]=exp(0.9156*logn-0.568);
     pnb[7]=exp(-0.7552*logn+8.9617);
     pna[8]=exp(0.8895*logn);
     pnb[8]=exp(-0.4328*logn+7.1019);
     pna[9]=exp(0.8707*logn+0.55950);
     pnb[9]=exp(-0.9091*logn*logn+9.4161*logn-19.5693);
  for(i=0;i<10;i++)
   {
    if(n1<Na[i]||n1<Nb[i]&&po>pna[i])
      continue;
    if(n1>=Nb[i]&&po>=pnb[i])
     {pp=pp+1;
      goto loop1;
      }
    if(n1>=Nb[i]&&po<=pnb[i]||n1<Nb[i]&&po<=pna[i])
      pt=Pt[i];
      Q=Q1[i];
      chn=Chn[i];
      break;
     }
     v=z1*pt*n1/60000;
     ft=1000*p/v;
    if(v>=15)
      {pp=pp+1;
```

```
      goto loop1;
     }
  s=0;
   if(v<0.6)
   {s=Q/(ka*ft);
   if(s<4)
     {pp=pp+1;
      goto loop1;
     }
   }
   if(a==0)
    a=40*pt;
    x=2*a/pt+0.5*(z1+z2)+pt*pow((z1-z2)/(2*PI),2)/a;
    ix=2*(long int)(0.5*x);
    a=0.25*pt*(ix-0.5*(z1+z2)+sqrt(pow(ix-0.5*(z1+z2),2)
       -8*pow((z2-z1)/(2*PI),2)));
    d1=pt/sin(PI/z1);
    d2=pt/sin(PI/z2);
    v1=exp(-0.5749*log(chn)+0.8529);
    v2=exp(-0.9635*log(chn)+3.3645);
    v3=exp(-0.552*log(chn)+3.2591);
    y='4';
  if(v<v1) y='1';
  if(v<v2) y='2';
  if(v<v3) y='3';
      q=1.25*1000*p/v;
  printf("chain type=NO%d%c\n",chn,ch);
  printf("Y=%c\nOIL=%s\n",y,oil);
  printf("PT=%f\nPP=%d\nX=%ld\nA=%f\nD1=%f\nD2=%f\nQ=%f\nS=%f\n",
        pt,pp+1,ix,a,d1,d2,q,s);
```

12.2.3 程序使用说明

(1)适用范围。

① 从动轮齿数 z_2<150；②排数为单排至六排；③链速 v<15m/s；④环境温度 5～65℃；⑤原动机为电动机、汽轮机或内燃机。

(2)输入参数说明。

程序执行后，屏幕显示：

input——p，n1，u，a，k1，k2，k3，z1

依次输入各参数值即可。各标识符的意义见表 12-7。

控制代码 k1、k2、k3 的取值及意义见表 12-8 和表 12-9 及表 12-10。按给定中心距设计时，输入要求的中心距 a；不限制中心距时，输入 a=0。

(3)例题。

设计一电机驱动的滚子链传动，环境温度为 25℃左右。已知 P=22kW，小齿轮转速 n_1=730r/min，大链轮转速=250r/min。

键盘输入 p，n1，u，a，k1，k2，k3，z1，分别为 22，730，2.92，0，1，1，1，25。

设计结果：

chain type=No16A，Y=4，OIL=N32，PT=25.4，PP=1，X=130，A=1010.06，D1=202.6597，D2=590.3924，Q=3559.4866，S=0.00000。

表 12-7　滚子链传动设计程序主要标识符

标识符	代表符号	单位	说明	标识符	代表符号	单位	说明
p	P	kW	链传动输入功率	z1	$z1$		小链轮齿数
n1	n_1	r/min	小链轮转速	z2	$z2$		大链轮齿数
u	i		链传动的传动比	a	a	mm	中心距
ch			链型号	d1	d_1	mm	小链轮分圆直径
pt	p	mm	链节距	d2	d_2	mm	大链轮分圆直径
x	L_p		链节数	y			润滑方式代码(表 12-11)
pp			链排数	oil			润滑油型号
ka	K_A		工况系数	k1			原动机种类代码(表 12-8)
kz	K_z		小链轮齿数系数	k2			载荷性质代码(表 12-9)
kp	K_p		多排链系数	k3			环境温度代码(表 12-10)

表 12-8　k1 的取值及意义

k1	意义
1	原动机是电机或汽轮机
2	原动机是内燃机，液力传动
3	原动机是内燃机，机械传动

表 12-9　k2 的取值及意义

k2	意义
1	载荷平稳
2	载荷不平稳
3	载荷有冲击

表 12-10　k3 的取值及意义

k3	意义
1	环境温度 5～25℃
2	环境温度>25～45℃
3	环境温度>45～65℃

表 12-11　y 的取值及意义

y	意义
1	人工定期润滑
2	滴油润滑
3	油浴或飞溅润滑
4	压力循环润滑

12.3　渐开线齿轮传动的计算机辅助设计

12.3.1　有关线图及数表处理

(1) 动载荷系数 K_v。动载荷系数 K_v 的线图(文献(孙志礼等，2015)中图 5-4)拟合成公式

$$K_v = C_v \frac{vz_1}{100} + 1 \tag{12-8}$$

式中，C_v 为与精度和螺旋角有关的常数，存入数组 CV 中，K_v 的计算由子程序 CKV 完成。

(2) 齿向载荷分布系数 K_β。齿向载荷分布系数 K_β的线图(文献(孙志礼等，2015)中图 5-7)可近似拟合为

$$K_\beta = C_B \left(\frac{b}{d_1} \right)^{e_B} \tag{12-9}$$

式中，b 为齿轮工作宽度；d_1 为小轮分度圆直径。

系数 C_B、e_B 存入二维数组 cb 中，K_β的计算由子程序 CKBAT 完成。

(3) 齿间载荷分布系数 K_α。齿间载荷分布系数 K_α 的数据表(文献(孙志礼等，2015)中表 5-4)存于二维数组 kaa 中，由子程序 CKALF 检索。

(4) 试验齿轮的接触疲劳极限σ_{Hlim} 和弯曲疲劳极限σ_{Flim}。σ_{Hlim} 与σ_{Flim} 是材料和硬度的函数，并且离散度很大。按照中等质量要求(*MQ*)能达到的疲劳极限，这些线图可表示为硬度的一次函数

$$\sigma_{Hlim}=C_{H1}\cdot \text{hard}+C_{H2} \tag{12-10}$$

$$\sigma_{Flim}=C_{F1}\cdot \text{hard}+C_{F2} \tag{12-11}$$

式中，hard 为试验齿轮齿面硬度；C_{H1}、C_{H2}、C_{F1}、C_{F2} 为与材料及热处理有关的常数，存入一维数组 ch1、ch2、cf1、cf2 中。

σ_{Hlim} 和σ_{Flim} 的线图由子程序 CSIGL 处理。

(5) 弹性系数 Z_E。不同材料配对时的 Z_E(文献(孙志礼等，2015)中表 5-5)存入二维数组 zee 中，由子程序 CZE 检索。

(6) 齿形系数 Y_{Fa}、应力修正系数 Y_{Sa}。Y_{Fa} 和 Y_{Sa} 有两种处理方法，一种是按原始公式计算，另一种是用数值方法分段拟合。对非变位情况，分段拟合比较方便。本章没有考虑变位，故采用分段拟合计算。拟合公式为

$$Y_{Fa}=C_1 Z_v^{e_1} \tag{12-12}$$

$$Y_{Sa}=C_2 Z_v^{e_2} \tag{12-13}$$

式中，Z_v 为当量齿数；C_1、C_2、e_1、e_2 为常数；Y_{Fa}、Y_{Sa}线图由子程序 CYFS 处理。

(7) 寿命系数 Z_N 和 Y_N。Z_N 线图(文献(孙志礼等，2015)中图 5-17)和 Y_N 线图(文献(孙志礼等，2015)中图 5-19)可分别拟合成公式

$$Z_N=\left(\frac{N_{0Z}}{N_L}\right)^{e_Z} \tag{12-14}$$

$$Y_N=\left(\frac{N_{0Y}}{N_L}\right)^{e_Y} \tag{12-15}$$

式中，N_L 为应力循环次数；N_{0Z}、N_{0Y}、e_1、e_2 为常数；Z_N 和 Y_N 分别由子程序 CZN，CYN 处理。

(8) 标准模数系列。标准模数从小到大顺序排列存入数组 mesr 中。选取标准模数的工作由子程序 CMN 完成。

12.3.2 直齿圆柱齿轮设计源程序清单(图 12-6)

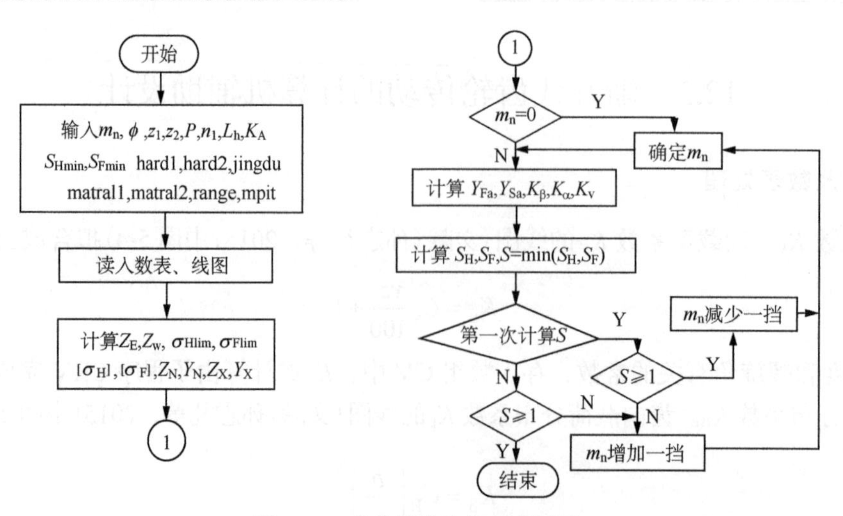

图 12-6 直齿圆柱齿轮程序框图

```
#include "math.h"
   #include   "stdio.h"
   #define PI   3.1415926
    int    matral[3];
    float  alfa[3],d[3],da[3],df[3],db[3],hard[3],sh[3],sf[3],sighp[3],sighl
    [3],sigfp[3],sigfl[3],zx[3],yx[3],yn[3],zn[3],zv[3],yfa[3],ysa[3],sigf[3],
    sigh,n1[3];
   int    z[3],range,jingdu,mhard,mpit,yst,n1;
   float  ka,mn,kv,kbet,kalf,fai,p,hour,shmin,sfmin,epsalf;
   float  ze,zw,alfn,u,b,v,t1,a,b1,b2;
   float  mser[32]={0,1,1.25,1.75,2,2.25,2.5,2.75,3,3.5,4,4.5,5,5.5,6,7,8,9,
                    10,12,14, 16,18,20,22,25,28,32,36,40,45,50};
   float  zee[5][5]={{0,0,0,0,0},{0,143.7,156.6,161.4,162.0},{0,156.6,173.9,
                    180.9,181.4},{0,161.4,180.5,188.0,188.9},{0,162,
                    181.4,188.9,189.8}};
   float  ch1[13]={0,1.675,0.975,0.925,0.875,0.9,1.325,1.416,0.641,0,0.8,0,0};
   float  ch2[13]={0,0,235,315,300,370,260,340,830,1500,440,1000,1250};
   float  cf1[13]={0,0.25,0.2857,0.4,0.2778,0.3333,0.3125,0.375,0.3529,0,
                  0.5333,0,0};
   int    cf2[13]={0,10,109,110,112,146,173,195,176,430,85,375,425};
   float  cb[3][5]={{0,0,0,0,0},{0,0.1,1.088,0.173,1.513},{0,0.309,1.224,
                   0.495,0.8181}};
   float  cv[9]={0,0.021,0.03,0.044,0.063,0.092,0.1316,0.1818,0.2633};
   float  kaa[3][5]={{0,0,0,0,0},{0,1,1.1,1.2,1.2},{0,1.0,1.0,1.1,1.2}};
   void   CDATA(),DESIGN(),CHECK(),CMN(),CZE(),CSIGL(),CSIGP();
   void   CZX(),CYX(),CYN(),CZN(),CKBET(),CKV(),CYFS(),CKALF();

  void main()
   { clrscr();
    printf("input--mn,fai,z1,z2,p,n1,hour,ka\n");
    scanf("%f%f%d%d%f%d%f%f",&mn,&fai,&z[1],&z[2],&p,&n1,&hour,&ka);
    printf("input--shmin,sfmin,hard1,hard2,matral1,matral2\n");
    scanf("%f%f%f%f%d%d",&shmin,&sfmin,&hard[1],&hard[2],
           &matral[1],&matral[2]);
   printf("input--range,mpit,jingdu\n");
   scanf("%d%d%d",&range,&mpit,&jingdu);
   CDATA();
   if(mn<=0)DESIGN();
   CHECK();
   printf("z1=%d  z2=%d\nmn=%f  u=%f\nd1=%f  d2=%f\nda1=%f  da2=%f\n",
           z[1],z[2],mn,u,d[1],d[2],da[1],da[2]);
   printf("df1=%f  df2=%f\n",df[1],df[2]);
   printf("a=%f  b1=%f  b2=%f\n",a,b1,b2);
   printf("sh[1]=%f  sh[2]=%f  sigh=%f\n",sh[1],sh[2],sigh);
```

```
 printf("sf[1]=%f  sf[2]=%f  sigf[1]=%f  sigf[2]=%f\n",
        sf[1],sf[2],sigf[1],sigf[2]);
 }
void CDATA()
 {int i;
  alfn=20*PI/180;
  yst=2;
  u=(float)z[2]/(float)z[1];
  t1=9.55*1e6*p/n1;
  mhard=0;
  zw=1.0;
  for(i=1;i<=2;i++)
     {if(hard[i]>350||hard[i]<80&&hard[i]>38)
      mhard=mhard+1;
     }
  if(mhard==1)       zw=1.2-(hard[2]-130)/1700;
  if(hard[2]<130)    zw=1.2;
  if(hard[2]>470)    zw=1.0;
  CZE(ze);
  CSIGL(sighl,sigfl);
  CSIGP(sighp,sigfp);
  return;
 }

void DESIGN()
{int i,imn;
 float s,so;
mn=(u+1)*z[1]*z[1]*sigfp[1];
mn=4*1.4*t1/mn;
imn=0;
so=0;
do
 {CMN(imn);
  CHECK();
  s=1E30;
  for(i=1;i<=2;i++)
  {if((sh[i]/shmin)<s)   s=sh[i]/shmin;
   if((sf[i]/sfmin)<s)   s=sf[i]/sfmin;
  }
  if(s>=1&&so!=0)  break;
  so=s;
  if(s<1)  imn=imn+1;
  if(s>=1)  imn=imn-1;
  if(imn==0)  break;
```

```
  }while(1);
}
void CHECK()
 { float zeps,zh,yeps,k;
    int i;
    for(i=1;i<=2;i++)
     {zv[i]=z[i];
      d[i]=mn*z[i];
      da[i]=d[i]+2*mn;
      df[i]=d[i]-2.5*mn;
      db[i]=d[i]*cos(alfn);
      alfa[i]=atan(sqrt((da[i]/db[i])*(da[i]/db[i])-1));
     }
    epsalf=(z[1]*(tan(alfa[1])-tan(alfn))+z[2]*(tan(alfa[2])
            -tan(alfn)))/(2*PI);
    a=0.5*(d[1]+d[2]);
    v=PI*d[1]*n1/60000;
    zh=sqrt(2/(cos(alfn)*sin(alfn)));
    zeps=sqrt((4-epsalf)/3);
    yeps=0.25+0.75/epsalf;
    b=fai*a;
    b2=b;
    b1=b2+6;
    CYFS(ysa,yfa);
    CKBET(kbet);
    CKALF(kalf);
    CKV(kv);
    CYX(yx);
    CZX(zx);
    k=ka*kv*kbet*kalf;
    sigh=zh*ze*zeps*sqrt(2*k*t1*(u+1)/(b*d[1]*d[1]*u));
  for(i=1;i<=2;i++)
  { sh[i]=sighp[i]/sigh*shmin;
    sigf[i]=2*k*t1*yfa[i]*ysa[i]*yeps/(b*d[1]*mn);
    sf[i]=sigfp[i]/sigf[i]*sfmin;
  }
 }
 void  CZE()
 {int ij[3],i,j;
  for(i=1;i<=2;i++)
    {ij[i]=matral[i];
     if(ij[i]==4||ij[i]==6)
ij[i]=3;
     if(ij[i]>4)
```

```
 ij[i]=4;
    }
  i=ij[1];j=ij[2];
    ze=zee[i][j];
    }
  void  CSIGL(sighl,sigfl)
    float sighl[3], sigfl[3];
  {int i,j;
   float hardd;
   for(i=1;i<=2;i++)
     {if(hard[i]<90)
       hardd=0.05967*pow(hard[i],2.222)+172;
      else
       hardd=hard[i];
       j=matral[i];
      sighl[i]=ch1[j]*hardd+ch2[j];
      sigfl[i]=cf1[j]*hardd+cf2[j];
      if(i==8&&sigfl[i]>370)
 sigfl[i]=370;
      if(j==10) return;
      if(sighl[i]>800)     sighl[i]=800;
      if(sigfl[i]>325)     sigfl[i]=325;
      }
 }
void  CSIGP(sighp,sigfp)
 float sighp[3],sigfp[3];
 {int i;
 nl[1]=60*hour*n1;
 nl[2]=nl[1]/abs(u);
 CZN(zn);
 CYN(yn);
 CZX(zx);
 CYX(yx);
 for(i=1;i<=2;i++)
  {if(mn<=0)
     {zx[i]=1;
      yx[i]=1;
     }
   sighp[i]=sighl[i]*zn[i]*zx[i]*zw/shmin;
   sigfp[i]=sigfl[i]*yn[i]*yx[i]/sfmin;
  }return;
  }
void  CZX(zx)
float zx[3];
```

```
{ int i;
  float zxmin;
  for(i=1;i<=2;i++)
     {zx[i]=1;
      if(matral[i]<=7)
      continue;
      if(matral[i]>=10)
        {zx[i]=1.06-0.0056*mn;
         zxmin=0.9;
        }
      else if(matral[i]>=8)
       {zx[i]=1.076-0.0109*mn;
        zxmin=0.75;
       }
      if(zx[i]<zxmin)
         zx[i]=zxmin;
      if(zx[i]>1)
         zx[i]=1;
     }
    return;
  }

void  CYX(yx)
  float yx[3];
{int i;
 float yxmin;
 for(i=1;i<=2;i++)
  { yx[i]=1;
    if(matral[i]>=8)
      {yx[i]=1.05-0.01*mn;
       yxmin=0.75;
      }
    if(matral[i]>=2)
      {yx[i]=1.03-0.006*mn;
       yxmin=0.85;
      }
    if(matral[i]==1)
      {yx[i]=1.075-0.015*mn;
       yxmin=0.7;
      }
  if(yx[i]<yxmin)    yx[i]=yxmin;
  if(yx[i]>1)        yx[i]=1;
  }
    }
```

```
void  CYN(yn)
  float yn[3];
{ int i;
  float ynmax;
  for(i=1;i<=2;i++)
   {if(matral[i]==10)
      {ynmax=1.1;
       yn[i]=pow(3000000/nl[i],0.012);
      }
    if(matral[i]==1||matral[i]>=11)
      {ynmax=1.6;
       yn[i]=pow(3000000/nl[i],0.059);
      }
    if(matral[i]>=2&&matral[i]<10)
      { ynmax=2.5;
    if(matral[i]>=8)
       yn[i]=pow(3000000/nl[i],0.115);
    else
       yn[i]=pow(3000000/nl[i],0.16);
       }
  if(yn[i]>ynmax)
     yn[i]=ynmax;
  if(yn[i]<1)
     yn[i]=1;
 }
 return;
}
void CZN(zn)
 float zn[3];
{int i;
 float znmax;
 for(i=1;i<=2;i++)
   {if(matral[i]==10)
      {znmax=1.1;
       zn[i]=pow(2000000/nl[i],0.0318);
      }
    if(matral[i]==1||matral[i]>=11)
      {znmax=1.3;
      zn[i]=pow(2000000/nl[i],0.0075);
      }
    if(matral[i]>=2&&matral[i]<=9)
      {znmax=1.6;
       if(mpit==0)
       zn[i]=pow(5E7/nl[i],0.0756);
```

```
      else
      {zn[i]=pow(1E9/nl[i],0.057);
      if(nl[i]<=1E7)
      zn[i]=pow(3E8/nl[i],0.0756);
       }
      }
   if(zn[i]>znmax)     zn[i]=znmax;
   if(zn[i]<1)         zn[i]=znmax;
  }
  return;
}
void  CKBET()
 {int i;
 kbet=cb[1][range]*pow(b/d[1],cb[2][range]);
 if(mhard<=1)  kbet=1+(kbet-1)/2;
 if(jingdu>8)
  kbet=1.1*kbet;
 if(jingdu==7)
  kbet=0.95*kbet;
 if(jingdu<7)
  kbet=0.9*kbet;
 if(kbet<1)
  kbet=1;
 return;
}

void  CKV()
 {int i;
  kv=1;
  i=jingdu;
  if(i>10)
      i=10;
  if(i<3)
     return;
  kv=cv[i-2]*z[1]*v/100+1;
  return;
 }
void  CYFS(yfa,ysa)
  float yfa[3],ysa[3];
 {int i;
  for(i=1;i<=2;i++)
    {yfa[i]=3.0027*pow(zv[i],-0.0657466);
     if(zv[i]<=60)
```

```
        yfa[i]=4.4296*pow(zv[i],-0.161533);
      if(zv[i]<=25)
        yfa[i]=6.9336*pow(zv[i],-0.300736);
        ysa[i]=1.3231*pow(zv[i],0.066900);
      if(zv[i]<=60)
        ysa[i]=1.141567*pow(zv[i],0.102496);
      if(zv[i]<0)
       {yfa[i]=2.063;
        ysa[i]=1.97;
       }
    }
   return;
  }
void CKALF()
{int i;
 float xk;
  kalf=1;
  i=jingdu;
  if(i<=5)  return;
  if(i>9)  i=9;
  kalf=kaa[1][i-4];
  if(mhard>1)
     {kalf=kaa[2][i-5];
      if(i!=9)  return;
      xk=3/(4-epsalf);
      if(xk>kalf)
       kalf=xk;}
   return;
}

void  CMN(imn)
    int  imn;
  { int i;
     if(imn<0||imn>32)  {printf("imn=-1\n"); return;}
     if(imn==0)
       {for(i=1;i<=32;i++)
        if(mn>=mser[i]&&mn<=mser[i+1]){imn=i+1;
          mn=mser[imn];
          return;
       }
       }
     mn=mser[imn];
     if(mn<2) mn=2;
```

```
    return;
  }
```

12.3.3 程序使用说明

(1)适用范围。

本程序适用于分度圆压力角α=20°，齿条刀具齿顶圆角半径ρ_f=0.38m_n的正常齿标准直齿圆柱齿轮的设计计算和强度效核。

(2)输入参数说明。

程序执行后屏幕显示：

input——mn，fai，z1，z2，p，n1，hour，ka

input——shmin，sfmin，hard1，hard2，matral1，matral2

input——range，mpit，jingdu

依次输入各标识符的数据即可。各标识符的意义见表 12-12。内齿轮传动计算，大轮齿数输负数。设计齿轮时，输入 mn=0。控制代码 matral、range 和 mpit 的取值及意义见表 12-13、表 12-14 和表 12-15。

(3)例题。

某二级直齿圆柱齿轮减速器，电机驱动，单向运行，载荷平稳，试设计低速级齿轮传动。已知低速级传递功率 P_1=18kW，小齿轮功率 n_1=300r/min，传动比 i=4，每天一班，预期寿命 10 年。

键盘输入 mn，fai，z1，z2，p，n1，hour，ka，分别为 0，0.4，30，120，18，300，24000，1.0。

键盘输入 shmin，sfmin，hard1，hard2，matral1，matral2，分别为 1.0，1.4，250，162，7，4。

键盘输入 range，mpit，jingdu，分别为 2，1，8。

设计结果：

z1=30, z2=120, mn=4, u=4, a1=300, b1=126, b2=120,
d1=120, d2=480, da1=128, da2=488, df1=110, df2=47,
sh[1]=1.6935, sh[2]=1.1666, sigh=429.8905,
sf[1]=3.8582, sf[2]=2.0671, sigf[1]=74.8399, sigf[2]=75.9554。

表 12-12　齿轮传动设计程序主要标识符

标识符	代表符号	单位	说明	标识符	代表符号	单位	说明
p	P	kW	输入功率	sigf	σ_F	MPa	计算弯曲应力
n1	n_1	r/min	小齿轮转速	ze	Z_E		弹性系数
t1	T_1	N · m	小轮上的扭矩	zh	Z_H		节点区域系数
z	z		齿数	zeps	Z_ε		接触强度计算的重合度系数
u	i		传动比	zbet	Z_β		接触强度计算的螺旋角系数
zv	z_v		当量齿数	zn	Z_N		接触强度计算的寿命系数
a	a	mm	中心距	zw	Z_W		齿面工作硬化系数
mn	m_n	mm	法面模数	zx	Z_x		接触强度计算的尺寸系数
d	d	mm	分度圆直径	yfa	Y_{Fa}		齿形系数
da	d_a	mm	齿顶圆直径	ysa	Y_{Sa}		应力修正系数
df	d_f	mm	齿根圆直径	yeps	Y_ε		弯曲强度计算的重合度系数
db	d_b	mm	基圆直径	ybet	Y_β		弯曲强度计算的螺旋角系数

续表

标识符	代表符号	单位	说明	标识符	代表符号	单位	说明
b	b	mm	工作齿宽	yst	Y_{ST}		试验齿轮应力修正系数
epsebt	ε_β		纵向重合度	yn	Y_N		弯曲强度计算的寿命系数
epsalf	ε_α		端面重合度	yx	Y_X		弯曲强度计算的尺寸系数
shmin	S_{Hmin}		接触强度最小安全系数	ka	K_A		使用系数
sfmin	S_{Fmin}		弯曲强度最小安全系数	kalf	K_α		齿间载荷分配系数
sh			接触强度计算安全系数	kbet	K_β		齿向载荷分布系数
sf			弯曲强度计算安全系数	kv	K_v		动载荷系数
sigh1	σ_{Hlim}	MPa	试验齿轮接触疲劳极限	fai	ϕ		齿宽系数
sigf1	σ_{Flim}	MPa	试验齿轮弯曲疲劳极限	matral			材料及热处理代码(表 12-13)
sighp	$[\sigma_H]$	MPa	许用接触应力	range			齿轮布置形式代码(表 12-14)
sigfp	$[\sigma_H]$	MPa	许用弯曲应力	mpit			齿面使用要求代码(表 12-15)
sigh	σ_H	MPa	计算接触应力				

表 12-13　matral 的意义及取值

matral	材料及热处理情况	matral	材料及热处理情况	matral	材料及热处理情况
1	灰铸铁	5	碳钢调质或正火	9	合金钢渗碳淬火
2	可锻铸铁	6	合金铸钢	10	调质钢、渗碳钢短时间气体或液体氮化
3	球墨铸铁	7	合金钢调质	11	调质钢、渗碳钢长时间气体氮化
4	碳素铸钢	8	调质钢火焰或感应淬火	12	氮化钢长时间气体氮化

表 12-14　range 的意义及取值

range	意义
1	齿轮对称布置
2	齿轮非对称布置，轴刚度较大
3	齿轮非对称布置，轴刚度较小
4	齿轮悬臂布置

表 12-15　mpit 的意义及取值

mpit	意义
0	齿面不允许出现点蚀
1	齿面允许一定的点蚀

12.4　普通蜗杆传动的计算机辅助设计

12.4.1　有关数表处理

(1) 蜗杆头数 z_1 与传动比 i 及初定效率 η 的关系整理成表 12-16，在子程序 XYYL 中处理。

(2) 工作情况系数 K_A，载荷分布系数 K_β 整理成数表 12-17，由子程序 KAKB 处理。

(3) m 与 d_1 及 m^2d 的关系数表(文献(孙志礼等，2015)中表 6-2)存入二维数组 md 中，由子程序 D1M 处理。

(4) 滑动速度 v_s，当量摩擦系数 f_v，当量摩擦角 ϕ_v 的关系数表(文献(孙志礼等，2015)中表 6-10)存入二维数组 fv 中，由子程序 MCXS 处理。

(5)齿形系数 Y_{Fa2} 与当量齿数 z_v 的关系数表(文献(孙志礼等，2015)中表 6-8)存于二维数组 zy 中，由子程序 YFA2 处理。

(6)蜗轮的宽度 B、蜗轮外圆直径 D_{e2}、蜗杆螺纹部分长度 L 的计算公式整理成表 12-18，在子程序 JH 中处理。

表 12-16　i、z_1 及 η

i	7～13	14～35	≥36
z_1	4	2	1
η	0.9	0.8	0.7

表 12-17　K_A、K_β

载荷性质	平稳	中等冲击	严重冲击
no	1	2	3
K_A	1	1.15	1.2
K_β	1	1.3	1.6

表 12-18　B、D_{e2} 及 L

z_1	1	2	4
B	$0.75d_{a1}$	$0.75d_{a1}$	$0.67d_{a1}$
D_{e2}	$d_{a2}+2m$	$d_{a2}+2m$	$d_{a2}+m$
L	$(11+0.06z_2)m$	$(11+0.06z_2)m$	$(12.5+0.09z_2)m$

12.4.2　普通蜗杆传动源程序清单(图 12-7)

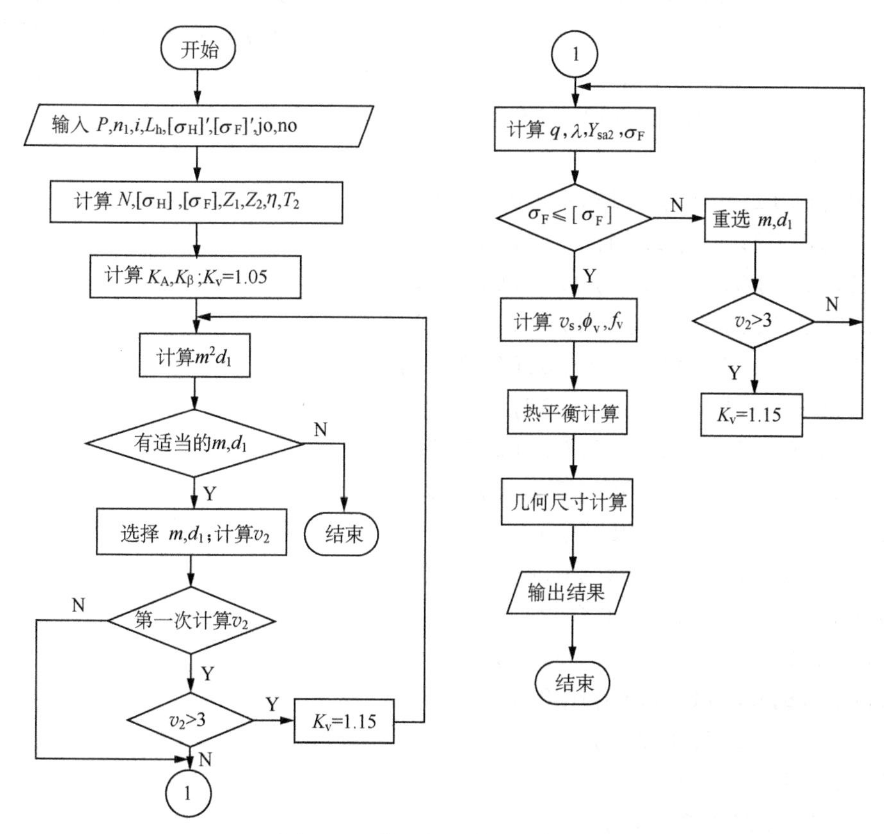

图 12-7　普通蜗杆传动程序框图

```
  /* the design of worm gearing    */
#include "stdio.h"
#include "math.h"
```

```
#define PI 3.1415926
void XYYL();
void KAKB();
void DIM();
void WYL();
void YFS();
void CAZIZ(float,float,float,float,int,int,int,float,int,int);
void MCXS();
void RPH();
void JH();
float  md[4][54]={ {0},
         {0,1,1.25,1.25,1.6,1.6,2,2,2,2,2.5,2.5,2.5,2.5,3.15,3.15,3.15,3.15,
          4,4,4,4,5,5,5,5,6.3,6.3,6.3,6.3,8,8,8,8,10,10,10,10,12.5,12.5,
          12.5,12.5,16,16,16,16,20,20,20,20,25,25,25,25},
         {0,18,20,22.4,20,28,18,22.4,28,35.5,22.4,28,35.5,45,25,31.5,40,56,
          31.5,40,50,71,40,50,63,90,50,63,90,50,63,80,112,63,80,100,140,71,
          90,112,160,90,112,140,200,112,140,180,250,140,160,224,315,180,200,
          280,400},
         {0,18,31.25,35,51.2,71.68,72,89.6,112,142,140,175,221.9,281.3,248,
          313,397,556,504,640,800,1136,1000,1250,1575,2250,1985,2500,3175,
          4445,4032,5120,6400,8960,7100,9000,11200,16000,14062,17500,21875,
          31250,28672,35840,46080,64000,56000,64000,89600,126000,112500,
          125000,175000,250000} };
float fv[17][7]={{0},
        {0,0.01,0.11,0.12,0.18,0.18,0.19},
        {0,0.05,0.09,0.1,0.14,0.14,0.16},
        {0,0.1,0.08,0.09,0.13,0.13,0.14},
        {0,0.25,0.065,0.075,0.1,0.1,0.12},
        {0,0.5,0.055,0.065,0.09,0.09,0.1},
        {0,1,0.045,0.055,0.07,0.07,0.09},
        {0,1.5,0.04,0.05,0.065,0.065,0.08},
        {0,2,0.035,0.045,0.055,0.055,0.07},
        {0,2.5,0.03,0.04,0.05,0,0},
        {0,3,0.028,0.035,0.045,0,0},
        {0,4,0.025,0.031,0.04,0,0},
        {0,5,0.022,0.029,0.035,0,0},
        {0,8,0.018,0.026,0.30,0,0},
        {0,10,0.016,0.024,0,0,0},
        {0,1,0.014,0.02,0,0,0},
            {0,24,0.013,0,0,0,0} };
       zzz[17]={0,20,24,26,28,30,32,35,37,40,45,56,60,80,100,150,300};
       ltt[9]={0,4,7,11,16,20,23,26,27};
 float zy[9][17]={ {0},
        {0,2.97,2.65,2.6,2.55,2.52,2.49,2.45,2.42,2.39,2.35,2.32,2.27,2.22,
```

```
          2.18,2.14,2.09},
         {0,2.75,2.61,2.56,2.51,2.48,2.44,2.40,2.38,2.35,2.31,2.28,2.23,2.17,
          2.14,2.09,2.05},
         {0,2.66,2.52,2.47,2.42,2.39,2.35,2.31,2.29,2.26,2.22,2.19,2.14,2.08,
          2.05,2,1.96},
         {0,2.49,2.35,2.3,2.26,2.22,2.19,2.15,2.13,2.10,2.06,2.02,1.98,1.92,
          1.88,1.84,1.79},
         {0,2.33,2.19,2.14,2.09,2.06,2.02,1.98,1.96,1.93,1.89,1.86,1.87,1.75,
          1.72,1.67,1.63} };
float p,n1,n2,u,sgmoh,sgmof,pi,k,n;
float sgmhp,sgmfp,eta,t2,ka,kb,kv,m2d1,m,d1,d2,q,lt,sita,sgmf,v2,yfa2,
      vs,fvv,fav,s,da1,da2,a,l,kd,rg2;
float de2,df1,df2;
int z1,z2,no,mdij,jo,t,to,b,a1;
long lh;
void main()
 { int kk;
   printf("input---p,n1,u,sgmoh,sgmof,jo,no,lh,kd,t,to:\n");
   scanf("%f %f %f %f %f %d %d %d %f %d %d",
          &p,&n1,&u,&sgmoh,&sgmof,&jo,&no,&lh,&kd,&t,&to);
   XYYL();
   KAKB();
   kk=1;
   while(1)
    { DIM();
     d2=m*z2;
     v2=PI*d2*n2/60000;
     if(kk!=1)  break;
     if(v2>3)
    {kv=1.15;
      kk++;  }
     else  break;
    }
     WYL();
     MCXS();
     RPH();
     JH();
printf("m,d1,d2,da1,da2,df1,df2,de2,z1,z2,a1,b,eta,sita,rg2,l\n");
printf("%f %f %f %f %f %f %f %f \n%d %d %d %d %f %f %f %f\n",m,d1,d2,da1,da2,
       df1,df2,de2,z1,z2,a1,b,eta,sita,rg2,l);

}

void XYYL()
```

```
{float error,u1,z22;
 n2=n1/u;
 n=60*n2*lh;
 if(n>2.5e8)   n=2.5e8;
 sgmhp=sgmoh*pow(1e7/n,0.125);
 sgmfp=sgmof*pow(1e6/n,0.111);
 if(u<=13.5)
   {z1=4;  eta=0.9;}
 else if(u<=31)
   {z1=2;eta=0.8;}
       else { z1=1; eta=0.7;}
     z2=z1*u+0.5;
loop2: z22=z2;
   u1=z22/z1;
   error=(u1-u)/u;
   if(error>0.05)
     {z2=z2-1;
       goto loop2;}
   else if(error<-0.05)
     {z2=z2+1;
       goto loop2;}
        else  u=u1;
       t2=9.55*1e6*p*u*eta/n1;
     }

void DIM()
{
 int  j;
 k=ka*kv*kb;
 m2d1=k*t2*pow((496/(z2*sgmhp)),2);
 if(m2d1<md[3][1])
  { printf(" NO!--%f %f %f \n",md[3][1],md[3][53],m2d1);
   exit(0) ;
  }
  else if(m2d1>md[3][53])
   {printf("NO!--%f %f %f \n",md[3][1],md[3][53],m2d1);
  exit(0);
   }
        else
         {for(j=1;j<=53;j++)
           {if(md[3][j]>=m2d1)break;}
            m=md[1][j];d1=md[2][j];
            m2d1=md[3][j];
```

```
   mdij=j;
   return;  }
}

void KAKB()
{if(no==1)
  {ka=1;
   kb=1;
  }
 else if(no==2)
  { ka=1.15;
    kb=1.3;
  }
 else
  {ka=1.2;
   kb=1.6; }
   kv=1.05;
 return;
}

void WYL()
 { float clt;

loop1:    q=d1/m;
     lt=atan(z1/q);
     clt=cos(lt);
     YFS();
     sgmf=2*k*t2*yfa2*clt/(d1*d2*m);
     if(sgmf<=sgmfp)
        return;
     else    if( md[3][mdij+1]<m2d1)
           {mdij=mdij+1;
              if(mdij>53);
                {printf("m2d1=%f>md[3][53]=%f",m2d1,md[3][52]);
                exit(0); }
               m=md[1][mdij];
               d1=md[2][mdij];
               m2d1=md[3][mdij];}
     else     { m=md[1][mdij+1];
        d1 = md[2][mdij+1];
        m2d1 = md[3][mdij+1]; }
     d2=m*z2;
     v2=PI*d2*n2/60000;
```

```
    if(v2>3&&kv==1.05)
        {kv=1.15;
         goto loop1; }
    else return;
   }
void YFS()
 {int iz,i,j,ilt;
  if(z2<zzz[1])
   {printf("NO!-z2<zz2[0]");
    return;
   }
 else if(z2>zzz[16])
   iz=16;
 else for(i=2;i<=15;i++)
    if(z2<=zzz[i])
       {iz=i; break;}
 lt=lt*180/PI;
 for(j=8;j>=1;j--)
  if(lt>=ltt[j])
   {ilt=j;break;}
CAZIZ(zy[ilt][iz-1],zy[ilt][iz],zy[ilt+1][iz-1],zy[ilt+1][iz],z2,zzz[iz-1],
       zzz[iz],lt,ltt[ilt],ltt[ilt+1]) ;
 return;
}

void CAZIZ(float z1,float z2,float z3,float z4,int x,int x1,int x2,float y,
int y1,int y2)
 {yfa2=z1*(((x-x2)*(y-y2))/((x1-x2)*(y1-y2)))+z2*(((x-x1)*(y-y2))/((x2-x1)*
       (y1-y2)))+z3*(((x-x2)*(y-y1))/((x1-x2)*(y2-y1)))+z4*(((x-x1)*(y-1))/
       ((x2-x1)*(y2-y1)));
  return;
 }


void MCXS()
 {int i;
 lt=lt*PI/180;
 vs=v2/sin(lt);
 if(vs<=0.01)
   fvv=fv[1][jo];
 else if(vs>=24)
   {fvv=fv[16][jo];
    fav=atan(fvv);
```

```
    return;
   }
  else
   {for(i=2;i<=15;i++)
    if(fv[i][1]>=vs)    break;
    fvv=fv[i][jo]-(fv[i][jo]-fv[i+1][jo])*(vs-fv[i][1])/
      (fv[i+1][1]-fv[i[1]);
   }
   fav=atan(fvv);
   return;
  }

void RPH()
  {
   eta=0.955*tan(lt)/tan(lt+fav);
   s=1000*(1-eta)*p/(kd*(t-to));
   return;
  }

void  JH()
{ int a2;
  float x2;
  float ha1=1*m,hf1=(1+0.2)*m,ha2,hf2;
  d2=m*z2;
  da1=d1+2*ha1;
  df1=d1-2*hf1;
  a=0.5*(d1+d2);
  a2=a/10;
  a1=10*a2;
  x2=(a1-a)/m;
  ha2=(1+x2)*m;
  hf2=(1+0.2-x2)*m;
  da2=d2+2*ha2;
  df2=d2-2*hf2;
  if(z1==4)
    {b=0.67*da1;
     de2=da2+m;
     l=(12.5+0.09*z2)*m; }
  if(z1==2)
    {b=0.75*da1;
     de2=da2+1.5*m;
    l=(11+0.06*z2)*m; }
  if(z1==1)
```

```
{b=0.75*da1;
  de2=da2+2*m;
  l=(11+0.06*z2)*m; }
b=b-1;
sita=2*asin(b/d1);
sita=sita*180/PI;
rg2=a1-da2/2;
 return;    }
```

12.4.3 程序使用说明

(1)适用范围。本程序适用于满足下列条件的闭式标准普通圆柱蜗杆传动的设计：

①模数 m=1～25mm。②蜗杆分圆直径 d_1=18～400mm。③蜗轮齿数 z_2=20～300；蜗杆头数 z_1=1，2，4；滑动速度 v_s=0.01～24m/s。

(2)输入参数说明。

程序执行后，屏幕显示：

input——p，n1，u，sgmoh，sgmof，jo，no

依次输入各标识符的数据即可。各标识符的意义见表 12-19。

控制变量 no 的意义及取值见表 12-17。控制变量 jo 的意义及取值见表 12-20。

表 12-19 蜗杆传动设计程序主要标识符

标识符	代表符号	单位	说明	标识符	代表符号	单位	说明
p	P	kW	传递功率	d1	d_1	mm	蜗杆分度圆直径
n1	n_1	r/min	蜗杆转速	z2	Z_2		蜗轮齿数
u	i		传动比	d2	d_2	mm	蜗轮分度圆直径
lh	L_h	h	预期寿命	da1	d_{a1}	mm	蜗杆齿顶圆直径
t2	T_2	N · mm	蜗轮转矩	da2	d_{a2}	mm	蜗轮齿顶圆直径
fv	f_v		当量摩擦系数	df1	d_{f1}	mm	蜗杆齿根圆直径
ka	K_A		使用系数	df2	d_{f2}	mm	蜗轮齿根圆直径
kv	K_v		动载系数	de2	d_{e2}	mm	蜗轮外圆直径
kb	K_β		齿向载荷分布系数	b	b_2	mm	蜗轮宽度
sgmoh	$[\sigma_H]'$	MPa	基本许用接触应力	l	b_1	mm	蜗杆螺纹部分长度
sgmof	$[\sigma_F]'$	MPa	基本许用弯曲应力	a	a	mm	中心距
sgmhp	$[\sigma_H]$	MPa	许用接触应力	m	m	mm	模数
sgmfp	$[\sigma_F]$	MPa	许用弯曲应力	q	q		蜗杆直径系数
sgmf	σ_F	MPa	齿根弯曲应力	kd	K_d		散热系数
sgmh	σ_H	MPa	齿面接触应力	to	t_0	(°)	空气温度
eta	η		效率	t	t	(°)	油温
z1	Z_1		蜗杆头数	s	A	m^2	散热面积

表 12-20　jo 的取值及意义

jo	意义	jo	意义
2	锡青铜蜗轮，蜗杆硬度>45HRC	5	灰铸铁蜗轮，蜗杆硬度>45HRC
3	锡青铜蜗轮，蜗杆硬度≤45HRC	6	灰铸铁蜗轮，蜗杆硬度≤45HRC
4	无锡青铜蜗轮，蜗杆硬度>45HRC		

(3)例题。

试设计一闭式圆柱蜗杆传动。已知：蜗杆轴的输入功率 P_1=10kW，蜗轮轴的转速为 n_1=1450r/min，传动比 i=20.5，单向工作，载荷平稳，蜗杆减速器每天工作 16 小时，工作寿命 7 年。

键盘输入 p，n1，u，sgmoh，sgmof，jo，no，lh，kd，t，to，分别为 10，1450，20.5，268，56，2，1，33600，17，80，20。

设计结果：

m=8，d1=80，d2=328，da1=96，da2=336，df1=60.799999，df2=300.799988，de2=348.000000，z1=2，z2=41，a=200，b=71，eta=0.865506，sita=125.121529，rg2=32.00，l=107.68。

12.5　轴的计算机辅助设计

12.5.1　有关数表处理

轴的疲劳强度计算中需要有效应力集中系数 K_σ、K_τ，绝对尺寸影响系数 ε_σ、ε_τ 和表面质量系数 β，在程序中全部以数组形式给出，这些数组的名称、意义及取值见表 12-21。

表 12-21　程序中 K_σ、K_τ、ε、β 有关的数组及变量

系数	存储数组		相关数组	
	i, j, k		i, j, k 的意义及取值	
A 型键槽(文献(孙志礼等，2015)中附表 1-1) K_σ, K_τ	zz(i, j)	cb(i)	j	
	8, 2	σ_B	1, 2*	
配合边缘(文献(孙志礼等，2015)中附表 1-1) K_σ, K_τ	bh(i, j, k)	cb(i)	j	k
	8, 2, 3	σ_B	1, 2*	m3**
圆角处弯曲(文献(孙志礼等，2015)中附表 1-2) K_σ	a1(i, j, k)	cb(i)	rd(j)	rh(k)
	8, 5, 4	σ_B	r/d	h/r
圆角处扭转(文献(孙志礼等，2015)中附表 1-2) K_τ	b1(i, j, k)	cb(i)	rd(j)	rh(k)
	8, 5, 4	σ_B	r/d	h/r
绝对尺寸系数(文献(孙志礼等，2015)中附表 1-4) ε_σ	ee1(i, j)	i	j	
	10, 2	d	m5**	
绝对尺寸系数(文献(孙志礼等，2015)中附表 1-4) ε_τ	ee2(i)	i		
	10	d		
不同表面粗糙度(文献(孙志礼等，2015)中附表 1-5) β	bj(i, j)	cb1(i)	j	
	3, 4	σ_B	m6**	
各种强化方法(文献(孙志礼等，2015)中附表 1-6) β	qh(i, j)	i	j	
	5, 3	m7**	1, 2, 3	

注：*1——K_σ，2——K_τ；**m3、m5、m6、m7 见表 12-23。

12.5.2　轴设计源程序清单(图 12-8)

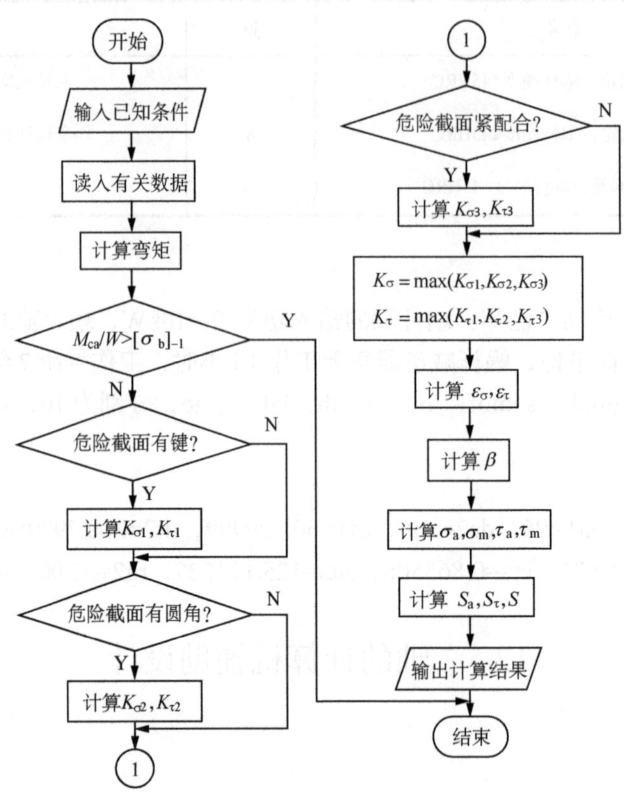

图 12-8　轴设计程序框图

```
#include "stdio.h"
#include "math.h"
void JAN(),PEIH(),YUANJ(),WJ(),CAZI(),CAZI2();
float   max(float a,float b)
{ float max;
  max=a;
  if(a<b)
  max=b;
  return max;
}
float  zz[8][2],cb[8],bh[8][2][3],al[8][5][4],rd[5],rh[4],b1[8][5][4],
       ee1[10][2],ee2[10],bj[3][4],cb1[3],qh[5][3],fitau[5],fisgm[5];
float  l,ksgm1,ksgm2,ksgm3,ksgm,ktau1,ktau2,ktau3,ktau;
float hf1,hf2,hfa1,hfa2,hr1,hr2,vf1,vf2,vfa1,vfa2,vr1,vr2,aa1,aa2,sgmb,
      sgmb1,tau1,sgmp,d,x,h,r,t;
int m1,m2,m3,m4,m5,m6,m7,icb,ird,irh;
float  cb[8]={400,500,600,700,800,900,1000,1200};
float  zz[8][2]={1.51,1.20,1.64,1.37,1.76,1.54,1.89,1.71,2.01,1.88,2.14,
                 2.05,2.26,2.22,2.50,2.39};
float  bh[8][2][3]={2.05,1.55,1.33,1.55,1.25,1.14,2.30,1.72,1.49,1.69,
                   1.36,1.23,2.52,1.89,1.64,1.82,1.46,1.31,2.73,2.05,
                   1.77,1.96,1.56,1.40,2.96,2.22,1.92,2.09,1.65,1.49,
                   3.18,2.39,2.08,2.22,1.76,1.57,3.41,2.56,2.22,2.36,
```

```
                         1.86,1.66,3.87,2.90,2.5,2.62,2.05,1.83};
float     rd[5]={0.01,0.02,0.03,0.05,0.10};
float     rh[4]={2,4,6,10};
float     al[8][5][4]={1.34,1.51,1.86,2.07,1.41,1.76,1.90,2.09,1.59,1.76,1.89,
                      0,1.54,1.70,0,0,1.38,0,0,0,1.36,1.54,1.90,2.12,1.44,
                      1.81,1.96,2.16,1.63,1.82,1.96,0,1.59,1.76,0,0,1.44,
                      0,0,0,1.38,1.57,1.94,2.17,1.47,1.86,2.02,2.23,1.67,
                      1.88,2.03,0,1.64,1.82,0,0,1.50,0,0,0,1.40,1.59,1.99,
                      2.23,1.49,1.91,2.08,2.30,1.71,1.94,2.10,0,1.69,1.88,
                      0,0,1.55,0,0,0,1.41,1.62,2.03,2.28,1.52,1.96,2.13,
                      2.38,1.76,1.99,2.16,0,1.73,1.95,0,0,1.61,0,0,0,1.43,
                      1.64,2.08,2.34,1.54,2.01,2.19,2.45,1.80,2.05,2.23,0,
                      1.78,2.01,0,0,1.66,0,0,0,1.45,1.67,2.12,2.39,1.57,
                      2.06,2.25,2.52,1.84,2.11,2.30,0,1.83,2.07,0,0,1.72,0,
                      0,0,1.49,1.72,2.21,2.50,1.62,2.16,2.37,2.66,1.92,
                      2.23,2.44,0,1.93,2.19,0,0,1.83,0,0,0};
float     b1[8][5][4]={1.26,1.37,1.54,2.12,1.33,1.53,1.59,2.03,1.39,1.52,
                       1.61,0,1.42,1.50,0,0,1.37,0,0,0,1.28,1.39,1.57,2.18,
                       1.35,1.55,1.62,2.08,1.40,1.54,1.65,0,1.43,1.53,0,0,
                       1.38,0,0,0,1.29,1.40,1.59,2.24,1.36,1.58,1.66,2.12,
                       1.42,1.57,1.68,0,1.44,1.57,0,0,1.39,0,0,0,1.29,1.42,
                       1.61,2.30,1.37,1.59,1.69,2.17,1.44,1.59,1.72,0,1.46,
                       1.59,0,0,1.42,0,0,0,1.30,1.43,1.64,2.37,1.37,1.61,
                       1.72,2.22,1.45,1.61,1.74,0,1.47,1.62,0,0,1.43,0,0,0,
                       1.30,1.44,1.66,2.42,1.38,1.62,1.75,2.26,1.47,1.64,
                       1.77,0,1.50,1.65,0,0,1.45,0,0,0,1.31,1.46,1.68,2.48,
                       1.39,1.65,1.79,2.31,1.48,1.66,1.81,0,1.51,1.68,0,0,
                       1.46,0,0,0,1.32,1.47,1.73,2.60,1.42,1.68,1.86,2.40,
                       1.52,1.71,1.88,0,1.54,1.74,0,0,1.50,0,0,0};
float     ee1[10][2]={0.91,0.83,0.88,0.77,0.84,0.73,0.81,0.70,0.78,0.68,
                     0.75,0.66,0.73,0.64,0.70,0.62,0.68,0.60,0.60,0.54};
float     ee2[10]={0.89,0.81,0.78,0.76,0.74,0.73,0.72,0.70,0.68,0.60};
float     cb1[3]={600,800,1200};
float     bj[3][4]={1,0.95,0.85,0.75,1,0.90,0.80,0.65,1,0.80,0.65,0.45};
float     fisgm[4]={0.50,0.43,0.34,0.215,0.14};
float     fitau[4]={0.33,0.29,0.21,0.11,0.05};
  void main()
  { int i,j,k;
  float mca,d1,d2;
  float smh,smv,alf,w,wt,esgm,etau,x1,x2,y1,y2,bat2,bat,ftau,fsgm,sgm,sgmm,
       sgma,tau,taua,taum,stau,s,ssgm;
   printf("input the datas:m1,m2,m3,m4,m5,m6,m7\n");
   scanf("%d%d%d%d%d%d%d",&m1,&m2,&m3,&m4,&m5,&m6,&m7);
   printf("input the datas:hf1,hf2,hfa1,hfa2,hr1,hr2\n");
```

```
  scanf("%f%f%f%f%f%f",&hf1,&hf2,&hfa1,&hfa2,&hr1,&hr2);
  printf("input the datas:vf1,vf2,vfa1,vfa2,vr1,vr2\n");
  scanf("%f%f%f%f%f%f",&vf1,&vf2,&vfa1,&vfa2,&vr1,&vr2);
  printf("input the datas:aa1,aa2,l\n");
  scanf("%f%f%f",&aa1,&aa2,&l);
  printf("input the datas:sgmb,sgmb1,tau1,sgmp\n");
  scanf("%f%f%f%f",&sgmb,&sgmb1,&tau1,&sgmp);
  printf("input the datas:d,x,h,r,t\n");
  scanf("%f%f%f%f%f",&d,&x,&h,&r,&t);
  WJ(hf1,hf2,hfa1,hfa2,aa1,aa2,l,x,&smh,hr1,hr2);
  WJ(vf1,vf2,vfa1,vfa2,aa1,aa2,l,x,&smv,vr1,vr2);
alf=0.3;
if(m4==1)    alf=1;
if(m4==2)    alf=0.6;
mca=sqrt(pow(smh,2)+pow(smv,2)+pow(alf*t,2));
w=0.1*pow(d,3);
wt=2.0*w;
sgm=mca/w;
if(sgm>sgmp)
  {printf("SGM>SGMP\n");
   return;
  }
JAN(&ksgm1,&ktau1);
PEIH(&ksgm2,&ktau2);
YUANJ(&ksgm3,&ktau3);
ksgm=max(ksgm1,ksgm2);
ksgm=max(ksgm,ksgm3);
ktau=max(ktau1,ktau2);
ktau=max(ktau,ktau3);
for(i=1;i<=10;i++)
  {d1=(i+1)*10;
   d2=(i+2)*10;
   if(d>d1&&d<=d2)
     break;
  }
esgm=ee1[i-1][m5-1];
etau=ee2[i-1];
for(i=0;i<3;i++)
 if(sgmb<=cb1[i])    break;
icb=i;
x1=cb1[icb];
x2=cb1[icb-1];
y1=bj[icb][m6-1];  y2=bj[icb-1][m6-1];
CAZI(sgmb,x1,x2,&bat,y1,y2);
```

```
 if(m7!=0)
 {if(ksgm==0)j=1;
  if(ksgm<=1.5) j=2;
  if(ksgm>1.5) j=3;
  bat2=qh[m7-1][j-1];
  bat=max(bat,bat2);
  }
 ftau=fitau[m6-1];
 fsgm=fisgm[m6-1];
 sgm=sqrt(pow(smh,2)+pow(smv,2))/w;
 sgmm=0;
 sgma=sgm;
 tau=t/wt;
 taum=tau;
 taua=0;
 if(m4==1)    {taum=0;taua=tau;}
 if(m4==2)    {taum=0.5*tau; taua=0.5*tau;}
 ktau=ktau/(bat*etau);
 stau=tau1/(ktau*taua+ftau*taum);
 ksgm=ksgm/(bat*esgm);
 ssgm=sgmb1/(ksgm*sgma+fsgm*sgmm);
 s=stau*ssgm/sqrt(pow(stau,2)+pow(ssgm,2));
 printf("s,stau,ssgm\n");
 printf("%f %f %f\n",s,stau,ssgm);
}

void JAN(ksgmk,ktauk)
  float * ksgmk,* ktauk ;
 { int i;
   if(m2==0)    return;
   for(i=0;i<8;i++)
    if(sgmb<=cb[i])
    {icb=i;    break;}
   CAZI(sgmb,cb[icb],cb[icb-1],ksgmk,zz[icb][0],zz[icb-1][0]);
   CAZI(sgmb,cb[icb],cb[icb-1],ktauk,zz[icb][1],zz[icb-1][1]);

}
 void PEIH(ksgmk,ktauk)
  float *ksgmk,*ktauk;
{ if(m3==0)    return;
  CAZI(sgmb,cb[icb],cb[icb-1],ktauk,bh[icb][1][m3-1],bh[icb-1][1][m3-1]);
  CAZI(sgmb,cb[icb],cb[icb-1],ksgmk,bh[icb][0][m3-1],bh[icb-1][0][m3-1]);
}

void  YUANJ(ksgmk,ktauk)
```

```
float   * ksgmk,* ktauk;
 {float rdd,rhh,x1,x2,y1,y2,z1,z2,z3,z4,zzs1,zzt1,zzs2,zzt2;
  int i;
  if(m1==0)    return;
  rdd=r/d;
  for(i=0;i<5;i++)
  if(rdd<=rd[i])
    {ird=i;    break;}
  rhh=h/r;
  for(i=0;i<4;i++)
  if(rhh<=rh[i])
    {irh=i; break;}
  x1=rd[ird];    x2=rd[ird-1];
  y1=cb[icb];    y2=cb[icb-1];
  z1=al[icb][ird][irh];
  z2=al[icb-1][ird][irh];
  z3=al[icb][ird-1][irh];
  z4=al[icb-1][ird-1][irh];
  CAZI2(&zzs1,z1,z2,z3,z4,rdd,x1,x2,sgmb,y1,y2);
  z1=b1[icb][ird][irh];
  z2=b1[icb-1][ird][irh];
  z3=b1[icb][ird-1][irh];
  z4=b1[icb-1][ird-1][irh];
  CAZI2(&zzt1,z1,z2,z3,z4,rdd,x1,x2,sgmb,y1,y2);
  z1=al[icb][ird][irh-1];
  z2=al[icb-1][ird][irh-1];
  z3=al[icb][ird-1][irh-1];
  z4=al[icb-1][ird-1][irh-1];
  CAZI2(&zzs2,z1,z2,z3,z4,rdd,x1,x2,sgmb,y1,y2);
  z1=b1[icb][ird][irh-1];
  z2=b1[icb-1][ird][irh-1];
  z3=b1[icb][ird-1][irh-1];
  z4=b1[icb-1][ird-1][irh-1];
  CAZI2(&zzt2,z1,z2,z3,z4,rdd,x1,x2,sgmb,y1,y2);
  x1=rh[irh];
  x2=rh[irh-1];
  CAZI(rhh,x1,x2,ksgmk,zzs1,zzs2);
  CAZI(rhh,x1,x2,ktauk,zzt1,zzt2);
  return;
 }
void WJ(f1,f2,fa1,fa2,a1,a2,l,x,sm,h1,h2)
  float f1,f2,fa1,fa2,a1,a2,l,x,*sm,h1,h2;
 { float mm1,mm2,r1,r2;
   mm1=fa1*h1;
```

```
    mm2=fa2*h2;
    r2=(f2*a2-mm1-mm2-f1*a1)/l;
    r1=f1+f2-r2;
    if(x<=0)
      {*sm=mm1+f1*(a1+x);
       return;
      }
    if(x>0&&x<a2)
     {*sm=mm1-r1*x+f1*(a1+x);
     return;
     }
    if(x>=a2)
     {*sm=mm1+f1*(a1+x)-r1*x+f2*(x-a2)+mm2;
      return;
     }
  }

void CAZI(x,x1,x2,y,y1,y2)
  float x,x1,x2,*y,y1,y2;
  {*y=y1+(y2-y1)*(x-x1)/(x2-x1);
    return;
  }

void  CAZI2(z,z1,z2,z3,z4,x,x1,x2,y,y1,y2)
 float *z,z1,z2,z3,z4,x,x1,x2,y,y1,y2;
  {*z=z1*(x-x2)*(y-y2)/(x1-x2)/(y1-y2)
       +z2*(x-x2)*(y-y2)/(x1-x2)/(y2-y1)
       +z3*(x-x1)*(y-y1)/(x2-x1)/(y1-y2)
       +z4*(x-x1)*(y-y1)/(x2-x1)/(y2-y1);
   return;
  }
```

12.5.3　程序使用说明

(1)适用范围。

① 受力状态为图 12-9 所示的各种转轴。F_1、F_2为径向力；F_{A1}、F_{A2}为轴向力；H_1、H_2为各轴向力到轴心线的垂直距离；A_1、A_2为各径向力到左轴承支点的距离；L 为轴承跨距；x 为危险截面至左轴承支点的距离，在支点的左边 $x<0$，在支点的右边 $x>0$。②轴径 d=20～500mm。③轴材料为碳钢或合金钢。

(2)输入参数说明。

① 各标识符的意义见表 12-22。

② 危险截面处轴的结构、表面质量状况及轴的材料代码 m1、m2、m3、m4、m5、m6、m7 的意义见表 12-23。

③ F_1、F_2、F_{A1}、F_{A2}的数值，与图 12-9 所示方向一致时为正值，反之为负值，不存在的参数赋零。

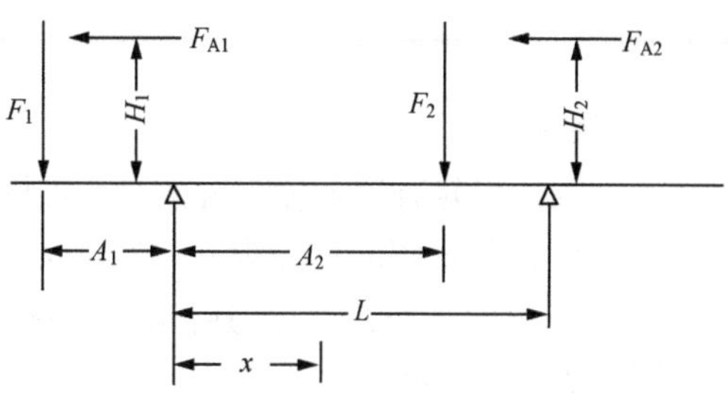

图 12-9　轴水平面或垂直面的受力情况简化形式

④ 危险截面到左轴承的距离 x，危险截面在轴承左边时 $x<0$；危险截面在轴承右边时 $x>0$。

⑤ 改变 x，可对轴的多个截面进行效核。

表 12-22 轴设计程序主要标识符

标识符	代表符号	单位	说明	标识符	代表符号	单位	说明
a1, a2		mm	各径向力至左轴承的距离	x		mm	危险截面至左轴承的距离
hf1		N	水平面的径向力	sgmb1	σ_{-1}	MPa	轴弯曲疲劳极限
hf2		N		sgmp	$[\sigma_b]_{-1}$	MPa	轴的许用弯曲应力
hfa1		N	水平面的轴向力	sgmb	σ_B	MPa	轴的强度极限
hfa2		N		tau1	τ_{-1}	MPa	轴的剪切疲劳极限
hr1		mm	hfa1、hfa2 至轴线的距离	fisgm	ψ_σ		弯曲应力幅等效系数
hr2		mm		fitau	ψ_τ		扭转应力幅等效系数
vf1		N	垂直面径向力	w	W		计算截面的抗弯模量
vf2		N		w_t	W_T		计算截面的抗扭模量
vfa1		N	垂直面轴向力	d		mm	危险截面的直径
vfa2		N		h		mm	危险截面轴肩高
vr1		mm	vaf1、vaf2 至轴线的距离	r		mm	危险截面圆角半径
vr2		mm					

表 12-23 轴计算截面处情况的数据处理

变量名	取值	截面情况	变量名	取值	截面情况
m1	0	无过渡圆角	m5	1	轴材料为碳钢
	1	一般过渡圆角		2	轴材料为合金钢
m2	0	无键槽	m6	1	磨削
	1	A 型键槽		2	精车
m3	0	无配合		3	粗车
	1	H7/r6		4	未加工表面
	2	H7/k6	m7	0	无表面强化处理
	3	H7/h6		1	高频淬火
m4	1	轴受对称循环扭矩		2	氮化
	2	轴受脉动循环扭矩		3	渗碳
	3	轴受不变扭矩		4	喷丸硬化
				5	滚子滚压

(3) 例题。

两级圆柱齿轮减速器输出轴的结构如图 12-10 所示，轴的材料为 45 碳钢，调质处理，强化方法为渗碳。已知齿轮分度圆的直径为 d=332mm，作用在齿轮上的圆周力 F_t=7780N，径向力 F_r=2860N，轴向力 F_a=1100N，单向工作，支点与齿轮中点距离 L_1=140mm，L_2=80mm，试校核该轴距左支点 100mm 处(该处过渡圆角 $R1$)的强度是否合格。

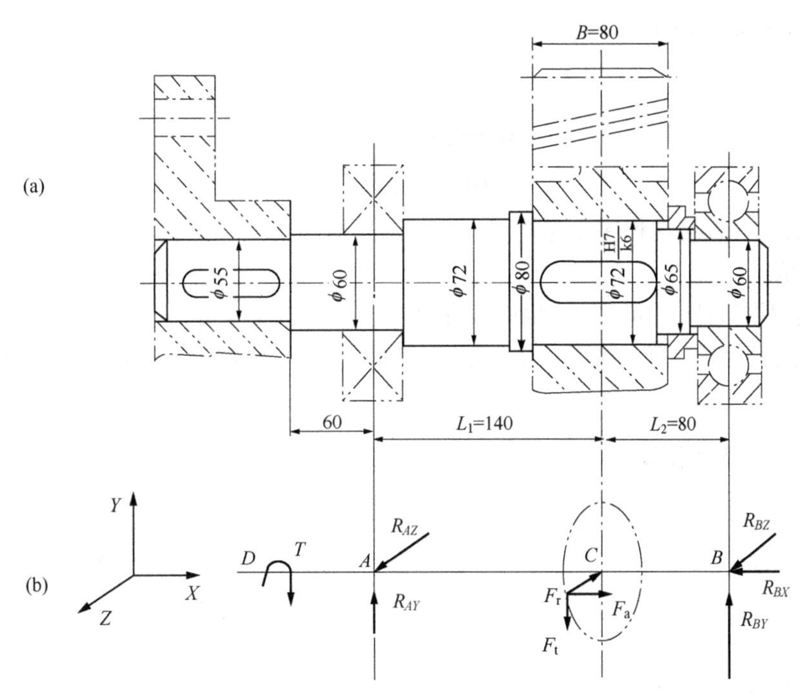

图 12-10　两级圆柱齿轮减速器输出轴

键盘输入 m1，m2，m3，m4，m5，m6，m7，分别为 1，1，2，2，1，2，3；
键盘输入 hf1，hf2，hfa1，hfa2，hr1，hr2，分别为 0，2860，0，1100，0，166；
键盘输入 vf1，vf2，vfa1，vfa2，vr1，vr2，分别为 0，7780，0，0，0，0；
键盘输入 aa1，aa2，l，分别为 0，140，220；
键盘输入 sgmb，sgmb1，tau1，sgmp，分别为 650，268，155，60；
键盘输入 d，x，h，r，t，分别为 72，100，8，1，1292000。
设计结果：
s=5.289344，stau=5.924627，ssgm=11.740847。

12.6　滚动轴承的计算机辅助设计

12.6.1　有关线图及数表处理

(1) 温度系数 f_t。
温度系数 f_t(文献(孙志礼等，2015)中表 9-4)拟合成公式

$$f_t=1.219767-0.002t \quad (t>120℃) \tag{12-16}$$

$$f_t=1 \quad (t\leqslant 120℃) \tag{12-17}$$

(2) 径向载荷系数 X 与轴向载荷系数 Y。
轴承的径向载荷系数 X 与轴向载荷系数 Y 因轴承类型而异，应按类型分别处理。
① 深沟球轴承。
e 与 A/C_0 的关系拟合成公式

$$e=0.51(A/C_0)^{0.2333} \tag{12-18}$$

当 $A/R\leqslant e$，$X=1$，$Y=0$；
当 $A/R>e$，$X=0.56$，Y 与 A/C_0 的关系拟合成公式

$$Y=0.8663(A/C_0)^{-0.228} \tag{12-19}$$

② 角接触球轴承。

处理方法与深沟球轴承相同。

C 型拟合成公式

$$e=0.61203\,(A/C_0)^{0.11735} \tag{12-20}$$

$$Y=0.91649\,(A/C_0)^{-0.11693} \tag{12-21}$$

AC 型的 e、Y 为定值，可直接在程序中应用。

③ 圆锥滚子轴承。

e、Y 之值因轴承不同而异，可由轴承性能表查出。

(3) 滚动轴承性能表处理。每一类型、每一系列的轴承有一个性能表。本程序将计算中用到的主要参数存入数组。

12.6.2　滚动轴承计算源程序清单(图 12-11)

```
/ * the calculation of roler bearings * /
#include "math.h"
#include "string.h"
#include "stdlib.h"
#include "stdio.h"
char cd[10],l[5],*tt;
float t,fd,fm,r1,r2,a,ar,aco,eps;
int n,in;
float co,c,a1,a2,e,e1,x,y,y1;

struct fla
{char ttt[10];
 float cc;
 float cco;
 float ee;
 float yy;
};
struct fla T6200[17]={{"6204",9.88,6.18},{"6205",10.8,6.95},
            {"6206",15.0,10.0},{"6207",19.8,13.5},{"6208",22.8,15.8},
            {"6209",24.5,17.5},{"6210",27.0,19.8},{"6211",33.5,25.0},
            {"6212",36.8,27.8},{"6213",44.0,34.0},{"6214",46.8,37.5},
            {"6215",50.8,41.2},{"6216",55.0,44.8},{"6217",64.0,53.2},
            {"6218",73.8,60.5},{"6219",84.8,70.5},{"6220",94.0,79.0}};

struct fla T6300[17]={{"6304",12.2,7.78},{"6305",17.2,11.2},
             {"6306",20.8,14.2},{"6307",25.8,17.8},{"6308",31.2,22.2},
             {"6309",40.8,29.8},{"6310",47.5,35.6},{"6311",55.2,41.8},
             {"6312",62.8,48.5},{"6313",72.2,56.5},{"6314",80.2,63.2},
             {"6315",87.2,71.5},{"6316",94.5,80.0},{"6317",102,89.2},
             {"6318",112,100},{"6319",122,112},{"6320",132,132}};

struct fla T7200[17]={{"7204",10.8,7.00},{"7205",12.2,7.88},
            {"7206",16.8,12.2},{"7207",22.5,16.5},{"7208",25.8,19.2},
```

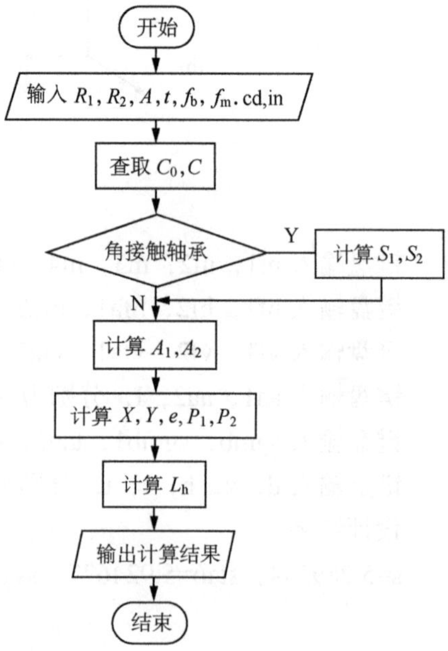

开始
输入 R_1, R_2, A, t, f_b, f_m. cd,in
查取 C_0, C
角接触轴承　Y　计算 S_1, S_2
N
计算 A_1, A_2
计算 X, Y, e, P_1, P_2
计算 L_h
输出计算结果
结束

图 12-11　滚动轴承程序框图

```
            {"7209",28.2,22.5},{"7210",31.5,25.2},{"7211",38.8,31.8},
            {"7212",42.8,35.5},{"7213",51.2,43.2},{"7214",53.2,46.2},
            {"7215",50.8,57.8},{"7216",59.2,65.5},{"7217",65.5,72.8},
            {"7218",82.2,89.8},{"7219",89.9,98.8},{"7200",108,100}};

struct fla T7300[17]={{"7304",13.8,9.0},{"7305",20.8,14.8},{ "7306",25.2,18.5},
            {"7307",32.8,24.8},{"7308",38.5,30.5},{"7309",47.5,37.2},
            {"7310",53.5,44.5},{"7311",67.2,56.8},{"7312",77.8,65.8},
            {"7313",89.8,70.5},{"7314",98.5,86.0},{"7315",108,97},
            {"7316",115,108},{"7317",122,122},{"7318",135,135},
            {"7319",158,148},{"7320",165,178}};

struct fla T30200[17]={{"30204",26.8,18.25,0.35,1.7},
            {"30205",32.2,23,0.37,1.6},{"30206",41.2,29.5,0.37,1.6},
            {"30207",51.5,37.2,0.37,1.6},{"30208",59.8,42.8,0.37,1.6},
            {"30209",64.2,47.8,0.4,1.5},{"30210",72.2,55.2,0.42,1.4},
            {"30211",86.5,65.5,0.4,1.5},{"30212",97.8,74.5,0.4,1.5},
            {"30213",112,86.2,0.4,1.5},{"30214",125,97.5,0.42,1.4},
            {"30215",130,105,0.44,1.4},{"30216",150.8,120,0.42,1.4},
            {"30217",168,135,0.42,1.4},{"30218",188,152,0.42,1.4},
            {"30219",215,175,0.42,1.4},{"30220",240,198,0.42,1.4}};

struct fla T30300[17]={{"30304",31.5,20.8,0.3,2},{"30305",44.8,30,0.3,2},
            {"30306",55.8,38.5,0.31,1.9},{"30307",62.2,44.5,0.31,1.9},
            {"30308",86.2,63.8,0.35,1.7},{"30309",104,78.1,0.35,1.7},
            {"30310",122,92.5,0.35,1.7},{"30311",145,112,0.35,1.7},
            {"30312",165,125,0.35,1.7},{"30313",185,142,0.35,1.7},
            {"30314",208,162,0.35,1.7},{"30315",238,188,0.35,1.7},
            {"30316",262,208,0.35,1.7},{"30317",288,228,0.35,1.7},
            {"30318",322,260,0.35,1.7},{"30319",348,282,0.35,1.7},
            {"30320",382,310,0.35,1.7}};
coc(cd)
 char cd[10];
 { int i;
 for(i=0;i<17;i++)
   if(strcmp(cd,T6200[i].ttt)==0)
       {c=T6200[i].cc;
       co=T6200[i].cco;
       break;}
   else if(strcmp(cd,T6300[i].ttt)==0)
       {c=T6300[i].cc;
       co=T6300[i].cco;
       break;
       }
```

```
  else if(strcmp(cd,T7200[i].ttt)==0)
      {c=T7200[i].cc;
      co=T7200[i].cco;
      break;
      }
  else if(strcmp(cd,T7300[i].ttt)==0)
      {c=T7300[i].cc;
      co=T7300[i].cco;break;}
  else if(strcmp(cd,T30200[i].ttt)==0)
      {c=T30200[i].cc;
      co=T30200[i].cco;
      break;}
  else if(strcmp(cd,T30300[i].ttt)==0)
      {c=T30300[i].cc;
      co=T30300[i].cco;
      break;}
}

aass(l,cd,in)
char l[5],cd[10]; int in;
{float s1,s2,*e;
if(strcmp(l,"7")==0)
   {s1=0.63*r1;
   s2=0.63*r2 ;
   }
if(strcmp(l,"3")==0)
  {ey(cd);
  s1=r1/(2*y1);
  s2=r2/(2*y1);
  }
if(in==1)
  {a1=max(s1,s2+a);
   a2=max(s2,s1-a);}
if(in==2)
  {a1=max(s1,s2-a);
  a2=max(s2,s1+a);
  }
}

xye(a,r,fd,fm,cd)
float a,r,fd,fm;
char cd[10];
{float p;
 ar=a/r;
```

```
 aco=a/(1000*co);
 l[0]=cd[0];
 l[1]='\0';
if(strcmp(l,"6")==0)
 cd6(ar);
if(strcmp(l,"7")==0)
 cd7(ar);
if(strcmp(l,"3")==0)
 cd3(ar);
p=(x*r+y*a)*fd*fm;
 return p;
 }

cd7(ar)
 float ar;
 {float e=0.68;
 x=1;y=0;
 if(ar>e)
 {x=0.41;
 y=0.87;
 }
 eps=3;
 }

cd6(ar)
float ar;
{float e=0.51*pow(aco,0.2333);
x=1;y=0;
if(ar>e)
{x=0.56;y=0.8663*pow(aco,-0.228);
}
eps=3;
}

cd3(ar)
float ar;
{e=e1;
x=0.40;
 if(ar<=e)
 {x=1;
y=0;}
eps=10.0/3;
return(y);
}
```

```
ey(cd)
char cd[10];
{int i;
for(i=0;i<17;i++)
 {
 if(strcmp(T30200[i].ttt,cd)==0)
 {e=T30200[i].ee;
 e1=e;
 y1=T30200[i].yy;
 break;}
  else if(strcmp(T30300[i].ttt,cd)==0)
 {e=T30300[i].ee;
  e1=e;
  y1=T30300[i].yy;
  break;}
  }
}

void main()
  {float p,p1,p2,lh,ft;
   printf("input--n,t,fd,fm,r1,r2,a,in\n");
   scanf("%d %f %f %f %f %f %f %d",&n,&t,&fd,&fm,&r1,&r2,&a,&in);
   printf("input cd\n");
   scanf("%s",cd);
   ft=1.219767-0.002*t;
   if(t<=120)
   ft=1;
    l[0]=cd[0];
    l[1]='\0';
  coc(cd);
   if(in==2||in==1&&a>0)
   {a1=a;a2=0;
    }
  if(strcmp(l,"6")!=0)
  aass(l,cd,in);
  y=y1;
  p1=xye(a1,r1,fd,fm,cd);
  y=y1;
  p2=xye(a2,r2,fd,fm,cd);
  p=max(p1,p2);
  lh=pow(ft*1000*c/p,eps);
  lh=((1000.0*lh)/(6*n))*100;
  printf("lh=%f\n",lh);
```

}

12.6.3 程序使用说明

(1)适用范围。本程序的功能是根据载荷和型号计算轴承寿命。因轴承一般成对使用，故程序按计算一对轴承编制。程序可处理角接触球轴承、圆锥滚子轴承“正安装”“反安装”两种安装形式，深沟球轴承全固式和固游式两种结构。

本程序可对 6200、6300、7200AC、7300AC、30200、30300 共 6 种类型，内径 20～100mm 的轴承进行计算。

(2)输入参数说明。程序执行后，屏幕显示：

input——n，t，fd，fm，r1，r2，a，in，cd

依次输入各标识符的数据即可。各标识符的意义见表 12-24。

轴向载荷 A 指向左端时输入正值，指向右端输入负值。

安装形式代码 in，对于角接触球轴承和圆锥滚子轴承，正安装 in=1，反安装 in=2；对于深沟球轴承，全固式 in=1，固游式 in=2，且固定支点作为左轴承输入。

(3)例题。

锥齿轮轴选用一对 30206 轴承支撑，轴承径向载荷为 1168N、3551N，轴向外载荷为 292N，转速 n=640r/min，选取工作温度 100℃，力矩载荷系数为 1.5，动载荷系数为 1.5，正安装，试计算寿命(程序框图如图 12-11 所示)。

键盘输入 n, t, fd, fm, r1, r2, a, in，分别为 640，100，1.5，1.5，1168，3551，292，1；

键盘输入 cd，为 30206；

设计结果：lh=6170.941406。

表 12-24　滚动轴承计算程序主要标识符

标识符	代表符号	单位	说明	标识符	代表符号	单位	说明
r1, r2*	R_1, R_2	N	轴承径向载荷	x	X		径向载荷系数
a	F_a	N	轴向外载荷	y	Y		轴向载荷系数
s1, s2*	S_1, S_2	N	派生轴向力	lh	L_h		轴承寿命
a1, a2*	A_1, A_2	N	轴承轴向载荷	in			轴承安装形式代码
n	n	r/min	轴承转速	cd			轴承型号
fm	f_m		力矩载荷系数	c	C		基本额定动载荷
ft	f_t		温度系数	co	C_0		基本额定静载荷
fd	f_d		动载荷系数	t	t		工作温度

注：*1 为左轴承参数；2 为右轴承参数。

第3篇

设计资料

第13章 机械制图

13.1 一般规定

表 13-1 图纸幅面及图框格式(摘自 GB/T 14689—2008)

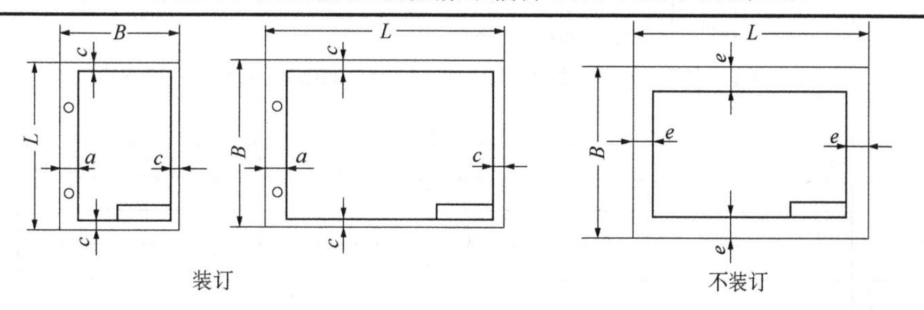

(单位：mm)

基本幅面							加长幅面					
幅面代号		A0	A1	A2	A3	A4	第二选择		第三选择			
宽度×长度(B×L)		841×1189	594×841	420×594	297×420	210×297	幅面代号	尺寸 B×L	幅面代号	尺寸 B×L	幅面代号	尺寸 B×L
留装订边	装订边宽 a	25					A3×3	420×891	A0×2	1189×1682	A3×5	420×1486
							A3×4	420×1189	A0×3	1189×2523	A3×6	420×1783
	其他周边宽 c	10			5		A4×3	297×630	A1×3	841×1783	A3×7	420×2080
							A4×4	297×841	A1×4	841×2378	A4×6	297×1261
不留装订边	周边宽 e	20		10			A4×5	297×1051	A2×3	594×1261	A4×7	297×1471
									A2×4	594×1682	A4×8	297×1682
									A2×5	594×2102	A4×9	297×1892

注：1. 优先选用基本幅面，必要时，选用加长幅面（第二或第三选择）。

2. 加长幅面的边框尺寸，按所选用的基本幅面大一号的边框尺寸确定。例如：A2×3 的边框尺寸按 A1 的边框尺寸确定，即 e 为 20（或 c 为 10）；而 A3×4 的边框尺寸按 A2 的边框尺寸确定，即 e 为 20（或 c 为 10）。

表 13-2 绘图比例(摘自 GB/T 14690—1993)

与实物相同	1 : 1						
放大的比例		2 : 1 2×10^n : 1	(2.5 : 1) (2.5×10^n : 1)	(4 : 1) (4×10^n : 1)	(5 : 1) 5×10^n : 1	1×10^n : 1	
缩小的比例	(1 : 1.5) (1 : 1.5×10^n)	1 : 2 1 : 2×10^n	(1 : 3) (1 : 3×10^n)	(1 : 4) (1 : 4×10^n)	1 : 5 1 : 5×10^n	(1 : 6) (1 : 6×10^n)	1 : 10 1 : 1×10^n

注：n 为正整数。

表 13-3 剖面符号(摘自 GB/T 4457.5—2013)

金属材料	线圈绕组元件	混凝土	钢筋混凝土	砖
木质胶合板 (不分层数)	玻璃及供观察用的其他透明材料	格网 (筛网、过滤网等)	液体	基础周围的泥土
转子、电枢、变压器和电抗器等的迭钢片	非金属材料(已有规定剖面符号者除外)	型砂、填砂、粉末冶金、砂轮、陶瓷、刀片、硬质合金刀片等	纵剖面 木材	横剖面

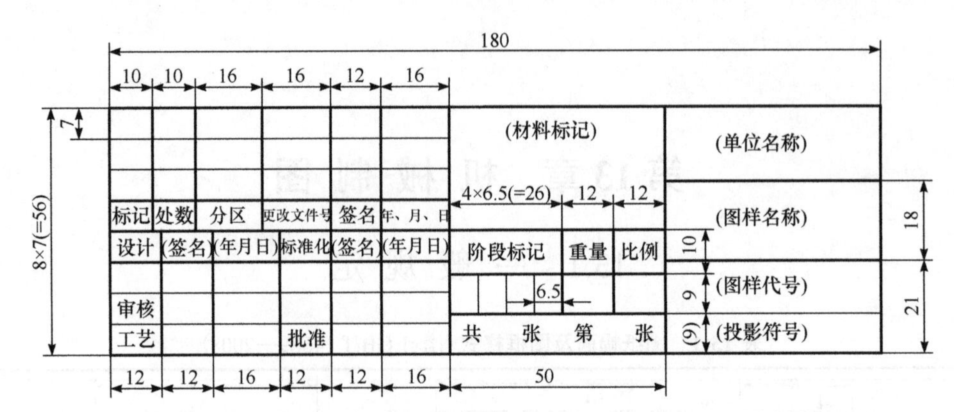

图 13-1 装配图或零件图标题栏格式(摘自 GB/T 10609.1—2008)

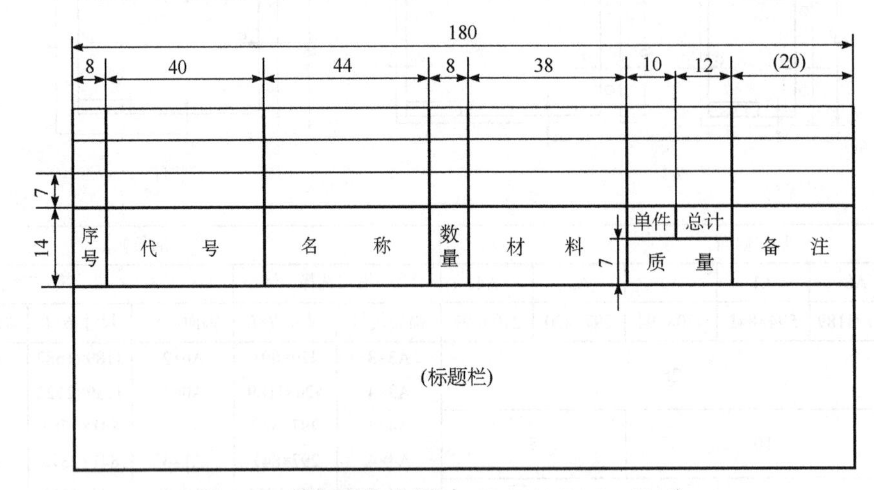

图 13-2 明细表格式(摘自 GB/T 10609.2—2009)

表 13-4 图线的名称、型式、宽度及应用(摘自 GB/T 17450—1998)

名称	宽度	型式	一般应用	名称	宽度	型式	一般应用
粗实线	b	————	可见轮廓线、可见棱边线	双点画线	约 $b/2$	——··——	相邻辅助零件轮廓线极限位置轮廓线
细实线	约 $b/3$	————	尺寸线、分界线、引出线、辅助线、剖面线，不连续同一表面的连线	细点画线	约 $b/2$	——·——	轴线、节线、节圆、对称线、中心线
虚线	约 $b/2$	------	不可见轮廓线、不可见棱边线	波浪线	约 $b/2$	～～～	视图与剖视图的分界线，断裂处的边界线

注：1. 图线宽度 b 应在 0.5～2mm，推荐宽度系列为 0.25mm，0.35mm，0.7mm，1mm，1.4mm，2mm。
2. 推荐课程设计用粗实线 0.7mm，其余各种线型宽 0.3mm。

13.2 常用零件的规定画法

表 13-5 螺纹及螺纹紧固件的画法(摘自 GB/T 4459.1—1995)

画法说明		图例
外螺纹内螺纹的画法	螺纹的牙顶用粗实线表示，牙底用细实线表示，在螺杆的倒角或倒圆部分也应画出。在垂直于螺纹轴线的投影面的视图中，表示牙底的细实线只画约 3/4 圈，此时轴与孔上的倒角应不画出(图(a)，图(c))；	(a) (b)

续表

画法说明		图例
外螺纹内螺纹的画法	有效螺纹的终止界线用粗实线表示(图(a)，图(b)，图(c))； 当需要表示螺纹收尾时，螺尾部分的牙底用与轴线成30°的细实线绘制(图(a))； 不可见螺纹的所有图线按虚线绘制(图(d))； 无论是外螺纹或内螺纹，在剖视图或剖面图中剖面线都应画到粗实线(图(b)，图(c))； 具有圆锥形螺纹的机件，螺纹部分画法如图(e)，图(f)所示	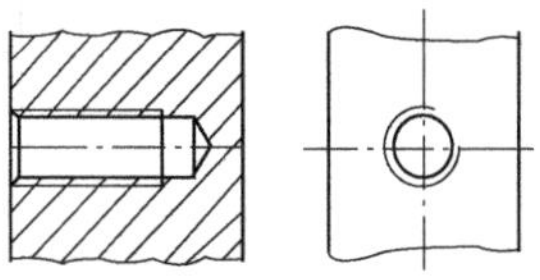 (c) 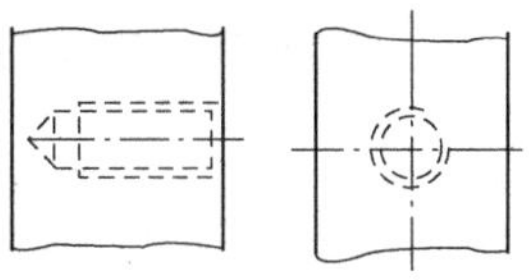 (d) 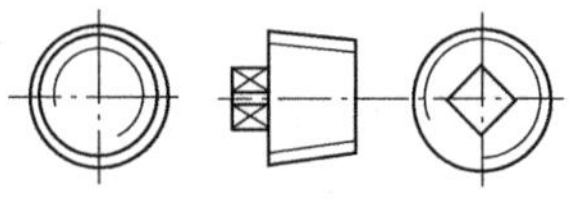 (e) 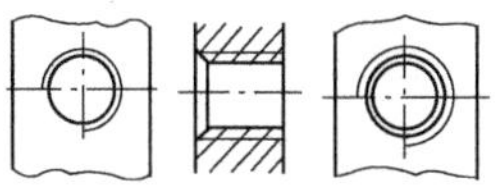 (f)
内外螺纹连接的画法	以剖视图表示内外螺纹的连接时，其旋合部分应按外螺纹的画法绘制，其余部分仍按各自的画法表示(图(g)，图(h))； 钢丝螺套的装配图按图(i)，图(j)	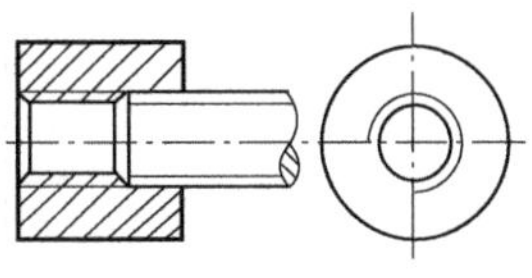 A A—A A (g) 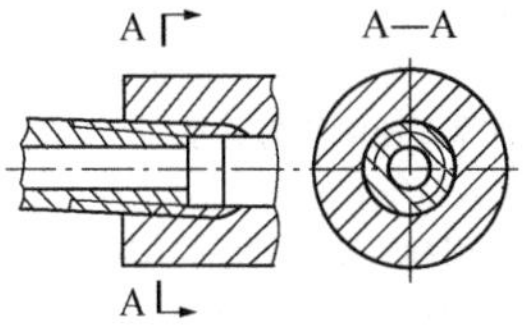 (h) 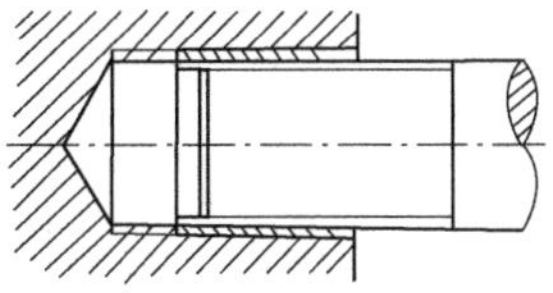 (i) 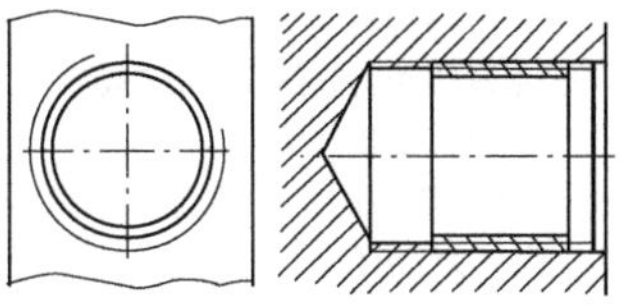 (j)
螺纹紧固件的画法	在装配图中，剖切平面通过螺栓的轴线时，螺栓、螺母及垫圈均按未剖切绘制，如图(k)，也可采用图(l)的简化画法，螺钉头部的一字槽或十字槽可按图(m)，图(n)的方法绘制； 在装配图中的未透螺纹孔，可不画出钻孔深度，仅按螺纹部分的深度(不包括螺尾)画出(图(m))	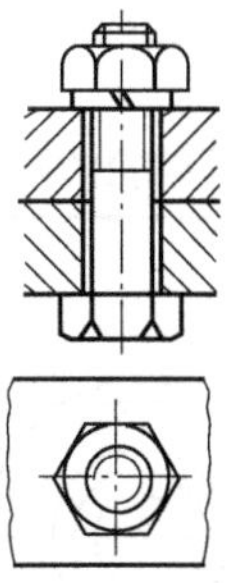 (k) 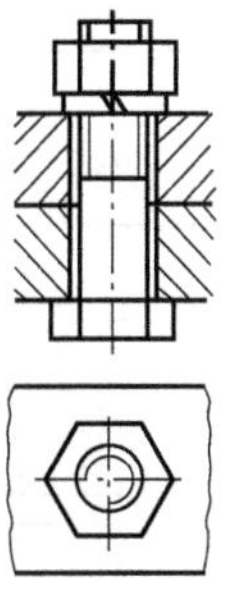 (l) 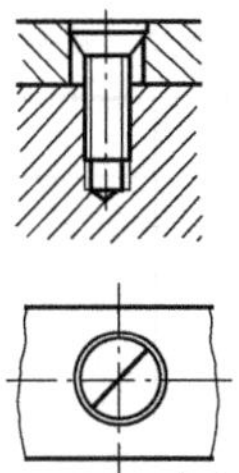 (m) 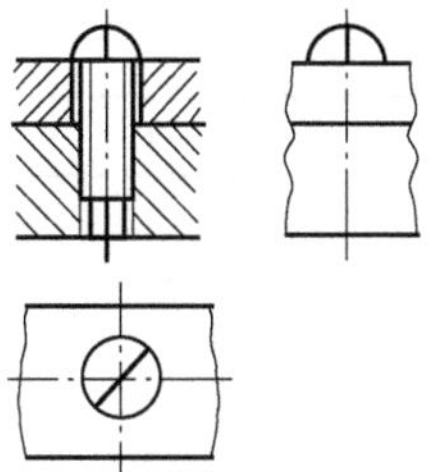 (n)

表 13-6 螺纹的标注(摘自GB/T 4459.1—1995)

分类	标注内容及格式	示例	
		普通粗牙螺纹	普通细牙螺纹
普通螺纹	标注形式： 螺纹代号 — 螺纹公差代号 — 旋合长度代号 螺纹代号标注格式： 牙型代号 公称直径×螺距 旋向 左旋时标“左”，右旋时旋向可省略；粗牙普通螺纹螺距可省略不标；牙型代号为M 螺纹公差代号标注格式： ××/×× (顶径公差；中径公差)　×× (顶径公差；中径公差) 旋合长度代号： 旋合长度分长、中、短三种，其代号分别以字母L、N、S表示，中等旋合长度N可省略不标	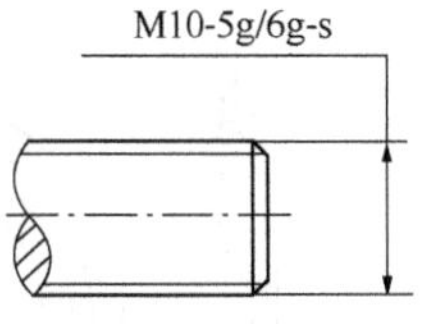 M10-5g/6g-s	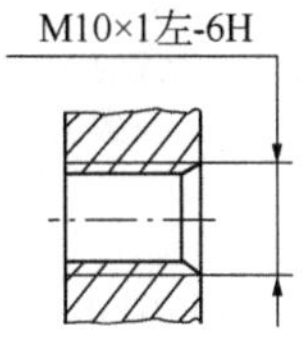 M10×1左-6H

续表

分类	标注内容及格式	示例	
		梯形螺纹	锯齿形螺纹
梯形螺纹及锯齿形螺纹	标注形式： 螺纹代号 — 螺纹公差代号 — 旋合长度代号 螺纹代号标注格式： 单线：牙型代号　公称直径×螺距 旋向 多线：牙型代号　公称直径×导程(螺距)旋向 多线时，螺距需标出螺距符号 P 及螺距数，旋向左旋时标“LH”，右旋时旋向可省略；牙型代号，梯形螺纹为 T_r；锯齿形螺纹为 B 螺纹公差代号： ××（中径公差）　　螺旋副××/××（外螺纹中径公差、内螺纹中径公差） 旋合长度代号：与普通螺纹相同	Tr40 × 7LH-7e	B32 × 6-7c
管螺纹	标注形式： 螺纹特征代号　公称直径　旋向 公称直径单位为英寸 螺纹特征代号： 1. 用螺纹密封管螺纹(GB 7306) 圆柱内螺纹为 R_p 圆锥内螺纹为 R_c 圆锥外螺纹为 R 2. 非螺纹密封管螺纹(GB 7307) 螺纹特征代号为 G 3. 60°圆锥管螺纹(GB/T 12716)螺纹特征代号为 NPT 旋向：左旋用 LH 表示，右旋不标	R3/4 R_p3/4 NPT3/8	R_c1/2 G1$\frac{1}{2}$

表 13-7　齿轮、齿条、蜗杆、蜗轮及链轮的画法(摘自 GB/T 4459.2—2003)

规定画法	示例
齿顶圆和齿顶线用粗实线绘制，分度圆、分度线用点画线绘制。 齿根圆和齿根线用细实线绘制，可省略不画；在剖视图中，齿根线用粗实线绘制。 在剖视图中，当剖切平面通过齿轮的轴线时，轮齿一律按不剖处理(图(a)，图(e))。 如需表明齿形，可在图形中用粗实线画出一个或两个齿；或用适当比例的局部放大图表示(图(c)，图(e))。 当需要表示齿线的方向时，可用三条与齿线方向一致的细实线表示(图(c)，图(f))，直齿则不需表示。 如需要注出齿条的长度时，可在画出齿形的图中注出，并在另一视图中用粗实线画出其范围线图(c)	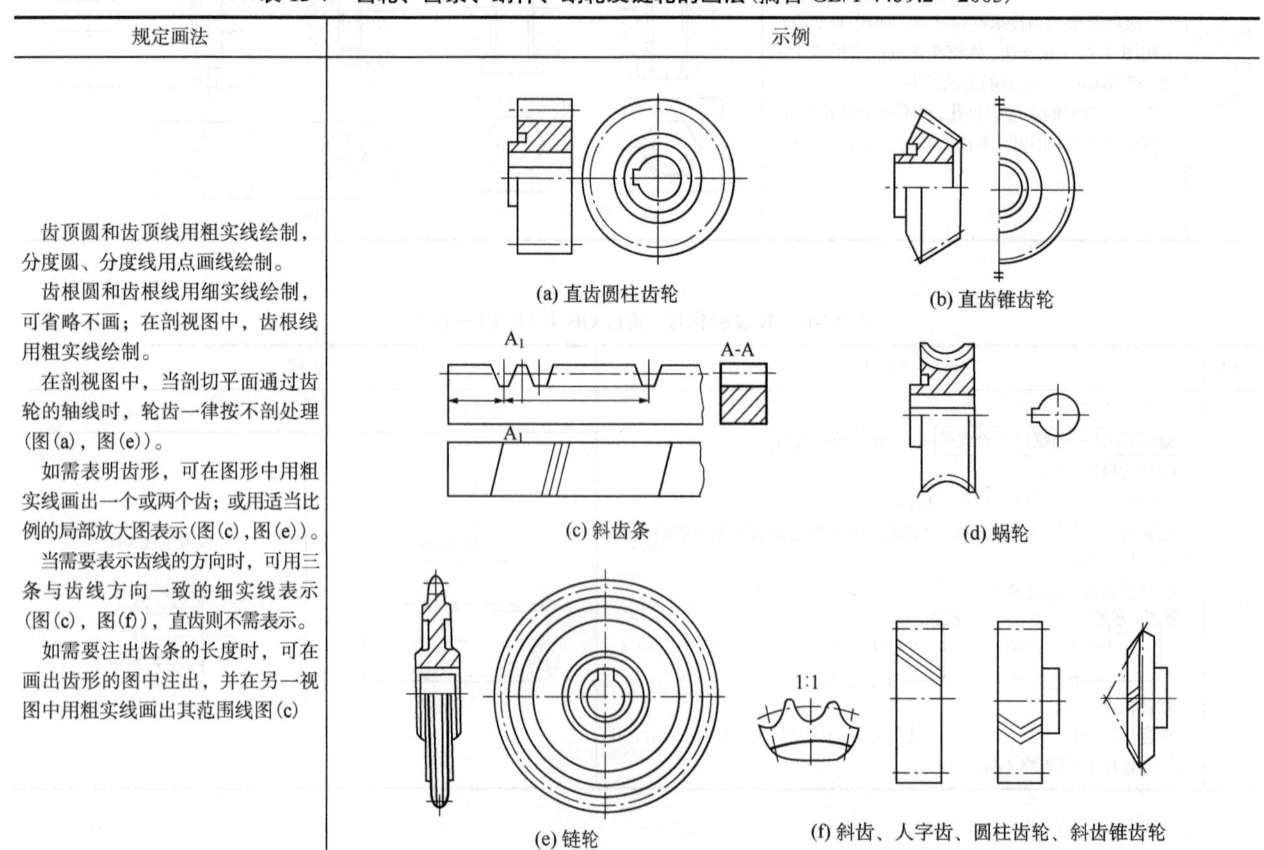 (a) 直齿圆柱齿轮　(b) 直齿锥齿轮　(c) 斜齿条　(d) 蜗轮　(e) 链轮　(f) 斜齿、人字齿、圆柱齿轮、斜齿锥齿轮

表 13-8 齿轮、蜗轮、蜗杆啮合画法(摘自 GB/T 4459.2—2003)

<table>
<tr><th>规定画法</th><th>示例</th></tr>
<tr><td rowspan="6">在垂直于圆柱齿轮轴线的投影面的视图中，啮合区内的齿顶圆均用粗实线绘制(图(a))，其省略画法如图(b)所示。
在平行于圆柱齿轮、锥齿轮轴线的投影面的视图中，啮合区的齿顶线不需画出，节线用粗实线绘制；其他处的节线用点画线绘制(图(c)，图(f))。
在圆柱齿轮啮合、齿轮齿条啮合和锥齿轮啮合的剖视图中，当剖切平面通过两啮合齿轮的轴线时，在啮合区内，将一个齿轮的轮齿用粗实线绘制，另一齿轮的轮齿被遮挡的部分用虚线绘制(图(a)，图(c))，也可省略不画(图(e))。
在剖视图中，当剖切平面通过啮合齿轮的轴线时，齿轮一律按不剖绘制。
蜗轮蜗杆啮合的画法见图(g)、图(h)</td><td>圆柱齿轮传动</td></tr>
<tr><td>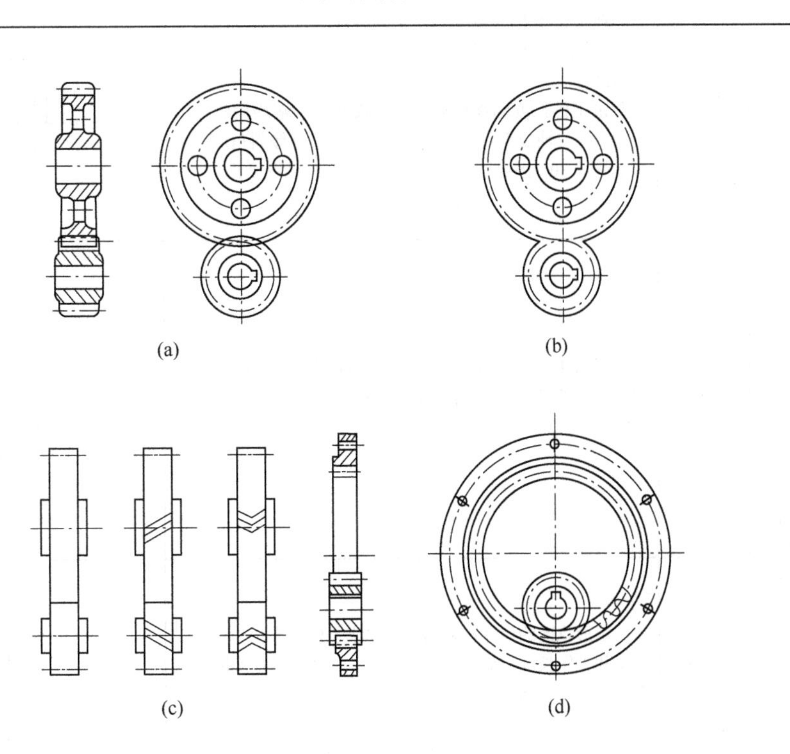
</td></tr>
<tr><td>锥齿轮传动</td></tr>
<tr><td>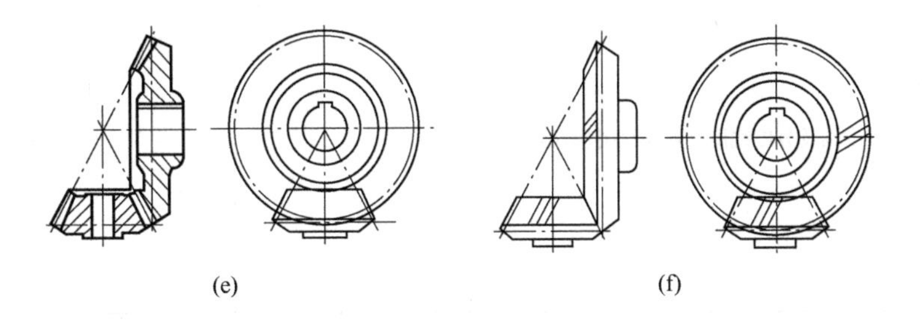</td></tr>
<tr><td>蜗杆传动</td></tr>
<tr><td>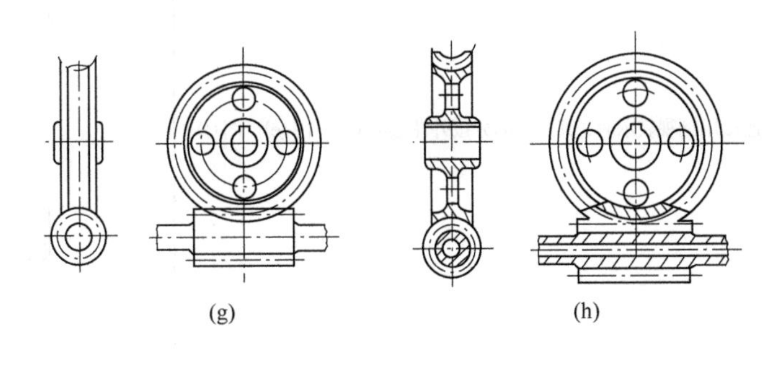</td></tr>
</table>

表 13-9　花键的画法及其尺寸注法(摘自 GB/T 4459.3—2000)

分类		规定画法	示例
矩形花键画法及其尺寸注法	外花键	在平行于花键轴线的投影面的视图中，大径用粗实线、小径用细实线绘制，并用剖面画出一部分或全部齿形(图(a))。 花键工作长度的终止端和尾部长度的末端均用细实线绘制，并与轴线垂直、尾部则画成斜线，其倾斜角度一般与轴线成 30°(图(a))，必要时，可按实际情况画出	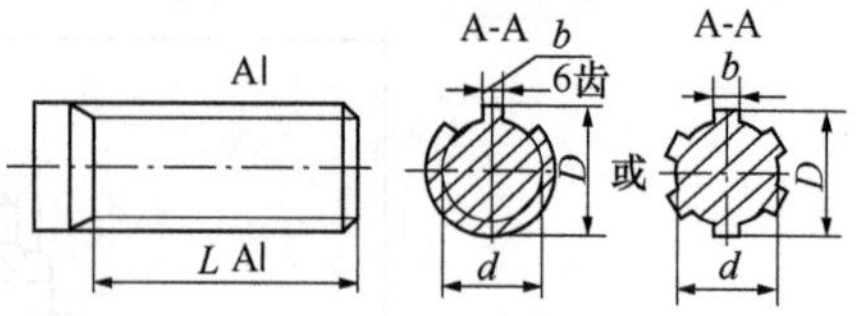 A| A-A b 6齿 D 或 A-A b D L A| d d (a)
矩形花键画法及其尺寸注法	内花键	在平行于花键轴线的投影面的剖视图中，大径及小径均用粗实线绘制，并用局部视图画出一部分或全部齿形(图(b))	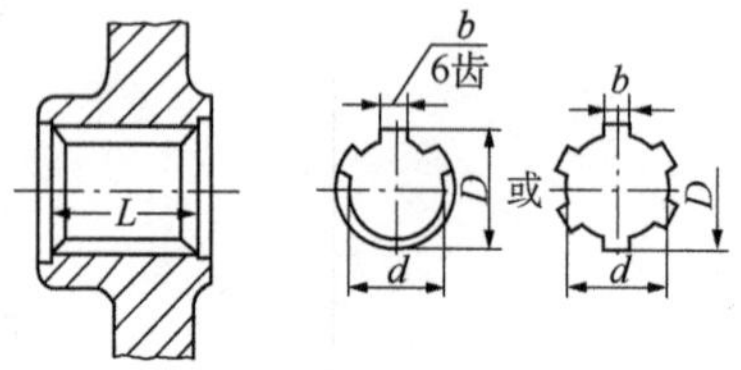 b 6齿 b L D 或 D d d (b)
	矩形花键的尺寸标注	矩形花键的尺寸可采用一般注法，标注大径、小径、键宽和工作长度，如图(a)、图(b)。亦可采用有关标准规定的花键代号和工作长度(图(c))。 花键的长度有三种注法：①标注工作长度；②标注工作长度与尾部长度；③标注工作长度与全长	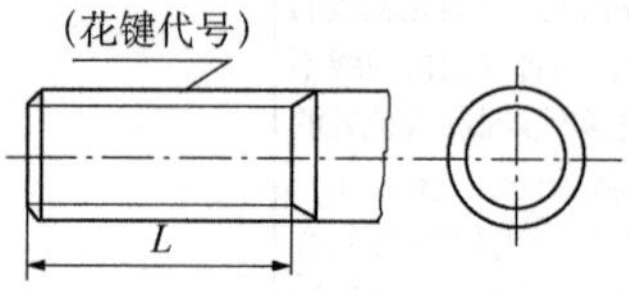 (花键代号) L (c)
渐开线花键		分度圆及分度线用点画线绘制(图(d))	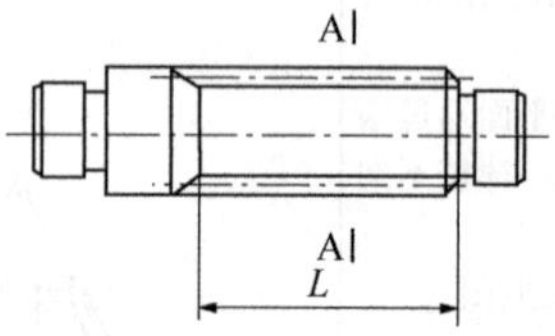 A| A-A A| L (d)
花键连接画法		花键连接用剖视表示时，其连接部分按外花键的画法(图(e)，图(f))	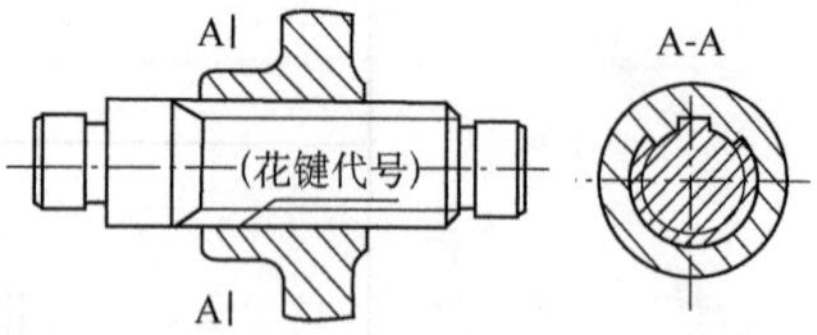 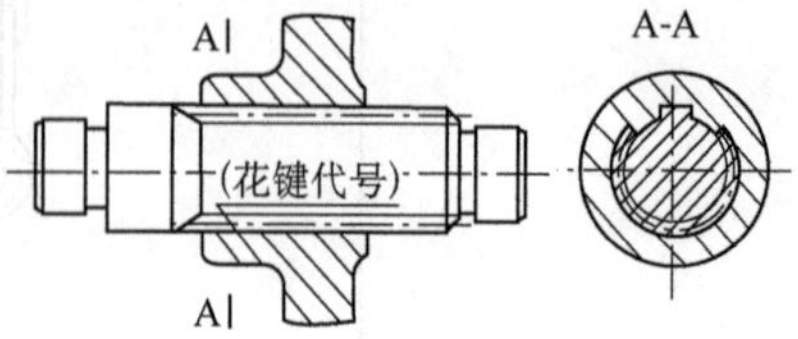 A| A-A (花键代号) A| (e) A| A-A (花键代号) A| (f)

13.3 机构运动简图符号

表 13-10 机构运动简图符号(摘自 GB/T 4460—2013)

名称	基本符号	可用符号	名称	基本符号	可用符号
齿轮 1. 圆柱齿轮 (1)直齿 (2)斜齿 (3)人字齿 2. 锥齿轮 (1)直齿 (2)斜齿 (3)弧齿			带传动一般符号(不指明类型)	注:若需指明带类型可采用下列符号 V带 圆带 同步带 平带 例:V带传动	
齿轮传动 (不指明齿向) 1. 圆柱齿轮 2. 锥齿轮 3. 蜗轮与圆柱蜗杆			链传动一般符号(不指明类型)	注:若需指明链条类型,可采用下列符号 环形链 滚子链 无声链 例:无声链传动	
螺旋传动 1. 整体螺母 2. 开合螺母 3. 滚珠螺母			联轴器 一般符号(不指明类型) 1. 固定联轴器 2. 可移式联轴器 3. 弹性联轴器		

续表

名称	基本符号	可用符号
向心轴承		
1. 滑动轴承		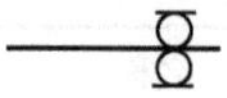
2. 滚动轴承	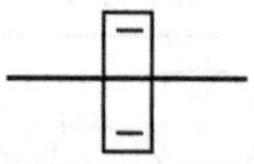	
推力轴承 1. 单向推力滑动轴承	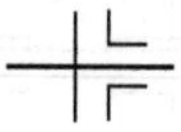	
2. 双向推力滑动轴承	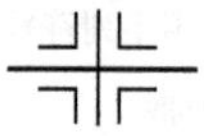	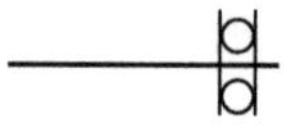
3. 推力滚动轴承	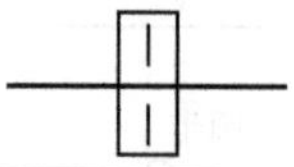	
向心推力轴承 1. 单向向心推力滑动轴承	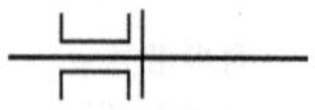	
2. 双向向心推力滑动轴承	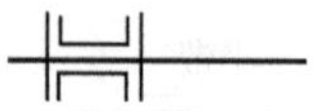	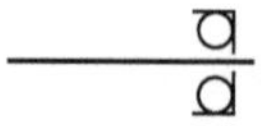
3. 向心推力滚动轴承	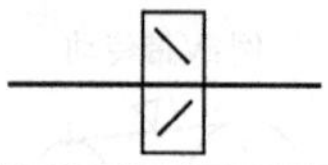	
制动器 一般符号	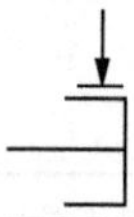	
原动机 1. 原动机通用符号	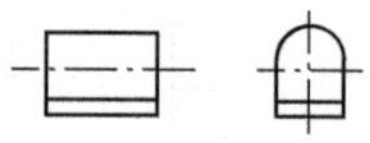	
2. 电动机的一般符号	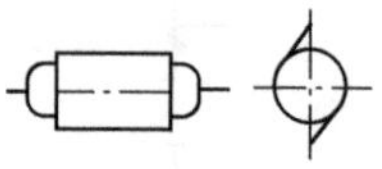	
3. 装在支架上的电动机	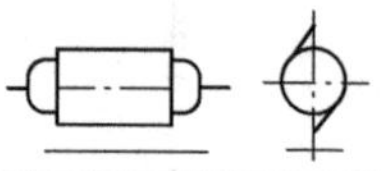	

第 14 章　常用资料与一般标准、规范

14.1　常 用 资 料

表 14-1　国内部分标准代号

名称	代号	名称	代号	名称	代号
国家标准	GB	机械行业标准	JB	煤炭行业标准	MT
国家内部标准	GB_n	重型机械局企业标准	JB/ZQ	石油化工行业标准	SH
国家工程建设标准	GBJ	金属切削机床标准	GC	原化学工业部标准	HG
国家军用标准	GJB	仪器、仪表标准	Y, ZBY	原地质矿产部标准	DZ
国家行业标准	ZB	农业机械标准	NJ	水利部标准	SD
中国科学院标准	KY	工程机械标准	GJ	原石油工业部标准	SY
原国家计量局标准	JJC	电子行业标准	SJ	原纺织工业部标准	FJ
国家建材局标准	JC	黑色冶金行业标准	YB	原轻工业部标准	QB, SG

注：在代号后加“/Z”为指导性技术文件，如“YB/Z”为原冶金部指导性技术文件，加“/T”为推荐性标准。

表 14-2　国外部分标准代号

名称	代号	名称	代号
国际标准化组织标准	ISO①	意大利国家标准	UNI
国际电工委员会标准	IEC	美国材料与试验协会标准	ASTM
联合国工业发展组织标准	IDO	美国齿轮制造者协会标准	AGMA
美国国家标准	ANSI	美国机械工程师协会标准	ASME
英国国家标准	BS	英国石油学会标准	IP
德国国家标准	DIN	美国石油学会标准	API
日本工业标准	JIS	美国军用标准	MIL
法国国家标准	NF	美国保险商试验所安全标准	UL
俄罗斯国家标准	TOCT	美国电气制造商协会标准	AEME
瑞士国家标准	SNV	美国电影电视工程师协会标准	SMPTE
瑞典国家标准	SIS	加拿大国家标准	CSA

注：①ISO 的前身为 ISA。

表 14-3　常用材料弹性模量及泊松比

名称	弹性模量 E/GPa	切变模量 G/GPa	泊松比 μ	名称	弹性模量 E/GPa	切变模量 G/GPa	泊松比 μ
灰铸铁	118～126	44.3	0.3	轧制铝	68	25.5～26.5	0.32～0.36
球墨铸铁	173		0.3	硬铝合金	70	26.5	0.3
碳钢、镍铬钢、合金钢	206	79.4	0.3	有机玻璃	2.35～29.42		
铸钢	202		0.3	电木	1.96～2.94	0.69～2.06	0.35～0.38
铸铝青铜	103	41.1	0.3	夹布酚醛塑料	3.92～8.82		
铸锡青铜	103		0.3	尼龙 1010	1.068		
轧制磷锡青铜	113	41.2	0.32～0.35	聚四氟乙烯	1.137～1.42		
轧制锰青铜	108	39.2	0.35	混凝土	13.73～39.2	4.9～15.69	0.1～0.18

表 14-4　常用材料的密度

材料名称	密度/(g · cm^{-3})	材料名称	密度/(g · cm^{-3})	材料名称	密度/(g · cm^{-3})
碳钢	7.8～7.85	轧制磷青铜	8.8	有机玻璃	1.18～1.19
铸钢	7.8	可铸铝合金	2.7	尼龙 6	1.13～1.14
合金钢	7.9	锡基轴承合金	7.34～7.75	尼龙 66	1.14～1.15
镍铬钢	7.9	铅基轴承合金	9.33～10.67	尼龙 1010	1.04～1.06
灰铸铁	7.0	硅钢片	7.55～7.8	橡胶夹布传动带	0.8～1.2
铸造黄铜	8.62	纯橡胶	0.93	酚醛层压板	1.3～1.45
锡青铜	8.7～8.9	皮革	0.4～1.2	木材	0.4～0.75
无锡青铜	7.5～8.2	聚氯乙烯	1.35～1.40	混凝土	1.8～2.45

表 14-5　材料的滑动摩擦系数

材料名称	摩擦系数 f				材料名称	摩擦系数 f			
	静摩擦		滑动摩擦			静摩擦		滑动摩擦	
	无润滑剂	有润滑剂	无润滑剂	有润滑剂		无润滑剂	有润滑剂	无润滑剂	有润滑剂
钢-钢	0.15	0.1～0.12	0.15	0.05～0.1	软钢-榆木			0.25	
钢-软钢			0.2	0.1～0.2	铸铁-槲木	0.65		0.3～0.5	0.2
钢-铸铁	0.3		0.18	0.05～0.15	铸铁-榆、杨木			0.4	0.1
钢-青铜	0.15	0.1～0.15	0.15	0.1～0.15	青铜-槲木	0.6		0.3	
软钢-铸铁	0.2		0.18	0.05～0.15	木材-木材	0.4～0.6	0.1	0.2～0.5	0.07～0.15
软钢-青铜	0.2		0.18	0.07～0.15	皮革(外)-槲木	0.6		0.3～0.5	
铸铁-铸铁		0.18	0.15	0.07～0.12	皮革(内)-槲木	0.4		0.3～0.4	
铸铁-青铜			0.15～0.2	0.07～0.15	皮革-铸铁	0.3～0.5	0.15	0.6	0.15
青铜-青铜		0.1	0.2	0.07～0.1	橡皮-铸铁			0.8	0.5
软钢-槲木	0.6	0.12	0.4～0.6	0.1	麻绳-槲木	0.8		0.5	

表 14-6　摩擦副的摩擦系数

名称			摩擦系数 f	名称		摩擦系数 f
滚动轴承	深沟球轴承	径向载荷	0.002	滑动轴承	液体摩擦	0.001～0.008
		轴向载荷	0.004		半液体摩擦	0.008～0.08
	角接触球轴承	径向载荷	0.003		半干摩擦	0.1～0.5
		轴向载荷	0.005	轧辊轴承	滚动轴承(滚子)	0.002～0.005
	圆锥滚子轴承	径向载荷	0.008		层压胶木轴瓦	0.004～0.006
		轴向载荷	0.02		青铜轴瓦(用于热轧辊)	0.07～0.1
	调心球轴承		0.0015		青铜轴瓦(用于冷轧辊)	0.04～0.08
	圆柱滚子轴承		0.002		特殊密封的液体摩擦轴承	0.003～0.005
	长圆柱或螺旋滚子轴承		0.006		特殊密封半液体摩擦轴承	0.005～0.01
	滚针轴承		0.008	密封软填料盒中填料与轴的摩擦		0.2
	推力球轴承		0.003	热钢在辊道上摩擦		0.3
	调心滚子轴承		0.004	冷钢在辊道上摩擦		0.15～0.18

续表

名称		摩擦系数 f	名称	摩擦系数 f
加热炉内	金属在管子或金属条上	0.4～0.6	制动器普通石棉制动带(无润滑) p=0.2～0.6MPa	0.35～0.48
	金属在炉底砖上	0.6～1	离合器装有黄铜丝的压制石棉带 p=0.2～1.2MPa	0.43～0.4

表 14-7　滚动摩擦力臂(大约值)　(单位：mm)

摩擦材料	滚动摩擦力臂 k	摩擦材料	滚动摩擦力臂 k
软钢与软钢	0.05	表面淬火车轮与钢轨	
铸铁与铸铁	0.05	圆锥形车轮	0.08～0.1
木材与钢	0.03～0.04	圆柱形车轮	0.05～0.07
木材与木材	0.05～0.08	钢轮与木面	0.15～0.25
钢板间的滚子(梁之活动支座)	0.02～0.07	橡胶轮胎对沥青路面	0.25
铸铁轮或钢轮与钢轨	0.05	橡胶轮胎对土路面	1～1.5

表 14-8　机械传动效率概略值和传动比范围

类别	传动型式	效率 η	单级传动比范围	
			最大	常用
圆柱齿轮传动	7 级精度(稀油润滑)	0.98	10	3～5
	8 级精度(稀油润滑)	0.97		
	9 级精度(稀油润滑)	0.96		
	开式传动(脂润滑)	0.94～0.96	15	4～6
锥齿轮传动	7 级精度(稀油润滑)	0.97	6	2～3
	8 级精度(稀油润滑)	0.94～0.97	6	2～3
	开式传动(脂润滑)	0.92～0.95	6	4
带传动	V 带传动	0.95～0.96	7	2～4
链传动	滚子链(开式)	0.90～0.93	7	2～4
	滚子链(闭式)	0.95～0.97		
蜗杆传动	自锁	0.40～0.45	开式 100	15～16
	单头	0.70～0.75	闭式 80	10～40
	双头	0.75～0.82		
	四头	0.82～0.92		
螺旋传动	滑动丝杠	0.30～0.60		
	滚动丝杠	0.85～0.90		
一对滚动轴承	球轴承	0.99		
	滚子轴承	0.98		
一对滑动轴承	润滑不良	0.94		
	正常润滑	0.97		
	液体摩擦	0.99		
联轴器	齿式联轴器	0.99		
	弹性联轴器	0.99～0.995		
运输滚筒		0.96		

14.2 一 般 标 准

表 14-9 标准尺寸(直径、长度、高度等)(摘自 GB/T 2822—2005) (单位：mm)

0.1～1.0

R10	R20	R_a10	R_a20
0.100	0.100	0.10	0.10
	0.112		0.11
0.125	0.125	0.12	0.12
	0.140		0.14
0.160	0.160	0.16	0.16
	0.180		0.18
0.200	0.200	0.20	0.20
	0.224		0.22
0.250	0.250	0.25	0.25
	0.280		0.28
0.315	0.315	0.30	0.30
	0.355		0.35
0.400	0.400	0.40	0.40
	0.450		0.45
0.500	0.500	0.50	0.50
	0.560		0.55
0.630	0.630	0.60	0.60
	0.71		0.70
0.800	0.800	0.80	0.80
	0.900		0.90
1.000	1.000	1.00	1.00

1.0～10.0

R10	R20	R_a10	R_a20
1.00	1.00	1.0	1.0
	1.12		1.1
1.25	1.25	1.2	1.2
	1.40		1.4
1.60	1.60	1.6	1.6
	1.80		1.8
2.00	2.00	2.0	2.0
	2.24		2.2
2.50	2.50	2.5	2.5
	2.80		2.8
3.15	3.15	3.0	3.0
	3.55		3.5
4.00	4.00	4.0	4.0
	4.50		4.5
5.00	5.00	5.0	5.0
	5.60		5.5
6.30	6.30	6.0	6.0
	7.10		7.0
8.00	8.00	8.0	8.0
	9.00		9.0
10.00	10.00	10.0	10.0

10～100

R10	R20	R40	R_a10	R_a20	R_a40
10.0	10.0		10	10	
	11.2			11	
12.5	12.5	12.5	12	12	12
	13.2	14.0			13
	14.0	15.0		14	14
					15
16.0	16.0	16.0	16	16	16
		17.0			17
	18.0	18.0		18	18
		19.0			19
20.0	20.0	20.0	20	20	20
		21.2			21
	22.4	22.4		22	22
		23.6			24
25.0	25.0	25.0	25	25	25
		26.5			26
	28.0	28.0		28	28
		30.0			30
31.5	31.5	31.5	32	32	32
		33.5			34
	35.5	35.5		36	36
		37.5			38
40.0	40.0	40.0	40	40	40
		42.5			42
	45.0	45.0		45	45
		47.05			48
50.0	50.0	50.0	50	50	50
		53.0			53
	56.0	56.0		56	56
		60.0			60
63.0	63.0	63.0	63	63	63
		67.0			67
	71.0	71.0		71	71
		75.0			75
80.0	80.0	80.0	80	80	80
		85.0			85
	90.0	90.0		90	90
		95.0			95
100.0	100.0	100.0	100	100	100

100～1000

R10	R20	R40	R_a10	R_a20	R_a40
100	100	100	100	100	100
		106			105
	112	112		110	110
		118			120
125	125	125	125	125	125
		132			130
	140	140		140	140
		150			150
160	160	160	160	160	160
		170			170
	180	180		180	180
		190			190
200	200	200	200	200	200
		212			210
	224	224		220	220
		236			240
250	250	250	250	250	250
		265			260
	280	280		280	280
		300			300
315	315	315	320	320	320
		335			340
	355	355		360	360
		375			380
400	400	400	400	400	400
		425			420
	450	450		450	450
		475			480
500	500	500	500	500	500
		530			530
	560	560		560	560
		600			600
630	630	630	630	630	630
		670			670
	710	710		710	710
		750			750
800	800	800	800	800	800
		850			850
	900	900		900	900
		950			950
1000	1000	1000	1000	1000	1000

注：1. 标准规定 0.01～20000mm 范围内机械制造业中常用的标准尺寸(直径、长度、高度等)系列(本表仅摘录 0.1～1000mm)，适用于有互换性或系列化要求的主要尺寸(如安装、连接尺寸，有公差要求的配合尺寸，决定产品系列的公称尺寸)。其他结构尺寸也应尽量采用。对已有专用标准规定的尺寸，可按专用标准选用。

2. 选择系列及单个尺寸时，应首先在优先数系 R 系列按照 R10、R20、R40 的顺序，优先选用公比较大的基本系列及其单值。如必须将数值圆整，可在相应的 R_a 系列(选用优先数化整值系列制定的标准尺寸系列)中选用标准尺寸，其优选顺序为 R_a10、R_a20、R_a40。

表 14-10　中心孔（摘自 GB/T 145—2001）　（单位：mm）

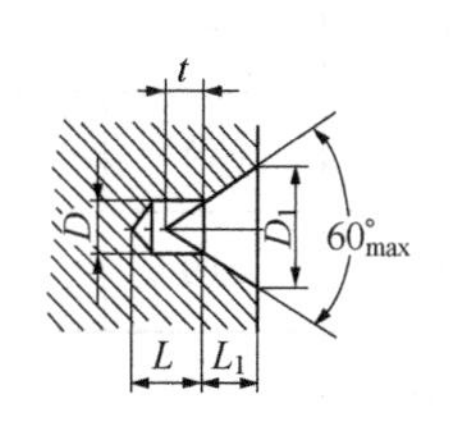

A型 不带护锥中心孔

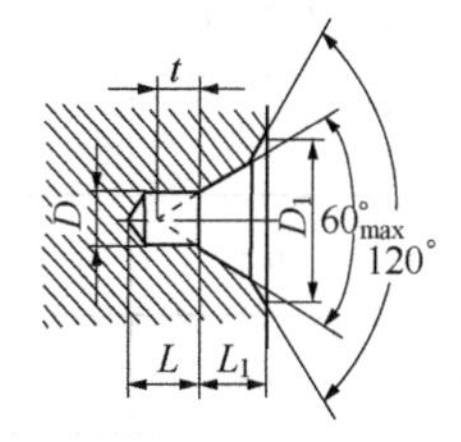

B型 带护锥中心孔

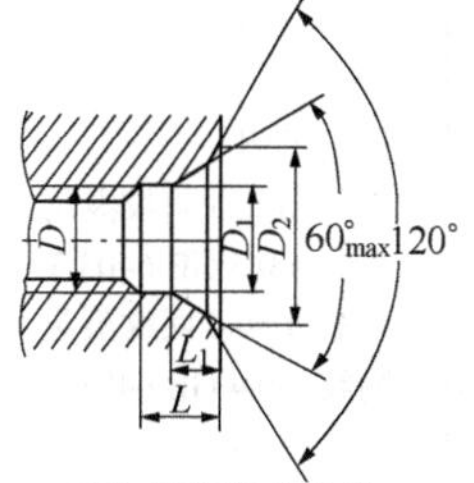

C型 带螺纹中心孔

标记示例：
直径D=4mm的A型中心孔A4/8.5
GB/T 145—2001

D	D_1		L_1（参考）		t（参考）	D	D_1	D_2	L	L_1（参考）	选择中心孔的参考数据		
A, B 型	A 型	B 型	A 型	B 型	A、B 型	C 型					轴状原料最大直径 D_c	原料端部最小直径 D_0	零件最大质量/kg
3.15	6.70	10.00	3.07	4.03	2.8	M3	3.2	5.8	2.6	1.8	>30～50	12	500
4.00	8.50	12.50	3.90	5.05	3.5	M4	4.3	7.4	3.2	2.1	>50～80	15	800
(5.00)	10.60	16.00	4.85	6.41	4.4	M5	5.3	8.8	4.0	2.4	>80～120	20	1000
6.30	13.20	18.00	5.98	7.36	5.5	M6	6.4	10.5	5.0	2.8	>120～180	25	1500
(8.00)	17.00	22.40	7.79	9.36	7.0	M8	8.4	13.2	6.0	3.3	>180～220	30	2000

注：1. 不要求保留中心孔的零件采用 A 型，要求保留中心孔的零件采用 B 型，将零件固定在轴上的用 C 型。
2. C 型中心孔 L_1 根据固定螺钉尺寸确定，但不得小于表中数值。
3. 括号内尺寸尽量不用。

表 14-11　配合表面处的圆角半径和倒角尺寸（摘自 GB/T 6403.4—2008）　（单位：mm）

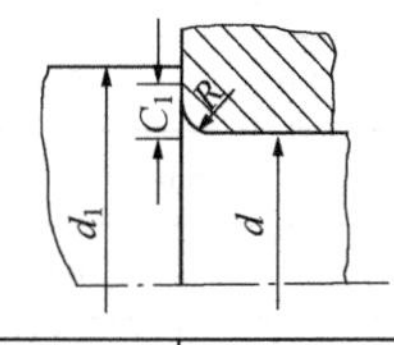

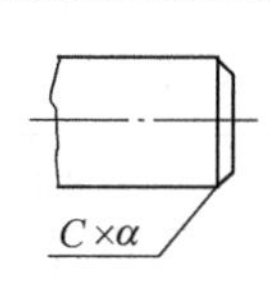

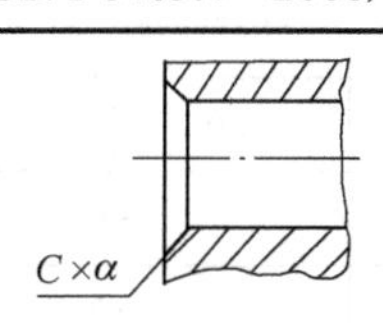

轴直径 d	>10～18	>18～30	>30～50	>50～80	>80～120	>120～180
R 及 C	0.8	1.0	1.6	2.0	2.5	3.0
C_1	1.2	1.6	2.0	2.5	3	4.0

注：1. 与滚动轴承相配合的轴及轴承座孔处的圆角半径参见表 18-1～表 18-5 的安装尺寸。
2. α一般采用 45°，也可采用 30°或 60°。
3. C_1 的数值不属于 GB 6403.4—2008，仅供参考。
4. $d_1=d+(3\sim4)C_1$，并圆整成标准值。

表 14-12　圆形零件自由表面过渡圆角半径　（单位：mm）

$D-d$	2	5	8	10	15	20	25	30	35	40	50	55	65	70	90	100
R	1	2	3	4	5	8	10	12	12	16	16	20	20	25	25	30

表 14-13　滚花(摘自 GB/T 6403.3—2008)　　(单位：mm)

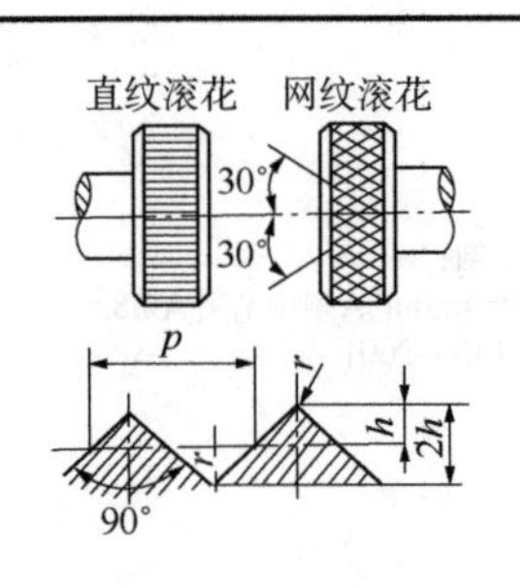

标记示例：
模数 m=0.3 直纹滚花
直纹 m0.3 GB 6403.3—2008
模数 m=0.4 网纹滚花
网纹 m0.4 GB 6403.3—2008

模数 m	h	r	齿距 p
0.2	0.132	0.06	0.628
0.3	0.198	0.09	0.942
0.4	0.264	0.12	1.257
0.5	0.326	0.16	1.571

注：1. 表中 h=0.785m−0.414r。
2. 滚花前工件表面的粗糙度的轮廓算术平均偏差 R_a 的最大允许值为 12.5μm。
3. 滚花后工件直径大于滚花前直径，其值 $\Delta \approx (0.8\text{–}1.6)m$, m 为模数。

表 14-14　单头齿轮滚刀外径尺寸(摘自 GB/T 6083—2016)　　(单位：mm)

模数	2	2.25	2.5	2.75	3	3.5	4	4.5	5	5.5	6	6.5	7	8	9	10
滚刀外径	65		70		75	80	85	90	65	100	105	110	115	120	125	130

注：本表适用于加工模数按 GB/T 1357、基本齿廓按 GB/T1356、20°压力角齿轮的滚刀。

表 14-15　砂轮越程槽(摘自 GB/T 6403.5—2008)　　(单位：mm)

回转面及端面砂轮越程槽

(a) 磨外圆　(b) 磨内圆　(c) 磨外端面　(d) 磨内端面　(e) 磨外圆及端面　(f) 磨内圆及端面

b_1	0.6	1.0	1.6	2.0	3.0	4.0	5.0	8.0	10
b_2	2.0	3.0		4.0		5.0		8.0	10
h	0.1	0.2		0.3	0.4		0.6	0.8	1.2
r	0.2	0.5		0.8	1.0		1.6	2.0	3.0
d	～10			>10～50		>50～100		>100	

注：1. 越程槽内直线相交处，不允许产生尖角。
2. 越程槽深度 h 与圆弧半径 r，要满足 $r<3h$。

平面砂轮越程槽 (g)　　V形砂轮越程槽 (h)

b	2	3	4	5
h	1.6	2.0	2.5	3.0
r	0.5	1.0	1.2	1.6

表 14-16　刨切越程槽　　(单位：mm)

名称	刨切越程 $a+b$
龙门刨	100～200
牛头刨床、立刨床	50～75

表 14-17　铸件最小允许壁厚　（单位：mm）

铸型种类	铸件尺寸	最小允许壁厚							
		铸钢	灰铸铁	球墨铸铁	可锻铸铁	铝合金	镁合金	铜合金	高锰钢
砂型	200×200 以下	6～8	5～6	6	4～5	3	—	3～5	20 （最大壁厚不超过 125）
	200×200～500×500	10～12	6～10	12	5～8	4	3	6～8	
	500×500 以上	18～25	15～20	—	—	5～7	—	—	
金属型	70×70 以下	5	4	—	2.5～3.5	2～3	—	3	
	70×70～150×150	—	5	—	3.5～4.5	4	2.5	4～5	
	150×150 以上	10	6	—	—	5	—	6～8	

注：1. 结构复杂的铸件及灰铸铁牌号较高时，选取偏大值。
2. 特大型铸件的最小允许壁厚，还可适当增加。

表 14-18　外壁、内壁与筋的厚度　（单位：mm）

零件质量/kg	零件最大外形尺寸	外壁厚度	内壁厚度	筋的厚度	零件举例
～5	300	7	6	5	盖、拨叉、杠杆、端盖、轴套
6～10	500	8	7	5	盖、门、轴套、挡板、支架、箱体
11～60	750	10	8	6	盖、箱体、罩、电机支架、溜板箱体、支架、托架、门
61～100	1250	12	10	8	盖、箱体、搪模架、油缸体、支架、溜板箱体
101～500	1700	14	12	8	油盘、盖、壁、床鞍箱体、带轮、搪模架

表 14-19　铸造内圆角（摘自 JB/ZQ 4255—2006）

$a \approx b$时，$R_1=R+a$　　　　$b<0.8a$时，$R_1=R+b+c$

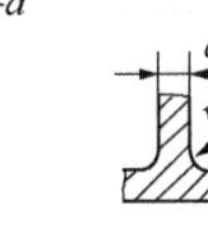
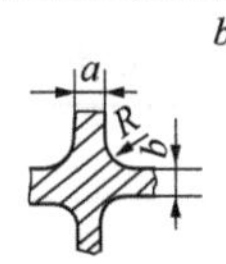
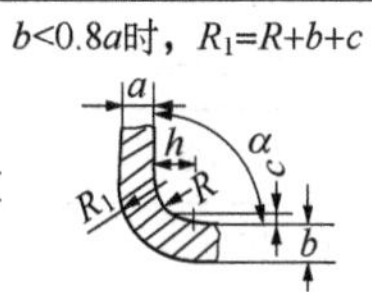

$\frac{a+b}{2}$	R/mm											
	内圆角α											
	<50°		51°～75°		76°～105°		106°～135°		136°～165°		>165°	
	钢	铁	钢	铁	钢	铁	钢	铁	钢	铁	钢	铁
≤8	4	4	4	4	6	4	8	6	16	10	20	16
9～12	4	4	4	4	6	6	10	8	16	12	25	20
13～16	4	4	6	4	8	6	12	10	20	16	30	25
17～20	6	4	8	6	10	8	16	12	25	20	40	30
21～27	6	6	10	8	12	10	20	16	30	25	50	40
28～35	8	6	12	10	16	12	25	20	40	30	60	50
36～45	10	8	16	12	20	16	30	25	50	40	80	60
46～60	12	10	20	16	25	20	35	30	60	50	100	80

c 和 h/mm

b/a		<0.4	0.5～0.65	0.66～0.8	>0.8
$c\approx$		$0.7(a-b)$	$0.8(a-b)$	$a-b$	—
$h\approx$	钢	$8c$			
	铁	$9c$			

表 14-20　铸造外圆角(摘自 JB/ZQ 4256—2006)

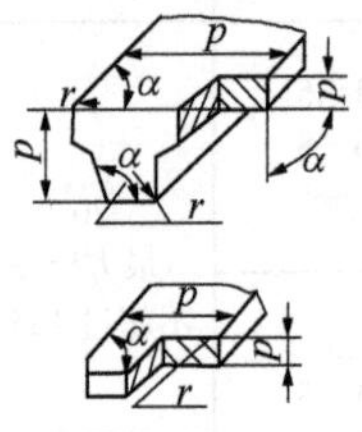

表面的最小边尺寸 p/mm	r/mm					
	外圆角 α					
	<50°	51°～75°	76°～105°	106°～135°	136°～165°	>165°
≤25	2	2	2	4	6	8
>25～60	2	4	4	6	10	16
>60～160	4	4	6	8	16	25
>160～250	4	6	8	12	20	30
>250～400	6	8	10	16	25	40
>400～600	6	8	12	20	30	50

注：如果铸件按上表可选出许多不同的圆角“r”时，应尽量减少或只取一适当的“r”值以求统一。

表 14-21　铸造斜度(摘自 JB/ZQ 4254—2006)

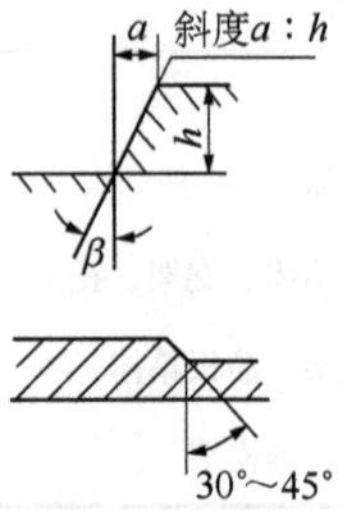

斜度 $a:h$	角度 β	使用范围
1∶5	11°30′	h<25mm 的钢和铁铸件
1∶10	5°30′	h 在 25～500mm 时的钢和铁铸件
1∶20	3°	
1∶50	1°	h>500mm 时的钢和铁铸件
1∶100	30′	有色金属铸件

注：当设计不同壁厚的铸件时(参见表中下图)，在转折点处的斜角最大可增大到 30°～45°。

表 14-22　铸造过渡斜度(摘自 JB/ZQ 4254—2006)　　(单位：mm)

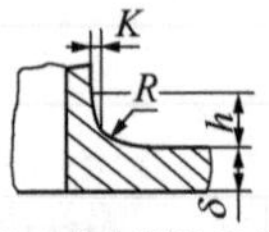

	铸铁和铸钢件的壁厚 δ	K	h	R
适用于减速器的机体、机盖、连接管、气缸及其他各种连接法兰的过渡处	10～15	3	15	5
	>15～20	4	20	5
	>20～25	5	25	5
	>25～30	6	30	8
	>30～35	7	35	8
	>35～40	8	40	10
	>40～45	9	45	10
	>45～50	10	50	10

第 15 章　机械设计中常用材料

15.1　黑 色 金 属

表 15-1　碳素结构钢(摘自 GB/T 700—2006)

牌号	等级	上屈服强度 R_{eH}/MPa ≥						抗拉强度 R_m/MPa	断后伸长率 A/% ≥					应用举例
		厚度(或直径)/mm							厚度(或直径)/mm					
		≤16	>16～40	>40～60	>60～100	>100～150	>150～200		≤40	>40～60	>60～100	>100～150	>150～200	
Q195	—	195	185	—	—	—	—	315～430	33	—	—	—	—	具有良好韧性、较高断后伸长率，焊接性良好，用于制作螺栓、炉撑、拉杆、犁板、短轴、支架、焊接件等
Q215	A	215	205	195	185	175	165	335～450	31	30	29	27	26	
	B													
Q235	A	235	225	215	215	195	185	370～500	26	25	24	22	21	韧性良好，冲击和焊接性较好，广泛用于制作一般机械零件，如销、轴、拉杆、套筒、支架、焊接件等，C、D级性能较高，用于重要的焊接结构件
	B													
	C													
	D													
Q275	A	275	265	255	245	225	215	410～540	22	21	20	18	17	较高强度，一定的焊接性，制作齿轮、心轴、转轴、键、制动板、农机用机架、链和链节等，C、D级用于强度要求较高的零件
	B													
	C													
	D													

注：力学性能新旧符号对照。

新标准(GB/T 228.1—2010)		旧标准(GB/T 228—1987)		新标准(GB/T 228.1—2010)		旧标准(GB/T 228—1987)	
性能名称	符号	性能名称	符号	性能名称	符号	性能名称	符号
抗拉强度	R_m	抗拉强度	σ_b	断面收缩率	Z	断面收缩率	ψ
屈服强度	—	屈服强度	σ_s	断后伸长率	A	断后伸长率	δ
上屈服强度	R_{eH}	上屈服强度	σ_{sU}	延伸强度	$R_{p0.2}$	伸长应力	$\sigma_{p0.2}$
下屈服强度	R_{eL}	下屈服强度	σ_{sL}				

表 15-2　优质碳素结构钢(摘自 GB/T 699—2015)

牌号	热处理温度/℃			力学性能					应用举例
	正火	淬火	回火	抗拉强度 R_m/MPa	下屈服强度 R_{eL}/MPa	断后伸长率 A/%	断面收缩率 Z/%	冲击吸收能量 KU_2/J	
08	930			325	195	33	60		垫片、垫圈、摩擦片等
20	910			410	245	25	55		拉杆、轴套、吊钩等
30	880	860	600	490	295	21	50	63	销轴、套杯、螺栓

续表

牌号	热处理温度/℃			力学性能					应用举例
	正火	淬火	回火	抗拉强度 R_m/MPa	下屈服强度 R_{eL}/MPa	断后伸长率 A/%	断面收缩率 Z/%	冲击吸收能量 KU_2/J	
35	870	850	600	530	315	20	45	55	轴、圆盘、销轴、螺栓
40	860	840	600	570	335	19	45	47	轴、齿轮、链轮、键
45	850	840	600	600	355	16	40	39	
50	830	830	600	630	375	14	40	31	弹簧、凸轮、轴、轧辊
60	810			675	400	12	35		
15Mn	920			410	245	26	55		焊接性、渗碳性好
25Mn	900	870	600	490	295	22	50	71	凸轮、齿轮、链轮等
40Mn	860	840	600	590	355	17	45	47	轴、曲轴、拉杆等
50Mn	830	830	600	645	390	13	40	31	轴、齿轮、凸轮、摩擦盘等
65Mn	830			735	430	9	30		弹簧等

注：1. 式样毛胚尺寸25mm。尺寸小于式样毛胚尺寸时，用原尺寸钢棒进行热处理。

2. 热处理温度允许调整范围 ：正火±30℃，回火±50℃，淬火±20℃。

表 15-3　合金结构钢(摘自 GB/T 3077—2015)

牌号	式样毛胚尺寸/mm	热处理				力学性能					供货状态为退火或高温回火，钢棒布氏硬度HBW	应用举例
		淬火[1]		回火		抗拉强度 R_m /MPa	下屈服强度 R_{eL} /MPa	断后伸长率 A /%	断面收缩率 Z /%	冲击吸收能量 KU_2 /J		
		加热温度/℃	冷却剂	加热温度/℃	冷却剂	不小于					不大于	
35Mn2	25	840	水	500	水	835	685	12	45	55	207	直径小于15mm重要用途的冷镦螺栓及小轴
45Mn2	25	840	油	550	水、油	885	735	10	45	47	217	直径小于60mm时与40Cr相当，做齿轮轴、蜗杆、连杆
35SiMn	25	900	水	570	水、油	885	735	15	45	47	229	代40Cr做中小型轴类、齿轮等零件
42SiMn	25	880	水	590	水	885	735	15	40	47	229	可代40Cr做大齿圈
37SiMn2MoV	25	870	水、油	650	水、空	980	835	12	50	63	269	做高强度重负荷轴、曲轴、齿轮、蜗杆等
40MnB	25	850	油	500	水、油	980	785	10	45	47	207	代40Cr做小截面轴类、齿轮等
20Cr	15	880	水、油	200	水、油	835	540	10	40	47	179	做心部强度较高、承受磨损、尺寸较大的渗碳件，如齿轮
40Cr	25	850	油	520	水、油	980	785	9	45	47	207	做较重要的调质件，如连杆、螺栓、齿轮、轴等
35CrMo	25	850	油	550	水、油	980	835	12	45	63	229	做表面硬度高，心部强度高、韧性好的件，如齿轮、曲轴

续表

牌号	式样毛胚尺寸/mm	热处理				力学性能					供货状态为退火或高温回火，钢棒布氏硬度HBW	应用举例
		淬火		回火		抗拉强度R_m/MPa	下屈服强度R_{eL}/MPa	断后伸长率A/%	断面收缩率Z/%	冲击吸收能量KU_2/J		
		加热温度/℃	冷却剂	加热温度/℃	冷却剂	不小于					不大于	
38CrMoAl	30	940	水、油	640	水、油	980	835	14	50	71	229	做高耐磨、高强度氮化件，如阀门、阀杆、板簧、轴套
20CrMnMo	15	850	油	200	水、空	1180	885	10	45	35	217	做表面硬度高，心部强度高、韧性好的件，如齿轮、曲轴
40CrMnMo	25	850	油	600	水、油	980	785	10	45	63	217	相当于 40CrNiMo 的高级调质件
20CrMnTi	15	880	油	200	水、空	1080	850	10	45	55	217	强度韧性均高、中重负荷重要件，如渗碳齿轮、凸轮
20CrNi	25	850	水、油	460	水、油	785	590	10	50	63	197	做较大负荷渗碳件，如齿轮、轴、键、花键轴等
40CrNi	25	820	油	500	水、油	980	785	10	45	55	241	做高强度高韧性件，如齿轮、链条、连杆
20CrNiMo	15	850	油	200	空	980	785	9	40	47	197	强度高、负荷大的重要件，如齿轮、轴
40CrNiMo	25	850	油	600	水、油	980	835	12	55	78	269	重负荷大尺寸调质件，如齿轮、轴、风机叶片

注：①为第一次淬火温度。

表 15-4 铸造碳钢（摘自 GB/T 11352—2009）

牌号	最小值						特点	应用举例
	R_{eL}或$R_{p0.2}$/MPa	R_m/MPa	A/%	按合同规定				
				Z/%	KV/J	KU/J		
ZG200-400	200	400	25	40	30	47	低碳铸钢，韧性及塑性均好，但强度和硬度较低，低温冲击韧性大，脆性转变温度低，导磁、导电性能良好，焊接性好，但铸造性差	机座、电磁吸盘、变速器箱体等受力不大，但要求韧性的零件
ZG230-450	230	450	22	32	25	35		用于负荷不大、韧性较好的零件，如轴承盖、底板、阀体、机座、侧架、轧钢机架、铁道车辆摇枕、箱体、犁柱、砧座等
ZG270-500	270	500	18	25	22	27	中碳铸钢，有一定的韧性及塑性，强度和硬度较高，切削性良好，焊接性尚可，铸造性能比低碳钢好	应用广泛，用于制作飞轮、车辆车钩、水压机工作缸、机架、蒸汽锤气缸、轴承座、连杆、箱体、曲拐
ZG310-570	310	570	15	21	15	24		用于重负荷零件，如联轴器、大齿轮、缸体、气缸、机架、制动轮、轴及辊子
ZG340-640	340	640	10	18	10	16	高碳铸钢，具有高强度、高硬度及高耐磨性，塑性韧性低、铸造焊接性均差，裂纹敏感性较大	起重运输机齿轮、联轴器、齿轮、车轮、棘轮、叉头

表 15-5 灰铸铁(摘自 GB/T 9439—2010)

牌号	铸件壁厚/mm		最小抗拉强度 R_m(强制性值)(min)		铸件本体预期抗拉强度 R_m(min)/MPa	应用举例
	>	≤	单铸试棒/MPa	附铸试棒或试块/MPa		
HT100	5	40	100	—	—	负荷轻、磨损性要求低的铸件，如托盘、盖、罩、手轮、把手、重锤等；形状简单且性能要求不高的零件：高炉平衡锤、炼钢炉重锤、钢锭模等
HT150	5	10	150	—	155	承受中等弯曲应力，摩擦面间压强高于 500kPa 的铸件，如多数机床的底座，有相对运动和磨损的零件。如溜板、工作台等，汽车中的变速器、排气管、进气管等；液压泵进、出油管，鼓风机底座，后盖板，高炉冷却壁，热风炉箅，流渣槽，渣缸，炼焦炉保护板，轧钢机托辊，夹板，加热炉盖，冷却头，内燃机车水泵壳，止回阀体、阀盖、吊车滑轮，泵体，电机轴承盖，汽轮机操纵座外壳，缓冲器外壳
	10	20		—	130	
	20	40		120	110	
	40	80		110	95	
	80	150		100	80	
	150	300		(90)	—	
HT200	5	10	200	—	205	承受较大弯曲应力，要求保持气密性的铸件，如机床立柱，刀架，齿轮箱体，多数机床床身，滑板，箱体，油缸，泵体，阀体，刹车毂，飞轮、气缸盖，分离器本体，左半轴、右半轴壳，鼓风机座、带轮，轴承盖，叶轮，压缩机机身，轴承架，冷却器盖板，炼钢浇注平台，煤气喷嘴，真空过滤器销盘、喉管，内燃机车风缸体，阀套，汽轮机，气缸中部，隔板套，前轴承座主体，机架，电机接力器缸，活塞，导水套筒，前缸盖
	10	20		—	180	
	20	40		170	155	
	40	80		150	130	
	80	150		140	115	
	150	300		(130)	—	
HT250	5	10	250	—	250	炼钢用轨道板、气缸套、齿轮、机床立柱、齿轮箱体、机床床身，磨床转体，油缸，泵体，阀体
	10	20		—	225	
	20	40		210	195	
	40	80		190	170	
	80	150		170	155	
	150	300		(160)	—	
HT300	10	20	300	—	270	承受高弯曲应力，拉应力，要求保持高度气密性的铸件，如重型机床床身，多轴机床主轴箱，卡盘齿轮，高压油缸，泵体，阀体，水泵出水段，进水段，吸入盖，双螺旋分级机机座，锥齿轮，大型卷筒，轧钢机座，焦化炉导板，汽轮机隔板，泵壳，收缩管，轴承支架，主配阀壳体，环形缸座
	20	40		250	240	
	40	80		220	210	
	80	150		210	195	
	150	300		(190)	—	
HT350	10	20	350	—	315	轧钢滑板，辊子，炼焦柱塞，圆筒混合机齿圈，支承轮座，挡轮座
	20	40		290	280	
	40	80		260	250	
	80	150		230	225	
	150	300		(210)	—	

表 15-6 球墨铸铁(摘自 GB/T1348_2009)

牌号	抗拉强度 R_m/MPa	延伸强度 $R_{P0.2}$/MPa	断后伸长率 A/%	布氏硬度 HBW	应用举例
QT700-2	700	420	2	225～305	曲轴、缸体、车轮等
QT600-3	600	370	3	190～270	
QT500-7	500	320	7	170～230	阀体、气缸、轴瓦等
QT450-10	450	310	10	160～210	减速机箱体、管路、中低压阀体、盖
QT400-15	400	250	15	120～180	

15.2 有色金属

表 15-7　加工青铜

牌号	抗拉强度 R_m/MPa	屈服强度 R_{eL}/MPa	断后伸长率 A/%	断面收缩率 Z/%	布氏硬度 HBW	应用举例
QSn4-4-4	300～350	130	46	34	62	一般摩擦条件下的轴承、轴套、衬套、圆盘及衬套内垫
	550～650	280	2～4	—	160～180	
QSn7-0.2	360	230	64	50	75	中负荷、中等滑动速度下的摩擦零件，如抗磨垫圈、轴承、轴套、蜗轮等
	500	—	15	20	180	
QAl9-4	550	300	12	—	210	高负荷下的抗磨、耐蚀零件，如轴承、轴套、衬套、阀座、齿轮、蜗轮等
	500～600	200	40	30	—	
	800～1000	350	5	—	—	
QAl10-3-1.5	650	—	—	—	—	高温下工作的耐磨零件，如齿轮、轴承、衬套、圆盘、飞轮等
	500～600	210	20～30	55	—	
	700～900	—	9～12	—	280	
QAl10-4-4	700	—	6	—	—	高强度耐磨件及高温下工作零件，如轴衬、轴套、齿轮、螺母、法兰盘、滑座等
	600～700	330	35～45	45	350	
	900～1100	550～600	9～15	11	—	

表 15-8　铸造铜合金(摘自 GB/T 1176—2013)

牌号	铸造方法	室温力学性能，不低于				应用举例
		抗拉强度 R_m/MPa	屈服强度 $R_{p0.2}$/MPa	断后伸长率 A /%	布氏硬度 HBW	
ZCuSn5Pb5Zn5	S、J、R	200	90	13	60*	用于较高负荷、中等滑动速度下工作的耐磨、耐蚀零件，如轴瓦、衬套、油塞、蜗轮等
	Li、La	250	100	13	65*	
ZCuSn10P1	S、R	220	130	3	80*	用于小于 20MPa 和滑动速度小于 8m/s 条件下工作的耐磨零件，如齿轮、蜗轮、轴瓦、套等
	J	310	170	2	90*	
	Li	330	170	4	90*	
	La	360	170	6	90*	
ZCuSn10Zn2	S	240	120	12	70*	用于中等负荷和小滑动速度下工作的管配件及阀、旋塞、泵体、齿轮、蜗轮、叶轮等
	J	245	140	6	80*	
	Li、La	270	140	7	80*	
ZCuAl8Mn13Fe3Ni2	S	645	280	20	160	用于强度高耐蚀重要零件，如船舶螺旋桨、高压阀体、泵体、耐压耐磨的齿轮、蜗轮、法兰、衬套等
	J	670	310	18	170	
ZCuAl9Mn2	S、R	390	150	20	85	用于制造耐磨、结构简单的大型铸件，如衬套、蜗轮及增压器内气封等
	J	440	160	20	95	

续表

牌号	铸造方法	室温力学性能，不低于				应用举例
		抗拉强度 R_m/MPa	屈服强度 $R_{p0.2}$/MPa	断后伸长率 A /%	布氏硬度 HBW	
ZCuAl9Fe4Ni4Mn2	S	630	250	16	160	制造强度高、耐磨、耐蚀零件，如蜗轮、轴承、衬套、管嘴、耐热管配件
ZCuAl10Fe3	S	490	180	13	100*	制造高强度重要零件，如船舶螺旋桨，耐磨及400℃以下工作的零件，如轴承、齿轮、蜗轮、螺母、法兰、阀体、导向套管等
	J	540	200	15	110*	
	Li、La	540	200	15	110*	
ZCuZn25 Al6Fe3 Mn3	S	725	380	10	160*	适于高强耐磨零件，如桥梁支承板、螺母、螺杆、耐磨板、滑块、蜗轮等
	J	740	400	7	170*	
	Li、La	740	400	7	170*	
ZCuZn38Mn2Pb2	S	245	10	—	70	一般用途结构件，如套筒、衬套、轴瓦、滑块等
	J	345	18		80	

注：1. 有“*”符号的数据为参考值。

2. 铸造方法代号：S为砂型铸造；J为金属型铸造；La为连续铸造；Li为离心铸造；R为熔模铸造。

15.3 非金属材料

表15-9 工业用橡胶板尺寸规格及性能（摘自GB/T 5574—2008）

项目		内容	
尺寸规格/mm		厚度：0.5、1.0、1.5、2.0、2.5、3.0、4.0、5.0、6.0～22（2进级）25、30、40、50 宽度：500～2000 长度供需双方协定	
耐油性能分类		A类	不耐油
		B类	中等耐油，3#标准油，100℃×72h，体积变化率 ΔV 为40%～90%
		C类	耐油，3#标准油，100℃×72h，体积变化率 ΔV 为-5%～40%

力学性能	拉伸强度/MPa	≥3	≥4	≥5	≥7	≥10	≥14	≥17
	代号	03	04	05	07	10	14	17

力学性能	拉断伸长率/%	≥100	≥150	≥200	≥250	≥300	≥350	≥400	≥500	≥600
	代号	1	1.5	2	2.5	3	3.5	4	5	6

力学性能	公称橡胶国际硬度或邵尔硬度A	30	40	50	60	70	80	90	硬度偏差均为：$^{+5}_{-4}$
	代号	H3	H4	H5	H6	H7	H8	H9	

项目	代号	条件	要求
热空气老化性能（A_r）（B类和C类胶板应按代号 A_{r2} 的规定）	A_{r1}	热空气老化 70℃×72h	拉伸强度降低率为≤30%
			拉断伸长率降低率为≤40%
	A_{r2}	热空气老化 100℃×72h	拉伸强度降低率为≤20%
			拉断伸长率降低率为≤50%
用途	A类橡胶板的工作介质为水和空气，工作温度范围一般为-30～50℃，用于制作机器衬垫、各种密封或缓冲用胶垫、胶圈以及室内外、轮船、火车、飞机等铺地面材料。耐油橡胶板（B、C类）工作介质为汽油、煤油、机油、柴油及其他矿物油类，工作温度范围为-30～50℃，用于制作机器衬垫，各种密封或缓冲用胶圈、衬垫等		

注：拉伸强度为5MPa（代号05），拉断伸长率为400%（代号4），公称硬度为60IRHD（公称橡胶国际硬度，代号H6），抗撕裂（代号 T_s）的不耐油（A类）橡胶板，标记为：工业胶板 GB/T 5574-A-05-4-H6-T_s。

表 15-10　软钢纸板(摘自 QB/T 2200—1996)

纸板规格	技术性能				用途
长度×宽度	厚度	性能	单位	指标	
920×650 650×490 650×400 400×300	0.5～0.8 0.9～1.0 1.1～2.0 2.1～3.0	密度	g/cm³	1.1～1.4	用作连接处密封垫
		单位横断面抗拉强度，横向≥	MPa	29.4	
		水分	%	6～10	

表 15-11　工业用毛毡(摘自 FZ/T 25001—2012)

分类	品号	断裂强度/(N·cm⁻²) 不小于		断裂伸长率/% 不大于	
		一等品	二等品	一等品	二等品
细毛	T112—32～44	490① 460② 441③ 342④ 245⑤	392 374 353 274 176	90 105 110 115 120	108 126 132 138 144
半粗毛	T112-30～38	392⑥ 294⑦ 245⑧ 245⑨	314 235 196 196	95 110 110 125	114 132 132 150
粗毛	T132-32～36	249⑩ 245⑪	235 196	110 130	132 156

注：①、②、③、④、⑤是堆密度，分别为 0.44g/cm³、0.41g/cm³、0.39g/cm³、0.36g/cm³、0.32g/cm³ 细毛特品的断裂强度；⑥、⑦、⑧、⑨是堆密度，分别为 0.38g/cm³、0.36g/cm³、0.34g/cm³、0.32g/cm³ 半粗毛特品的断裂强度；⑩、⑪是堆密度分别为 0.36g/cm³、0.32g/cm³ 粗毛特品的断裂强度。

第 16 章　螺纹及螺纹连接

16.1　螺　　纹

表 16-1　普通螺纹基本尺寸(摘自 GB/T 196—2003、GB/T 197—2003)　　　(单位：mm)

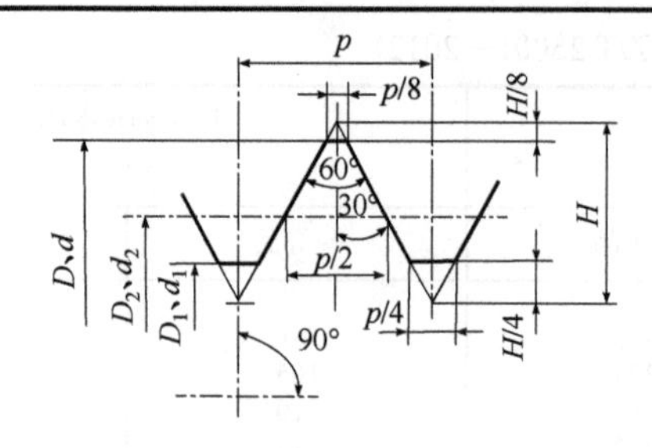

$H=0.866p$, $d_2=d-0.6495p$, $d_1=d-1.0825p$

D, d 为内、外螺纹大径；

D_2, d_2 为内、外螺纹中径；

D_1, d_1 为内、外螺纹小径；

p 为螺距

螺纹标记：

公称直径为 10mm，螺纹为右旋、中径及顶径公差带代号均为 6g，螺纹旋合长度为 N 的粗牙普通螺纹：M10—6g

公称直径为 10mm，螺距为 1mm，螺纹为右旋、中径及顶径公差带代号均为 6H，螺纹旋合长度为 N 的细牙普通内螺纹：M10×1—6H

公称直径为 20mm，螺距为 2mm，螺纹为左旋、中径及顶径公差带代号分别为 5g，6g，螺纹旋合长度为 S 的细牙普通螺纹：M20×2 左—5g6g—S

公称直径为 20mm，螺距为 2mm，螺纹为右旋、内螺纹中径及顶径公差带代号均为 6H，外螺纹中径及顶径公差带代号均为 6g，螺纹旋合长度为 N 的细牙普通螺纹的螺纹副：M20×2—6H/6g

公称直径 D,d		螺距 p	中径 D_2 或 d_2	小径 D_1 或 d_1	公称直径 D,d		螺距 p	中径 D_2 或 d_2	小径 D_1 或 d_1	公称直径 D,d		螺距 p	中径 D_2 或 d_2	小径 D_1 或 d_1
第一系列	第二系列				第一系列	第二系列				第一系列	第二系列			
6					16		2	14.701	13.835		27	3	25.051	23.752
		1	5.350	4.917			1.5	15.026	14.376			2	25.701	24.835
		0.75	5.513	5.188			1	15.350	14.917			1.5	26.026	25.376
												1	26.350	25.917
8						18	2.5	16.376	15.294	30		3.5	27.727	26.211
		1.25	7.188	6.647			2	16.701	15.835			(3)	28.051	26.752
		1	7.350	6.917			1.5	17.026	16.376			2	28.701	27.835
		0.75	7.513	7.188			1	17.350	16.917			1.5	29.026	28.376
												1	29.350	28.917
10		1.5	9.026	8.376	20		2.5	18.376	17.294		33	3.5	30.727	29.211
		1.25	9.188	8.647			2	18.701	17.835			(3)	31.051	29.752
		1	9.350	8.917			1.5	19.026	18.376			2	31.701	30.835
		0.75	9.513	9.188			1	19.350	18.917			1.5	32.026	31.376
12		1.75	10.863	10.106		22	2.5	20.376	19.294	36		4	33.402	31.670
		1.5	11.026	10.376			2	20.701	19.835			3	34.051	32.752
		1.25	11.188	10.674			1.5	21.026	20.376			2	34.701	33.835
		1	11.350	10.917			1	21.350	20.917			1.5	35.026	34.376
	14	2	12.701	11.835	24		3	22.051	20.752		39	4	36.402	34.670
		1.5	13.026	12.376			2	22.701	21.835			3	37.051	35.752
		(1.25)	13.188	12.647			1.5	23.026	23.376			2	37.701	36.835
		1	13.350	12.917			1	23.350	22.917			1.5	38.026	37.376

续表

公称直径 D, d 第一系列	公称直径 D, d 第二系列	螺距 p	中径 D_2 或 d_2	小径 D_1 或 d_1	公称直径 D, d 第一系列	公称直径 D, d 第二系列	螺距 p	中径 D_2 或 d_2	小径 D_1 或 d_1	公称直径 D, d 第一系列	公称直径 D, d 第二系列	螺距 p	中径 D_2 或 d_2	小径 D_1 或 d_1
42		4.5	39.077	37.129	48		5	44.752	42.587	56		5.5	52.428	50.046
		(4)	39.402	37.670			(4)	45.402	43.670			4	53.402	51.670
		3	40.051	38.752			3	46.051	44.752			3	54.051	52.752
		2	40.701	39.835			2	46.701	45.835			2	54.701	53.835
		1.5	41.026	40.376			1.5	47.026	46.376			1.5	55.026	54.376
	45	4.5	42.077	40.129		52	5	48.752	46.587		60	(5.5)	56.428	54.046
		(4)	42.402	40.670			(4)	49.402	47.670			4	57.402	55.670
		3	43.051	41.752			3	50.051	48.752			3	58.051	56.752
		2	43.701	42.835			2	50.701	49.835			2	58.701	57.835
		1.5	44.026	43.376			1.5	51.026	50.376			1.5	59.026	58.376

注：1. 直径 d≤68mm 时，p 项中第一个数字为粗牙螺距，其余为细牙螺距。

2. 优先选用第一系列，其次是第二系列。

3. 括号内的尺寸尽可能不用。

表 16-2　内、外螺纹选用公差带(摘自 GB/T 197—2003)

精度	内螺纹						外螺纹							
	公差带位置						公差带位置							
	G			H			e	f	g			h		
	S	*N*	*L*	*S*	*N*	*L*	*N*	*N*	*S*	*N*	*L*	*S*	*N*	*L*
精密				4H	4H, 5H	5H, 6H						3h, 4h	4h	(5h, 4h)
中等	(5G)	(6G)	(7G)	*5H	[*6H]	*7H	*6e	*6f	(5g, 6g)	[*6g]	7g, 6g	5h, 6h	*6h	(7h, 6h)
粗糙		(7G)			*5H					8g			(8h)	

注：1. 大量生产的精制紧固件螺纹，推荐采用带方框的公差带。

2. 带*的公差带应优先选用，括号内的公差带尽可能不用。

3. 内、外螺纹的选用公差带可以任意组合，为了保证足够的接触高度，完工后的零件最好组合成 H/g、H/h 或 G/h 的配合。

4. 精密、中等、粗糙三种精度选用原则；精密：用于精密螺纹，当要求配合性质变动较小时采用；中等：一般用途；粗糙：对精度要求不高或制造比较困难时采用。

5. *S*、*N*、*L* 分别表示短、中等、长三种旋合长度。

表 16-3　螺纹旋合长度(摘自 GB/T 197—2003)　　　(单位：mm)

公称直径 D, d		螺距 p	旋合长度				公称直径 D, d		螺距 p	旋合长度			
			S	*N*		*L*				*S*	*N*		*L*
>	≤		≤	>	≤	>	>	≤		≤	>	≤	>
5.6	11.2	0.75	2.4	2.4	7.1	7.1	22.4	45	1	4	4	12	12
									1.5	6.3	6.3	19	19
		1	3	3	9	9			2	8.5	8.5	25	25
									3	12	12	36	36
		1.25	4	4	12	12			3.5	15	15	45	45
									4	18	18	53	53
		1.5	5	5	15	15			4.5	21	21	63	63

续表

公称直径 D, d		螺距 p	旋合长度				公称直径 D, d		螺距 p	旋合长度			
			S	N		L				S	N		L
>	⩽		⩽	>	⩽	>	>	⩽		⩽	>	⩽	>
11.2	22.4	1	3.8	3.8	11	11	45	90	1.5	7.5	7.5	22	22
		1.25	4.5	4.5	13	13			2	9.5	9.5	28	28
		1.5	5.6	5.6	16	16			3	15	15	45	45
		1.75	6	6	18	18			4	19	19	56	56
		2	8	8	24	24			5	24	24	71	71
		2.5	10	10	30	30			5.5	28	28	85	85

16.2 螺纹零件的结构要素

表 16-4 普通螺纹收尾、肩距、退刀槽、倒角(摘自 GB/T 3—1997) (单位：mm)

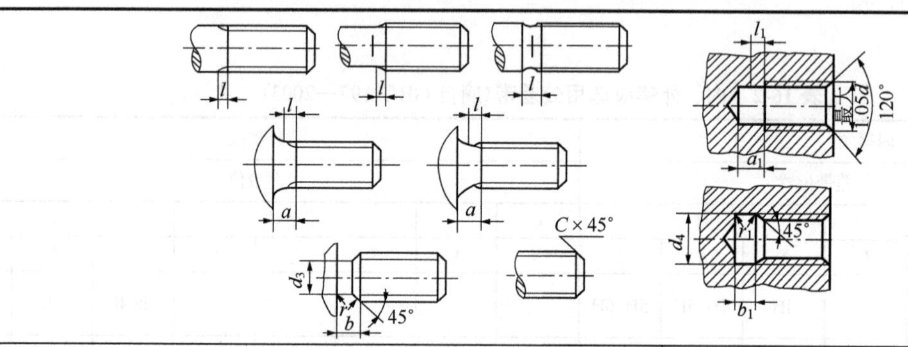

外螺纹												内螺纹							
螺距 p	粗牙螺纹大径 d	螺纹收尾 l(不大于)		肩距 α(不大于)			退刀槽				倒角 c	螺纹收尾 l_1(不大于)		肩距 α_1(不小于)		退刀槽			
							b		r	d_3						b_1		r_1	d_4
		一般	短的	一般	长的	短的	一般	窄的				一般	长的	一般	长的	一般	窄的		
0.75	4.5	1.9	1	2.25	3	1.5	2.25	1.5	$\frac{p}{2}$	d–1.2	0.6	1.5	2.3	3.8	6	3	2	$\frac{p}{2}$	d+0.3
0.8	5	2	1	2.4	3.2	1.6	2.4			d–1.3	0.8	1.6	2.4	4	6.4				
1	6, 7	2.5	1.25	3	4	2	3	1.5		d–1.6	1	2	3	5	8	4	2.5		
1.25	8	3.2	1.6	4	5	2.5	3.75			d–2	1.2	2.5	3.8	6	10	5	3		d+0.5
1.5	10	3.8	1.9	4.5	6	3	4.5	2.5		d–2.3	1.5	3	4.5	7	12	6	4		
1.75	12	4.3	2.2	5.3	7	3.5	5.25			d–2.6	2	3.5	5.2	9	14	7			
2	14, 16	5	2.5	6	8	4	6	3.5		d–3		4	6	10	16	8	5		
2.5	18, 20, 22	6.3	3.2	7.5	10	5	7.5			d–3.6	2.5	5	7.5	12	18	10	6		
3	24, 27	7.5	3.8	9	12	6	9	4.5		d–4.4		6	9	14	22	12	7		
3.5	30, 33	9	4.5	10.5	14	7	10.5			d–5	3	7	10.5	16	24	14	8		
4	36, 39	10	5	12	16	8	12	5.5		d–5.7		8	12	18	26	16	9		
4.5	42, 45	11	5.5	13.5	18	9	13.5	6		d–6.4	4	9	13.5	21	29	18	10		
5	48, 52	12.5	6.3	15	20	10	15	6.5		d–7		10	15	23	32	20	11		
5.5	56, 60	14	7	16.5	22	11	17.5	7.5		d–7.7	5	11	16.5	25	35	22	12		

注：1. 外螺纹倒角和退刀槽过渡角一般按 45°，也可按 60°或 30°，当螺纹按 60°或 30°倒角时，倒角深度约等于螺纹深度，内螺纹倒角一般是 120°锥角，也可以是 90°锥角。

2. 肩距 $a(a_1)$ 是螺纹收尾 $l(l_1)$ 加螺纹空白的总长，设计时应优先考虑一般肩距尺寸，短的肩距只在结构需要时采用。

3. 窄的退刀槽只在结构需要时采用。

表 16-5　粗牙螺栓、螺钉的拧入深度和螺纹孔尺寸　(单位：mm)

d	d_0	钢和青铜					铸铁					铝				
		h	H	H_1	h'	H_2	h	H	H_1	h'	H_2	h	H	H_1	h'	H_2
6	5	8	6	8	10	12	12	10	12	14	16	22	19	22	24	28
8	6.7	10	8	10.5	12	16	15	12	15	16	20	25	22	26	26	34
10	8.5	12	10	13	16	19	18	15	18	20	24	30	28	34	34	42
12	10.2	15	12	16	18	24	22	18	22	24	30	38	32	38	38	48
16	14	20	16	20	24	28	26	22	26	30	34	50	42	48	50	58
20	17.4	24	20	25	30	36	32	28	34	38	45	60	52	60	62	70
24	20.9	30	24	30	36	42	42	35	40	48	55	75	65	75	78	90
30	26.4	36	30	38	44	52	48	42	50	56	65	90	80	90	94	105

注：1. h 为内螺纹通孔长度；H 为双头螺栓或螺钉拧入深度。

2. 当连接要求不严时，可只注 h'。

表 16-6　紧固件通孔及沉孔尺寸(摘自 GB/T 152.2～GB/T 152.4—1988, GB/T 5277—1985)(单位：mm)

螺栓或螺钉直径 d			4	5	6	8	10	12	14	16	18	20	22	24	27	30
通孔直径 d_1 GB 5277—1985	精装配		4.3	5.3	6.4	8.4	10.5	13	15	17	19	21	23	25	28	31
	中等装配		4.5	5.5	6.6	9	11	13.5	15.5	17.5	20	22	24	26	30	33
	粗装配		4.8	5.8	7	10	12	14.5	16.5	18.5	21	24	26	28	32	35
六角头螺栓和六角螺母用沉孔 GB 152.4—1988	d_2		10	11	13	18	22	26	30	33	36	40	43	48	53	61
	d_3		—	—	—	—	—	16	18	20	22	24	26	28	33	36
	t		制出与孔轴线垂直的平面即可													
沉头用沉孔 GB 152.2—2014	d_2		9.4～9.6	10.4～10.65	12.6～12.85	17.3～17.55	20～20.3	—	—	—	—	—	—	—	—	—
	$t≈$		2.55	2.58	3.13	4.28	4.65	—	—	—	—	—	—	—	—	—
圆柱头用沉孔 GB 152.3—1988	d_2		8	10	11	15	18	20	24	26	—	33	—	40	—	48
	d_3		—	—	—	—	—	16	18	20	—	24	—	28	—	36
	t	用于 GB70	4.6	5.7	6.8	9	11	13	15	17.5	—	21.5	—	25.5	—	32
		用于 GB65	3.2	4	4.7	6	7	8	9	10.5	—	12.5	—	—	—	—

注：各图中 d_1 尺寸同通孔直径中的中等装配。

16.3 螺　栓

表 16-7　六角头螺栓—A 级和 B 级(摘自 GB/T 5782—2016)、细牙—A 级和 B 级(摘自 GB/T 5785—2016)

标记示例：

螺纹规格 d=M12，公称长度 l=80mm，性能等级为 8.8 级、表面氧化、A 级的六角头螺栓

螺栓 GB/T 5782—2016　M12×80

螺纹规格		M6	M8	M10	M12	(M14)	M16	(M18)	M20	(M22)	M24	(M27)	M30
螺纹规格	d GB 5782—2016	M6	M8	M10	M12	(M14)	M16	(M18)	M20	(M22)	M24	(M27)	M30
螺纹规格	d×p GB 5785—2016		M8×1	M10×1	M12×1.5	(M14×1.5)	M16×1.5	(M18×1.5)	M20×1.5	(M22×1.5)	M24×2	(M27×2)	M30×2
			·	(M10×1.25)	(M12×1.25)				(M20×2)				
b 参考	l≤125	18	22	26	30	34	38	42	46	50	54	60	66
	125<l≤200	24	28	32	36	40	44	48	52	56	60	66	72
	l>200	37	41	45	49	53	57	61	65	69	73	79	85
e min	产品等级 A	11.5	14.38	17.77	20.03	23.35	26.75	30.14	33.53	37.72	39.98	—	—
	产品等级 B	10.89	14.2	17.59	19.85	22.78	26.17	29.56	32.95	37.29	39.55	45.2	50.85
k 公称		4	5.3	6.4	7.5	8.8	10	11.5	12.5	14	15	17	18.7
s max		10	13	16	18	21	24	27	30	34	36	41	46
l 范围		30～60	35～80	40～100	45～120	50～140	55～160	60～180	65～200	70～220	80～240	90～260	90～300
l 系列 公称		20, 25, 30, 35, 40, 45, 50, 55, 60, 65, 70, 80, 90, 100, 110, 120, 130, 140, 150, 160, 180, 200, 220, 240, 260, 280, 300, 320, 340, 360, 380, 400											

注：1. 括号内为尽量不采用的规格。

2. 产品等级：A 级用于 d≤24 或 l≤10d(或 l≤150mm)；B 级用于 d>24 或 l>10d(或 l>150mm)。

表 16-8　六角头螺栓—全螺纹—A 和 B 级(摘自 GB/T 5783—2016)　　　　(单位：mm)

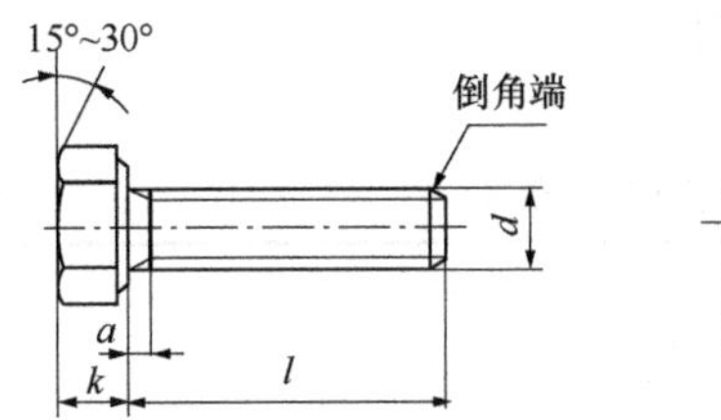

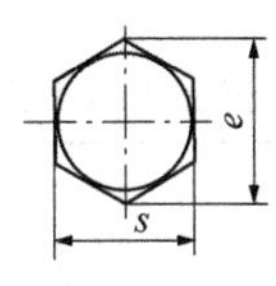

标记示例：
螺纹规格 d=M12、公称长度 l=80mm、性能等级为 8.8 级、表面氧化、全螺纹、A 级的六角头螺栓
螺栓　GB/T 5783—2016 M12×80

螺纹规格 d			M5	M6	M8	M10	M12	(M14)	M16	(M18)	M20	(M22)	M24	(M27)	M30
a max			2.4	3	4.1	4.5	5.3	6	6	7.5	7.5	7.5	9	9	10.5
e min	产品等级	A	8.70	11.05	14.38	17.77	20.03	23.36	26.75	30.14	33.53	37.72	39.98	—	
		B	8.63	10.89	14.20	17.59	19.85	22.78	26.17	29.56	32.95	37.29	39.55	45.2	50.85
k 公称			3.5	4	5.3	6.4	7.5	8.8	10	11.5	12.5	14	15	17	18.7
s max			8	10	13	16	18	21	24	27	30	34	36	41	46
l 范围			10～50	12～60	16～80	20～100	25～120	30～140	30～150	35～150	40～150	40～150	50～150	55～150	60～150
l 系列　公称			6, 8, 10, 12, 16, 20, 25, 30, 35, 40, 45, 50, (55), 60, (65), 70～160(10 进位), 180, 200												

注：1. 括号内为尽量不采用的规格。
　　2. 同表 16-7 注 2。

表 16-9　六角头加强杆螺栓—A 级和 B 级(摘自 GB/T 27—2013)　　　　(单位：mm)

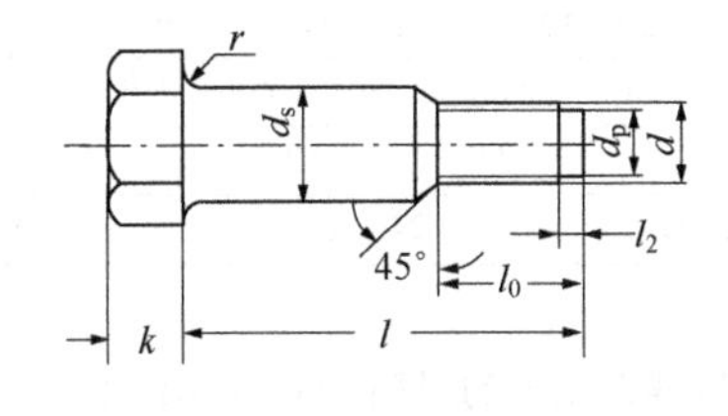

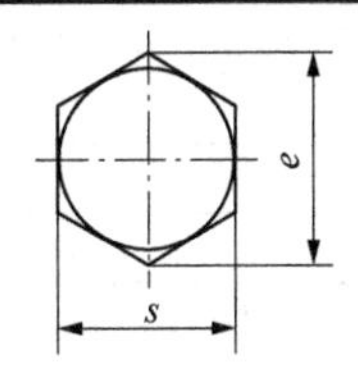

标记示例：
螺纹规格 d=M12, d_s 尺寸按表规定、公称长度 l=80mm、性能等级为 8.8 级、表面氧化处理、A 级的六角头加强杆螺栓
螺栓 GB/T 27—2013　M12×80
d_s 按 m6 制造时，应加标记 m6
螺栓 GB/T 27—2013　M12×m6×80

d		6	8	10	12	(14)	16	(18)	20	(22)	24	(27)	30
d_s(h9) max		7	9	11	13	15	17	19	21	23	25	28	32
s max		10	13	16	18	21	24	27	30	34	36	41	46
k 公称		4	5	6	7	8	9	10	11	12	13	15	17
d_p		4	5.5	7	8.5	10	12	13	15	17	18	21	23
l_2		1.5		2		3			4			5	
e min	A	11.05	14.38	17.77	20.03	23.35	26.75	30.14	33.53	37.72	39.98	—	—
	B	10.89	14.2	17.59	19.85	22.78	26.17	29.56	32.95	37.29	39.55	45.2	50.85
l 范围		25～65	25～80	30～120	35～180	40～180	45～200	50～200	55～200	60～200	65～200	75～200	80～230
l 系列		25, (28), 30, (32), 35, (38), 40, 45, 50, 55, 60, 65, 70, (75), 80, (85), 90, (95), 100～260(10 进位), 280, 300											
l_0		12	15	18	22	25	28	30	32	35	38	42	50

注：1. 括号内的尺寸，尽可能不采用。
　　2. 性能等级 8.8。

16.4 螺　　钉

表 16-10　内六角圆柱头螺钉(摘自 GB/T 70.1—2008)　　(单位：mm)

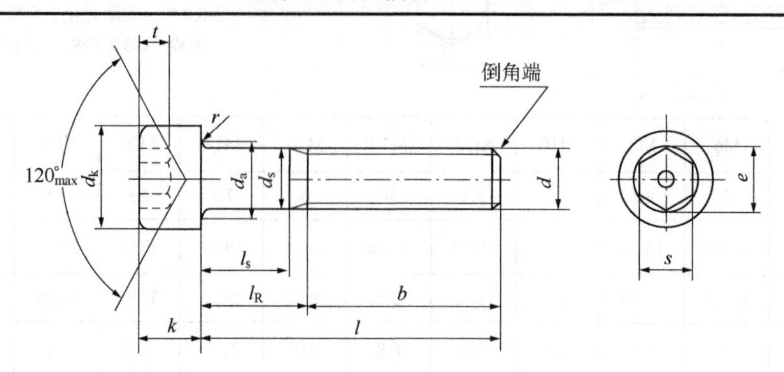

标记示例：

螺纹规格 d=M8，公称长度 l=20mm，性能等级为 8.8 级、表面氧化的内六角圆柱螺钉

螺钉 GB/T 70.1—2008 M8×20

螺纹规格 d		M6	M8	M10	M12	(M14)	M16	M20	M24	M30
b 参考		24	28	32	36	40	44	52	60	72
d_k	max*	10	13	16	18	21	24	30	36	45
	max**	10. 22	13.27	16.27	18.27	21.33	24.33	30.33	36.39	45.39
e min		5.72	6.68	9.15	11.43	13.72	16	19.44	21.73	25.15
k max		6	8	10	12	14	16	20	24	30
s 公称		5	6	8	10	12	14	17	19	22
t min		3	4	5	6	7	8	10	12	15.5
l 范围　公称		10～60	12～80	16～100	20～120	25～140	25～160	30～200	40～200	45～200
l 系列　公称		10, 12, 16, 20～70(5 进位), 80～160(10 进位), 180, 200								
性能等级	钢	8.8、10.9、12.9								
	不锈钢	d≤24mm：A2-70、A4-70；24mm<d≤39mm：A2-50、A4-50								

注：括号内规格尽可能不用。*光滑头部；**滚花头部。

表 16-11　十字槽沉头螺钉(摘自 GB/T 819.1—2016)、
十字槽盘头螺钉(摘自 GB/T 818—2016)　　(单位：mm)

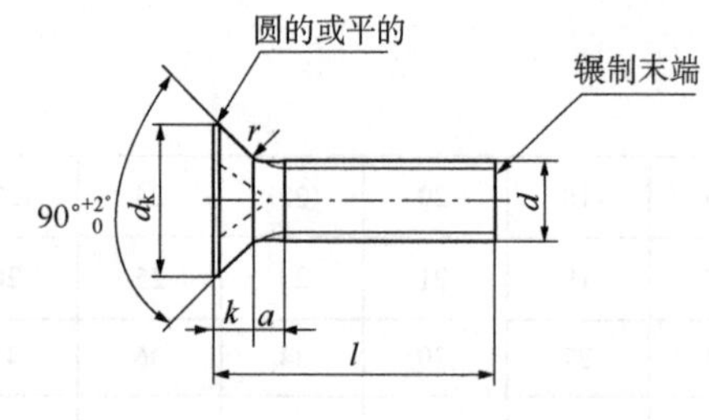

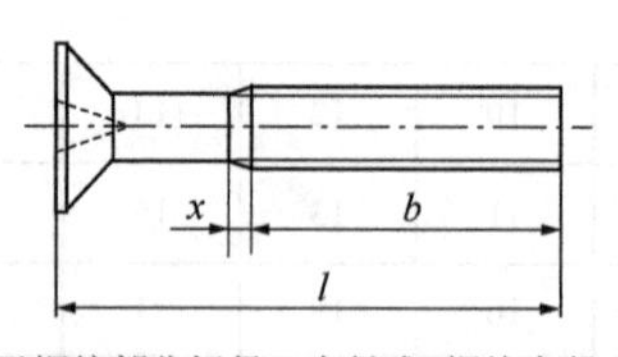

无螺纹部分杆径≈中径或=螺纹大径
GB/T 819.1—2016

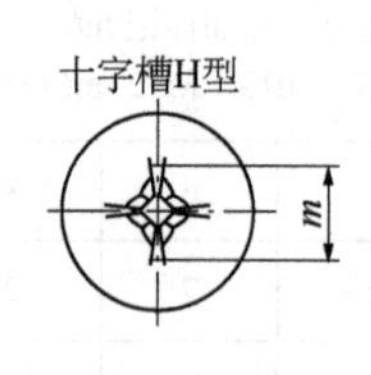

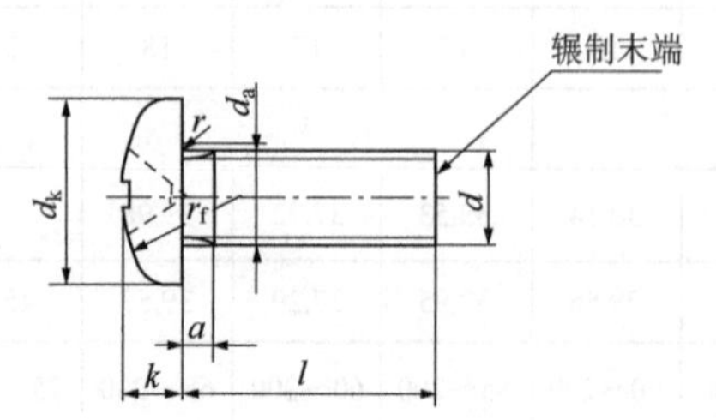

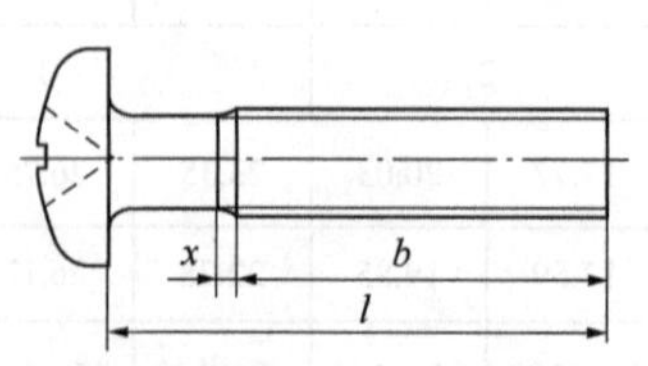

无螺纹部分杆径≈中径或=螺纹大径
GB/T 818—2016

十字槽H型

标记示例：

螺纹规格 d=M5、公称长度 l=20mm、性能等级为 4.8 级、不经表面处理的 H 型十字槽沉头螺钉　　螺钉 GB/T 819.1—2016　M5×20

螺纹规格 d=M5、公称长度 l=20mm、性能等级为 4.8 级、不经表面处理的 H 型十字槽盘头螺钉　　螺钉 GB/T 818—2016　M5×20

续表

螺纹规格	d			M4	M5	M6	M8	M10
a	max			1.4	1.6	2	2.5	3
b	min			38				
d_a	max			4.7	5.7	6.8	9.2	11.2
x	max			1.75	2	2.5	3.2	3.8
d_k	max	GB/T 818		8	9.5	12	16	20
		GB/T 819.1		8.4	9.3	11.3	15.8	18.3
k	max	GB/T 818		3.1	3.7	4.6	6	7.5
		GB/T 819.1		2.7		3.3	4.65	5
r	min	GB/T 818		0.2		0.25	0.4	
r	max	GB/T 819.1		1	1.3	1.5	2	2.5
r_f	≈	GB/T 818		6.5	8	10	13	16
十字槽	GB/T 818	槽号		2		3	4	
		H 型插入深度	max	2.4	2.9	3.6	4.6	5.8
			min	1.9	2.4	3.1	4	5.2
		Z 型插入深度	max	2.34	2.74	3.45	4.5	5.69
			min	1.89	2.29	3.03	4.05	5.24
	GB/T 819.1	槽号		2		3	4	
		H 型插入深度	max	2.6	3.2	3.5	4.6	5.7
			min	2.1	2.7	3	4	5.1
		Z 型插入深度	max	2.51	3.05	3.45	4.6	5.64
			min	2.06	2.6	3	4.15	5.19
l	长度范围			5～40	6～50①	8～60	10～60	12～60
l	长度系列			5、6～16（2 进位）、20～80（5 进位）				
性能等级	钢			4.8				
	不锈钢	GB/T 818 GB/T 820		A2-50、A2-70				
		GB/T 822		A2-70				
		GB/T 823		A1-50、A4-50				
	有色金属			CU2、CU3、AL4				
表面处理	钢			（1）不处理；（2）电镀；（3）非电解锌片涂层				
	不锈钢			（1）简单处理；（2）钝化处理				
	有色金属			（1）简单处理；（2）电镀				

注：尽可能不采用括号内规格。

①GB/T 818 的 M5 长度范围为 6~45mm。

表 16-12　开槽锥端紧定螺钉（摘自 GB/T 71—2018）、开槽平端紧定螺钉（摘自 GB/T 73—2017）开槽长圆柱端紧定螺钉（摘自 GB/T 75—2018）　（单位：mm）

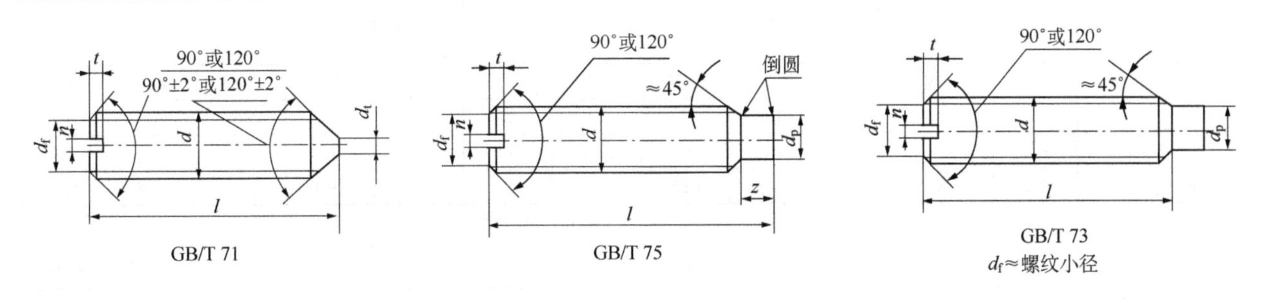

标记示例：

螺纹规格 d=M5，公称长度 l=12mm、性能等级为 14H 级、表面不经处理的开槽锥端紧定螺钉　　螺钉 GB/T 71—2018　M5×12

螺纹规格 d=M5、公称长度 l=12mm、性能等级为 14H 级、表面不经处理的开槽平端紧定螺钉　　螺钉 GB/T 73—2017　M5×12

螺纹规格 d=M5、公称长度 l=12mm、性能等级为 14H 级、表面不经处理的开槽长圆柱端紧定螺钉　　螺钉 GB/T 75—2018　M5×12

续表

螺纹规格 d		M4	M5	M6	M8	M10	M12
p （螺距）		0.7	0.8	1	1.25	1.5	1.75
d_p max		2.5	3.5	4	5.5	7	8.5
n 公称		0.6	0.8	1	1.2	1.6	2
t max		1.42	1.63	2	2.5	3	3.6
d_t max		0.4	0.5	1.5	2	2.5	3
z max		2.25	2.75	3.25	4.3	5.3	6.3
l 规格范围	GB 73—2017	3～20	4～25	5～30	6～40	8～50	10～60
	GB 71—2018	6～20	8～25	8～30	10～40	12～50	14～60
	GB 75—2018	5～20	6～25	6～30	8～40	10～50	12～60
l 系列 公称		4, 5, 6, 8, 10, 12,（14）, 16, 20, 25, 30, 35, 40, 45, 50, 55, 60					

16.5 螺 母

表 16-13 I 型六角螺母—A 和 B 级（摘自 GB/T 6170—2015）

I 型六角螺母—细牙—A 和 B 级（摘自 GB/T 6171—2016）（单位：mm）

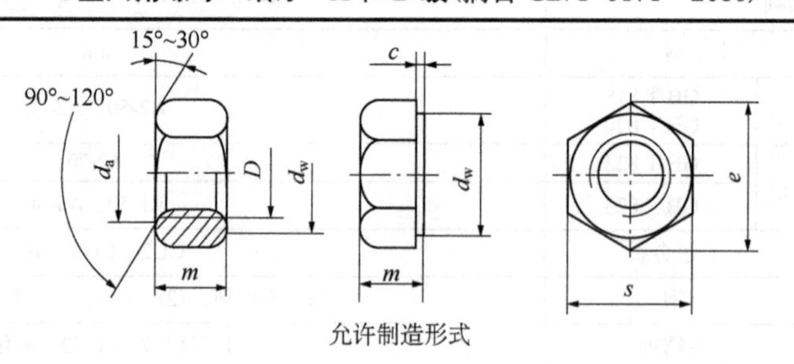

允许制造形式

标记示例：

螺纹规格 D=M12，性能等级为 10 级、不经表面处理，A 级的 I 型六角螺母　　螺母 GB/T 6170—2015　M12

螺纹规格 D=M12 × 1.5，性能等级为 8 级、不经表面处理、A 级的 I 型六角螺母　螺母 GB/T 6171—2016　M12 × 1.5

螺纹规格（6H）		M6	M8	M10	M12	(M14)	M16	(M18)	M20	(M22)	M24	(M27)	M30
螺纹规格（6H）	D	M6	M8	M10	M12	(M14)	M16	(M18)	M20	(M22)	M24	(M27)	M30
	$D \times P$		M8 × 1	M10 × 1	M12 × 1.5	(M14 × 1.5)	M16 × 1.5	(M18 × 1.5)	(M20 × 2)	(M22 × 1.5)	M24 × 2	(M27 × 2)	M30 × 2
				(M10 × 1.25)	(M12 × 1.25)				M20 × 1.5				
e min		11.05	14.38	17.77	20.03	23.36	26.75	29.56	32.95	37.29	39.55	45.2	50.85
s	max	10	13	16	18	21	24	27	30	34	36	41	46
	min	9.78	12.73	15.73	17.73	20.67	23.67	26.16	29.16	33	35	40	45
m max		5.2	6.8	8.4	10.8	12.8	14.8	15.8	18	19.4	21.5	23.8	25.6
性能等级	钢	6.8（QT）、10（QT）											
	不锈钢	A2-70、A4-70										A2-50、A4-50	
	有色金属	CU2、CU3、AL4											

注；尽量不采用括号内规格。

表 16-14　圆螺母(摘自 GB/T 812—1988)　(单位：mm)

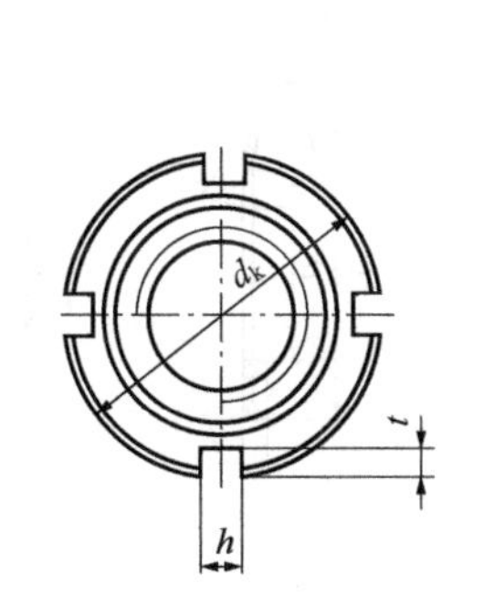

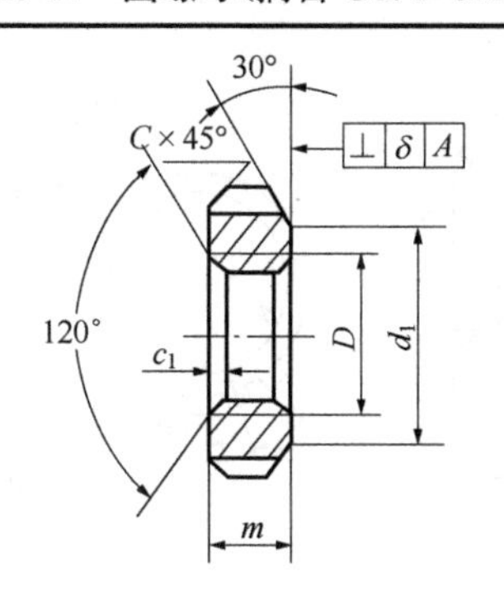

$D \leqslant$M100×2，槽数 n=4
$D \geqslant$M105×2，槽数 n=6

标记示例：
螺纹规格 $D\times p$=M16×1.5，材料为 45 钢、槽或全部热处理后，硬度为 35～45HRC，表面氧化的圆螺母
螺母 GB/T 812—1988 M16×1.5

<table>
<tr><th>螺纹规格 D×p</th><th>d_k</th><th>d₁</th><th>m</th><th>h/min</th><th>t/min</th><th>C</th><th>c₁</th><th>螺纹规格 D×p</th><th>d_k</th><th>d₁</th><th>m</th><th>h/min</th><th>t/min</th><th>C</th><th>c₁</th></tr>
<tr><td>M10×1</td><td>22</td><td>16</td><td rowspan="6">8</td><td rowspan="3">4</td><td rowspan="3">2</td><td rowspan="7">0.5</td><td rowspan="12">0.5</td><td>M35×1.5*</td><td>52</td><td>43</td><td rowspan="6">10</td><td rowspan="6">6</td><td rowspan="6">38</td><td rowspan="2">1</td><td rowspan="10">0.5</td></tr>
<tr><td>M12×1.25</td><td>25</td><td>19</td><td>M36×1.5</td><td>55</td><td>46</td></tr>
<tr><td>M14×1.5</td><td>28</td><td>20</td><td>M39×1.5</td><td>58</td><td>49</td><td rowspan="10">1.5</td></tr>
<tr><td>M16×1.5</td><td>30</td><td>22</td><td rowspan="8">5</td><td rowspan="8">2.5</td><td>M40×1.5*</td><td>58</td><td>49</td></tr>
<tr><td>M18×1.5</td><td>32</td><td>24</td><td>M42×1.5</td><td>62</td><td>53</td></tr>
<tr><td>M20×1.5</td><td>35</td><td>27</td><td>M45×1.5</td><td>68</td><td>59</td></tr>
<tr><td>M22×1.5</td><td>38</td><td>30</td><td rowspan="6">10</td><td>M48×1.5</td><td>72</td><td>61</td><td rowspan="6">12</td><td rowspan="6">8</td><td rowspan="6">3.5</td></tr>
<tr><td>M24×1.5</td><td>42</td><td>34</td><td rowspan="5">1</td><td>M50×1.5*</td><td>72</td><td>61</td></tr>
<tr><td>M25×1.5*</td><td>42</td><td>34</td><td>M52×1.5</td><td>78</td><td>67</td></tr>
<tr><td>M27×1.5</td><td>45</td><td>37</td><td>M55×2*</td><td>78</td><td>67</td></tr>
<tr><td>M30×1.5</td><td>48</td><td>40</td><td>M56×2</td><td>85</td><td>74</td><td rowspan="2">1</td></tr>
<tr><td>M33×1.5</td><td>52</td><td>43</td><td>6</td><td>3</td><td>M60×2</td><td>90</td><td>79</td></tr>
<tr><td colspan="3" rowspan="2">技术条件</td><td colspan="3">材料</td><td colspan="2">螺纹公差</td><td colspan="6">热处理</td><td colspan="2">表面处理</td></tr>
<tr><td colspan="3">45</td><td colspan="2">6H</td><td colspan="6">①槽或全部热处理后硬度为 35~45HRC
②调质后硬度为 24~30HRC</td><td colspan="2">氧化</td></tr>
</table>

注：*仅用于滚动轴承锁紧装置。

16.6 垫　　圈

表 16-15　标准型弹簧垫圈(摘自 GB/T 93—1987)　(单位：mm)

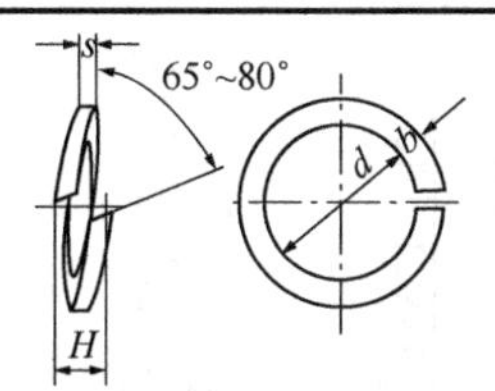

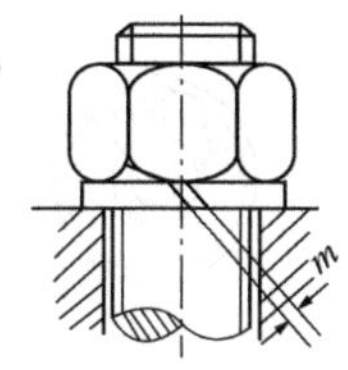

标记示例：
规格 16mm、材料为 65Mn、表面氧化的标准型弹簧垫圈
垫圈 GB/T 93—1987　16

规格(螺纹大径)		5	6	8	10	12	(14)	16	(18)	20	(22)	24	(27)	30
d	min	5.1	6.1	8.1	10.2	12.2	14.2	16.2	18.2	20.2	22.5	24.5	27.5	30.5
	max	5.4	6.68	8.68	10.9	12.9	14.9	16.9	19.04	21.04	23.34	25.5	28.5	31.5
$s(b)$	公称	1.3	1.6	2.1	2.6	3.1	3.6	4.1	4.5	5	5.5	6	6.8	7.5
	min	1.2	1.5	2	2.45	2.95	3.4	3.9	4.3	4.8	5.3	5.8	6.5	7.2
	max	1.4	1.7	2.2	2.75	3.25	3.8	4.3	4.7	5.2	5.7	6.2	7.1	7.8
H	min	2.6	3.2	4.2	5.2	6.2	7.2	8.2	9	10	11	12	13.6	15
	max	3.25	4	5.25	6.5	7.75	9	10.25	11.25	12.5	13.75	15	17	18.75
m	⩽	0.65	0.8	1.05	1.3	1.55	1.8	2.05	2.25	2.5	2.75	3	3.4	3.75

注：1. 括号内的尺寸尽可能不采用。
2. 材料：65Mn, 60Si2Mn，淬火并回火，硬度 42～50HRC。

表 16-16　圆螺母用止动垫圈(摘自 GB/T 858—1988)　　　　(单位：mm)

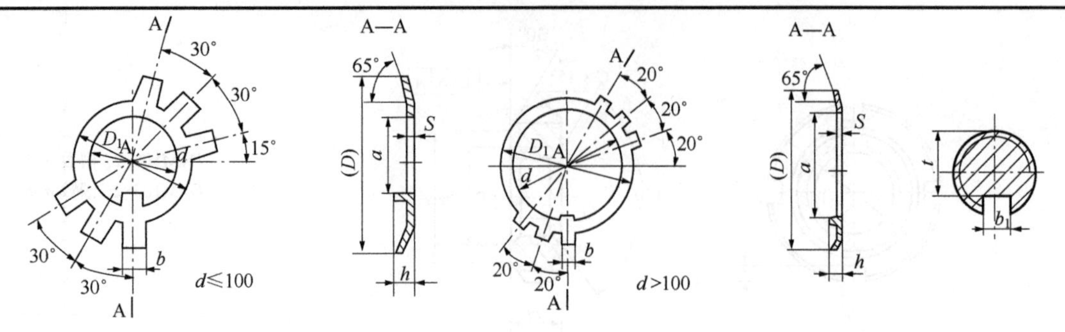

标记示例：

规格为 16mm、材料为 Q235-A、经退火、表面氧化的圆螺母止动垫圈　　垫圈 GB/T 858—1988　16

规格(螺纹大径)	d	(D)	D_1	S	b	a	h	轴端		规格(螺纹大径)	d	(D)	D_1	S	b	a	h	轴端	
								b_1	t									b_1	t
10	10.5	25	16	1	3.8	8	3	4	7	35*	35.5	56	43	1.5	5.7	32	5	6	—
12	12.5	28	19			9			8	36	36.5	60	46			33			32
14	14.5	32	20			11			10	39	39.5	62	49			36			35
16	16.5	34	22		4.8	13		5	12	40*	40.5	62	49			37			—
18	18.5	35	24			15	4		14	42	42.5	66	53			39			38
20	20.5	38	27			17			16	45	45.5	72	59			42			41
22	22.5	42	30			19			18	48	48.5	76	61		7.7	45		8	44
24	24.5	45	34			21			20	50*	50.5	76	61			47			—
25*	25.5	45	34			22			—	52	52.5	82	67			49	6		48
27	27.5	48	37			24	5		23	55*	56	82	67			52			—
30	30.5	52	40			27			26	56	57	90	74			53			52
33	33.5	56	43	1.5	5.7	30		6	29	60	61	94	79			57			56

注：*仅用于滚动轴承锁紧装置。

16.7　挡　　圈

表 16-17　螺钉紧固轴端挡圈(摘自 GB/T 891—1986)、
螺栓紧固轴端挡圈(摘自 GB/T 892—1986)　　　　(单位：mm)

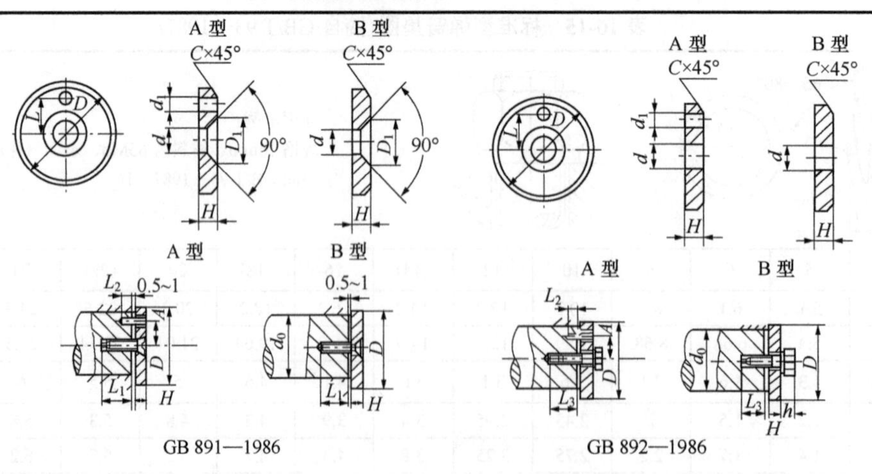

标记示例：

公称直径 D=45mm、材料为 Q235—A、不经表面处理的 A 型螺栓紧固轴端挡圈　　挡圈 GB/T 892—1986　45

按 B 型制造时，应加标记 B　　挡圈 GB/T 892—1986　B45

续表

轴径 d_0≤	公称直径 D	H 基本尺寸	H 极限偏差	L 基本尺寸	L 极限偏差	d	d_1	D_1	C	螺栓 GB 5783（推荐）	螺钉 GB 819（推荐）	圆柱销 GB119（推荐）	垫圈 GB 93（推荐）	安装尺寸 L_1	L_2	L_3	h
20	28	4	0 −0.30	7.5	±0.11	5.5	2.1	11	0.5	M5×16	M5×12	A2×10	5	14	6	16	5.1
22	30	4		7.5													
25	32	5		10		6.6	3.2	13	1	M6×20	M6×16	A3×12	6	18	7	20	6
28	35	5		10													
30	38	5		10													
32	40	5		12	±0.135												
35	45	5		12													
40	50	5		12													
45	55	6		16		9	4.2	17	1.5	M8×25	M8×20	A4×14	8	22	8	24	8
50	60	6		16													
55	65	6		16													
60	70	6		20	±0.165												
65	75	6		20													
70	80	6		20													
75	90	8	0 −0.36	25		13	5.2	25	2	M12×30	M12×25	A5×16	12	26	10	28	11.5
85	100	8		25													

注：1. 当挡圈安装在带螺纹孔的轴端时，紧固用螺栓允许加长。

2. GB 891—1986 的标记同 GB 892—1986。

表 16-18 孔用弹性挡圈（摘自 GB/T 893—2017） （单位：mm）

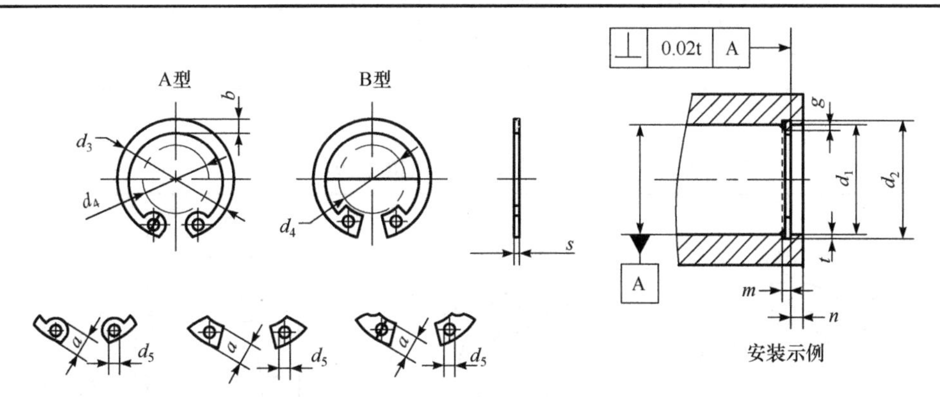

注：挡圈形状由制造者确定。

公称规格 d_1	挡圈 s	d_3	a max	b ≈	d_5 min	沟槽 d_2	m H13	t	n min
50	2.00	54.2	6.5	4.6	2.5	53.0	2.15	1.50	4.5
52	2.00	56.2	6.7	4.7	2.5	55.0	2.15	1.50	4.5
55	2.00	59.2	6.8	5.0	2.5	58.0	2.15	1.50	4.5
56	2.00	60.2	6.8	5.1	2.5	59.0	2.15	1.50	4.5
58	2.00	62.2	6.9	5.2	2.5	61.0	2.15	1.50	4.5
60	2.00	64.2	7.3	5.4	2.5	63.0	2.15	1.50	4.5
62	2.00	66.2	7.3	5.5	2.5	65.0	2.15	1.50	4.5
63	2.00	67.2	7.3	5.6	2.5	66.0	2.15	1.50	4.5
65	2.50	69.2	7.6	5.8	3.0	68.0	2.65	1.50	4.5
68	2.50	72.5	7.8	6.1	3.0	71.0	2.65	1.50	4.5
70	2.50	74.5	7.8	6.2	3.0	73.0	2.65	1.50	4.5
72	2.50	76.5	7.8	6.4	3.0	75.0	2.65	1.50	4.5
75	2.50	79.5	7.8	6.6	3.0	78.0	2.65	1.50	4.5

续表

公称规格 d_1	挡圈					沟槽			
	s	d_3	a max	b ≈	d_5 min	d_2	m H13	t	n min
78	2.50	82.5	8.5	6.6	3.0	81.0	2.65	1.50	4.5
80	2.50	85.5	8.5	6.8	3.0	83.5	2.65	1.75	5.3
82	2.50	87.5	8.5	7.0	3.0	85.5	2.65	1.75	5.3
85	3.00	90.5	8.6	7.0	3.5	88.5	3.15	1.75	5.3
88	3.00	93.5	8.6	7.2	3.5	91.5	3.15	1.75	5.3
90	3.00	95.5	8.6	7.6	3.5	93.5	3.15	1.75	5.3
92	3.00	97.5	8.7	7.8	3.5	95.5	3.15	1.75	5.3
95	3.00	100.5	8.8	8.1	3.5	98.5	3.15	1.75	5.3
98	3.00	103.5	9.0	8.3	3.5	101.5	3.15	1.75	5.3
100	3.00	105.5	9.2	8.4	3.5	103.5	3.15	1.75	5.3
102	4.00	108	9.5	8.5	3.5	106.0	4.15	2.00	6.0
105	4.00	112	9.5	8.7	3.5	109.0	4.15	2.00	6.0
108	4.00	115	9.5	8.9	3.5	112.0	4.15	2.00	6.0
110	4.00	117	10.4	9.0	3.5	114.0	4.15	2.00	6.0
112	4.00	119	10.5	9.1	3.5	116.0	4.15	2.00	6.0
115	4.00	122	10.5	9.3	3.5	119.0	4.15	2.00	6.0
120	4.00	127	11.0	9.7	3.5	124.0	4.15	2.00	6.0
125	4.00	132	11.0	10.0	4.0	129.0	4.15	2.00	6.0
130	4.00	137	11.0	10.2	4.0	134.0	4.15	2.00	6.0
135	4.00	142	11.2	10.5	4.0	139.0	4.15	2.00	6.0
140	4.00	147	11.2	10.7	4.0	144.0	4.15	2.00	6.0
145	4.00	152	11.4	10.9	4.0	149.0	4.15	2.00	6.0
150	4.00	158	12.0	11.2	4.0	155.0	4.15	2.50	7.5

表 16-19 轴用弹簧挡圈(摘自 GB/T 894—2017) (单位：mm)

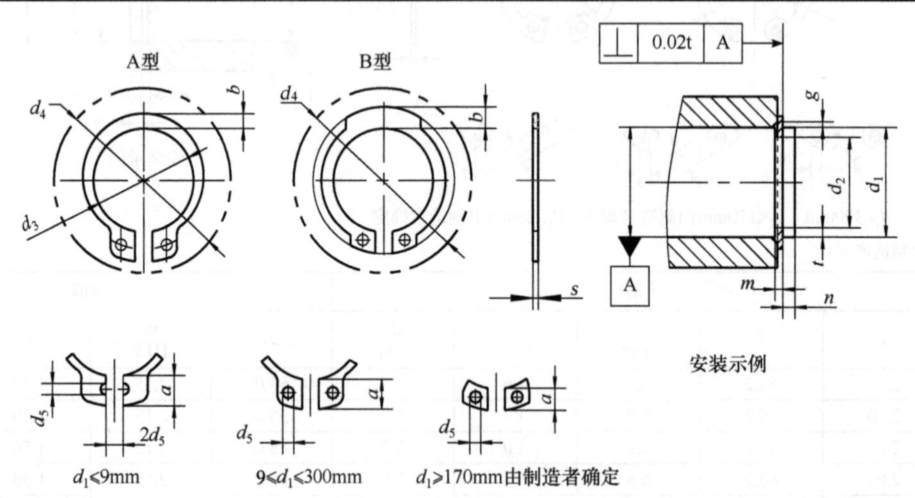

注：挡圈形状由制造者确定。

公称规格 d_1	挡圈					沟槽			
	s	d_3	a max	b ≈	d_5 min	d_2	m H13	t	n min
20	1.20	18.5	4.0	2.6	2.0	19.0	1.30	0.50	1.5
21	1.20	19.5	4.1	2.7	2.0	20.0	1.30	0.50	1.5
22	1.20	20.5	4.2	2.8	2.0	21.0	1.30	0.50	1.5
24	1.20	22.2	4.4	3.0	2.0	22.9	1.30	0.55	1.7
25	1.20	23.2	4.4	3.0	2.0	23.9	1.30	0.55	1.7

续表

公称规格 d_1	挡圈					沟槽			
	s	d_3	a max	b ≈	d_5 min	d_2	m H13	t	n min
26	1.20	24.2	4.5	3.1	2.0	24.9	1.30	0.55	1.7
28	1.50	25.9	4.7	3.2	2.0	26.6	1.60	0.70	2.1
29	1.50	26.9	4.8	3.4	2.0	27.6	1.60	0.70	2.1
30	1.50	27.9	5.0	3.5	2.0	28.6	1.60	0.70	2.1
32	1.50	29.6	5.2	3.6	2.5	30.3	1.60	0.85	2.6
34	1.50	31.5	5.4	3.8	2.5	32.3	1.60	0.85	2.6
35	1.50	32.2	5.6	3.9	2.5	33.0	1.60	1.00	3.6
36	1.75	33.2	5.6	4.0	2.5	34.0	1.85	1.00	3.0
38	1.75	35.2	5.8	4.2	2.5	36.0	1.85	1.00	3.0
40	1.75	36.5	6.0	4.4	2.5	37.0	1.85	1.25	3.8
42	1.75	38.5	6.5	4.5	2.5	39.5	1.85	1.25	3.8
45	1.75	41.5	6.7	4.7	2.5	42.5	1.85	1.25	3.8
48	1.75	44.5	6.9	5.0	2.5	45.5	1.85	1.25	3.8
50	2.00	45.8	6.9	5.1	2.5	47.0	2.15	1.50	4.5
52	2.00	47.8	7.0	5.2	2.5	49.0	2.15	1.50	4.5
55	2.00	50.8	7.2	5.4	2.5	52.0	2.15	1.50	4.5
56	2.00	51.8	7.3	5.5	2.5	53.0	2.15	1.50	4.5
58	2.00	53.8	7.3	5.6	2.5	55.0	2.15	1.50	4.5
60	2.00	55.8	7.4	5.8	2.5	57.0	2.15	1.50	4.5
62	2.00	57.8	7.5	6.0	2.5	59.0	2.15	1.50	4.5
63	2.00	58.8	7.6	6.2	2.5	60.0	2.15	1.50	4.5
65	2.50	60.8	7.8	6.3	3.0	62.0	2.65	1.50	4.5
68	2.50	63.5	8.0	6.5	3.0	65.0	2.65	1.50	4.5
70	2.50	65.5	8.1	6.6	3.0	67.0	2.65	1.50	4.5
72	2.50	67.5	8.2	6.8	3.0	69.0	2.65	1.50	4.5
75	2.50	70.5	8.4	7.0	3.0	72.0	2.65	1.50	4.5
78	2.50	73.5	8.6	7.3	3.0	75.0	2.65	1.50	4.5
80	2.50	74.5	8.6	7.4	3.0	76.5	2.65	1.75	5.3

第 17 章　键、花键和销连接

表 17-1　普通平键(摘自 GB/T 1095—2003，GB/T 1096—2003)　　(单位：mm)

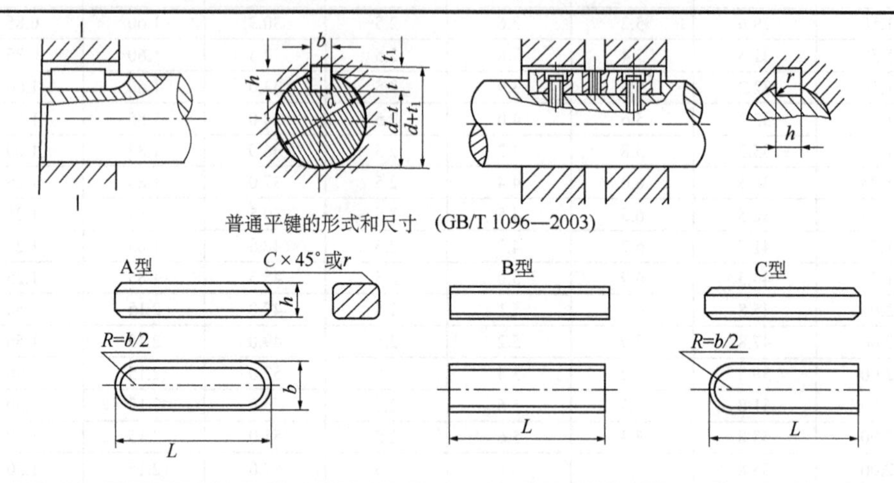

普通平键的形式和尺寸　(GB/T 1096—2003)

标记示例：

圆头普通平键(A 型)b=16mm, h=10mm, L=100mm：　键 16×100　GB/T 1096—2003

平头普通平键(B 型)b=16mm, h=10mm, L=100mm：　键 B16×100　GB/T 1096—2003

单圆头普通平键(C 型)b=16mm, h=10mm, L=100mm：键 C16×100　GB/T 1096—2003

轴	键	键槽										
公称直径 d	公称尺寸 b×h	宽度 b 的极限偏差					深度				半径 r	
		较松键连接		一般键连接		较紧键连接	轴 t		毂 t_1			
		轴 H9	毂 D10	轴 N9	毂 JS9	轴和毂 P9	公称尺寸	极限偏差	公称尺寸	极限偏差	最小	最大
>12～17	5×5	+0.030 0	+0.078 +0.030	0 −0.30	±0.015	−0.012 −0.042	3.0	+0.1 0	2.3	+0.1 0	0.16	0.25
>17～22	6×6						3.5		2.8			
>22～30	8×7	+0.036 0	+0.098 +0.040	0 −0.036	±0.018	−0.015 −0.051	4.0	+0.2 0	3.3	+0.2 0		
>30～38	10×8						5.0		3.3		0.25	0.40
>38～44	12×8	+0.043 0	+0.120 +0.050	0 −0.043	±0.0215	−0.018 −0.061	5.0		3.3			
>44～50	14×9						5.5		3.8			
>50～58	16×10						6.0		4.3			
>58～65	18×11						7.0		4.4			
>65～75	20×12	+0.052 0	+0.149 +0.065	0 −0.052	±0.026	−0.022 −0.074	7.5		4.9		0.40	0.60
>75～85	22×14						9.0		5.4			
>85～95	25×14						9.0		5.4			
>95～110	28×16						10.0		6.4			
键的长度系列	14, 16, 18, 20, 22, 25, 28, 32, 36, 40, 45, 50, 56, 63, 70, 80, 90, 100, 110, 125, 140, 160, 180, 200, 250, 280, 320, 360											

注：1. 在工作图中，轴槽深用 t 或(d−t)标注，轮毂槽深用(d+t_1)标注。

2. (d−t)和(d+t_1)两组组合尺寸的极限偏差按相应的 t 和 t_1 极限偏差选取，但(d−t)极限偏差值应取负号(−)。

3. 键长 L 公差为 h14，宽 b 公差为 h9，高 h 公差为 h11。

4. 轴槽、轮毂槽的键槽宽度 b 两侧面的表面粗糙度参数 Ra 推荐为 1.6～3.2μm；轴槽底面、轮毂槽底面的表面粗糙度参数 Ra=6.3μm。

表 17-2　矩形花键基本尺寸系列及位置度、对称度公差(摘自 GB/T 1144—2001)　　(单位：mm)

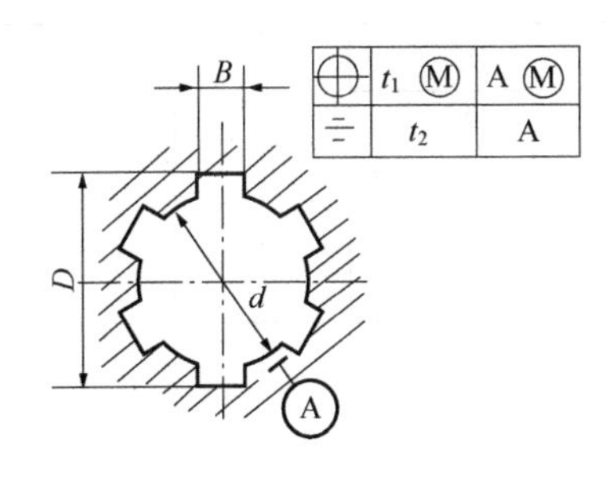

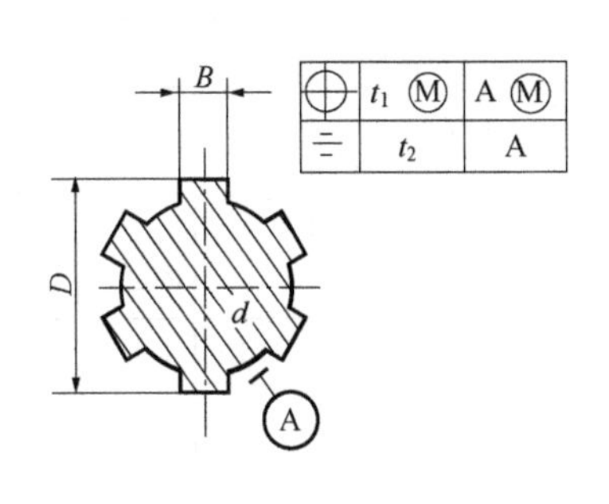

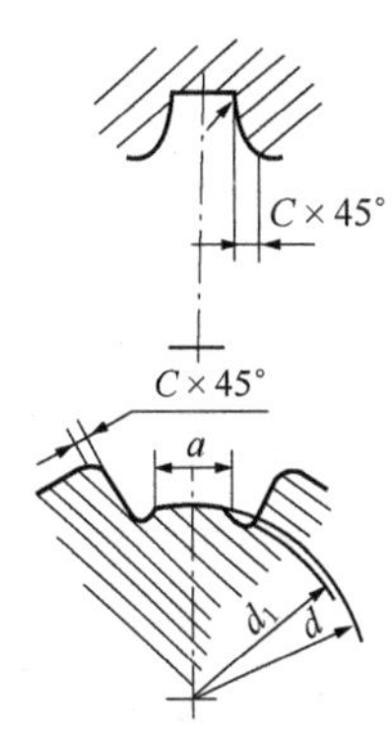

标记示例：

花键规格　$N×d×D×B$　例如 6×23×26×6

花键副　$6\times 23\frac{\text{H7}}{\text{f7}}\times 26\frac{\text{H10}}{\text{a11}}\times 6\frac{\text{H11}}{\text{d10}}$　GB/T 1144—2001

内花键　6×23H7×26H10×6H11　GB/T 1144—2001

外花键　6×23f7×26a11×6d10　GB/T 1144—2001

	小径 d	规格 $N×d×D×B$	键数 N	大径 D	键宽或键槽宽 B						C	r	参考	
					B	t_1			t_2				$d_{1\min}$	$a_{\min}$
						键槽	键		一般用	精密传动用				
							滑动、固定	紧滑动						
	23	6×23×26×6		26	6	0.015	0.015	0.010	0.012	0.008	0.2	0.1	22	3.5
	26	6×26×30×6	6	30	6								24.5	3.8
	28	6×28×32×7		32	7	0.020	0.020	0.013	0.015	0.009			26.6	4.0
	32	8×32×36×6		36	6	0.015	0.015	0.010	0.012	0.008	0.3	0.2	30.3	2.7
轻系列	36	8×36×40×7		40	7								34.4	3.5
	42	8×42×46×8		46	8								40.5	5.0
	46	8×46×50×9	8	50	9	0.020	0.020	0.013	0.015	0.009			44.6	5.7
	52	8×52×58×10		58	10								49.6	4.8
	56	8×56×62×10		62	10								53.5	6.5
	62	8×62×68×12		68	12								59.7	7.3
	72	10×72×78×12		78	12						0.4	0.3	69.6	5.4
	82	10×82×88×12		88	12	0.025	0.025	0.016	0.018	0.011			79.3	8.5
	92	10×92×98×14	10	98	14								89.6	9.9
	102	10×102×108×16		108	16								99.6	11.3
	112	10×112×120×18		120	18						0.5	0.4	108.8	10.5

续表

系列	小径 d	规格 $N\times d\times D\times B$	键数 N	大径 D	键宽或键槽宽 B						C	r	参考	
					B	t_1			t_2				$d_{1\min}$	$a_{\min}$
						键槽	键 滑动、固定	键 紧滑动	一般用	精密传动用				
中系列	11	6×11×14×3	6	14	3	0.010	0.010	0.006	0.010	0.006	0.2	0.1		
	13	6×13×16×3.5		16	3.5	0.015	0.015	0.010	0.012	0.008				
	16	6×16×20×4		20	4						0.3	0.2	14.1	1.0
	18	6×18×22×5		22	5								16.6	1.0
	21	6×21×25×5		25	5								19.5	2.0
	23	6×23×28×6		28	6								21.2	1.2
	26	6×26×32×6		32	6						0.4	0.3	23.6	1.2
	28	6×28×34×7		34	7	0.020	0.020	0.013	0.015	0.009			25.8	1.4
	32	8×32×38×6	8	38	6	0.015	0.015	0.010	0.012	0.008			29.4	1.0
	36	8×36×42×7		42	7	0.020	0.020	0.013	0.015	0.008			33.4	1.0
	42	8×42×48×8		48	8								39.4	2.5
	46	8×46×54×9		54	9						0.5	0.4	42.6	1.4
	52	8×52×60×10		60	10								48.6	2.5
	56	8×56×65×10		65	10								52.0	2.5
	62	8×62×72×12		72	12	0.025	0.025	0.016	0.018	0.011	0.6	0.5	57.7	2.4
	72	10×72×82×12	10	82	12								67.4	1.0
	82	10×82×92×12		92	12								77.0	2.9
	92	10×92×102×14		102	14								87.3	4.5
	102	10×102×112×16		112	16								97.7	6.2
	112	10×112×125×18		125	18								106.2	4.1

表 17-3　矩形内、外花键的尺寸公差带(摘自 GB/T 1144—2001)

内花键				外花键			装配形式
d	D	B 拉削后不热处理	B 拉削后热处理	d	D	B	
一般用							
H7	H10	H9	H11	f7	a11	d11	滑动
				g7		f9	紧滑动
				h7		h10	固定
精密传动用							
H5	H10	H7, H9		f5	a11	d8	滑动
				g5		f7	紧滑动
				h5		h8	固定
H6				f6		d8	滑动
				g6		f7	紧滑动
				h6		h8	固定

注：1. 精密传动用的内花键，当需要控制键侧配合间隙时，槽宽可选用 H7，一般情况下可选用 H6。

2. d 为 H6 和 H7 的内花键，允许与提高一级的外花键配合。

表 17-4　圆柱销　不淬硬钢和奥氏体不锈钢(摘自 GB/T 119.1—2000)

圆柱销　淬硬钢和马氏体不锈钢(摘自 GB/T 119.2—2000)　　(单位：mm)

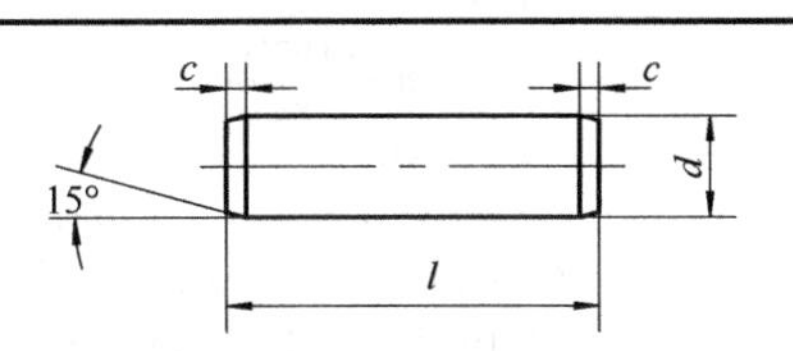

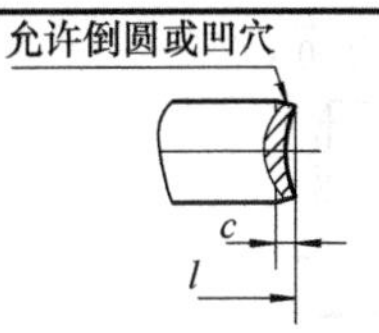

末端形状由制造者确定

标记示例：

公称直径 d=8mm、公差为 m6、公称长度 l=30、材料为钢、不经淬火、不经表面处理的圆柱销　销 GB/T 119.1—2000　8m6×30

尺寸公差同上，材料为钢、普通淬火(A 型)、表面氧化处理的圆柱销　销 GB/T 119.2—2000　8×30

尺寸公差同上，材料为 C1 组马氏体不锈钢表面氧化处理的圆柱销　　销 GB/T 119.2—2000　6×30-C1

GB/T 119.1	d	2	2.5	3	4	5	6	8	10	12	16	20	25	30	40	50
	c	0.35	0.4	0.5	0.63	0.8	1.2	1.6	2	2.5	3	3.5	4	5	6.3	8
	l	6～20	6～24	8～30	8～40	10～50	12～60	14～80	18～95	22～140	26～180	35～200	50～200	60～200	80～200	95～200
	1. 钢硬度 125～245HV30，奥氏体不锈钢 Al 硬度：210～280HV30； 2. 表面粗糙度公差 m6，Ra≤0.8μm；公差 h8；Ra≤1.6μm															

GB/T 119.2	d	2	2.5	3	4	5	6	8	10	12	16	20
	c	0.35	0.4	0.5	0.63	0.8	1.2	1.6	2	2.5	3	3.5
	l	5～20	6～24	8～30	10～40	12～50	14～60	18～80	22～100	26～100	40～100	50～100
	1. 钢 A 型、普通淬火，硬度 550～650HV30，B 型表面淬火，表面硬度 600～700HV，渗碳深度 0.25～0.4mm，550HV。马氏体不锈钢 C1，淬火并回火，硬度 460～560HV30； 2. 表面粗糙度 Ra≤0.8μm											

注：l 系列 5, 6, 8, 10, 12, 14, 16,18, 20, 22, 24, 26, 28, 30, 32, 35, 40, 45, 50, 55, 60, 65, 70, 75, 80, 85, 90, 100～200(20 进位)。

表 17-5　内螺纹圆柱销　不淬硬钢和奥氏体不锈钢(摘自 GB/T 120.1—2000)

内螺纹圆柱销　淬硬钢和马氏体不锈钢(摘自 GB/T 120.2—2000)　　(单位：mm)

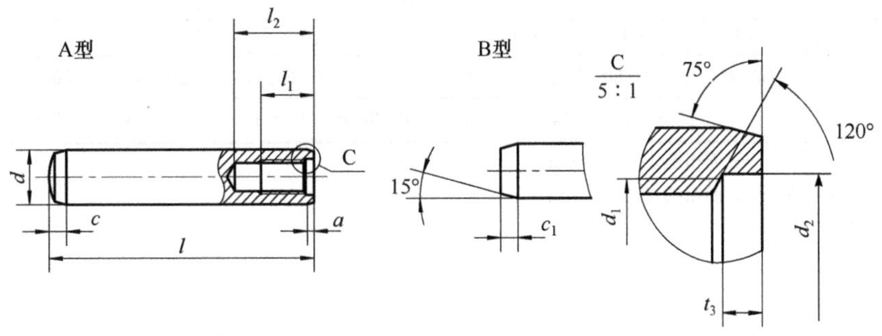

A 型——球面圆柱端，适用于普通淬火钢和马氏体不锈钢

B 型——平端，适用于表面淬火钢，其余尺寸见 A 型

标记示例：

公称直径 d=10mm、公差为 m6、公称长度 l=60mm、材料为 A1 组奥氏体不锈钢、表面简单处理的内螺纹圆柱销

销 GB/T 120.1—2000　10×60-A1

d(公称) m6	6	8	10	12	16	20	25	30	40	50
a	0.8	1	1.2	1.6	2	2.5	3	4	5	6.3
c_1	1.2	1.6	2	2.5	3	3.5	4	5	6.3	8
d_1	M4	M5	M6	M6	M8	M10	M16	M20	M20	M24
t_1	6	8	10	12	16	18	24	30	30	36
t_2 min	10	12	16	20	25	28	35	40	40	50
c	2.1	2.6	3	3.8	4.6	6	6	7	8	10
l(商品规格范围)	16～60	18～80	22～100	26～120	32～160	40～200	50～200	60～200	80～200	100～200
l 系列(公称尺寸)	16, 18, 20, 22, 24, 26, 28, 30, 32, 35, 40, 45, 50, 55, 60, 65, 70, 75, 80, 85, 90, 95, 100, 120, 140, 160, 180, 200									

表 17-6　圆锥销(摘自 GB/T 117—2000)　　(单位：mm)

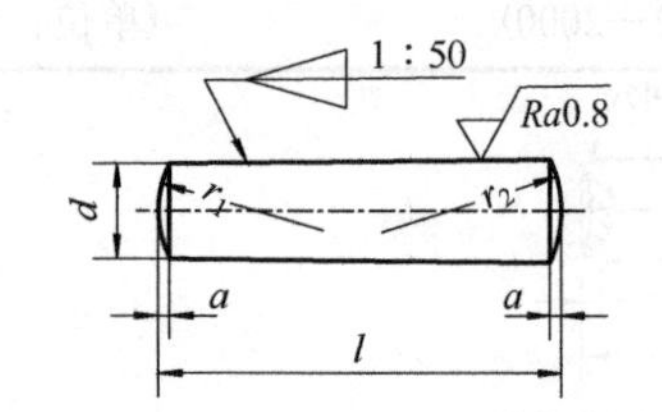

$r_1 \approx d$

$r_2 \approx \frac{a}{2} + d + \frac{(0.021)^2}{8a}$

标记示例：

公称直径 d=10mm，长度 l=60mm，材料 35 钢，热处理硬度 28～38HRC，表面氧化处理的 A 型圆锥销

销 GB/T 117—2000　10 × 60

d(公称) h10	2	2.5	3	4	5	6	8	10	12	16	20	25	30
$a \approx$	0.25	0.3	0.4	0.5	0.63	0.8	1	1.2	1.6	2	2.5	3	4
l	10～35	10～35	12～45	14～55	18～60	22～90	22～120	26～160	32～180	40～200	45～200	50～200	55～200
l 系列	10, 12, 14, 16, 18, 20, 22, 24, 26, 28, 30, 32, 35, 40, 45, 50, 55, 60, 65, 70, 75, 80, 85, 90, 95, 100～200(20 进位)												

注：1. A 型(磨削)：锥面表面粗糙度 Ra=0.8μm；B 型(切削或冷镦)：锥面表面粗糙度 Ra=3.2μm。

2. 材料：钢、易切钢(Y12、Y15)，碳素钢(35，28～38HRC、45，38～46HRC)、合金钢(30CrMnSiA　35～41HRC)、不锈钢(1Cr13、2Cr13、Cr17Ni2、0Cr18Ni9Ti)。

表 17-7　内螺纹圆锥销(摘自 GB/T 118—2000)　　(单位：mm)

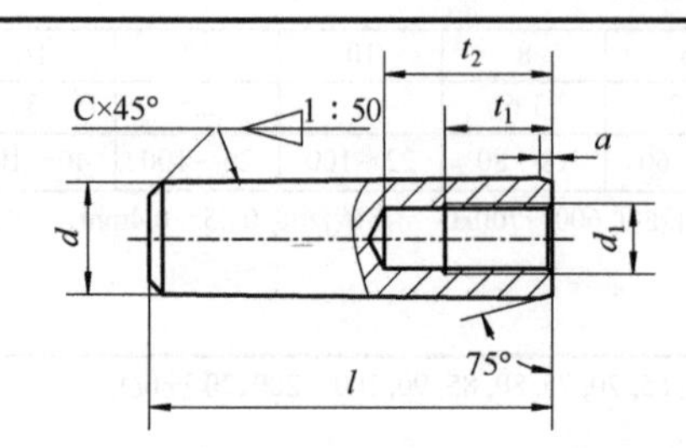

标记示例：

公称直径 d=10mm、长度 l=60mm、材料为 35 钢、热处理硬度 28～38HRC、表面氧化处理的 A 型内螺纹圆锥销

销 GB/T 118—2000　10 × 60

d(公称) h10	6	8	10	12	16	20	25	30	40	50
a	0.8	1	1.2	1.6	2	2.5	3	4	5	6.3
d_1	M4	M5	M6	M8	M10	M12	M16	M20	M20	M24
t_1	6	8	10	12	16	18	24	30	30	36
t_2 min	10	12	16	20	25	28	35	40	40	50
d_2	4.3	5.3	6.4	8.4	10.5	13	17	21	21	25
l(商品规格范围)	16～60	18～80	22～100	26～120	32～160	40～200	50～200	60～200	80～200	100～200
l 系列(公称尺寸)	16, 18, 20, 22, 24, 26, 28, 30, 32, 35, 40, 45, 50, 55, 60, 65, 70, 75, 80, 85, 90, 95, 100～200(20 进位)									

注：1. A 型　内螺纹圆锥销锥面表面粗糙度 Ra=0.8μm。

B 型　内螺纹圆锥销锥面表面粗糙度 Ra=3.2μm。

第 18 章　滚 动 轴 承

表 18-1　深沟球轴承（GB/T 276—2013）

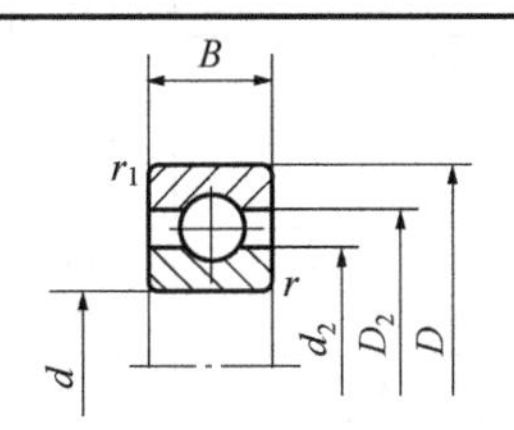

外形尺寸

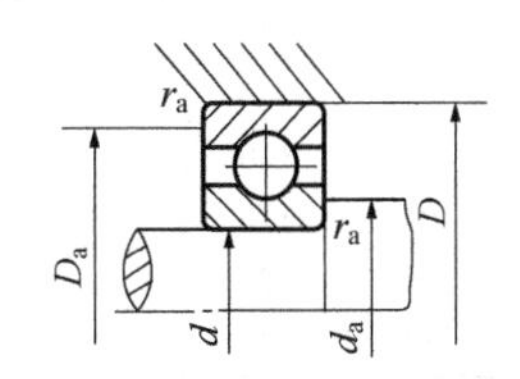

安装尺寸

标记示例：滚动轴承 6120 GB/T 276—2013

A/C_{0r}	e	Y	(径向)当量动载荷	(径向)当量静载荷
0.014	0.19	2.30	当 $A/R \leqslant e$，$P=R$ 当 $A/R>e$，$P=0.56R+YA$ R 为径向载荷 A 为轴向载荷	当 $A/R \leqslant 0.8$，$P_0=R$ 当 $A/R>0.8$，$P_0=0.6R+0.5A$ R 为径向载荷 A 为轴向载荷
0.028	0.22	1.99		
0.056	0.26	1.71		
0.084	0.28	1.55		
0.11	0.30	1.45		
0.17	0.34	1.31		
0.28	0.38	1.15		
0.42	0.42	1.01		
0.56	0.44	1.00		

轴承代号	公称尺寸/mm			安装尺寸/mm			其他尺寸/mm			基本额定载荷/kN		极限转速/$(r \cdot min^{-1})$		质量/kg
	d	D	B	d_a min	D_a max	r_a max	$d_2 \approx$	$D_2 \approx$	r min	C_r	C_{0r}	脂	油	$W \approx$
02 系列														
6204	20	47	14	26	42	1	29.3	39.7	1	12.8	6.65	14000	18000	0.103
6205	25	52	15	31	47	1	33.8	44.2	1	14.0	7.88	12000	15000	0.127
6206	30	62	16	36	56	1	40.8	52.2	1	19.5	11.5	9500	13000	0.200
6207	35	72	17	42	65	1	46.8	60.2	1.1	25.5	15.2	8500	11000	0.288
6208	40	80	18	47	73	1	52.8	67.2	1.1	29.5	18.0	8000	10000	0.368
6209	45	85	19	52	78	1	58.8	73.2	1.1	31.5	20.5	7000	9000	0.416
6210	50	90	20	57	83	1	62.4	77.6	1.1	35.0	23.2	6700	8500	0.463
6211	55	100	21	64	91	1.5	68.9	86.1	1.5	43.2	29.2	6000	7500	0.603
6212	60	110	22	69	101	1.5	76.0	94.1	1.5	47.8	32.8	5600	7000	0.789
6213	65	120	23	74	111	1.5	82.5	102.5	1.5	57.2	40.0	5000	6300	0.990
6214	70	125	24	79	116	1.5	89.0	109.0	1.5	60.8	45.0	4800	6000	1.084
6215	75	130	25	84	121	1.5	94.0	115.0	1.5	66.0	49.5	4500	5600	1.171
6216	80	140	26	90	130	2	100.0	122.0	2	71.5	54.2	4300	5300	1.448
6217	85	150	28	95	140	2	107.1	130.9	2	83.2	63.8	4000	5000	1.803
6218	90	160	30	100	150	2	111.7	138.4	2	95.8	71.5	3800	4800	2.17
6219	95	170	32	107	158	2.1	118.1	146.9	2.1	110	82.8	3600	4500	2.62
6220	100	180	34	112	168	2.1	124.8	155.3	2.1	122	92.8	3400	4300	3.19
03 系列														
6304	20	52	15	27	45	1	29.8	42.2	1.1	15.8	7.88	13000	16000	0.142
6305	25	62	17	32	55	1	36.0	51.0	1.1	22.2	11.5	10000	14000	0.219
6306	30	72	19	37	65	1	44.8	59.2	1.1	27.0	15.2	9000	11000	0.349
6307	35	80	21	44	71	1.5	50.4	66.6	1.5	33.4	19.2	8000	9500	0.455
6308	40	90	23	49	81	1.5	56.5	74.6	1.5	40.8	24.0	7000	8500	0.639
6309	45	100	25	54	91	1.5	63.0	84.0	1.5	52.8	31.8	6300	7500	0.837
6310	50	110	27	60	100	2	69.1	91.9	2	61.8	38.0	6000	7000	1.082
6311	55	120	29	65	110	2	76.1	100.9	2	71.5	44.8	5600	6700	1.367

续表

轴承代号	公称尺寸/mm			安装尺寸/mm			其他尺寸/mm			基本额定载荷/kN		极限转速/(r · min⁻¹)		质量/kg
	d	D	B	d_a min	D_a max	r_a max	d_2≈	D_2≈	r min	C_r	C_{0r}	脂	油	W≈
03 系列														
6312	60	130	31	72	118	2.1	81.7	108.4	2.1	81.8	51.8	5000	6000	1.710
6313	65	140	33	77	128	2.1	88.1	116.9	2.1	93.8	60.5	4500	5300	2.100
6314	70	150	35	82	138	2.1	94.8	125.3	2.1	105	68.0	4300	5000	2.550
6315	75	160	37	87	148	2.1	101.3	133.7	2.1	113	76.8	4000	4800	3.050
6316	80	170	39	92	158	2.1	107.9	142.2	2.1	123	86.5	3800	4500	3.610
6317	85	180	41	99	166	2.5	114.4	150.6	3	132	96.5	3600	4300	4.284
6318	90	190	43	104	176	2.5	120.8	159.2	3	145	108	3400	4000	4.97
6319	95	200	45	109	186	2.5	127.1	167.9	3	157	122	3200	3800	5.74
6320	100	215	47	114	201	2.5	135.6	179.4	3	173	140	2800	3600	7.09

表 18-2　角接触球轴承（摘自 GB/T 292—2007）

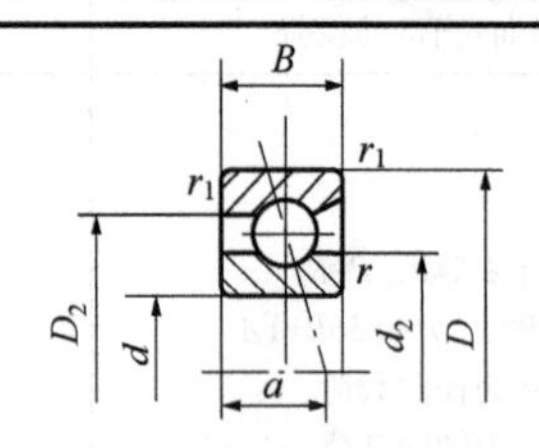
外形尺寸

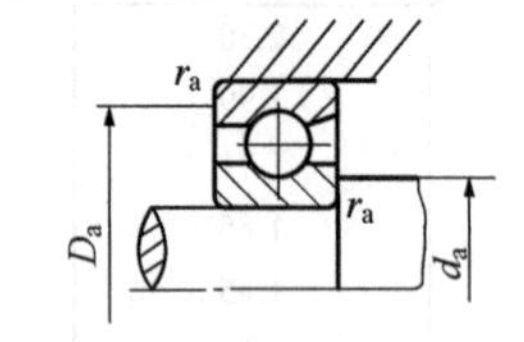
安装尺寸

标记示例：滚动轴承 7316AC GB/T 292—2007

接触角	计算项目	单个轴承或串联配置
C 型 (α=15°)	当量动载荷	当 $A/R \leqslant e$ 时，$P=R$ 当 $A/R>e$ 时，$P=0.44R+YA$
	当量静载荷	$P_0=0.5R+0.46A$ 当 $P_0<R$ 时，取 $P_0=R$
AC 型 (α=25°)	当量动载荷	当 $A/R \leqslant 0.68$ 时，$P=R$ 当 $A/R>0.68$ 时，$P=0.44R+0.87A$
	当量静载荷	$P_0=0.5R+0.38A$ 当 $P_0<R$ 时，取 $P_0=R$
B 型 (α=40°)	当量动载荷	当 $A/R \leqslant 1.14$ 时，$P=R$ 当 $A/R>1.14$ 时，$P=0.35R+0.57A$
	当量静载荷	$P_0=0.5R+0.26A$ 当 $P_0<R$ 时，取 $P_0=R$

A/C_{0r}	e	Y
0.015	0.38	1.47
0.029	0.40	1.40
0.058	0.43	1.30
0.087	0.46	1.23
0.12	0.47	1.19
0.17	0.50	1.12
0.29	0.55	1.02
0.44	0.56	1.00
0.58	0.56	1.00

R 为径向载荷
A 为轴向载荷

轴承代号	公称尺寸/mm			安装尺寸/mm			其他尺寸/mm					基本额定载荷/kN		极限转速/(r · min⁻¹)		质量/kg
	d	D	B	d_a min	D_a max	r_a max	d_2≈	D_2≈	a	r min	r_1 min	C_r	C_{0r}	脂	油	W≈
02 系列																
7204 C	20	47	14	26	41	1	29.3	39.7	11.5	1	0.3	14.5	8.22	13000	18000	0.1
7204 AC		47	14	26	41	1	29.3	39.7	14.9	1	0.3	14.0	7.82	13000	18000	0.1
7204 B		47	14	26	41	1	30.5	37	21.1	1	0.3	14.0	7.85	13000	18000	0.11
7205 C	25	52	15	31	46	1	33.8	44.2	12.7	1	0.3	16.5	10.5	11000	16000	0.12
7205 AC		52	15	31	46	1	33.8	44.2	16.4	1	0.3	15.8	9.88	11000	16000	0.12
7205 B		52	15	31	46	1	35.4	42.1	23.7	1	0.3	15.8	9.45	9500	14000	0.13
7206 C	30	62	16	36	56	1	40.8	52.2	14.2	1	0.3	23.0	15.0	9000	13000	0.19
7206 AC		62	16	36	56	1	40.8	52.2	18.7	1	0.3	22.0	14.2	9000	13000	0.19
7206 B		62	16	36	56	1	42.8	50.1	27.4	1	0.3	20.5	13.8	8500	12000	0.21
7207 C	35	72	17	42	65	1	46.8	60.2	15.7	1.1	0.6	30.5	20.0	8000	11000	0.28
7207 AC		72	17	42	65	1	46.8	60.2	21	1.1	0.6	29.0	19.2	8000	11000	0.28

续表

轴承代号	公称尺寸/mm			安装尺寸/mm			其他尺寸/mm					基本额定载荷/kN		极限转速/(r · min^{-1})		质量/kg
	d	D	B	d_a min	D_a max	r_a max	d_2≈	D_2≈	a	r min	r_1 min	C_r	C_{0r}	脂	油	W≈
02系列																
7207 B	35	72	17	42	65	1	49.5	58.1	30.9	1.1	0.6	27.0	18.8	7500	10000	0.3
7208 C	40	80	18	47	73	1	52.8	67.2	17	1.1	0.6	36.8	25.8	7500	10000	0.37
7208 AC		80	18	47	73	1	52.8	67.2	23	1.1	0.6	35.2	24.5	7500	10000	0.37
7208 B		80	18	47	73	1	56.4	65.7	34.5	1.1	0.6	32.5	23.5	6700	9000	0.39
7209 C	45	85	19	52	78	1	58.8	73.2	18.2	1.1	0.6	38.5	28.5	6700	9000	0.41
7209 AC		85	19	52	78	1	58.8	73.2	24.7	1.1	0.6	36.8	27.2	6700	9000	0.41
7209 B		85	19	52	78	1	60.5	70.2	36.8	1.1	0.6	36.0	26.2	6300	8500	0.44
7210 C	50	90	20	57	83	1	62.4	77.7	19.4	1.1	0.6	42.8	32.0	6300	8500	0.46
7210 AC		90	20	57	83	1	62.4	77.7	26.3	1.1	0.6	40.8	30.5	6300	8500	0.46
7210 B		90	20	57	83	1	65.5	75.2	39.4	1.1	0.6	37.5	29.0	5600	7500	0.49
7211 C	55	100	21	64	91	1.5	68.9	86.1	20.9	1.5	0.6	52.8	40.5	5600	7500	0.61
7211 AC		100	21	64	91	1.5	68.9	86.1	28.6	1.5	0.6	50.5	38.5	5600	7500	0.61
7211 B		100	21	64	91	1.5	72.4	83.4	43	1.5	0.6	46.2	36.0	5300	7000	0.65
7212 C	60	110	22	69	101	1.5	76	94.1	22.4	1.5	0.6	61.0	48.5	5300	7000	0.8
7212 AC		110	22	69	101	1.5	76	94.1	30.8	1.5	0.6	58.5	46.2	5300	7000	0.8
7212 B		110	22	69	101	1.5	79.3	91.5	46.7	1.5	0.6	56.0	44.5	4800	6300	0.84
7213 C	65	120	23	74	111	1.5	82.5	102.5	24.2	1.5	0.6	69.8	55.2	4800	6300	1
7213 AC		120	23	74	111	1.5	82.5	102.5	33.5	1.5	0.6	66.5	52.5	4800	6300	1
7213 B		120	23	74	111	1.5	88.4	101.2	51.1	1.5	0.6	62.5	53.2	4300	5600	1.05
7214 C	70	125	24	79	116	1.5	89	109	25.3	1.5	0.6	70.2	60.0	4500	6700	1.1
7214 AC		125	24	79	116	1.5	89	109	35.1	1.5	0.6	69.2	57.5	4500	6700	1.1
7214 B		125	24	79	116	1.5	91.1	104.9	52.9	1.5	0.6	70.2	57.2	4300	5600	1.15
7215C	75	130	25	84	121	1.5	94	115	26.4	1.5	0.6	79.2	65.8	4300	5600	1.2
7215 AC		130	25	84	121	1.5	94	115	36.6	1.5	0.6	75.2	63.0	4300	5600	1.2
7215 B		130	25	84	121	1.5	96.1	109.9	55.5	1.5	0.6	72.8	63.0	4000	5300	1.3
7216 C	80	140	26	90	130	2	100	122	27.7	2	1	89.5	78.2	4000	5300	1.45
7216 AC		140	26	90	130	2	100	122	38.9	2	1	85.0	74.5	4000	5300	1.45
7216 B		140	26	90	130	2	103.2	117.8	59.2	2	1	80.2	69.5	3600	4800	1.55
7217 C	85	150	28	95	140	2	107.1	131	29.9	2	1	99.8	85.0	3800	5000	1.8
7217 AC		150	28	95	140	2	107.1	131	41.6	2	1	94.8	81.5	3800	5000	1.8
7217 B		150	28	95	140	2	110.1	126	63.6	2	1	93.0	81.5	3400	4500	1.95
7218 C	90	160	30	100	150	2	111.7	138.4	31.7	2	1	122	105	3600	4800	2.25
7218 AC		160	30	100	150	2	111.7	138.4	44.2	2	1	118	100	3600	4800	2.25
7218 B		160	30	100	150	2	118.1	135.2	67.9	2	1	105	94.5	3200	4300	2.4
7219 C	95	170	32	107	158	2.1	118.1	147	33.8	2.1	1.1	135	115	3400	4500	2.7
7219 AC		170	32	107	158	2.1	118.1	147	46.9	2.1	1.1	128	108	3400	4500	2.7
7219 B		170	32	107	158	2.1	126.1	144.4	72.5	2.1	1.1	120	108	3000	4000	2.9
7220 C	100	180	34	112	168	2.1	124.8	155.3	35.8	2.1	1.1	148	128	3200	4300	3.25
7220 AC		180	34	112	168	2.1	124.8	155.3	49.7	2.1	1.1	142	122	3200	4300	3.25
7220 B		180	34	112	168	2.1	130.9	150.5	75.7	2.1	1.1	130	115	2600	3600	3.45
03系列																
7305 B	25	62	17	32	55	1	39.2	48.4	26.8	1.1	0.6	26.2	15.2	8500	12000	0.3
7306 B	30	72	19	37	65	1	46.5	56.5	31.1	1.1	0.6	31.0	19.2	7500	10000	0.37
7307 B	35	80	21	44	71	1.5	52.4	63.4	34.6	1.5	0.6	38.2	24.5	7000	9500	0.51
7308 B	40	90	23	49	81	1.5	59.3	71.5	38.8	1.5	0.6	46.2	30.5	6300	8500	0.67
7309 B	45	100	25	54	91	1.5	66	80	42.0	1.5	0.6	59.5	39.8	6000	8000	0.9
7310 B	50	110	27	60	100	2	74.2	88.8	47.5	2	1	68.2	48.0	5000	6700	1.15
7311 B	55	120	29	65	110	2	80.5	96.3	51.4	2	1	78.8	56.5	4500	6000	1.45

续表

轴承代号	公称尺寸/mm			安装尺寸/mm			其他尺寸/mm					基本额定载荷/kN		极限转速/(r · min^{-1})		质量/kg
	d	D	B	d_a min	D_a max	r_a max	d_2≈	D_2≈	a	r min	r_1 min	C_r	C_{0r}	脂	油	W≈
03 系列																
7312 B	60	130	31	72	118	2.1	87.1	104.2	55.4	2.1	1.1	90.0	66.3	4300	5600	1.85
7313 B	65	140	33	77	128	2.1	93.9	112.4	59.5	2.1	1.1	102	77.8	4000	5300	2.25
7314 B	70	150	35	82	138	2.1	100.9	120.5	63.7	2.1	1.1	115	87.2	3600	4800	2.75
7315 B	75	160	37	87	148	2.1	107.9	128.6	68.4	2.1	1.1	125	98.5	3400	4500	3.3
7316 B	80	170	39	92	158	2.1	114.8	136.8	71.9	2.1	1.1	135	110	3600	4800	3.9
7317 B	85	180	41	99	166	2.5	121.2	145.6	76.1	3	1.1	148	122	3000	4000	4.6
7318 B	90	190	43	104	176	2.5	128.6	153.2	80.2	3	1.1	158	138	2800	3800	5.4
7319 B	95	200	45	109	186	2.5	135.4	161.5	84.4	3	1.1	172	155	2800	3800	6.25
7320 B	100	215	47	114	201	2.5	144.5	172.5	89.6	3	1.1	188	180	2400	3400	7.75

表 18-3　圆锥滚子轴承（摘自 GB/T 297—2015）

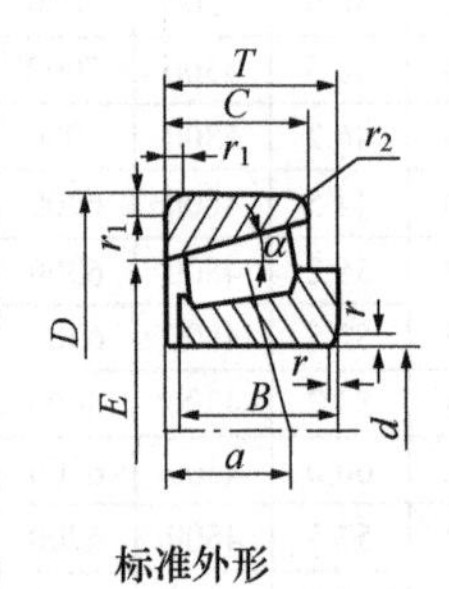

标准外形

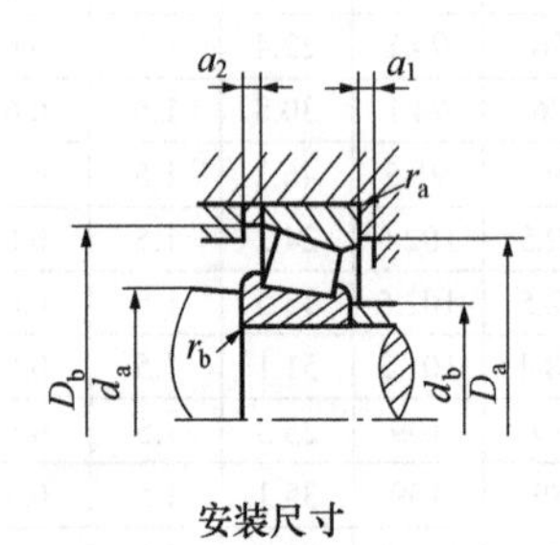

安装尺寸

当量动载荷：

$P=R$，　当 $A/R \leqslant e$

$P=0.4R+YA$，　当 $A/R>e$

R 为径向载荷；A 为轴向载荷

当量静载荷：

$P_0=0.5R+Y_0A$

若 $P_0<R$，　取 $P_0=R$

标记示例：

滚动轴承　30205 GB/T 297—2015

轴承代号	公称尺寸/mm					安装尺寸/mm									其他尺寸/mm			计算系数			基本额定载荷/kN		极限转速/(r · min^{-1})		质量/kg
	d	D	T	B	C	d_a min	d_b min	D_a min	D_a max	D_b min	a_1 min	a_2 min	r_a max	r_b max	a ≈	r min	r_1 min	e	Y	Y_0	C_r	C_{0r}	脂	油	W≈
02 系列																									
30204	20	47	15.25	14	12	26	27	40	41	43	2	3.5	1	1	11.2	1	1	0.35	1.7	1	29.5	30.5	8000	10000	0.126
30205	25	52	16.25	15	13	31	31	44	46	48	2	3.5	1	1	12.5	1	1	0.37	1.6	0.9	33.8	37.0	7000	9000	0.154
30206	30	62	17.25	16	14	36	37	53	56	58	2	3.5	1	1	13.8	1	1	0.37	1.6	0.9	45.2	50.5	6000	7500	0.231
30207	35	72	18.25	17	15	42	44	62	65	67	3	3.5	1.5	1.5	15.3	1.5	1.5	0.37	1.6	0.9	56.8	63.5	5300	6700	0.331
30208	40	80	19.75	18	16	47	49	69	73	75	3	4	1.5	1.5	16.9	1.5	1.5	0.37	1.6	0.9	66.0	74.0	5000	6300	0.422
30209	45	85	20.75	19	16	52	53	74	78	80	3	5	1.5	1.5	18.6	1.5	1.5	0.4	1.5	0.8	71.0	83.5	4500	5600	0.474
30210	50	90	21.75	20	17	57	58	79	83	86	3	5	1.5	1.5	20.0	1.5	1.5	0.42	1.4	0.8	76.8	92.0	4300	5300	0.529
30211	55	100	22.75	21	18	64	64	88	91	95	4	5	2	1.5	21.0	2	1.5	0.4	1.5	0.8	95.2	115	3800	4800	0.713
30212	60	110	23.75	22	19	69	69	96	101	103	4	5	2	1.5	22.3	2	1.5	0.4	1.5	0.8	108	130	3600	4500	0.904
30213	65	120	24.75	23	20	74	77	106	111	114	4	5	2	1.5	23.8	2	1.5	0.4	1.5	0.8	125	152	3200	4000	1.13
30214	70	125	26.25	24	21	79	81	110	116	119	4	5.5	2	1.5	25.8	2	1.5	0.42	1.4	0.8	138	175	3000	3800	1.26
30215	75	130	27.25	25	22	84	85	115	121	125	4	5.5	2	1.5	27.4	2	1.5	0.44	1.4	0.8	145	185	2800	3600	1.36
30216	80	140	28.25	26	22	90	90	124	130	133	4	6	2.1	2	28.1	2.5	2	0.42	1.4	0.8	168	212	2600	3400	1.67
30217	85	150	30.5	28	24	95	96	132	140	142	5	6.5	2.1	2	30.3	2.5	2	0.42	1.4	0.8	185	238	2400	3200	2.06
30281	90	160	32.5	30	26	100	102	140	150	151	5	6.5	2.1	2	32.3	2.5	2	0.42	1.4	0.8	210	270	2200	3000	2.54
30219	95	170	34.5	32	27	107	108	149	158	160	5	7.5	2.5	2.1	34.2	3	2.5	0.42	1.4	0.8	238	308	2000	2800	3.04
30220	100	180	37	34	29	112	114	157	168	169	5	8	2.5	2.1	36.4	3	2.5	0.42	1.4	0.8	268	350	1900	2600	3.72

续表

轴承代号	公称尺寸/mm					安装尺寸/mm									其他尺寸/mm			计算系数			基本额定载荷/kN		极限转速/(r·min^{-1})		质量/kg
	d	D	T	B	C	d_a min	d_b min	D_a min	D_a max	D_b min	a_1 min	a_2 min	r_a max	r_b max	a ≈	r min	r_1 min	e	Y	Y_0	C_r	C_{0r}	脂	油	W≈
03 系列																									
30304	20	52	16.25	15	13	27	28	44	45	48	3	3.5	1.5	1.5	11.1	1.5	1.5	0.3	2	1.1	34.5	33.2	7500	9500	0.165
30305	25	62	18.25	17	15	32	34	54	55	58	3	3.5	1.5	1.5	13.0	1.5	1.5	0.3	2	1.1	49.0	48.0	6300	8000	0.263
30306	30	72	20.75	19	16	37	40	62	65	66	3	5	1.5	1.5	15.3	1.5	1.5	0.31	1.9	1.1	61.8	63.0	5600	7000	0.387
30307	35	80	22.75	21	18	44	45	70	71	74	3	5	2	1.5	16.8	2	1.5	0.31	1.9	1.1	78.8	82.5	5000	6300	0.515
30308	40	90	25.25	23	20	49	52	77	81	84	3	5.5	2	1.5	19.5	2	1.5	0.35	1.7	1	95.2	108	4500	5600	0.747
30309	45	100	27.25	25	22	54	59	86	91	94	3	5.5	2	1.5	21.3	2	1.5	0.35	1.7	1	113.0	130	4000	5000	0.984
30310	50	110	29.25	27	23	60	65	95	100	103	4	6.5	2	2	23.0	2.5	2	0.35	1.7	1	135	158	3800	4800	1.28
30311	55	120	31.5	29	25	65	70	104	110	112	4	6.5	2.5	2	24.9	2.5	2	0.35	17	1	160	188	3400	4300	1.63
30312	60	130	33.5	31	26	72	76	112	118	121	5	7.5	2.5	2.1	26.6	3	2.5	0.35	1.7	1	178	210	3200	4000	1.99
30313	65	140	36	33	28	77	83	122	128	131	5	8	2.5	2.1	28.7	3	2.5	0.35	1.7	1	205	242	2800	3600	2.44
30314	70	150	38	35	30	82	89	130	138	141	5	8	2.5	2.1	30.7	3	2.5	0.35	1.7	1	228	272	2600	3400	2.98
30315	75	160	40	37	31	87	95	139	148	150	5	9	2.5	2.1	32.0	3	2.5	0.35	1.7	1	265	318	2400	3200	3.57
30316	80	170	42.5	39	33	92	102	148	158	160	5	9.5	2.5	2.1	34.4	3	2.5	0.35	1.7	1	292	352	2200	3000	4.27
30317	85	180	44.5	41	34	99	107	156	166	168	6	10.5	3	2.5	35.9	4	3	0.35	1.7	1	320	388	2000	2800	4.96
30318	90	190	46.5	43	36	104	113	165	176	178	6	10.5	3	2.5	37.5	4	3	0.35	1.7	1	358	440	1900	2600	5.80
30319	95	200	49.5	45	38	109	118	172	186	185	6	11.5	3	2.5	40.1	4	3	0.35	1.7	1	388	478	1800	2400	6.80
30320	100	215	51.5	47	39	114	127	184	201	199	6	12.5	3	2.5	42.2	4	3	0.35	1.7	1	425	525	1600	2000	8.22
22 系列																									
32206	30	62	21.25	20	17	36	36	52	56	58	3	4.5	1	1	15.6	1	1	0.37	1.6	0.9	54.2	63.8	6000	7500	0.287
32207	35	72	24.25	23	19	42	42	61	65	68	3	5.5	1.5	1.5	17.9	1.5	1.5	0.37	1.6	0.9	73.8	89.5	5300	6700	0.445
32208	40	80	24.75	23	19	47	48	68	73	75	3	6	1.5	1.5	18.9	1.5	1.5	0.37	1.6	0.9	81.5	97.2	5000	6300	0.532
32209	45	85	24.75	23	19	52	53	73	78	81	3	6	1.5	1.5	20.1	1.5	1.5	0.4	1.5	0.8	84.5	105	4500	5600	0.573
32210	50	90	24.75	23	19	57	57	78	83	86	3	6	1.5	1.5	21.0	1.5	1.5	0.42	1.4	0.8	86.8	108	4300	5300	0.626
32211	55	100	26.75	25	21	64	62	87	91	96	4	6	2	1.5	22.8	2	1.5	0.4	1.5	0.8	112	142	3800	4800	0.853
32212	60	110	29.75	28	24	69	68	95	101	105	4	6	2	1.5	25.0	2	1.5	0.4	1.5	0.8	138	180	3600	4500	1.17
32213	65	120	32.75	31	27	74	75	104	111	115	4	6	2	1.5	27.3	2	1.5	0.4	1.5	0.8	168	222	3200	4000	1.55
32214	70	125	33.25	31	27	79	79	108	116	120	4	6.5	2	1.5	28.8	2	1.5	0.42	1.4	0.8	175	238	3000	3800	1.64
32215	75	130	33.25	31	27	84	84	115	121	126	4	6.5	2	1.5	30.0	2	1.5	0.44	1.4	0.8	178	242	2800	3600	1.74
32216	80	140	35.25	33	28	90	89	122	130	135	5	7.5	2.1	2	31.4	2.5	2	0.42	1.4	0.8	208	278	2600	3400	2.13
32217	85	150	38.5	36	30	95	95	130	140	143	5	8.5	2.1	2	33.9	2.5	2	0.42	1.4	0.8	238	325	2400	3200	2.68
32218	90	160	42.5	40	34	100	101	138	150	153	5	8.5	2.1	2	36.8	2.5	2	0.42	1.4	0.8	282	395	2200	3000	3.44
32219	95	170	45.5	43	37	107	106	145	158	163	5	8.5	2.5	2.1	39.2	3	2.5	0.42	1.4	0.8	318	448	2000	2800	4.24
32220	100	180	49	46	39	112	113	154	168	172	5	10	2.5	2.1	41.9	3	2.5	0.42	1.4	0.8	355	512	1900	2600	5.10

表 18-4 角接触球轴承及圆锥滚子轴承的轴向游隙

类型	图例	轴承内径 d/mm		允许轴向游隙范围/μm		轴承间允许的距离(大概值)/mm
		大于	到	最小	最大	
角接触球轴承	调整垫片	—	30	30	50	7d
		30	50	40	70	
		50	80	50	100	6d
		80	120	60	150	

续表

类型	图例	轴承内径 d/mm		允许轴向游隙范围/μm		轴承间允许的距离(大概值)/mm
		大于	到	最小	最大	
圆锥滚子轴承	调整垫片 轴向游隙	—	30	40	70	$14d$
		30	50	50	100	$12d$
		50	80	80	150	$11d$
		80	120	120	200	$10d$

注：1. 本表中值适用两端固定式支承。此表为非标准内容。

2. 表中值适用于接触角α=10°～16°的角接触球轴承和圆锥滚子轴承。

表 18-5　向心轴承与外壳孔的配合(摘自 GB/T 275—2015)

载荷情况		举例	其他状况	孔公差带①	
				球轴承	滚子轴承
外圈承受固定载荷	轻、正常、重	一般机械、铁路机车车辆轴箱	轴向易移动，可采用剖分式轴承座	H7、G7②	
	冲击		轴向能移动，可采用整体或剖分式轴承座	J7、JS7	
外圈承受方向不定载荷	轻、正常	电动机、泵、曲轴主轴承			
	正常、重			K7	
	重、冲击	牵引电动机		M7	
外圈承受旋转载荷	轻	带张紧轮	轮毂轴承轴向不移动，采用整体式轴承座	J7	K7
	正常	轮毂轴承		M7	N7
	重			—	N7、P7

注：①并列公差带随尺寸的增大从左至右选择，对旋转精度有较高要求时，可相应提高一个公差等级。

②不适用于剖分式外壳。

表 18-6　向心轴承与轴的配合(摘自 GB/T 275—2015)

圆柱孔轴承							
载荷情况			举例	深沟球轴承、调心球轴承和角接触球轴承	圆柱滚子轴承和圆锥滚子轴承	调心滚子轴承	轴公差带
				轴承公称内径/mm			
内圈承受旋转载荷或方向不定载荷	轻载荷		输送机、轻载齿轮箱	≤18 >18～100 >100～200 —	— ≤40 >40～140 >140～200	— ≤40 >40～100 >100～200	h5 j6① k6① m6①
	正常载荷		一般通用机械、电动机、泵、内燃机、直齿轮传动装置	≤18 >18～100 >100～140 >140～200 >200～280 — —	— ≤40 >40～100 >100～140 >140～200 >200～400 —	— ≤40 >40～65 >65～100 >100～140 >140～280 >280～500	j5、js5 k5② m5② m6 n6 p6 r6
	重载荷		铁路机车车辆轴箱、牵引电动机、破碎机等	—	>50～140 >140～200 >200 —	>50～100 >100～140 >140～200 >200	n6 p6 r6 r7
内圈承受固定载荷	所有载荷	内圈需在轴向易移动	非旋转轴上的各种轮子	所有尺寸			f6 g6
		内圈不需在轴向易移动	张紧轮、绳轮				h6 j6
仅有轴向载荷				所有尺寸			j6、js6

注：①凡对精度有较高要求的场合，应用 j5、k5…代替 j6、k6…。

②圆锥滚子轴承，角接触球轴承配合对游隙影响不大，可用 k6、m6 代替 k5、m5。

第 19 章　联　轴　器

表 19-1　LX 型弹性柱销联轴器(摘自 GB/T 5014—2017)

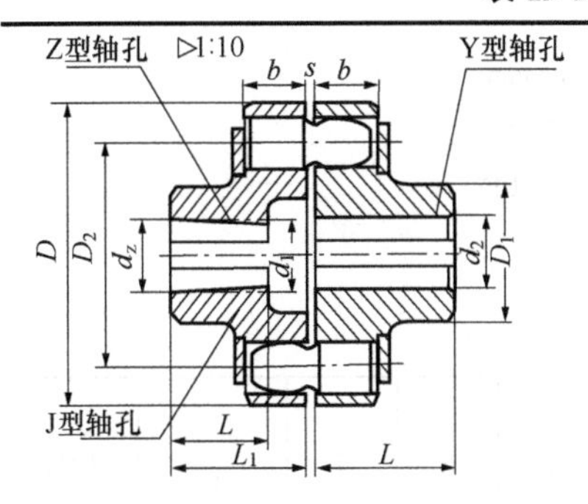

标记示例:

例 1：LX6 弹性柱销联轴器

主动端：Y 型轴孔，A 型键槽，d_1=65mm，L=142mm

从动端：Y 型轴孔，A 型键槽，d_2=65mm，L=142mm

LX6 联轴器 65 × 142　GB/T 5014—2017

例 2：LX7 弹性柱销联轴器

主动端：Z 型轴孔，C 型键槽，d_z=75mm，L=107mm

从动端：J 型轴孔，B 型键槽，

d_2=70mm，L=107mm

LX7联轴器 $\frac{\text{ZC}75\times107}{\text{JB}70\times107}$　GB/T 5014—2017

型号	公称转矩 T_n /(N · m)	许用转速 [n] /(r/min)	轴孔直径 d_1、d_2、d_z	轴孔长度			D	D_1	b	S	转动惯量 /(kg · m²)	质量 /kg
				Y 型	J、Z 型							
				L	L	L_1						
			/mm									
LX1	250	8500	12, 14	32	27	—	90	40	20	2.5	0.002	2
			16, 18, 19	42	30	42						
			20, 22, 24	52	38	52						
LX2	560	6300	20, 22, 24	52	38	52	120	55	28	2.5	0.009	5
			25, 28	62	44	62						
			30, 32, 35	82	60	82						
LX3	1250	4750	30, 32, 35, 38	82	60	82	160	75	36	2.5	0.026	8
			40, 42, 45, 48	112	84	112						
LX4	2500	3850	40, 42, 45, 48	112	84	112	195	100	45	3	0.109	22
			50, 55, 56									
			60, 63	142	107	142						
LX5	3150	3450	50, 55, 56	112	84	112	220	120	45	3	0.191	30
			56, 60, 63, 65	142	107	142						
			70, 71, 75									
LX6	6300	2720	60, 63, 65	142	107	142	280	140	56	4	0.543	53
			70, 71, 75									
			80, 85	172	132	172						
LX7	11200	2360	70, 71, 75	142	107	142	320	170	56	4	1.314	98
			80,　85	172	132	172						
			90, 95									
			100, 110	212	167	212						

注：半联轴器材料：45，ZG 270～500。

表 19-2　LT 型弹性套柱销联轴器(摘自 GB/T 4323—2017)

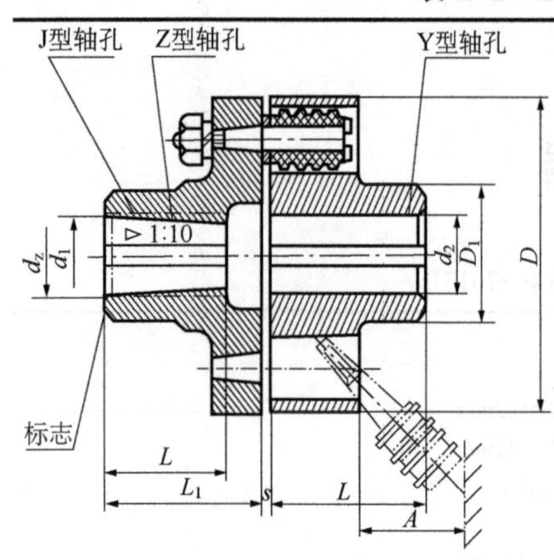

标记示例：

例 1：LT6 联轴器

主动端：Y 型轴孔, A 型键槽, d_1= 38 mm, L=82 mm；

从动端：Y 型轴孔, A 型键槽, d_2= 38 mm, L=82 mm；

LT6 联轴器 38×82 GB/T 4323—2017

例 2：LT8 联轴器

主动端：Z 型轴孔, C 型键槽, d_z= 50 mm , L=84 mm；

从动端：Y 型轴孔, A 型键槽, d_1= 60 mm, L=142 mm；

LT8 联轴器 $\dfrac{ZC50\times84}{60\times142}$ GB/T 4323—2017

型号	公称转矩 T_n /(N · m)	许用转速[n] /(r/min)	轴孔直径 d_1、d_2、d_z	轴孔长度 Y 型 L	轴孔长度 J、Z 型 L_1	轴孔长度 J、Z 型 L	D	D_1	S	A	转动惯量 /(kg · m²)	质量 /kg
			/mm									
LT1	16	8800	10, 11	22	25	22	71	22	3	18	0.0004	0.7
			12, 14	27	32	27						
LT2	25	7600	12, 14	27	32	27	80	30	3	18	0.001	1.0
			16, 18, 19	30	42	30						
LT3	63	6300	16, 18, 19	30	42	30	95	35	4	35	0.002	2.2
			20, 22	38	52	38						
L.T4	100	5700	20, 22, 24	38	52	38	106	42	4	35	0.004	3.2
			25, 28	44	62	44						
LT5	224	4600	25, 28	44	62	44	130	56	5	45	0.011	5.5
			30, 32, 35	60	82	60						
LT6	355	3800	32, 35, 38	60	82	60	160	71	5	45	0.026	9.6
			40, 42	84	112	84						
LT7	560	3600	40, 42, 45, 48	84	112	84	190	80	5	45	0.06	15.7
LT8	1120	3000	40, 42, 45, 48, 50, 55	84	112	84	224	95	6	65	0.13	24.0
			60, 63, 65	107	142	107						
LT9	1600	2850	50, 55	84	112	84	250	110	6	65	0.20	31.0
			60, 63, 65, 70	107	142	107						
LT10	3150	2300	63, 65, 70, 75	107	142	107	315	150	8	80	0.64	60.2
			80, 85, 90, 95	132	172	132						

注：1. 轴孔型式组合为：Y/Y、J/Y、Z/Y。

2. 半联轴器材料：ZG270—500。

表 19-3　LM 型梅花形弹性联轴器(摘自 GB/T 5272—2017)

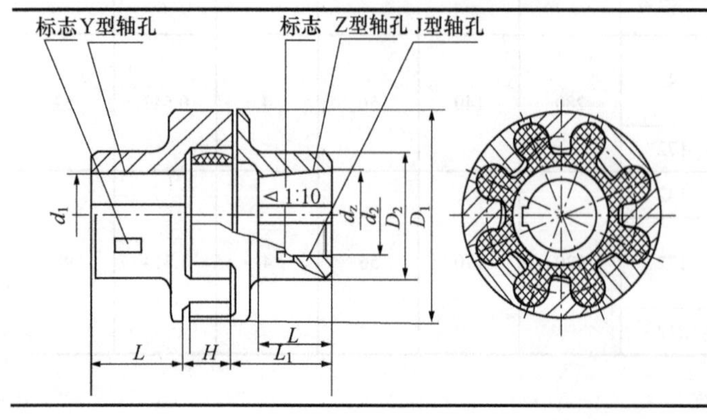

标记示例：

LM145 联轴器

主动端：Y 型轴孔，A 型键槽，d_1=45 mm, L=112 mm；

从动端：Y 型轴孔，A 型键槽，d_2=45 mm, L=112 mm；

LM145 联轴器　45×112　GB/T 5272—2017

续表

型号	公称转矩 T_n /(N·m)	最大转矩 T_{max} /(N·m)	许用转速 [n] /(r/min)	轴孔直径 d_1、d_2、d_z	轴孔长度			D_1	D_2	H	转动惯量 /(kg·m^2)	质量 /kg
					Y型	J、Z型						
					L	L_1	L					
				/mm								
LM50	28	50	15000	10, 11	22	—	—	50	42	16	0.0002	1.00
				12, 14	27	—	—					
				16, 18, 19	30	—	—					
				20, 22, 24	38	—	—					
LM70	112	200	11000	12, 14	27	—	—	70	55	23	0.0011	2.50
				16, 18, 19	30	—	—					
				20, 22, 24	38	—	—					
				25, 28	44	—	—					
				30, 32, 35, 38	60	—	—					
LM85	160	288	9000	16, 18, 19	30	—	—	85	60	24	0.0022	3.42
				20, 22, 24	38	—	—					
				25, 28	44	—	—					
				30, 32, 35, 38	60	—	—					
LM105	355	640	7250	18, 19	30	—	—	105	65	27	0.0051	5.15
				20, 22, 24	38	—	—					
				25, 28	44	—	—					
				30, 32, 35, 38	60	—	—					
				40, 42	84	—	—					
LM125	450	810	6000	20, 22, 24	38	52	38	125	85	33	0.014	10.1
				25, 28	44	62	44					
				30, 32, 35, 38*	60	82	60					
				40, 42, 45, 48, 50, 55	84	—	—					
LM145	710	1280	5250	25, 28	44	62	44	145	95	39	0.025	13.1
				30, 32, 35, 38	60	82	60					
				40, 42, 45*, 48*, 50*, 55*	84	112	84					
				60, 63, 65	107	—	—					
LM170	1250	2250	4500	30, 32, 35, 38	60	82	60	170	120	41	0.055	21.2
				40, 42, 45, 48.50, 55	84	112	84					
				60, 63, 65, 70, 75	107	—	—					
				80, 85	132	—	—					
LM200	2000	3600	3750	35, 38	60	82	60	200	135	48	0.119	33.0
				40, 42, 45, 48, 50, 55	84	112	84					
				60, 63, 65, 70*, 75*	107	142	107					
				80, 85, 90, 95	132	—	—					
LM230	3150	5670	3250	40, 42, 45, 48, 50, 55	84	112	84	230	150	50	0.217	45.5
				60, 63, 65, 70, 75	107	142	107					
				80, 85, 90, 95	132	—	—					
I.M260	5000	9000	3000	45, 48, 50, 55	84	112	84	260	180	60	0.458	75.2
				60, 63, 65, 70, 75	107	142	107					
				80, 85, 90*, 95*	132	172	132					
				100, 110, 120, 125	167	—	—					
LM300	7100	12780	2500	60, 63, 65, 70, 75	107	142	107	300	200	67	0.804	99.2
				80, 85, 90, 95	132	172	132					
				100, 110, 120, 125	167	—	—					
				130, 140	202	—	—					
LM360	12500	22500	2150	60, 63, 65, 70, 75	107	142	107	360	225	73	1.73	148.1
				80, 85, 90, 95	132	172	132					
				100, 110, 120*, 125*	167	212	167					
				130, 140, 150	202	—	—					
LM400	14000	25200	1900	80, 85, 90, 95	132	172	132	400	250	73	2.84	197.5
				100, 110, 120, 125	167	212	167					
				130, 140, 150	202	—	—					
				160	2.42	—	—					

注：1.*无J、Z型轴孔型式。

2. 半联轴器材料：ZG 270—500、GT 400。

表 19-4　WH 滑块联轴器(摘自 JB/ZQ 4384—2006)

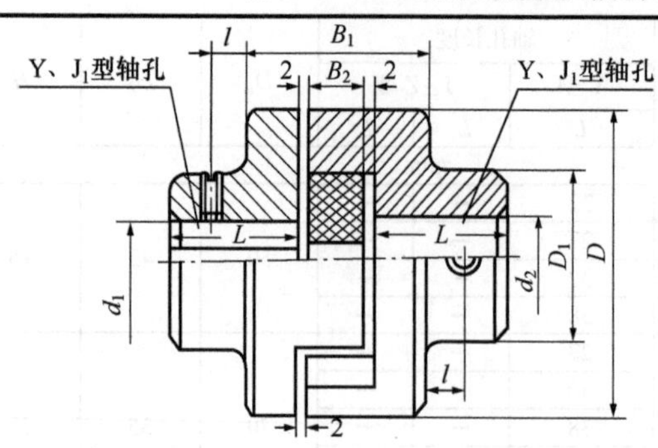

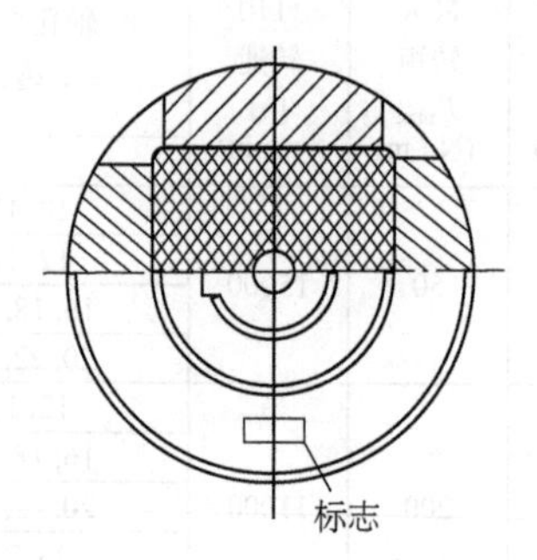

标记示例：

例 1：WH6 滑块联轴器

主动端：Y 型轴孔，A 型键槽，d_1=45mm, L=112mm

从动端：J_1 型轴孔，A 型链槽，d_2=42mm, L=84mm

WH6 联轴器 $\frac{45\times112}{J_1 42\times84}$　JB/ZQ 4384—2006

例 2：WH6 滑块联轴器

主动端：Y 型轴孔，A 型键槽，d_1=45mm, L=112mm

从动端：Y 型轴孔，A 型键槽，d_2=45mm, L=112mm

WH6 联轴器 45 × 112　JB/ZQ 4384—2006

型号	公称转矩 T_n /(N · m)	许用转速 [n] /(r/min)	轴孔直径 d_1、d_2	轴孔长度 Y	轴孔长度 J_1	D	D_1	B_1	B_2	l	转动惯量 /(kg · m^2)	质量 /kg
			/mm	L	L	/mm	/mm	/mm	/mm	/mm		
WH1	16	10000	10, 11 12, 14	25 32	22 27	40	30	52	13	5	0.0007	0.6
WH2	31.5	8200	12, 14 16, (17), 18	32 42	27 30	50	32	56	18	5	0.0038	1.5
WH3	63	7000	(17), 18, 19 20, 22	42 52	30 38	70	40	60	18	5	0.0063	1.8
WH4	160	5700	20, 22, 24 25, 28	52 62	38 44	80	50	64	18	8	0.013	2.5
WH5	280	4700	25, 28 30, 32, 35	62 82	44 60	100	70	75	23	10	0.045	5.8
WH6	500	3800	30, 32, 35, 38 40, 42, 45	82 112	60 84	120	80	90	33	15	0.12	9.5
WH7	900	3200	40, 42, 45, 48 50, 55	112	84	150	100	120	38	25	0.43	25
WH8	1800	2400	50, 55 60, 63, 65, 70	112 142	84 107	190	120	150	48	25	1.98	55
WH9	3550	1800	65, 70, 75 80, 85	142 172	107 132	250	150	180	58	25	4.9	85
WH10	5000	1500	80, 85, 90, 95 100	172 212	132 167	330	190	180	58	40	7.5	120

注：1. 括号内的数值尽量不选用。

2. 轴孔型式组合为 YJ_1、YY、J_1J_1。

第 20 章　润滑与密封

20.1　润　滑　剂

表 20-1　常用润滑油的性质和用途

名称		黏度等级	运动黏度/(mm²·s⁻¹) 40℃	黏度指数不小于	闪点(开口)/℃不低于	倾点/℃不高于	主要用途
L-AN 全损耗系统用油 (摘自 GB 443—1989)		5	4.14～5.06		80	−5	主要适用于对润滑油无特殊要求的全损耗润滑系统，不适用于循环润滑系统
		7	6.12～7.48		110		
		10	9～11		130		
		15	13.5～16.5		150		
		22	19.8～24.2		150		
		32	28.8～35.2		150		
		46	41.4～50.6		160		
		68	61.2～74.8		160		
		100	90～110		180		
		150	130～165		180		
蜗轮蜗杆油 (摘自 SH 0094—1991)		220	198～242				用于蜗杆蜗轮传动的润滑
		320	288～352				
		460	414～506				
		680	612～748				
		1000	900～1100				
工业闭式齿轮油 (摘自 GB/T 5903—2011)	L-CKB	100	90～110	90	180	−8	一般齿轮，齿面应力小于 350～500MPa 时的润滑
		150	135～165		200		
		220	198～242				
		320	288～352				
	L-CKC	32	28.8～35.2	90	180	−12	有冲击的低负荷齿轮及中负荷齿轮齿面应力为 500～1000MPa，如化工、冶金、矿山等机械的齿轮的润滑
		46	41.4～50.5				
		68	61.2～74.8				
		100	90～110		200		
		150	135～165			−9	
		220	198～242				
		320	288～352				
		460	414～506				
		680	612～748	85		−5	
		1000	900～1100				
		1500	1350～1650				
	L-CKD	68	61.2～74.8	90	180	−12	高负荷齿轮，齿面应力大于 1100MPa，冶金、轧钢、井下采掘机械的齿轮的润滑
		100	90～110		200		
		150	135～165			−9	
		220	198～242				
		320	288～352				
		460	414～506				
		680	612～748			−5	
		1000	900～1100				

表 20-2　工业闭式齿轮传动装置润滑油黏度等级的选择

平行轴及锥齿轮传动低速级齿轮节圆的圆周速度[①]/(m · s^{-1})	环境温度/℃			
	−40～−10	−10～10	10～35	35～55
	润滑油黏度等级[②]，v_{40}/(mm^2 · s^{-1})			
≤5	100(合成型)	150	320	680
>5～15	100(合成型)	100	220	460
>15～25	68(合成型)	68	150	320
>25～80[③]	32(合成型)	46	68	100

注：①锥齿轮传动节圆圆周速度指锥齿轮齿宽中点的节圆圆周速度。

②当齿轮节圆圆周速度≤25m/s 时，表中所选润滑油黏度等级为工业闭式齿轮油；当齿轮节圆圆周速度>25m/s 时，表中所选润滑油黏度等级为汽轮机油；当齿轮传动承受严重冲击负载时，可适当增加一个黏度等级。

③当齿轮节圆圆周速度大于 80m/s 时，应由齿轮装置制造者特殊考虑并具体推荐一合适的润滑油。

表 20-3　常用润滑脂的性质和用途

脂的种类	代号	滴点/℃不低于	工作锥入度(25℃, 150g)/(1/10mm)	主要用途
钠基润滑脂(GB 492—1989)	2 号 3 号	160 160	265～295 220～250	工作温度在−10～110℃的中等负荷机械设备轴承润滑；不耐水(或潮湿)
通用锂基润滑脂(GB 7324—2010)	1 号 2 号 3 号	170 175 180	310～340 265～295 220～250	适用于−20～120℃范围内各种机械的滚动轴承、滑动轴承及其他摩擦部位的润滑
石墨钙基润滑脂(SH/T 0369—1992)	—	80	—	人字齿轮、挖掘机的底盘齿轮、起重机、矿山机械、绞车钢丝绳等高负荷、高压力、低速度的粗糙机械润滑及一般开式齿轮润滑；能耐潮湿
钙基润滑脂(GB/T 491—2008)	1 号	80	310～340	用于汽车、拖拉机、纺织机械、农业机械和各种机械设备的滚动轴承和易与水或潮气接触部位的润滑。使用温度范围为−10～60℃
	2 号	85	265～295	
	3 号	90	220～250	
	4 号	95	175～205	

20.2　油　　杯

表 20-4　直通式压注油杯(摘自 JB/T 7940.1—1995)　　　　(单位：mm)

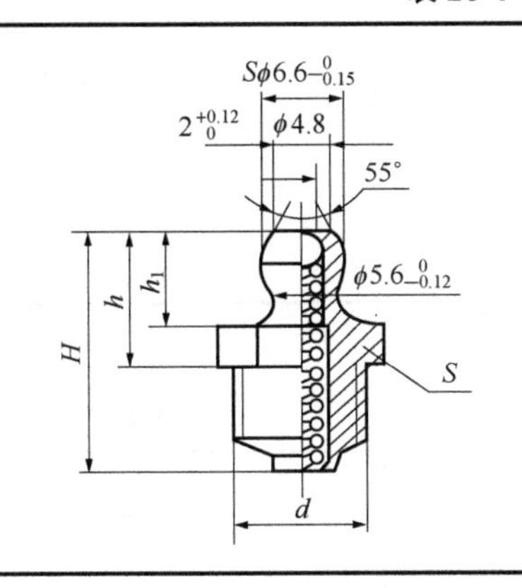

d	H	h	h_1	S
M6	13	8	6	8
M8×1	16	9	6.5	10
M10×1	18	10	7	11

标记示例：
连接螺纹 M10 × 1、直通式压注油杯
油杯　10×1　JB/T 7940.1—1995

表 20-5　旋盖式油杯(摘自 JB/T 7940.3—1995)　　　　(单位：mm)

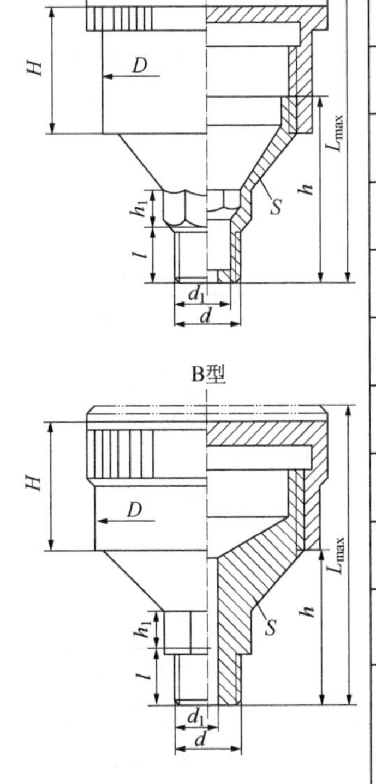

最小容量/cm³	d	l	H	h	h_1	d_1	D		L max	S
							A 型	B 型		
1.5	M8×1	8	14	22	7	3	16	18	33	10
3	M10×1		15	23	3	4	20	22	35	13
5			17	26			23	28	40	
12	M14×1.5	12	20	30	10	5	32	34	47	18
18			22	32			36	40	50	
25			24	34			41	44	55	
50	M16×1.5		30	44			51	54	70	21
100			38	52			68	68	85	
200	M24×1.5	16	48	64	16	6	—	86	105	30

标记示例：
最小容量 25cm³, A 型旋盖式油杯
油杯　A25　JB/T 7940.3—1995

表 20-6　压配式压注油杯(摘自 JB/T 7940.4—1995)　　(单位：mm)

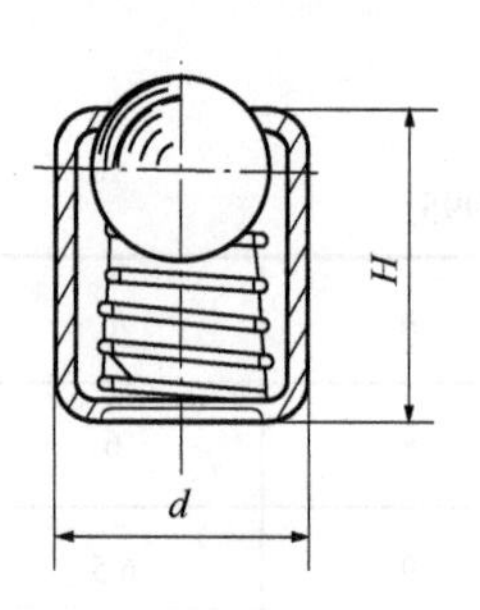

d×7	H
6	6
8	10
10	12
25	30

标记示例：
d=6mm 压配式压注油杯
油杯　6　JB/T 7940.4—1995

表 20-7　接头式压注油杯(摘自 JB/T 7940.2—1995)　　(单位：mm)

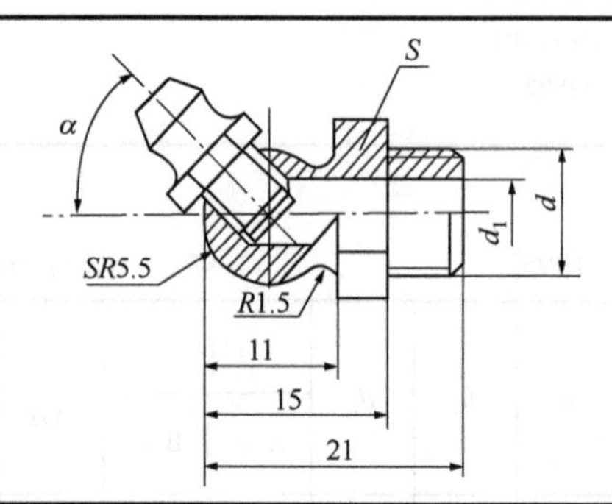

d	d₁	α	S
M6	3	45°, 90°	11
M8×1	4		
M10×1	5		

标记示例：
连接螺纹 M10×1，45°接头式压注油杯
油杯　45°M10×1　JB/T 7940.2—1995

20.3　油标和油标尺

表 20-8　压配式圆形油标(摘自 JB/T 7941.1—1995)　　(单位：mm)

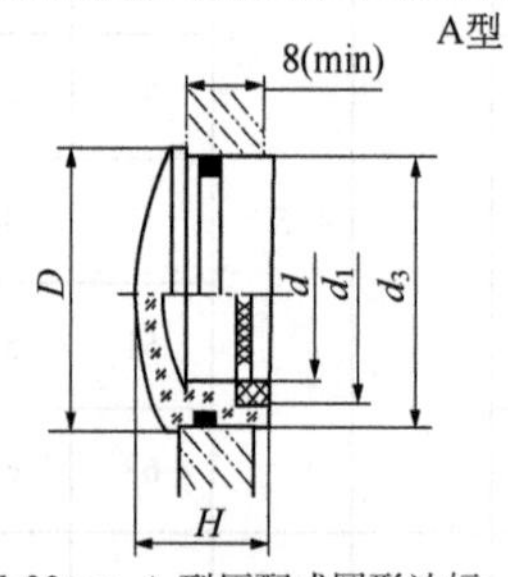

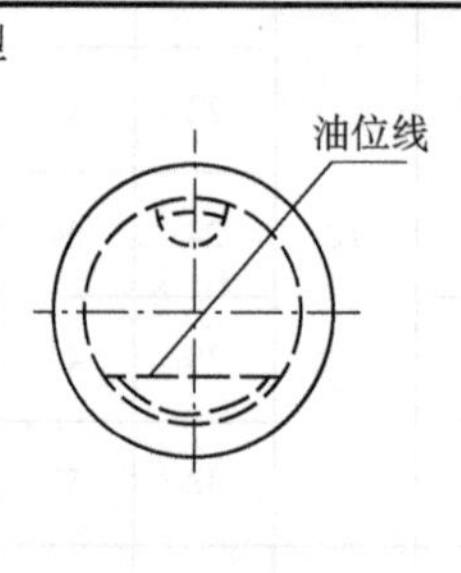

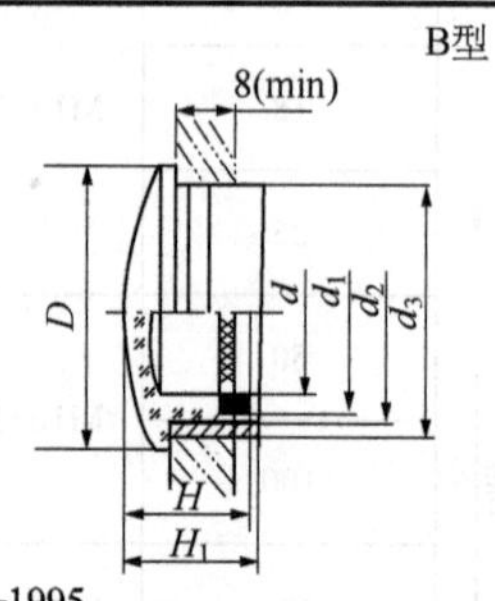

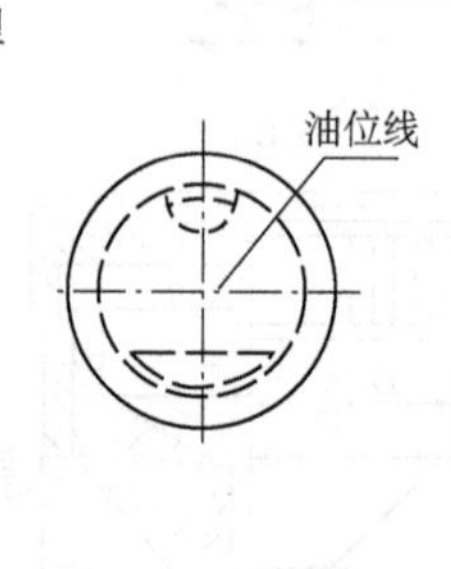

标记示例：视孔 d=32mm, A 型压配式圆形油标　　油标　A32　JB/T 7941.1—1995

d	D	d₁		d₂		d₃		H	H₁	O 形橡胶密封圈(按 GB 3452.1)
		尺寸	极限偏差	尺寸	极限偏差	尺寸	极限偏差			
12	22	12	−0.050	17	−0.050 −0.160	20	−0.065	14	16	15×2.65
16	27	18	−0.160	22	−0.065	25	−0.195			20×2.65
20	34	22	−0.065	28	−0.195	32		16	18	25×3.55
25	40	28	−0.195	34	−0.080	38	−0.080 −0.240			31.5×3.55
32	48	35	−0.080	41	−0.240	45		18	20	38.7×3.55
40	58	45	−0.240	51	−0.100 −0.290	55	−0.100 −0.290			48.7×3.55
50	70	55	−0.100	61		65		22	24	
63	85	70	−0.290	70		80				

表 20-9　长形油标(摘自 JB/T 7941.3—1995)

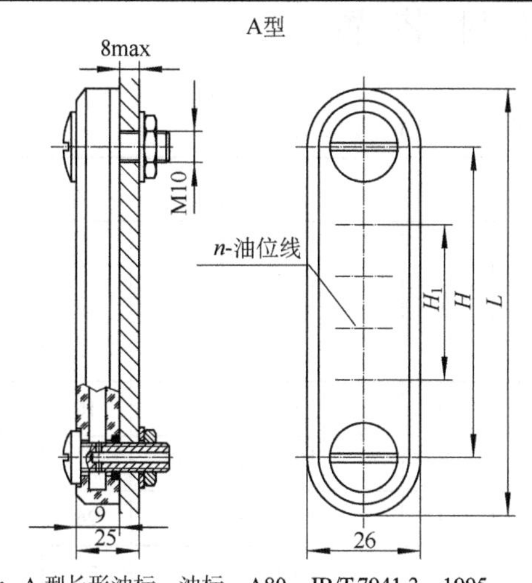

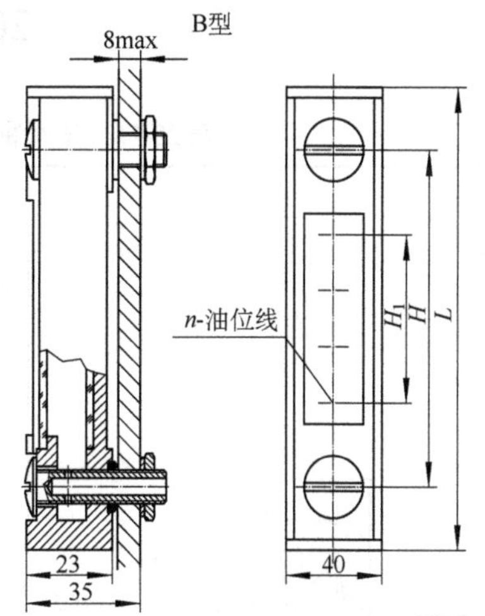

标记示例：H=80mm、A 型长形油标　油标　A80　JB/T 7941.3—1995　　　　(单位：mm)

H 基本尺寸 A 型	H 基本尺寸 B 型	H 极限偏差	H_1 A 型	H_1 B 型	L A 型	L B 型	n(条数) A 型	n(条数) B 型	O 形橡胶密封圈(按 GB 3452)	六角螺母(按 GB/T 6172)	内齿锁紧垫圈(按 GB/T 861)
80		±0.17	40		110		2		10×2.65	M10	10
100	—		60	—	130	—	3	—			
125	—	±0.20	80	—	155	—	4	—			
160			120		190		6				
—	250	±0.23	—	210	280	—	8	—			

表 20-10　油标尺

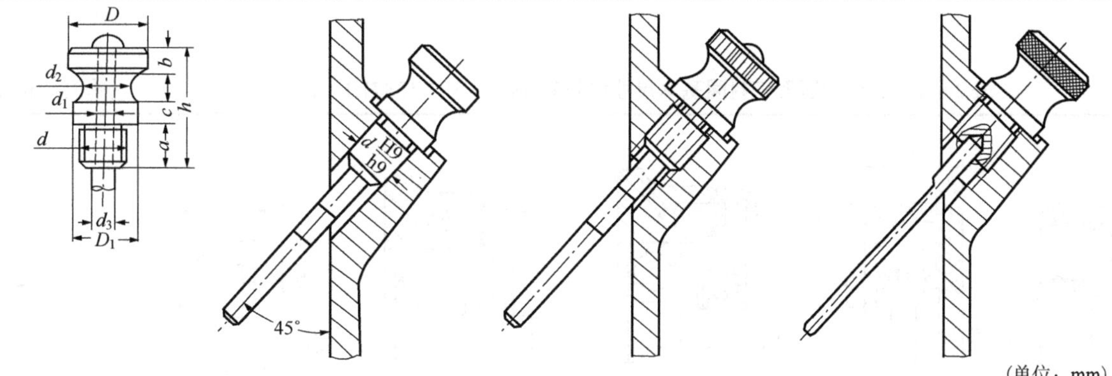

(单位：mm)

$d\left(d\ \frac{H9}{h9}\right)$	d_1	d_2	d_3	h	a	b	c	D	D_1
M12(12)	4	12	6	28	10	6	4	20	16
M16(16)	4	16	6	35	12	8	5	26	22
M20(20)	6	20	8	42	15	10	6	32	26

20.4 密 封 装 置

表 20-11　毡圈油封形式和尺寸（摘自 FZ/T 92010—1991）　　（单位：mm）

轴径 d	毡圈				槽				
	D	d_1	B	质量/kg	D_0	d_0	b	δ_{min} 用于钢	δ_{min} 用于铸铁
15	29	14	6	0.0010	28	16	5	10	12
20	33	19		0.0012	32	21			
25	39	24	7	0.0018	38	26	6	12	15
30	45	29		0.0023	44	31			
35	49	34		0.0023	48	36			
40	53	39		0.0026	52	41			
45	61	44	8	0.0040	60	46	7		
50	69	49		0.0054	68	51			
55	74	53		0.0060	72	56			
60	80	58		0.0069	78	61			
65	84	63		0.0070	82	66			
70	90	68		0.0079	82	66			
75	94	73		0.0080	92	77			
80	102	78	9	0.011	100	82	8	15	18

标记示例：
d=50mm 的毡圈油封
毡圈　50　FZ/T 92010—1991

注：毡圈油封适用于线速度 v<5m/s。

表 20-12　旋转轴唇形密封圈基本尺寸和公差（摘自 GB/T 13871.1—2007）　　（单位：mm）

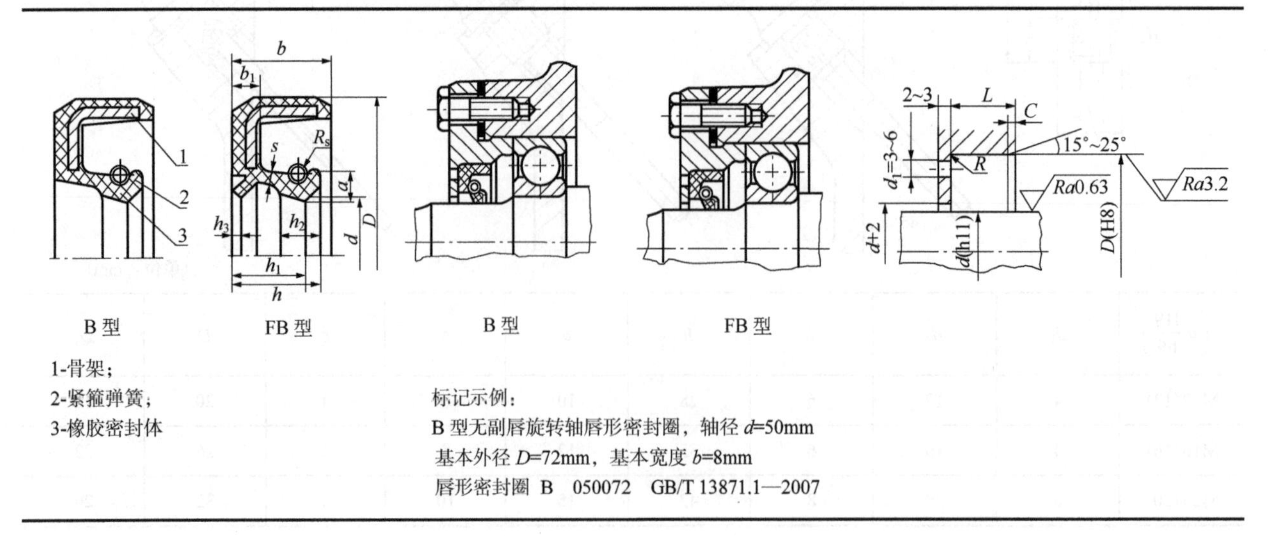

1-骨架；
2-紧箍弹簧；
3-橡胶密封体

标记示例：
B 型无副唇旋转轴唇形密封圈，轴径 d=50mm
基本外径 D=72mm，基本宽度 b=8mm
唇形密封圈　B　050072　GB/T 13871.1—2007

续表

基本尺寸系列					
d	D	b	d	D	b
20	35, 40, 45		50	68, 70, 72	
22	35, 40, 47		55	72, 75, 80	8
25	40, 47, 52	7	60	80, 85	
28	40, 47, 52		65	85, 90	
30	42, 47, 50, 52		70	90, 95	10
32	45, 47, 52		75	95, 100	
35	50, 52, 55		80	100, 110	
38	55, 58, 62	8	85	110, 120	
40	55, 60, 62		90	115, 120	12
42	55, 62		95	120	
45	62, 65		100	125	

密封圈截面主要尺寸								
d	h	h_1	h_2	h_3	b_1	a	s	R_s
20～30	6.2	5.1	2.8	0.2	1.9	2.6	0.8～1.2	0.8
32～60	7.1	5.9	3.5	0.3	2.0	2.8	1.0～1.4	1.0
65～80	9.0	7.3	4.0	0.3	2.6	3.5	1.2～1.6	1.25
85～100	11.0	9.2	5.0	0.4	3.0	4.2	1.4～1.8	1.5

密封圈槽的尺寸		
b	⩽10	>10
L	>b+0.9	>b+1.2
C	0.70～1.00	1.20～1.50
R	<0.50	<0.75

注：1. B 型以单向封油为主；FB 型双向封油又封尘。
2. 密封圈截面尺寸不是标准中的内容；拆卸孔 d_1 为 3 或 4 个。

表 20-13　油沟式密封槽（摘自 JB/ZQ 4245—1986）　　（单位：mm）

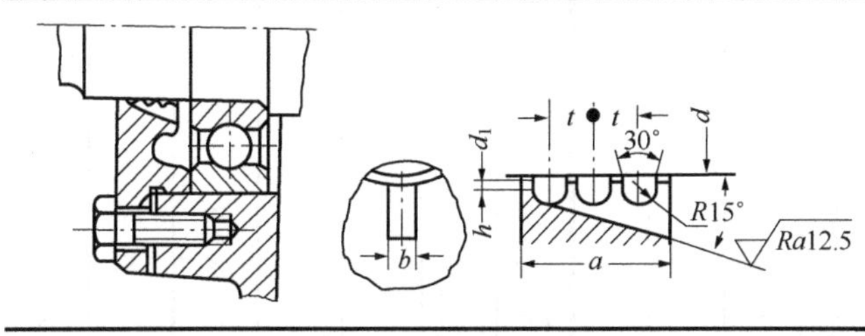

轴径	R	t	b	d_1	a_{min}	h
25～80	1.5	4.5	4			
>80～120	2	6	5	d_1=d+1	a_{min}=nt+R	1
>120～180	2.5	7.5	6			
>180	3	9	7			

注：1. 表中 R、t、b 尺寸，在个别情况下，可用于表中不相对应的轴径上。
2. 一般槽数 n=2～4 个，使用 3 个的较多。

表 20-14　迷宫密封　　（单位：mm）

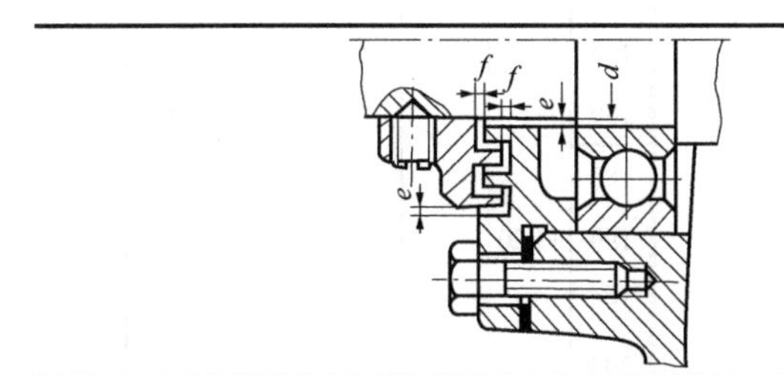

d	10～50	>50～80	>80～110	>110～180
e	0.2	0.3	0.4	0.5
f	1	1.5	2	2.5

表 20-15　O 形密封圈轴向沟槽尺寸（摘自 GB/T 3452.3—2005）　　（单位：mm）

O 形密封圈尺寸		沟槽尺寸				
内径 d_1	截面直径 d_2	$b^{+0.25}$	$h^{+0.1}$	r_1⩽	r_2	图例
	1.8±0.008	2.6	1.28	0.2～0.4		
	2.65±0.09	3.8	1.97	0.2～0.4		
见表 20-16	3.55±0.10	5.0	2.75	0.4～0.8	0.1～0.3	r_2　b　r_2　h　r_1
	5.3±0.13	7.3	4.24	0.4～0.8		
	7.0±0.15	9.7	5.72	0.8～1.2		

表 20-16　液压气动用 O 形橡胶密封圈(摘自 GB 3452.1—2005)　　(单位：mm)

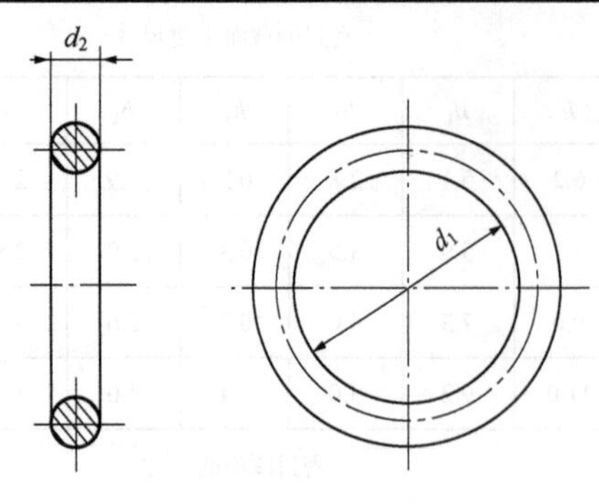

标记示例：
O 形圈 d_1=30mm, d_2=2.65mm
O 形密封圈 30×2.65
GB 3452.1—2005

d_1		d_2				
内径	公差	1.8 ±0.08	2.55 ±0.09	3.55 ±0.10	5.30 ±0.13	7.00 ±0.15
20.0		×	×	×		
21.2		×	×	×		
22.4		×	×	×		
23.6		×	×	×		
25.0	±0.22	×	×	×		
25.8		×	×	×		
26.5		×	×	×		
28.0		×	×	×		
30.0		×	×	×		
31.5			×	×		
32.5		×	×	×		
33.5			×	×		
34.5		×	×	×		
35.5	±0.30		×	×		
36.5		×	×	×		
37.5			×	×		
38.7		×	×	×		
40.0			×	×	×	
41.2			×	×	×	
42.5		×	×	×	×	
43.7			×	×	×	
45.0	±0.36		×	×	×	
46.2		×	×	×	×	
47.5			×	×	×	
48.7			×	×	×	

d_1		d_2				
内径	公差	1.8 ±0.08	2.65 ±0.09	3.55 ±0.10	5.30 ±0.13	7.00 ±0.15
50.0	±0.36	×	×	×	×	
51.5			×	×	×	
53.0			×	×	×	
54.5			×	×	×	
56.0			×	×	×	
58.0	±0.44		×	×	×	
60.0			×	×	×	
61.5			×	×	×	
63.0			×	×	×	
65.0				×	×	
67.0			×	×	×	
69.0				×	×	
71.0			×	×	×	
73.0	±0.53			×	×	
75.0			×	×	×	
77.5				×	×	
80.0			×	×	×	
82.5				×	×	
85.0			×	×	×	
87.5				×	×	
90.0			×	×	×	
92.5	±0.65			×	×	
95.0			×	×	×	
97.5				×	×	
100			×	×	×	

d_1		d_2				
内径	公差	1.8 ±0.08	2.65 ±0.09	3.55 ±0.10	5.30 ±0.13	7.00 ±0.15
103				×	×	
106			×	×	×	
109	±0.65			×	×	×
112			×	×	×	×
115				×	×	×
118			×	×	×	×
122				×	×	×
125			×	×	×	×
128				×	×	×
132			×	×	×	×
136				×	×	×
140			×	×	×	×
145	±0.90			×	×	×
150			×	×	×	×
155				×	×	×
160			×	×	×	×
165				×	×	×
170			×	×	×	×
175				×	×	×
180			×	×	×	×
185				×	×	×
190	±1.20			×	×	×
195				×	×	×
200				×	×	×
206						×

第21章　减速器附件

21.1　检查孔与检查孔盖

表21-1　检查孔及检查孔盖　　(单位：mm)

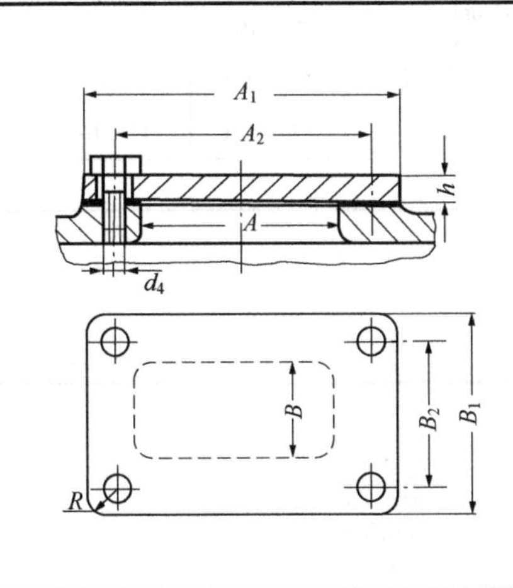

A	100, 120, 150, 180, 200
A_1	$A+(5\sim6)d_4$
A_2	$\frac{1}{2}(A+A_1)$
B	$B_1-(5\sim6)d_4$
B_1	箱体宽—(15～20)
B_2	$\frac{1}{2}(B+B_1)$
d_4	M6～M8，螺钉数4～6个
R	5～10
h	3～5

注：材料Q235—A钢板或HT150。

21.2　通　气　器

表21-2　简易通气塞　　(单位：mm)

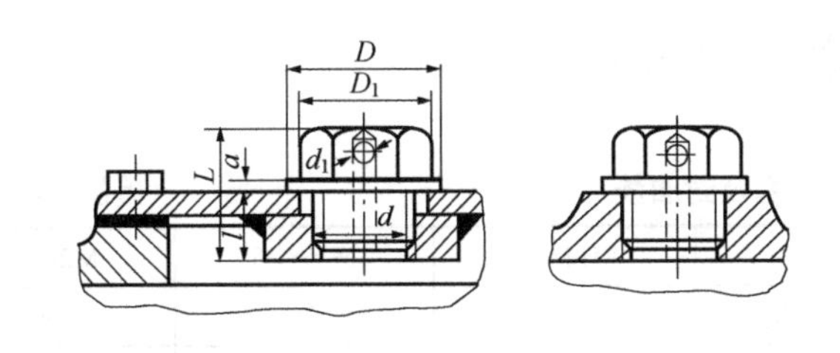

d	D	D_1	S	L	l	a	d_1
M12×1.25	18	16.5	14	19	10	2	4
M16×1.5	22	19.6	17	23	12	2	5
M20×1.5	30	25.4	22	28	15	4	6
M22×1.5	32	25.4	22	29	15	4	7
M27×1.5	38	31.2	27	34	18	4	8

注：材料Q235-A。

表21-3　带过滤网的通气器　　(单位：mm)

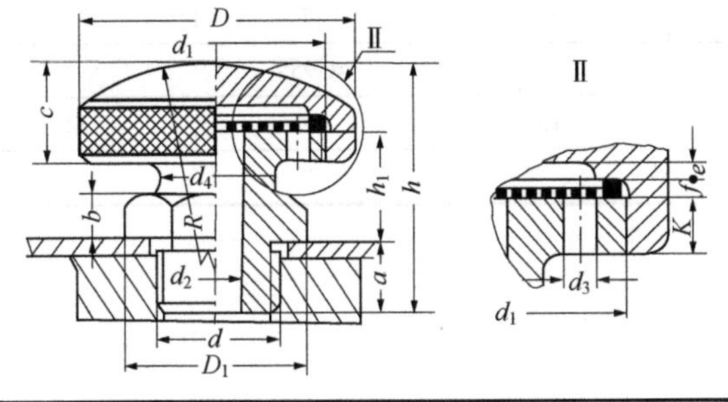

d	d_1	d_2	d_3	d_4	D	h	a	b
M18×1.5	M33×1.5	8	3	16	40	40	12	7
M27×1.5	M48×1.5	12	4.5	24	60	54	15	10

d	C	h_1	R	D_1	S	K	e	f
M18×1.5	16	18	40	25.4	22	6	2	2
M27×1.5	22	24	60	39.6	32	7	2	2

注：S为扳手开口宽。

21.3　轴　承　盖

表 21-4　螺钉连接式轴承盖　　(单位：mm)

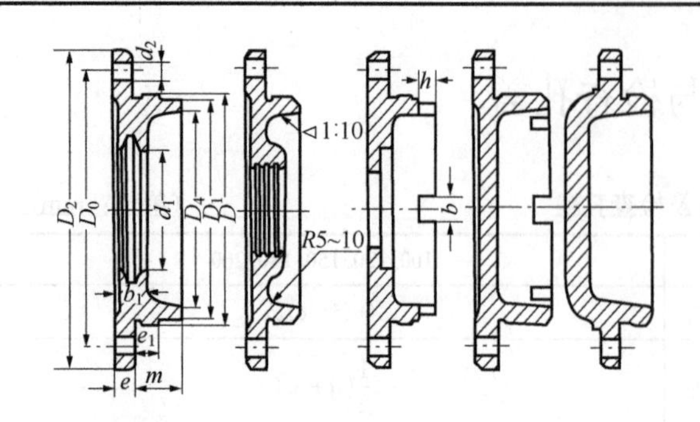

$d_2=d_3+1$mm
$D_0=D+2.5d_3$
$D_2=D_0+2.5d_3$
$e=1.2d_3$
$e_1 \geqslant e$
m 由结构确定
$D_1=D-(3\sim4)$ mm
$D_4=D-(10\sim15)$ mm
b_1、d_1 由密封尺寸确定
$b=5\sim10$mm
$h=(0.8\sim1)b$

d_3 为端盖连接螺钉直径，尺寸见下表

轴承外径 D	螺钉直径 d_3	端盖上螺钉数目
45～65	6	6
70～100	8	
110～140	10	
150～230	12～16	

注：材料 HT150。

表 21-5　嵌入式轴承盖　　(单位：mm)

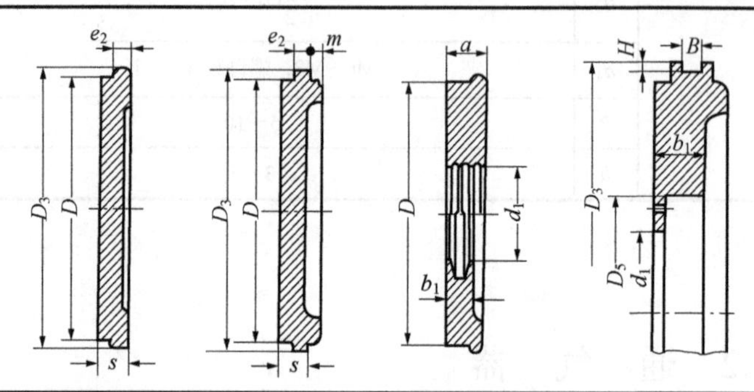

$e_2=5\sim10$mm
$s=10\sim15$mm
m 由结构确定
$D_3=D+e_2$
装有 O 形圈的，按 O 形圈外径取整
D_5、d_1、b_1 等由密封尺寸确定
H、B 按 O 形圈沟槽尺寸确定
a 由结构确定

注：材料 HT150 或 Q235-A。

21.4　螺塞及封油垫

表 21-6　螺塞及封油垫　　(单位：mm)

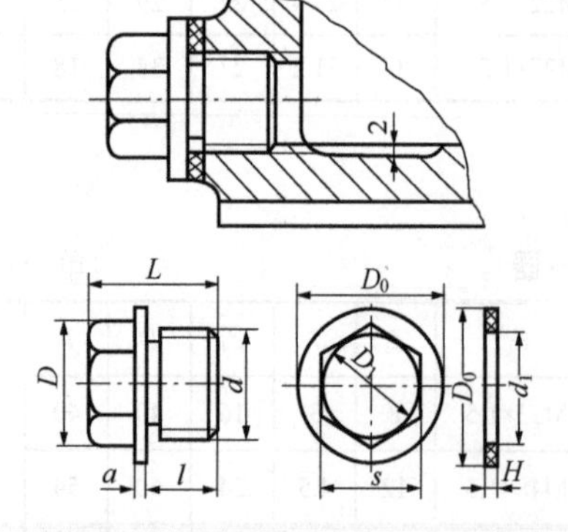

d	M14×1.5	M16×1.5	M20×1.5
D_0	22	26	30
L	22	23	28
l	12	12	15
a	3	3	4
D	19.6	19.6	25.4
S	17	17	22
D_1	≈0.95S		
d_1	15	17	22
H	2		

注：封油垫材料：石棉橡胶板，工业用革；螺塞材料：Q235-A。

21.5　挡　油　盘

表 21-7　挡油盘

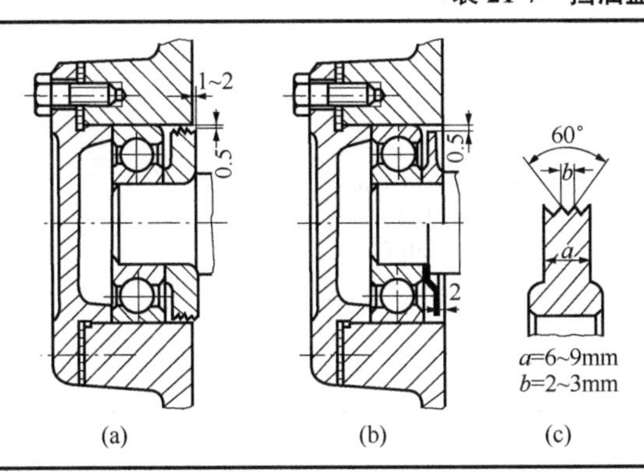

1. 方案(a)用于防止轴承中的润滑脂被箱中的润滑油稀释而流失。它密封效果较好。方案(a)为车制的，材料 Q235-A。图(c)为方案(a)的放大图。

2. 方案(b)用于防止齿轮啮合时挤出的稀油进入轴承。方案(b)是用 Q235-A 钢板冲压而成

21.6　启 箱 螺 钉

表 21-8　启箱螺钉(摘自 GB/T 85—2018)　　(单位：mm)

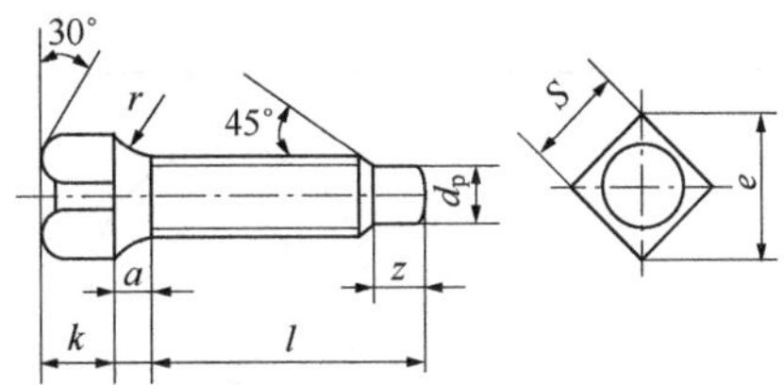

标记示例：
规格 d=M10，公称长度 l=30mm，性能等级 33H，表面氧化的长圆柱端紧定螺钉
螺钉 GB/T 85—2018　M10×30

螺纹规格 d		M5	M6	M8	M10	M12	M16	M20
d_p　max		3.5	4	5.5	7	8.5	12	15
l　min		6	7.3	9.7	12.2	14.7	20.9	27.1
k　公称		5	6	7	8	10	14	18
S　公称		5	6	8	10	12	17	22
z　min		2.5	3	4	5	6	8	10
l　范围		12～30	12～30	14～40	20～50	25～60	25～80	40～100
l　系列(公称)		8、10、12、(14)、16、20～50(5 进位)、(55)、60～100(10 进位)						
性能等级	钢	33H、45H						
	不锈钢	A1-50、C4-50						
表面处理	钢	(1) 氧化；(2) 镀锌钝化						
	不锈钢	不经处理						

注：本标准为方头长圆柱端紧定螺钉，可作为启箱螺钉使用。

21.7 起吊装置

表 21-9 吊耳和吊钩

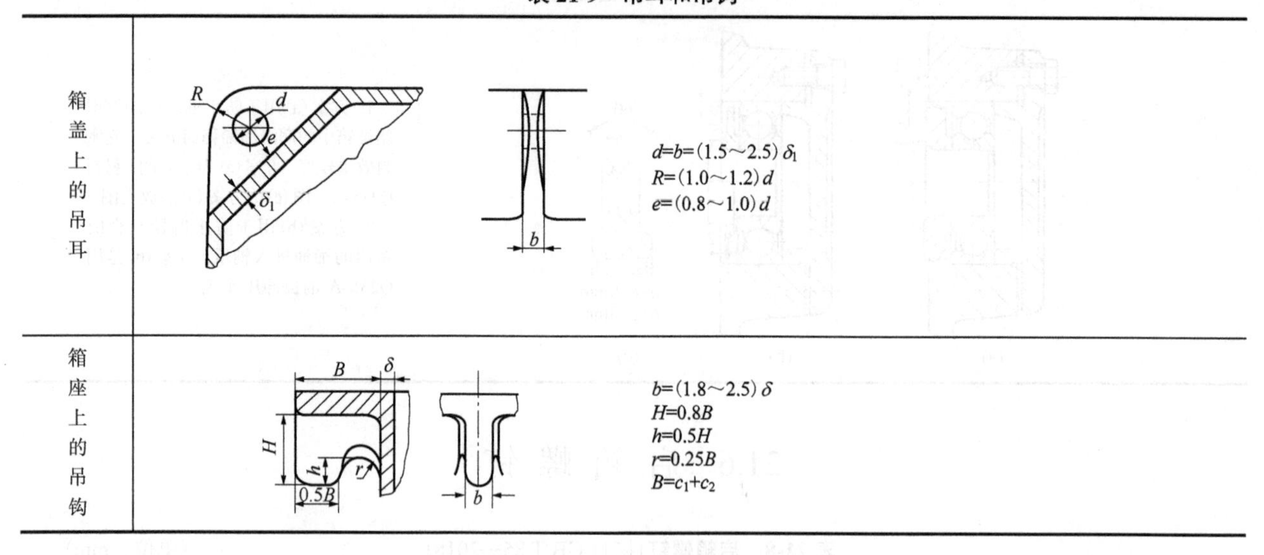

箱盖上的吊耳
R
d
e
δ1
b
d=b=(1.5～2.5) δ1
R=(1.0～1.2) d
e=(0.8～1.0) d
箱座上的吊钩
B
δ
H
h
r
0.5B
b
b=(1.8～2.5) δ
H=0.8B
h=0.5H
r=0.25B
B=c1+c2

表 21-10 吊环螺钉(GB/T 825—1988)　　(单位：mm)

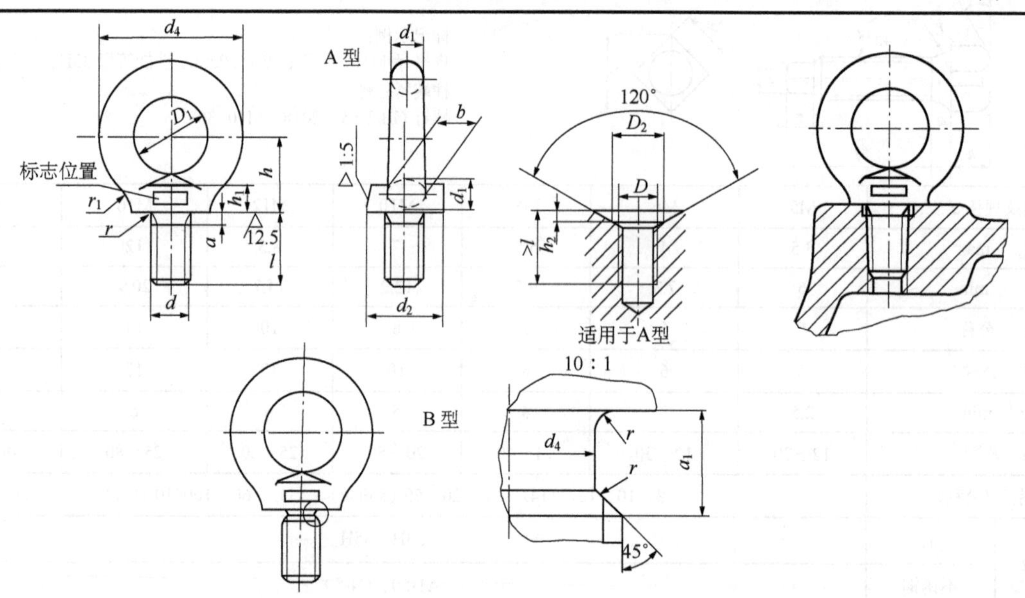

标记示例：

规格为 20mm、材料为 20 钢、经正火处理、不经表面处理的 A 型吊环螺钉　螺钉 GB/T 825—1988 M20

螺纹规格	d	M8	M10	M12	M16	M20	M24	M30
d_1	max	9.1	11.1	13.1	15.2	17.4	21.4	25.7
D_1	公称	20	24	28	34	40	48	56
d_2	max	21.1	25.1	29.1	35.2	41.4	49.4	57.7
h_1	max	7	9	11	13	15.1	19.1	23.2
h		18	22	26	31	36	44	53
d_4	参考	36	44	52	62	72	88	104
r_1		4	4	6	6	8	12	15
r	min			1			2	

续表

螺纹规格	d	M8	M10	M12	M16	M20	M24	M30
l	公称	16	20	22	28	35	40	45
a_1	max	3.75	4.5	5.25	6	7.5	9	10.5
a	max	2.5	3	3.5	4	5	6	7
b	max	10	12	14	16	19	24	28
d_3	公称(max)	6	7.7	9.4	13	16.4	19.6	25
D_2	公称(min)	13	15	17	22	28	32	38
h_2	公称(min)	2.5	3	3.5	4.5	5	7	8
最大起重量 W/kN	单螺钉起吊	1.6	2.5	4	6.3	10	16	25
	双螺钉起吊	0.8	1.25	2	3.2	5	8	12.5

一级圆柱齿轮减速器					
a	100	160	200	250	315
W/t	0.026	0.105	0.21	0.40	0.80

二级圆柱齿轮减速器					
a	100×140	140×200	180×280	200×280	250×355
W/t	0.10	0.26	0.48	0.68	1.25

注：1. 减速器质量 W 与中心距参考关系为软齿面减速器。

2. 螺钉采用 20 或 25 钢制造，螺纹公差为 8g。

3. 表中螺纹规格 d 均为商品规格。

第 22 章　常用传动零件的结构

22.1　圆柱齿轮的结构

表 22-1　圆柱齿轮的结构

序号	结构形式	结构尺寸
1	齿轮轴	当 $d_a<2d$ 或 $e\leqslant 2.5m_n$ 时，应将齿轮做成齿轮轴
2	实心齿轮	$d_a\leqslant 200$mm 时，可采用实心齿轮结构，用轧制圆钢或锻钢制造
3	腹板式齿轮	$d_a<500$mm 时，常用锻钢或铸钢制成腹板式结构 $D_3=1.6d_s$（钢） $D_3=1.7d_s$（铸铁） $D_2=(0.25\sim0.35)(D_0-D_3)$（铸造） $D_2=15\sim25$mm（锻造） $D_1=(D_0+D_3)/2$ $D_0=d_a-(10\sim14)m_n$，$n_1=0.5m_n$ $r\approx 0.5C$，$C=(0.2\sim0.3)B$

续表

序号	结构形式	结构尺寸
4	轮辐式齿轮	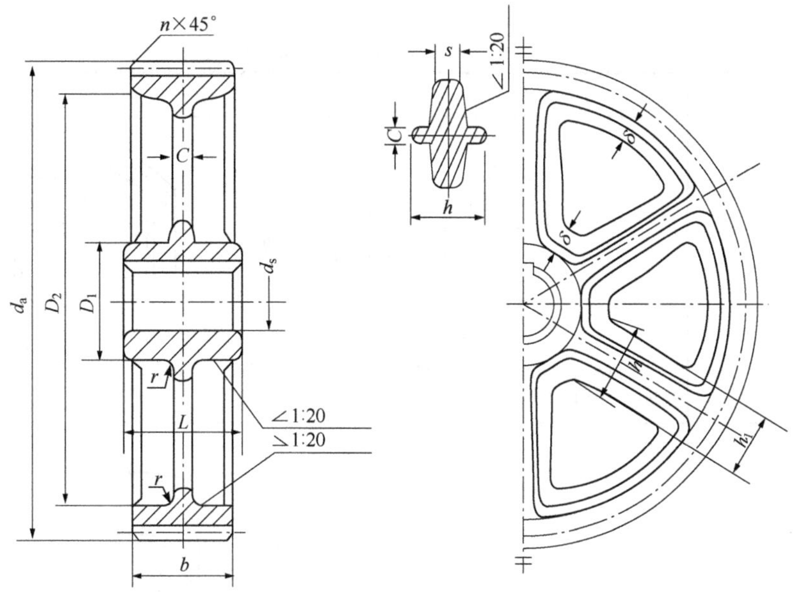 d_a>400～1000mm 时，可采用轮辐式结构 $D_2=d_a-10m_n$，$D_1=1.6d_s$(铸钢)，$D_1=1.8d_s$(铸铁)，$h=0.8d_s$，$h_1=0.8h$，$\delta_s=0.2d_s$ $S=\frac{h}{6}$，$C=\frac{h}{5}$，$L=(1.2\sim1.5)d_s$，$n=0.5m_n$，$r=0.5C$
5	组合式齿轮	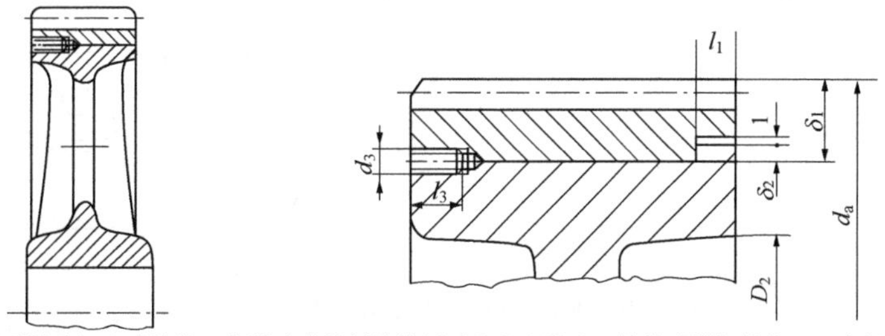 齿轮尺寸很大时，可做成组合式结构，将锻造或轧制轮缘用过盈配合装配于铸铁或锻钢轮芯上。为保证连接可靠，在接合缝上加紧定螺钉。轮芯的结构尺寸参见轮辐式齿轮结构。轮缘尺寸如下： $\delta_1=5m_n$，$D_2=d_a-18m_n$，$\delta_2=0.2\delta_1$，$l_1=0.28\delta_1$，$d_3=0.05d_s$，$l_3=0.15d_s$ d_s为轴的直径
6	焊接齿轮	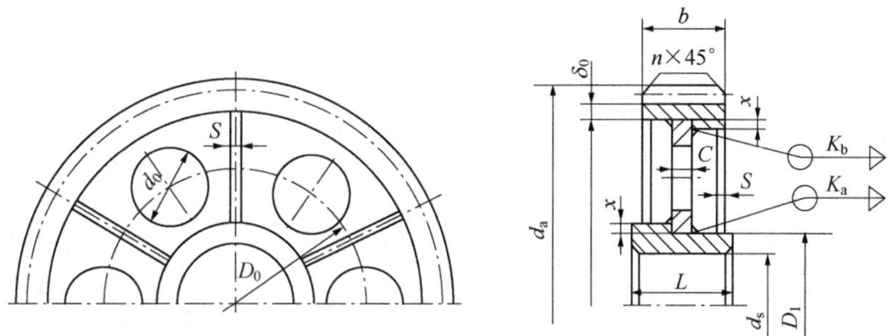 d_a>400mm 时，可以采用焊接齿轮结构 $D_1=1.6d_s$，$l=(1.2\sim1.5)d_s$，$l\geqslant b$ $\delta_0=2.7m_n$，但不小于 8mm x=5mm，$n=0.5m_n$，$C=(0.1\sim0.5)b$，不小于 8mm $S=0.8C$，$n=0.5m_n$，$D_0=0.5(D_1+D_2)$，$d_0=0.2(D_2-D_1)$ $K_a=0.1d_s$，$K_b=0.5d_s$，但不小于 4mm

22.2 圆锥齿轮的结构

表 22-2　圆锥齿轮结构

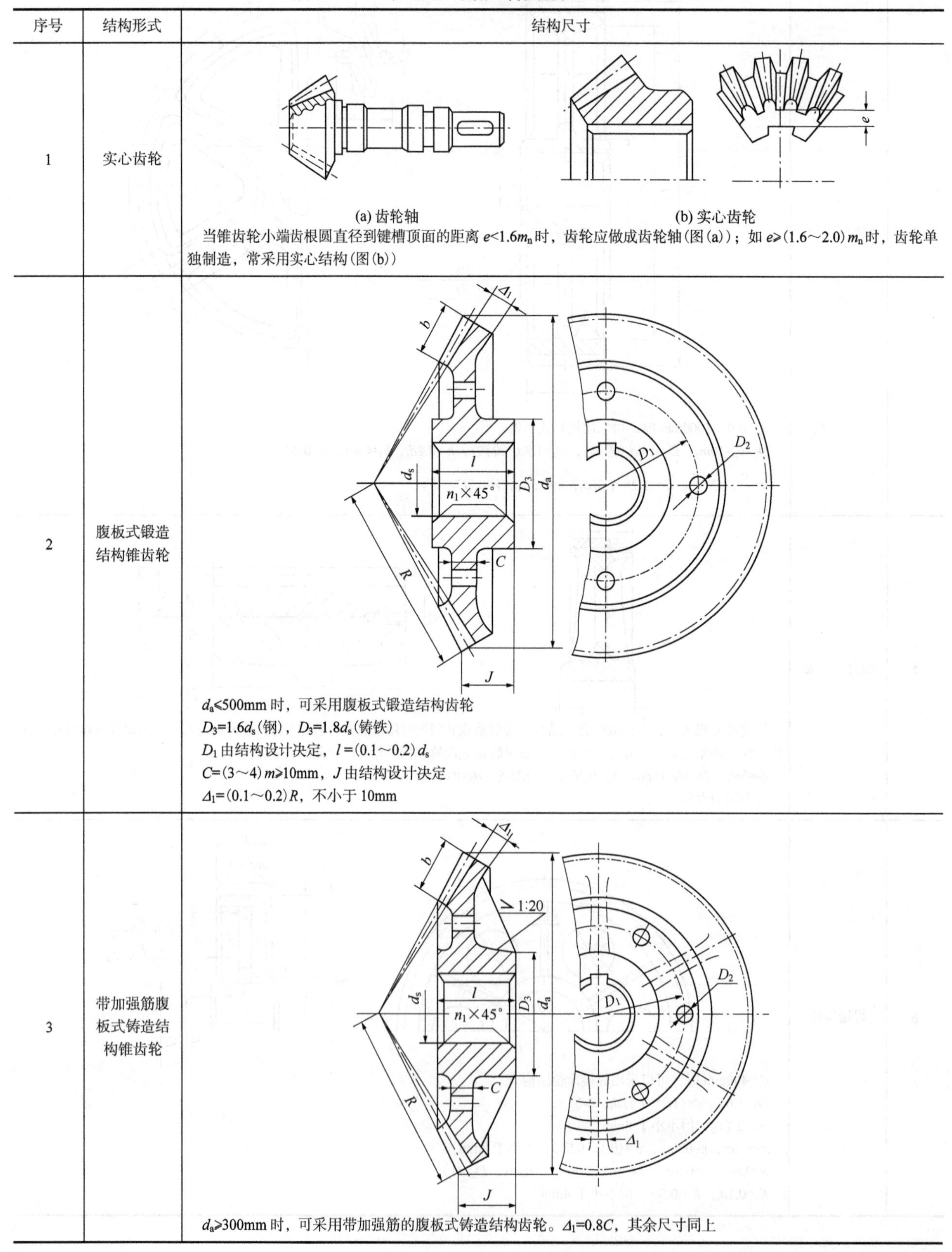

序号	结构形式	结构尺寸
1	实心齿轮	(a) 齿轮轴　(b) 实心齿轮 当锥齿轮小端齿根圆直径到键槽顶面的距离 $e<1.6m_n$ 时，齿轮应做成齿轮轴(图(a))；如 $e\geqslant(1.6\sim2.0)m_n$ 时，齿轮单独制造，常采用实心结构(图(b))
2	腹板式锻造结构锥齿轮	$d_a\leqslant500$mm 时，可采用腹板式锻造结构齿轮 $D_3=1.6d_s$(钢)，$D_3=1.8d_s$(铸铁) D_1 由结构设计决定，$l=(0.1\sim0.2)d_s$ $C=(3\sim4)m\geqslant10$mm，J 由结构设计决定 $\Delta_1=(0.1\sim0.2)R$，不小于 10mm
3	带加强筋腹板式铸造结构锥齿轮	$d_a\geqslant300$mm 时，可采用带加强筋的腹板式铸造结构齿轮。$\Delta_1=0.8C$，其余尺寸同上

22.3　蜗轮、蜗杆的结构

22.3.1　蜗杆的结构

蜗杆一般与轴制成一体，分为铣制蜗杆(图 22-1(a))和车制蜗杆(图 22-1(b))，车制蜗杆的轴径 $d=d_{f1}-(2\sim4)$ mm，铣制蜗杆的轴径 d 可大于 d_{f1}。个别情况下($d_{f1}/d\geqslant1.7$ 时)可采用蜗杆齿圈装配于蜗杆轴上。

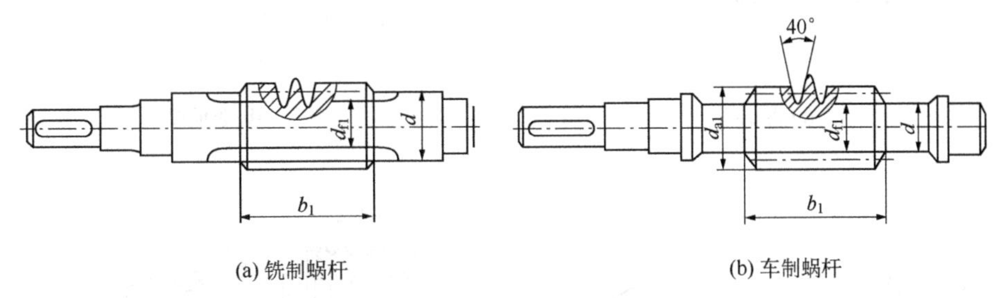

(a) 铣制蜗杆　　(b) 车制蜗杆

图 22-1　蜗杆的结构

22.3.2　蜗轮的结构

表 22-3　蜗轮的结构

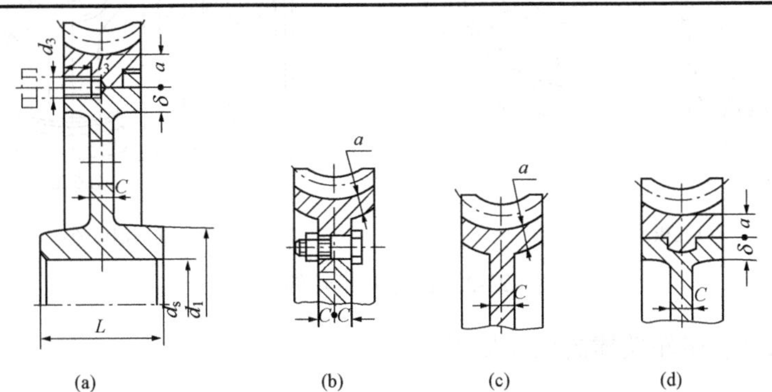

$L=(1.2\sim1.8)d_s$，$d_1=(1.6\sim1.8)d_s$，$d_3=(1.2\sim1.5)m\geqslant6$mm，$l_3=3d_s$ 或 $l_3=(0.3\sim0.4)b$，$a=\delta=2m\geqslant10$mm，$C=1.5m\geqslant6$mm，m 为模数，b 为齿宽

结构型式	特点
(a) 齿圈式	青铜轮缘与铸铁轮芯通常采用 H7/r6(或 H7/s6)配合，并加台肩和螺钉紧固，增强连接的可靠性，螺钉直径取$(1.2\sim1.5)m$，旋入深度为$(0.3\sim0.4)b$，螺钉轴线向较硬的轮芯侧偏移 2～3mm。用于尺寸不大或温差变化较小处
(b) 螺栓连接式	青铜轮缘与铸铁轮芯用加强杆螺栓连接，螺栓孔需同时铰制，其配合为 H7/m6。螺栓数按剪切强度计算，并校核轮缘材料的挤压强度。许用挤压应力$\sigma_p=0.3\sigma_s$。σ_s为轮缘材料的屈服限
(c) 整体式	直径小于 100mm 时，可用青铜铸成整体，当齿面滑动速度 $v_s\leqslant2$m/s 时，可用铸铁铸成整体
(d) 镶铸式	青铜轮缘镶铸于铸铁轮芯上，并在轮芯外缘上预制出榫槽，以防滑动，适用于批量生产

22.4　V 带轮的结构

V 带轮可用铸铁(或铸钢)铸造或钢板冲压焊接结构，铸造带轮的结构如图 22-2，带轮基准直径 $d_d\leqslant(2.5\sim3)d$(d 为轴径，mm)时，采用实心式结构(图 22-2(a))；$d_d<300$mm 时，可采用腹板式(图 22-2(b))；$d_d-d_1\geqslant100$mm 时，可采用孔板式(图 22-2(c))，$d_d>300$mm 时，可采用轮辐式(图 22-2(d))。

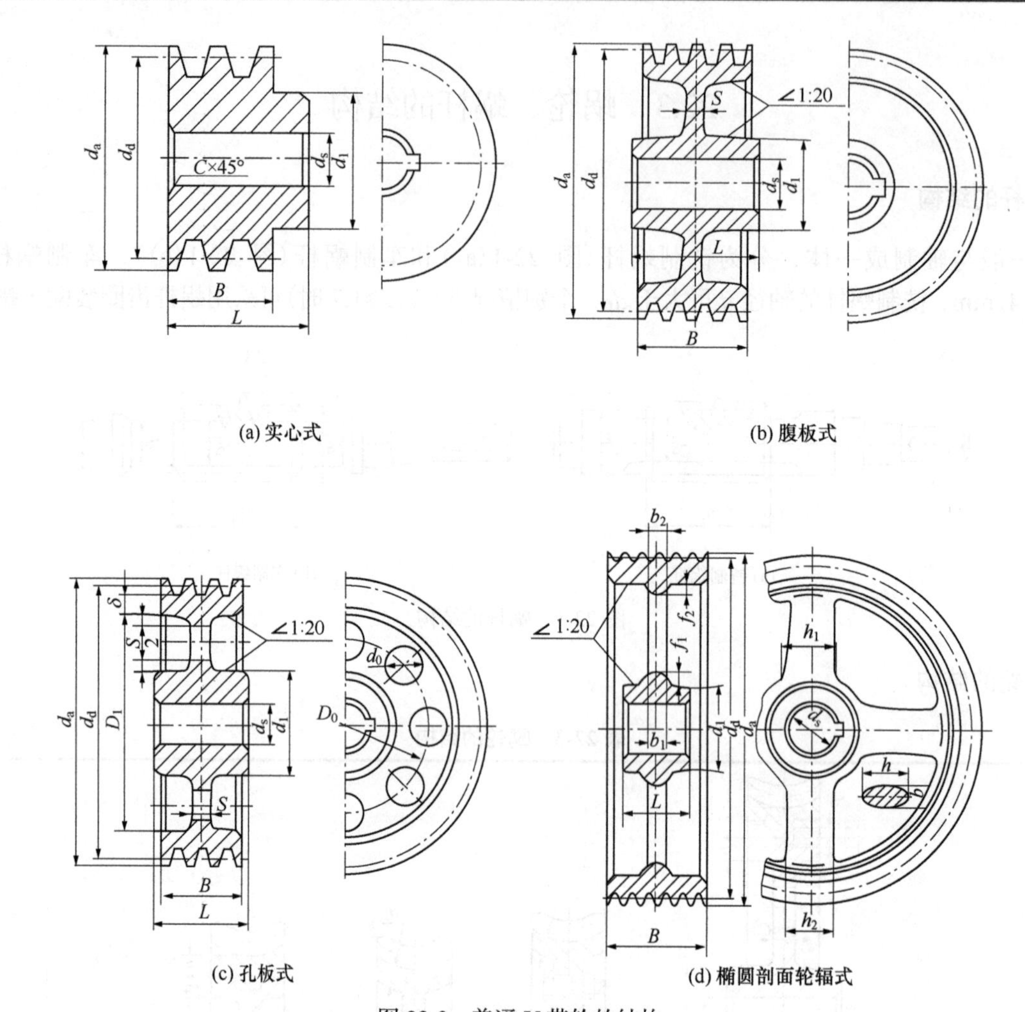

图 22-2　普通 V 带轮的结构

带轮的尺寸见表 22-4。带轮轮槽的尺寸见表 22-5。

表 22-4　普通 V 带轮的结构尺寸

结构尺寸	计算用经验公式							
d_1	$(1.8\sim2)d_s$，d_s为轴径							
D_0	$0.5(D_1+d_1)$							
d_0	$(0.2\sim0.3)(D_1-d_1)$							
L	$(1.5\sim2)d_s$，当 $B<1.5d_s$ 时 $L=B$							
S	型号	Y	Z	A	B	C	D	E
	S_{min}	6	8	10	14	18	22	28
h_1	$\sqrt[2]{\dfrac{F_e d_d}{0.8Z_a}}$，$F_e$为有效圆周力，$d_d$为计算直径，$Z_a$为轮辐数							
h_2	$0.8h_1$							
b_1	$0.4h_1$							
b_2	$0.8b_1$							
f_1	$0.2h_1$							
f_2	$0.2h_2$							

注：表中符号与带轮结构图对应。

表 22-5　普通 V 带带轮轮槽尺寸　　　　（单位：mm）

槽型剖面尺寸			型号						
			Y	Z	A	B	C	D	E
h_e			6.3	9.5	12	15	20	28	33
h_{amin}			1.6	2.0	2.75	3.5	4.8	8.1	9.6
e			8	12	15	19	25.5	37	44.5
f			7	8	10	12.5	17	23	29
b_d			5.3	8.5	11	14	19	27	32
δ			5	5.5	6	7.5	10	12	15
B			$B=(z-1)e+2f$，　z 为带根数						
φ	32°	d_d	≤60						
	34°			≤80	≤118	≤190	≤315		
	36°		>60					≤475	≤600
	38°			>80	>118	>190	>315	>475	>600

22.5　链轮的结构

链轮轮芯结构见图 22-3，小直径链轮制成整体式（图 22-3（a）），中等尺寸链轮制成孔板式（图 22-3（b）），大直径链轮制成连接式（图 22-3（c）、（d））。

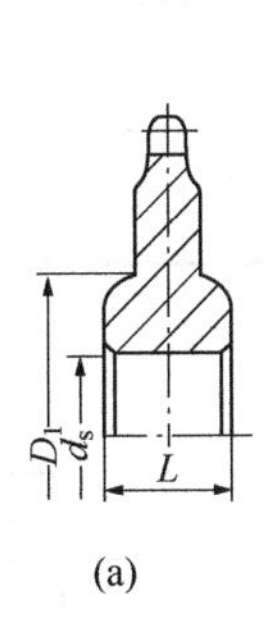

(a)

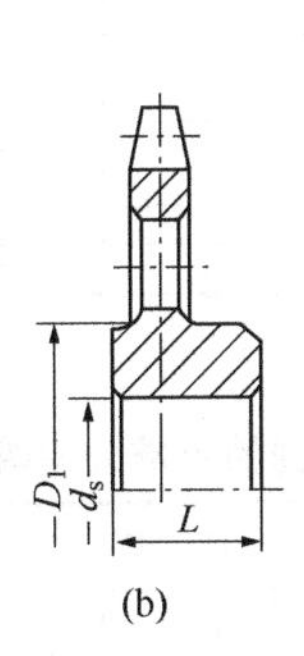

(b)

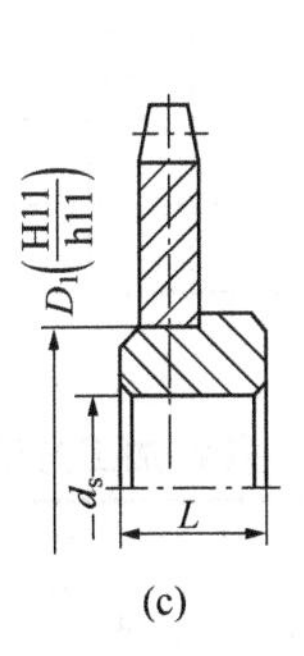

(c)

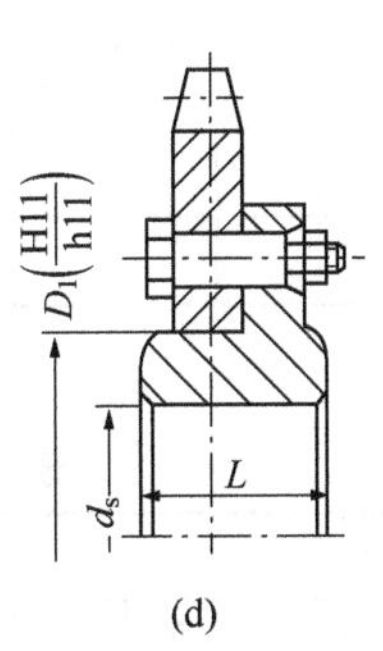

(d)

图 22-3　链轮的结构

$L=(1.5\sim2)d_s$；$D_1=(1.6\sim2)d_s$；d_s 为轴孔直径

第 23 章　极限与配合、形状与位置公差和表面粗糙度

23.1　极限与配合名词与代号说明

表 23-1　标准公差和基本偏差代号(摘自 GB/T 1800.1—2009)

名称		代号
标准公差		IT1，IT2，⋯，IT18　共分 18 级
基本偏差	孔	A，B，C，CD，D，E，EF，F，FG，G，H，J，JS，K，M，N，P，R，S，T，U，V，X，Y，Z，ZA，ZB，ZC
	轴	a，b，c，cd，d，e，ef，f，fg，g，h，j，js，k，m，n，p，r，s，t，u，v，x，y，z，za，zb，zc

表 23-2　标准公差等级的应用

应用	IT 等级																			
	01	0	1	2	3	4	5	6	7	8	9	10	11	12	13	14	15	16	17	18
量块	—	—	—																	
量规			—	—	—	—	—	—	—											
配合尺寸							—	—	—	—	—	—	—	—	—					
特别精密零件的配合				—	—	—	—													
非配合尺寸														—	—	—	—	—	—	—
原材料公差										—	—	—	—	—	—	—				

表 23-3　各种加工方法能达到的标准公差等级

加工方法	IT 等级																	
	01	0	1	2	3	4	5	6	7	8	9	10	11	12	13	14	15	16
研磨	—	—	—	—	—	—	—											
珩						—	—	—	—									
内、外圆磨							—	—	—	—								
平面磨							—	—	—	—								
金刚石车							—	—	—									
金刚石镗							—	—	—									
拉削							—	—	—	—								
铰孔								—	—	—	—	—						
车									—	—	—	—	—					
镗									—	—	—	—	—					
铣										—	—	—	—					
刨插												—	—					
钻孔												—	—	—	—			
滚压、挤压												—	—					
冲压												—	—	—	—	—		

表 23-4　配合种类及代号(摘自 GB/T 1800.1—2009)

种类	基孔制 H	基轴制 h	说明
间隙配合	a，b，c，cd，d，e，ef，f，fg，g，h	A，B，C，CD，D，E，EF，F，FG，G，H	间隙依次渐小
过渡配合	j，js，k，m，n	J，JS，K，M，N	依次渐紧
过盈配合	p，r，s，t，u，v，x，y，z，za，zb，zc	P，R，S，T，U，V，X，Y，Z，ZA，ZB，ZC	依次渐紧

23.2　标准公差值和孔、轴的极限偏差值

表 23-5　公称尺寸至 500mm 标准公差数值(摘自 GB/T 1800.2—2009)

公称尺寸/mm	标准公差等级/μm							
	IT5	IT6	IT7	IT8	IT9	IT10	IT11	IT12
≤3	4	6	10	14	25	40	60	100
>3～6	5	8	12	18	30	48	75	120
>6～10	6	9	15	22	36	58	90	150
>10～18	8	11	18	27	43	70	110	180
>18～30	9	13	21	33	52	84	130	210
>30～50	11	16	25	39	62	100	160	250
>50～80	13	19	30	46	74	120	190	300
>80～120	15	22	35	54	87	140	220	350
>120～180	18	25	40	63	100	160	250	400
>180～250	20	29	46	72	115	185	290	460
>250～315	23	32	52	81	130	210	320	520
>315～400	25	36	57	89	140	230	360	570
>400～500	27	40	63	97	155	250	400	630

表 23-6　公称尺寸由大于 10～315mm 孔的极限偏差值(摘自 GB/T 1800.2—2009)　(单位：μm)

公差带	等级	公称尺寸/mm							
		>10～18	>18～30	>30～50	>50～80	>80～120	>120～180	>180～250	>250～315
D	7	+68 +50	+86 +65	+105 +80	+130 +100	+155 +120	+185 +145	+216 +170	+242 +190
	8	+77 +50	+98 +65	+119 +80	+146 +100	+174 +120	+208 +145	+242 +170	+271 +190
	9	+93 +50	+117 +65	+142 +80	+174 +100	+207 +120	+245 +145	+285 +170	+320 +190
	10	+120 +50	+149 +65	+180 +80	+220 +100	+260 +120	+305 +145	+355 +170	+400 +190
	11	+160 +50	+195 +65	+240 +80	+290 +100	+340 +120	+395 +145	+460 +170	+510 +190
E	6	+43 +32	+53 +40	+66 +50	+79 +60	+94 +72	+110 +85	+129 +100	+142 +110
	7	+50 +32	+61 +40	+75 +50	+90 +60	+107 +72	+125 +85	+146 +100	+162 +110
	8	+59 +32	+73 +40	+89 +50	+106 +60	+126 +72	+148 +85	+172 +100	+191 +110

续表

公差带	等级	公称尺寸/mm							
		>10～18	>18～30	>30～50	>50～80	>80～120	>120～180	>180～250	>250～315
E	9	+75 +32	+92 +40	+112 +50	+134 +60	+159 +72	+185 +85	+215 +100	+240 +110
	10	+102 +32	+124 +40	+150 +50	+180 +60	+212 +72	+245 +85	+285 +100	+320 +110
F	6	+27 +16	+33 +20	+41 +25	+49 +30	+58 +36	+68 +43	+79 +50	+88 +56
	7	+34 +16	+41 +20	+50 +25	+60 +30	+71 +36	+83 +43	+96 +50	+108 +56
	8	+43 +16	+53 +20	+64 +25	+76 +30	+90 +36	+106 +43	+122 +50	+137 +56
	9	+59 +16	+72 +20	+87 +25	+104 +30	+123 +36	+143 +43	+165 +50	+186 +56
H	5	+8 0	+9 0	+11 0	+13 0	+15 0	+18 0	+20 0	+23 0
	6	+11 0	+13 0	+16 0	+19 0	+22 0	+25 0	+29 0	+32 0
	7	+18 0	+21 0	+25 0	+30 0	+35 0	+40 0	+46 0	+52 0
	8	+27 0	+33 0	+39 0	+46 0	+54 0	+63 0	+72 0	+81 0
	9	+43 0	+52 0	+62 0	+74 0	+87 0	+100 0	+115 0	+130 0
	10	+70 0	+84 0	+100 0	+120 0	+140 0	+160 0	+185 0	+210 0
	11	+110 0	+130 0	+160 0	+190 0	+220 0	+250 0	+290 0	+320 0
JS	6	±5.5	±6.5	±8	±9.5	±11	±12.5	±14.5	±16
	7	±9	±10	±12	±15	±17	±20	±23	26
	8	±13	±16	±19	±23	±27	±31	±36	±40
	0	±21	±26	±31	±37	±43	±50	±57	±65
N	7	−5 −23	−7 −28	−8 −33	−9 −10	−10 −45	−12 −52	−14 −60	−14 −66
	8	−3 −30	−3 −36	−3 −42	−4 −50	−4 −58	−4 −67	−5 −77	−5 −86
	9	0 −43	0 −52	0 −62	0 −74	0 −87	0 −100	0 −115	0 −130
	10	0 −70	0 −84	0 −100	0 −120	0 −140	0 −160	0 −185	0 −210
	11	0 −110	0 −130	0 −160	0 −190	0 −220	0 −250	0 −290	0 −320

表 23-7　公称尺寸由大于 10～315mm 轴的极限偏差值(摘自 GB/T 1800.2—2009)　(单位：μm)

公差带	等级	公称尺寸/mm														
		>10～18	>18～30	>30～50	>50～65	>65～80	>80～100	>100～120	>120～140	>140～160	>160～180	>180～200	>200～225	>225～250	>250～280	>280～315
d	6	−50 −66	−65 −78	−80 −96	−100 −119		−120 −142		−145 −170			−170 −199			−190 222	
	7	−50 −68	−65 −86	−80 −105	−100 −130		−120 −155		−145 −185			−170 −216			−190 −242	

续表

公差带	等级	公称尺寸/mm														
		>10~ 18	>18~ 30	>30~ 50	>50~ 65	>65~ 80	>80~ 100	>100~ 120	>120~ 140	>140~ 160	>160~ 180	>180~ 200	>200~ 225	>225~ 250	>250~ 280	>280~ 315
d	8	−50 −77	−65 −98	−80 −119	−100 −146		−120 −174		−145 −208			−170 −242			−190 −271	
	9	−50 −93	−65 −117	−80 −142	−100 −174		−120 −207		−145 −245			−170 −285			−190 −320	
	10	−50 −120	−65 −149	−80 −180	−100 −220		−120 −260		−145 −305			−170 −355			−190 −440	
	11	−50 −160	−65 −195	−80 −240	−100 −290		−120 −340		−145 −395			−170 −460			−190 −510	
f	7	−16 −34	−20 −41	−25 −50	−30 −60		−36 −71		−43 −83			−50 −96			−56 −108	
	8	−16 −43	−20 −53	−25 −64	−30 −76		−36 −90		−73 −106			−50 −122			−56 −137	
	9	−16 −59	−20 −72	−25 −87	−30 −104		−36 123		−43 −143			−50 −165			−56 −186	
g	5	−6 −14	−7 −16	−9 −20	−10 −23		−12 −27		−14 −32			−15 −35			−17 −40	
	6	−6 −17	−7 −20	−9 −25	−10 −29		−12 −34		−14 −39			−15 −44			−17 −49	
	7	−6 −24	−7 −28	−9 −34	−10 −40		−12 −47		−14 −54			−15 −61			−17 −69	
h	5	0 −8	0 −9	0 −11	0 −13		0 −15		0 −18			0 −20			0 −23	
	6	0 −11	0 −13	0 −16	0 −19		0 −22		0 −25			0 −29			0 −32	
	7	0 −18	0 −21	0 −25	0 −30		0 −35		0 −40			0 −46			0 −52	
	8	0 −27	0 −33	0 −39	0 −46		0 −54		0 −63			0 −72			0 −81	
	9	0 −43	0 −52	0 −62	0 −74		0 −87		0 −100			0 −115			0 −130	
	10	0 −70	0 −84	0 −100	0 −120		0 −140		0 −160			0 −185			0 −210	
	11	0 −110	0 −130	0 −160	0 −190		0 −220		0 −250			0 −290			0 −320	
js	5	±4	±4.5	±5.5	±6.5		±7.5		±9			±10			±11.5	
	6	±5.5	±6.5	±8	±9.5		±11		±12.5			±14.5			±16	
	7	±9	±10	±12	±15		±17		±20			±23			±26	
k	5	+9 +1	+11 +2	+13 +2	+15 +2		+18 +3		+21 +3			+24 +4			+27 +4	
	6	+12 +1	+15 +2	+18 +2	+21 +2		+25 +3		+28 +3			+33 +4			+36 +4	
	7	+19 +1	+23 +2	+27 +2	+32 +2		+38 +3		+43 +3			+50 +4			+56 +4	
m	5	+15 +7	+17 +8	+20 +9	+24 +11		+28 +13		+33 +15			+37 +17			+34 +20	

续表

公差带	等级	公称尺寸/mm														
		>10～18	>18～30	>30～50	>50～65	>65～80	>80～100	>100～120	>120～140	>140～160	>160～180	>180～200	>200～225	>225～250	>250～280	>280～315
m	6	+18 +7	+21 +8	+25 +9	+30 +11		+35 +13		+40 +15			+46 +17			+52 +20	
	7	+25 +7	+29 +8	+34 +9	+41 +11		+48 +13		+55 +15			+63 +17			+72 +20	
n	5	+20 +12	+24 +15	+28 +17	+33 +20		+38 +23		+45 +27			+51 +31			+57 +34	
	6	+23 +12	+28 +15	+33 +17	+39 +20		+45 +23		+52 +27			+60 +31			+66 +34	
	7	+30 +12	+36 +15	+42 +17	+50 +20		+58 +23		+67 +27			+77 +31			+86 +34	
p	5	+26 +18	+31 +22	+37 +26	+45 +32		+52 +37		+61 +43			+70 +50			+79 +56	
	6	+29 +18	+35 +22	+42 +26	+51 +32		+59 +37		+63 +43			+79 +50			+88 +56	
	7	+36 +18	+43 +22	+51 +26	+62 +32		+72 +37		+83 +43			+96 +50			+108 +56	
r	5	+31 +23	+37 +28	+45 +34	+54 +41	+56 +43	+66 +51	+69 +54	+81 +63	+83 +65	+86 +68	+97 +77	+100 +80	+104 +84	+117 +94	+121 +98
	6	+34 +23	+41 +28	+50 +34	+60 +41	+62 +43	+73 +51	+76 +54	+88 +63	+90 +65	+93 +68	+106 +77	+109 +80	+113 +84	+126 +94	+130 +98
	7	+41 +23	+49 +28	+59 +34	+71 +41	+73 +43	+86 +51	+89 +54	+103 +63	+105 +65	+108 +68	+123 +77	+126 +80	+130 +84	+146 +94	+150 +98

表 23-8　减速器主要零件的荐用配合

配合零件		荐用配合	备注
齿轮、链轮、带轮、蜗轮、联轴器和轴的配合	不拆卸的场合	$\frac{H7}{n6}$、$\frac{H7}{p6}$	$\frac{H7}{n6}$得到过盈的概率为 77.7%～82.4%，$\frac{H7}{p6}$为小过盈量的过盈配。配合紧密性优良，用铜锤或压力机装配，拆卸困难
	不常拆卸的场合	$\frac{H7}{m6}$	得到过盈的概率为 50%～61.1%，配合紧密性优良，用铜锤装配，拆卸困难。当配合长度大于直径的一倍半时，可代替$\frac{H7}{n6}$
	经常拆卸的场合	$\frac{H7}{k6}$	应用最广的一种过渡配合，得到过盈的概率为 41.7%～45%，手锤装配，拆卸方便
蜗轮轮缘和轮心的配合	齿圈压配式蜗轮	$\frac{H7}{s6}$、$\frac{H7}{r6}$	
	螺栓连接式蜗轮	$\frac{H7}{j6}$、$\frac{H7}{h6}$	
轴承盖与箱体孔(或轴承套杯)的配合		$\frac{H7}{d11}$	
轴承套杯与箱体孔的配合		$\frac{H7}{h6}$	最小间隙为零的间隙定位配合，有较好的同轴度。用于常拆卸，或在调整时需要移动或转动的连接
轴套、挡油盘、溅油盘与轴的配合		$\frac{H8}{h8}$、$\frac{D11}{k6}$、$\frac{F9}{k6}$	$\frac{H8}{h8}$适用于同轴度要求低，载荷不大，拆卸方便的场合

续表

配合零件	荐用配合	备注
嵌入式轴承盖的凸缘与箱体孔凸缘之间的配合	$\frac{H11}{h11}$	用于低精度、无相对运动的配合。如起重机链轮和轴，农业机械中不重要的齿轮与轴
轴与密封件接触的部位	f9h11	

注：滚动轴承与轴和孔的配合见表 18-5、表 18-6。

23.3　形状公差与位置公差(摘自 GB/T 1184—1996)

表 23-9　直线度、平面度公差　(单位：μm)

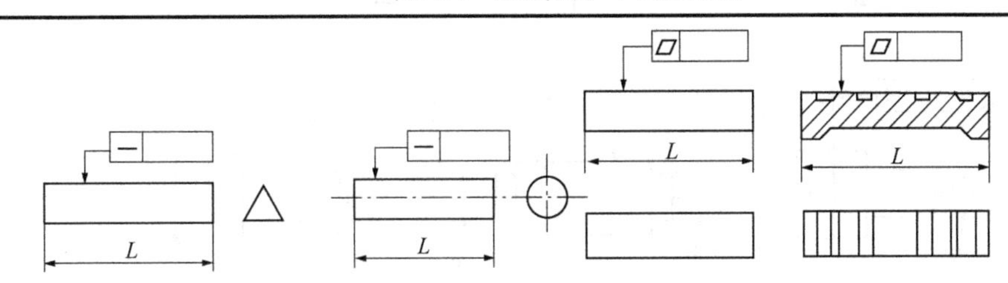

精度等级	主参数 L/mm										应用举例
	≤10	>10～16	>16～25	>25～40	>40～63	>63～100	>100～160	>160～250	>250～400	>400～630	
5	2	2.5	3	4	5	6	8	10	12	15	普通精度机床导轨
6	3	4	5	6	8	10	12	15	20	25	
7	5	6	8	10	12	15	20	25	30	40	轴承体支承面，减速机壳体，轴系支承轴承的接合面
8	8	10	12	15	20	25	30	40	50	60	

表 23-10　圆度、圆柱度公差　(单位：μm)

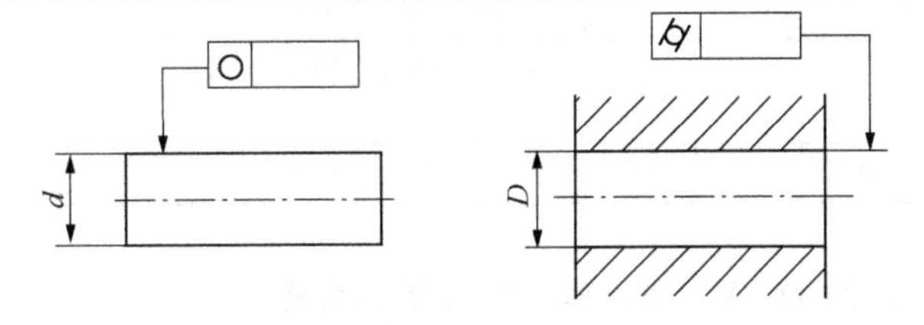

精度等级	主参数 d(D)/mm								应用举例	
	>6～10	>10～18	>18～30	>30～50	>50～80	>80～120	>120～180	>180～250		
5	1.5	2	2.5	2.5	3	4	5	7	通用减速机轴颈，一般机床主轴	安装 6(6x)级轴承的轴颈
6	2.5	3	4	4	5	6	8	10		安装 6(6x)级轴承的座孔，安装 0 级轴承的轴颈
7	4	5	6	7	8	10	12	14	千斤顶或压力油缸活塞，水泵及减速机轴颈，液压传动系统的分配机构	安装 0 级轴承的座孔
8	6	8	9	11	13	15	18	20		

表 23-11　同轴度、对称度、圆跳动和全跳动公差　（单位：μm）

主要参数 $d(D)$、B、L 图例

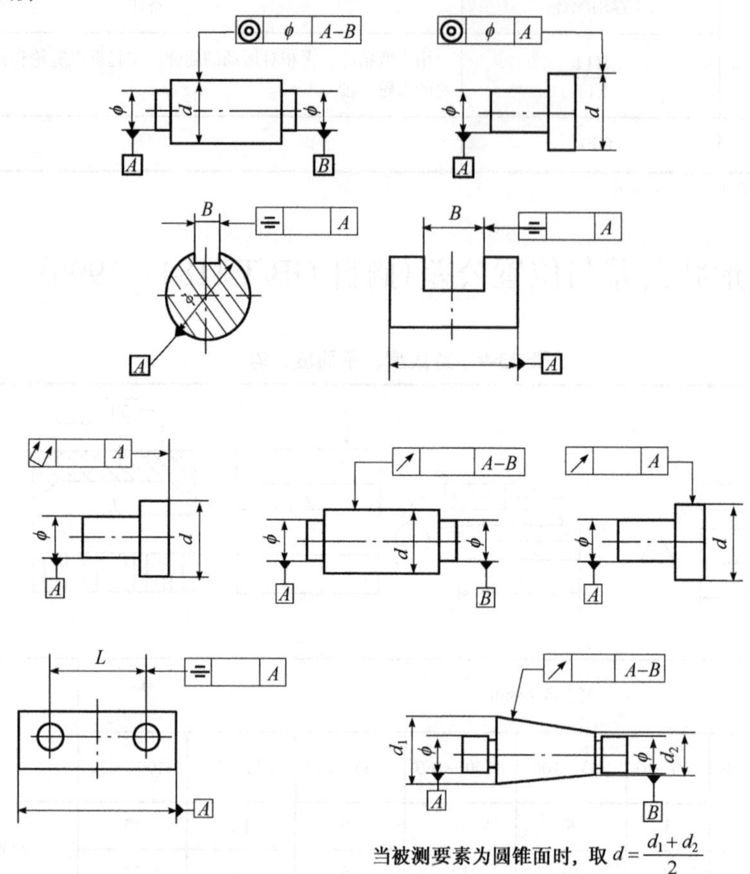

当被测要素为圆锥面时，取 $d=\frac{d_1+d_2}{2}$

精度等级	主参数 $d(D)$、B/mm							应用举例
	>6～10	>10～18	>18～30	>30～50	>50～120	>120～250	>250～500	
5	4	5	6	8	10	12	15	6 级精度齿轮与轴的配合面，跳动用于 6(6x) 级滚动轴承与轴的配合面
6	6	8	10	12	15	20	25	7 级精度齿轮与轴的配合面，跳动用于 6(6x) 级滚动轴承与座孔的配合面，0 级滚动轴承与轴的配合面
7	10	12	15	20	25	30	40	8 级精度齿轮与轴的配合面，高精度高转速的轴，跳动用于 0 级滚动轴承与座孔的配合面
8	15	20	25	30	40	50	60	9 级精度齿轮与轴的配合面

表 23-12　平行度、垂直度、倾斜度公差　（单位：μm）

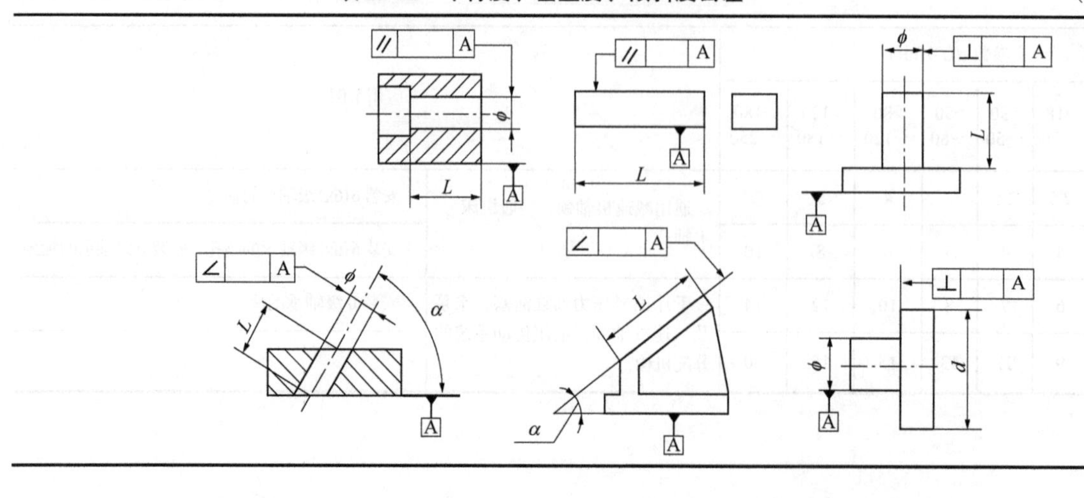

续表

精度等级	主参数 L，d(D)/mm										应用举例
	≤10	>10~16	>16~25	>25~40	>40~63	>63~100	>100~160	>160~250	>250~400	>400~630	
5	5	6	8	10	12	15	20	25	30	40	垂直度用于发动机轴和离合器的凸缘，装 P5、P6 级轴承和装 P4、P5 级轴承之箱体的凸肩； 平行度用于中等精度钻模的工作面，7～10 级精度齿轮传动壳体孔的中心线
6	8	10	12	15	20	25	30	40	50	60	
7	12	15	20	25	30	40	50	60	80	100	垂直度用于装 P6、P0 级轴承之壳体孔的轴线，按 h6 与 g6 连接的锥形轴减速机的机体孔中心线； 平行度用于重型机械轴承盖的端面、手动传动装置中的传动轴
8	20	25	30	40	50	60	80	100	120	150	

表 23-13　轴的形位公差推荐标注项目

类别	标注项目	精度等级	对工作性能的影响
形状公差	与滚动轴承相配合的直径的圆柱度	6	影响轴承与轴配合松紧及对中性，也会改变轴承内圈跑道的几何形状，缩短轴承寿命
位置公差	与滚动轴承相配合的轴颈表面对中心线的圆跳动	6	影响传动件及轴承的运转(偏心)
	轴承定位端面对中心线的垂直度或端面圆跳动	6	影响轴承的定位，造成轴承套圈歪斜；改变跑道的几何形状，恶化轴承的工作条件
	与齿轮等传动零件相配合表面对中心线的圆跳动	6～8	影响传动件的运转(偏心)
	齿轮等传动零件的定位端面对中心线的垂直度或端面圆跳动	6～8	影响齿轮等传动零件的定位及其受载均匀性
	键槽对轴中心线的对称度(要求不高时可不注)	7～9	影响键受载的均匀性及装拆的难易

表 23-14　箱体形位公差推荐标注项目

类别	标注项目	荐用精度等级	对工作性能的影响
形状公差	轴承座孔的圆柱度	7	影响箱体与轴承的配合性能及对中性
	分箱面的平面度	7	影响箱体剖分面的防渗漏性能及密合性
位置公差	轴承座孔中心线相互间的平行度	6①	影响传动零件的接触斑点及传动的平稳性
	轴承座孔的端面对其中心线的垂直度	7～8	影响轴承固定及轴向受载的均匀性
	锥齿轮减速器轴承座孔中心线相互间的垂直度	7	影响传动零件的传动平稳性和载荷分布的均匀性
	两轴承座孔中心线的同轴度	6～7	影响减速器的装配及传动零件载荷分布的均匀性

注：① 齿轮支撑轴承的座孔，应按齿轮轴线平行度公差确定，见表 24-16。

表 23-15　形位公差简化标注的规定

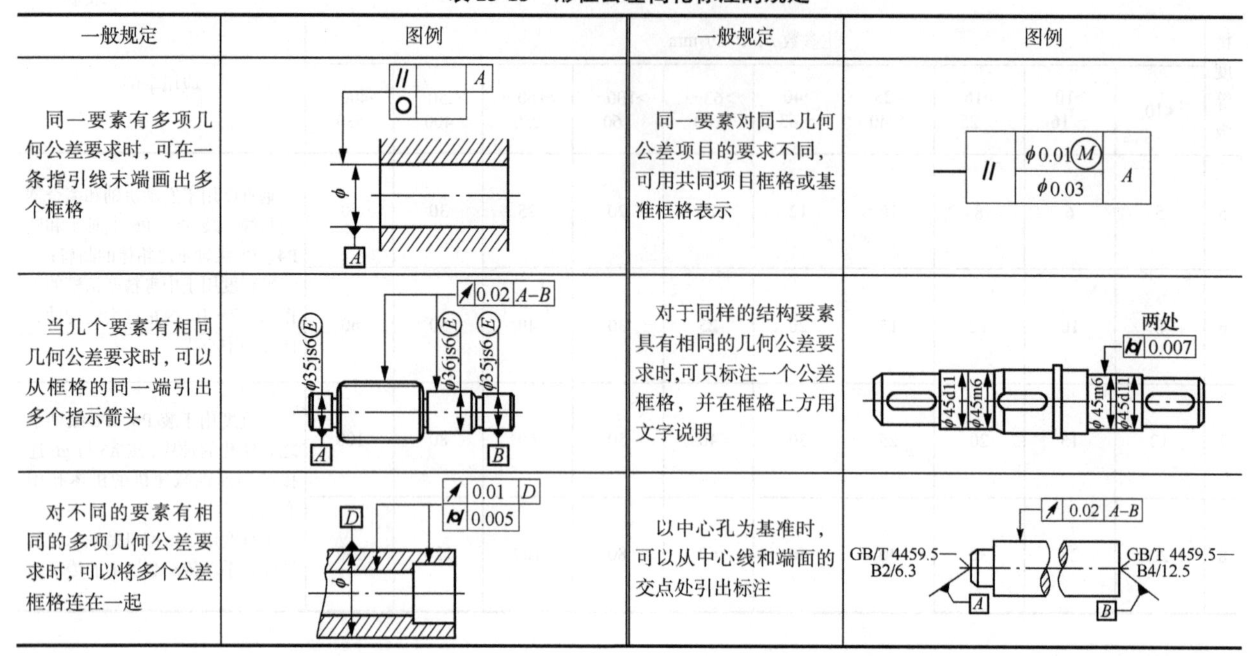

一般规定	图例	一般规定	图例
同一要素有多项几何公差要求时，可在一条指引线末端画出多个框格		同一要素对同一几何公差项目的要求不同，可用共同项目框格或基准框格表示	
当几个要素有相同几何公差要求时，可以从框格的同一端引出多个指示箭头		对于同样的结构要素具有相同的几何公差要求时，可只标注一个公差框格，并在框格上方用文字说明	
对不同的要素有相同的多项几何公差要求时，可以将多个公差框格连在一起		以中心孔为基准时，可以从中心线和端面的交点处引出标注	

23.4　表面粗糙度及其标注方法

表 23-16　表面粗糙度与对应的加工方法

粗糙度	√	Ra =25	Ra =12.5	Ra =6.3	Ra =3.2	Ra =1.6	Ra =0.8	Ra =0.4	Ra =0.2
表面状态	除净毛刺	微见刀痕	可见加工痕迹	微见加工痕迹	看不见加工痕迹	可辨加工痕迹方向	微辨加工痕迹方向	不可辨加工痕迹方向	暗光泽面
加工方法	铸，锻，冲压，热轧，冷轧，粉末冶金	粗车，刨，立铣，平铣，钻	车，镗，刨，钻，平铣，立铣，锉，粗铰，磨，铣齿	车，镗，刨铣，刮 1～2 点/cm²，拉，磨，锉，滚压，铣齿	车，镗，刨，铣，铰，拉，磨，滚压，铣齿，刮 1～2 点/cm²	车，镗，拉，磨，立铣，铰，滚压，刮 3～10 点/cm²	铰，磨，镗，拉，滚压，刮 3～10 点/cm²	布轮磨，磨，研磨，超级加工	超级加工

表 23-17　典型零件表面粗糙度选择

<table>
<tr><td>表面特性</td><td>部位</td><td colspan="3">表面粗糙度 Ra 不大于/μm</td></tr>
<tr><td rowspan="2">键与键槽</td><td>工作表面</td><td colspan="3">3.2</td></tr>
<tr><td>非工作表面</td><td colspan="3">6.3</td></tr>
<tr><td rowspan="5">齿轮</td><td rowspan="2"></td><td colspan="3">齿轮的精度等级</td></tr>
<tr><td>7</td><td>8</td><td>9</td></tr>
<tr><td>齿面</td><td>1.6～3.2</td><td>3.2～6.3</td><td>3.2～6.3</td></tr>
<tr><td>外圆</td><td colspan="2">1.6～3.2</td><td>3.2～6.3</td></tr>
<tr><td>端面</td><td colspan="2">0.8～3.2</td><td>3.2～6.3</td></tr>
<tr><td rowspan="5">滚动轴承配合面</td><td rowspan="2">轴承座孔直径/mm</td><td colspan="3">轴或外壳配合表面直径公差等级</td></tr>
<tr><td>IT5</td><td>IT6</td><td>IT7</td></tr>
<tr><td>≤80</td><td>0.4～0.8</td><td>0.8～1.6</td><td>1.6～3.2</td></tr>
<tr><td>>80～500</td><td>0.8～1.6</td><td>1.6～3.2</td><td>1.6～3.2</td></tr>
<tr><td>端面</td><td>1.6～3.2</td><td colspan="2">3.2～6.3</td></tr>
</table>

续表

<table>
<tr><td>表面特性</td><td>部位</td><td colspan="3">表面粗糙度 Ra 不大于/μm</td></tr>
<tr><td rowspan="2">传动件、联轴器等轮毂与轴的配合表面</td><td>轴</td><td colspan="3" rowspan="2">1.6～3.2</td></tr>
<tr><td>轮毂</td></tr>
<tr><td>轴端面、倒角、螺栓孔等非配合表面</td><td colspan="4">12.5～25</td></tr>
<tr><td rowspan="4">轴密封处的表面</td><td>毡圈式</td><td colspan="2">橡胶密封式</td><td>油沟及迷宫式</td></tr>
<tr><td colspan="3">与轴接触处的圆周速度/(m·s⁻¹)</td><td rowspan="3">1.6～3.2</td></tr>
<tr><td>⩽3</td><td>>3～5</td><td>>5～10</td></tr>
<tr><td>0.8～1.6</td><td>0.4～0.8</td><td>0.2～0.4</td></tr>
<tr><td>箱体剖分面</td><td colspan="4">1.6～3.2</td></tr>
<tr><td>观察孔与盖的接触面，箱体底面</td><td colspan="4">6.3～12.5</td></tr>
<tr><td>定位销孔</td><td colspan="4">0.8～1.6</td></tr>
</table>

表 23-18　表面粗糙度值与公差等级、公称尺寸的对应关系

公差等级 IT	公称尺寸/mm	*Ra*/μm	公差等级 IT	公称尺寸/mm	*Ra*/μm
2	⩽10 >10～50 >50～180 >180～500	0.025～0.040 0.050～0.080 0.10～0.16 0.20～0.32	6	⩽10 >10 ~ 80 >80 ~ 250 >250 ~ 500	0.20 ~ 0.32 0.40 ~ 0.63 0.80 ~ 1.25 1.6 ~ 2.5
3	⩽18 >18～50 >50～250 >250～500	0.050～0.080 0.10～0.16 0.20～0.32 0.40～0.63	7	⩽6 >6 ~ 50 >50 ~ 500	0.40 ~ 0.63 0.80 ~ 1.25 1.6 ~ 2.5
			8	⩽6 >6 ~ 120 >120 ~ 500	0.40 ~ 0.63 0.80 ~ 1.25 1.6 ~ 2.5
4	⩽6 >6～50 >50～250 >250～500	0.050～0.080 0.10～0.16 0.20～0.32 0.40～0.63	9	⩽10 >10 ~ 120 >120 ~ 500	0.80 ~ 1.25 1.6 ~ 2.5 3.2 ~ 5.0
5	⩽6 >60～50 >50～250 >250～500	0.10～0.16 0.20～0.32 0.40～0.63 0.80～1.25	10	⩽10 >10 ~ 120 >120 ~ 500	1.6 ~ 2.5 3.2 ~ 5.0 6.3 ~ 10

表 23-19　表面结构的图形符号(摘自 CB/T 131—2006)

符号		意义及说明
基本符号		基本图形符号由两条不等长的与标注表面成 60°夹角的直线构成，仅适用于简化代号标注，没有补充说明时不能单独使用
扩展符号	要求去除材料　不允许去除材料	在基本图形符号上加一短横，表示指定表面是用去除材料的方法获得，如通过机械加工获得的表面 在基本图形符号上加一个圆圈，表示指定表面是用不去除材料方法获得
完整符号	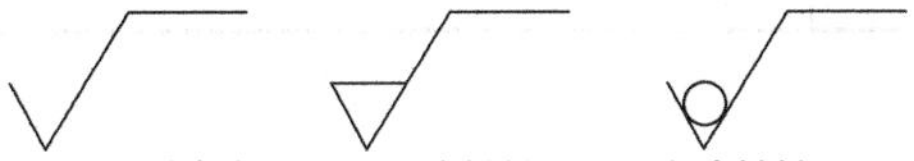 允许任何工艺　去除材料　不去除材料	当要求标注表面结构特征的补充信息时，应在基本图形符号和扩展图形符号的长边上加一横线

表 23-20　表面结构要求在图样中的标注（摘自 GB/T 131—2006）

项目	图例	意义及说明
总的原则	(a) Ra 0.8; Rz 3.2; Rz 12.5; Rp 1.6	总的原则是根据 GB/T 4458.4—2003《机械制图 尺寸注法》的规定，使表面结构的注写和读取方向与尺寸的注写和读取方向一致（图(a)）
标注在轮廓线上	(b) Rz 12.5; Rz 6.3; Ra 1.6; Ra 1.6; Rz 12.5; Rz 6.3	表面结构要求可标注在轮廓线上，其符号应从材料外指向并接触表面。必要时，表面结构符号也可用带箭头或带黑点的指引线引出标注（图(b)、图(c)）
标注在指引线上	(c) 铣 Rz 3.2; 车 Rz 3.2; ϕ28	
标注在特征尺寸的尺寸线上	(d) ϕ120H7 Rz12.5; ϕ120h7 Rz6.3	在不致引起误解时，表面结构要求可以标注在给定的尺寸线上（图(d)）
标注在几何公差的框格上	(e) Ra 1.6; ▱ 0.1　(f) Rz 6.3; $\phi10\pm0.1$; ⌖ ϕ0.2 A B	表面结构要求可标注在几何公差框格的上方（图(e)、图(f)）
标注在延长线上	(g) Ra 1.6; Rz 6.3; Rz 6.3; Rz 6.3; Ra 1.6	表面结构要求可以直接标注在表面延长线上，或用带箭头的指引线引出标注（图(b)、图(g)）
标注在圆柱和棱柱表面上	(h) Ra 3.2; Rz1.6; Ra 6.3; Ra 3.2	圆柱和棱柱表面的表面结构要求只标注一次（图(g)）。如果每个棱柱表面有不同的表面结构要求，则应分别单独标注（图(h)）

第 24 章　渐开线圆柱齿轮、锥齿轮、蜗轮和蜗杆精度

24.1　渐开线圆柱齿轮精度

GB/T 10095.1—2008 对轮齿同侧齿面公差规定了 13 个精度等级，其中 0 级最高，12 级最低。GB/T 10095.2—2008 对径向综合公差规定了 9 个精度等级，其中 4 级最高，12 级最低；对径向跳动规定了 13 个精度等级，其中 0 级最高，12 级最低。根据使用要求的不同，允许对各公差选用不同的精度等级。

表 24-1　圆柱齿轮精度与圆周速度的关系

齿的形成	布氏硬度 HBW	精度等级	6	7	8	9	10
直齿	≤350	圆周速度/(m/s)	18	12	6	4	1
	>350		15	10	5	3	1
斜齿	≤350		36	25	12	8	2
	>350		30	20	9	6	1.5

表 24-2　建议的齿轮检验项目组

序号	检验组		说明
	GB10095.1	GB10095.2	
1	f_{pt}、F_p、F_α、F_β	F_r	
2	F_{pk}、f_{pt}、F_p、F_α、F_β	F_r	
3		F_i''、f_i''	
4	f_{pt}	F_r	10～12 级齿轮
5	c、f_i'		有协议要求时，$F_i' = F_p + f_i'$

f_{pt}	单个齿距偏差	表 24-3	F_{pk}	齿距累积偏差	$F_{pk}=f_{pt}+1.6\sqrt{(k-1)m}$
F_p	齿距累积总偏差	表 24-3	F_r	径向跳动公差	表 24-3
F_α	齿廓总偏差	表 24-3	F_β	螺旋线总偏差	表 24-5
F_i'	切向综合总偏差	$F_i' = F_p + f_i'$	f_i'	一齿切向综合偏差	表 24-3
F_i''	径向综合总偏差	表 24-4	f_i''	一齿径向综合偏差	表 24-4

注：1. 建议供货方根据齿轮的使用要求、生产批量、在建议的检验组中选取一组评定齿轮质量。

2. 一般节圆线速度大于 15m/s 的齿轮，加检齿距累积偏差 F_{pk}。

表 24-3　齿轮有关 F_α、f_{pt}、F_p、f_i'、F_r

分度圆直径 d/mm	模数 m/mm	精度等级																			
		6	7	8	9	6	7	8	9	6	7	8	9	6	7	8	9	6	7	8	9
		F_α/μm				$\pm f_{pt}$/μm				F_p/μm				(f_i'/K)/μm				F_r/μm			
$5\le d\le 20$	$0.5\le m_n\le 2$	6.5	9.0	13.0	18.0	6.5	9.5	13.0	19.0	16.0	23.0	32.0	45.0	19.0	27.0	38.0	54.0	13	18	25	36
	$2<m_n\le 3.5$	9.5	13.0	19.0	26.0	7.5	10.0	15.0	21.0	17.0	23.0	33.0	47.0	23.0	32.0	45.0	64.0	13	19	27	38
$20<d\le 50$	$0.5\le m_n\le 2$	7.5	10.0	15.0	21.0	7.0	10.0	14.0	20.0	20.0	29.0	41.0	57.0	20.0	29.0	41.0	58.0	16	23	32	46
	$2<m_n\le 3.5$	10.0	14.0	20.0	29.0	7.5	11.0	15.0	22.0	21.0	30.0	42.0	59.0	24.0	34.0	48.0	68.0	17	24	34	47
	$3.5<m_n\le 6$	12.0	18.0	25.0	35.0	8.5	12.0	17.0	24.0	22.0	31.0	44.0	62.0	27.0	38.0	54.0	77.0	17	25	35	49
	$6<m_n\le 10$	15.0	22.0	31.0	43.0	10.0	14.0	20.0	28.0	23.0	33.0	46.0	65.0	31.0	44.0	63.0	89.0	19	26	37	52
$50<d\le 125$	$0.5\le m_n\le 2$	8.5	12.0	17.0	23.0	7.5	11.0	15.0	21.0	26.0	37.0	52.0	74.0	22.0	31.0	44.0	62.0	21	29	42	59
	$2<m_n\le 3.5$	11.0	16.0	22.0	31.0	8.5	12.0	17.0	23.0	27.0	38.0	53.0	76.0	25.0	36.0	51.0	72.0	21	30	43	61
	$3.5<m_n\le 6$	13.0	19.0	27.0	38.0	9.0	13.0	18.0	26.0	28.0	39.0	55.0	78.0	29.0	40.0	57.0	81.0	22	31	44	62
	$6<m_n\le 10$	16.0	23.0	33.0	46.0	10.0	15.0	21.0	30.0	29.0	41.0	58.0	82.0	33.0	47.0	66.0	93.0	23	33	46	65
$125<d\le 280$	$0.5\le m_n\le 2$	10.0	14.0	20.0	28.0	8.5	12.0	17.0	24.0	35.0	49.0	69.0	98.0	24.0	34.0	49.0	69.0	28	39	55	78
	$2<m_n\le 3.5$	13.0	18.0	25.0	36.0	9.0	13.0	18.0	26.0	35.0	50.0	70.0	100.0	28.0	39.0	56.0	79.0	28	40	56	80
	$3.5<m_n\le 6$	15.0	21.0	30.0	42.0	10.0	14.0	20.0	28.0	36.0	51.0	72.0	102.0	31.0	44.0	62.0	88.0	29	41	58	82
	$6<m_n\le 10$	18.0	25.0	36.0	50.0	11.0	16.0	23.0	32.0	37.0	53.0	75.0	106.0	35.0	50.0	70.0	100.0	30	42	60	85
$280<d\le 560$	$0.5\le m_n\le 2$	12.0	17.0	23.0	33.0	9.5	13.0	19.0	27.0	46.0	64.0	91.0	129.0	27.0	39.0	54.0	77.0	36	51	73	103
	$2<m_n\le 3.5$	15.0	21.0	29.0	41.0	10.0	14.0	20.0	29.0	46.0	65.0	92.0	131.0	31.0	44.0	62.0	87.0	37	52	74	105
	$3.5<m_n\le 6$	17.0	24.0	34.0	48.0	11.0	16.0	22.0	31.0	47.0	66.0	94.0	133.0	34.0	48.0	68.0	96.0	38	53	75	106
	$6<m_n\le 10$	20.0	28.0	40.0	56.0	12.0	17.0	25.0	35.0	48.0	68.0	97.0	137.0	38.0	54.0	76.0	108.0	39	55	77	109

注：f_i' 值由表中值乘以 K 得到。当 $\varepsilon_\gamma<4$ 时，$K=0.2\left(\dfrac{\varepsilon_\gamma+4}{\varepsilon_\gamma}\right)$；当 $\varepsilon_\gamma\ge 4$ 时，$K=0.4$。

表 24-4　齿轮有关 f_i'' 、F_i''

分度圆直径 d/mm	法向模数 m_n/mm	精度等级				精度等级			
		6	7	8	9	6	7	8	9
		f_i''/μm				F_i''/μm			
5≤d≤20	0.2≤m_n≤0.5	2.5	3.5	5.0	7.0	15	21	30	42
	0.5<m_n≤0.8	4.0	5.5	7.5	11	16	23	33	46
	0.8<m_n≤1.0	5.0	7.0	10	14	18	25	35	50
	1.0<m_n≤1.5	6.5	9.0	13	18	19	27	38	54
	1.5<m_n≤2.5	9.5	13	19	26	22	32	45	63
	2.5<m_n≤4.0	14	20	29	41	28	39	56	79
20<d≤50	0.2≤m_n≤0.5	2.5	3.5	5.0	7.0	19	26	37	52
	0.5<m_n≤0.8	4.0	5.5	7.5	11	20	28	40	56
	0.8<m_n≤1.0	5.0	7.0	10	14	21	30	42	60
	1.0<m_n≤1.5	6.5	9.0	13	18	23	32	45	64
	1.5<m_n≤2.5	9.5	13	19	26	26	37	52	73
	2.5<m_n≤4.0	14	20	29	41	31	44	63	89
	4.0<m_n≤6.0	22	31	43	61	39	56	79	111
	6.0<m_n≤10	34	48	67	95	52	74	104	147
50<d≤125	0.2≤m_n≤0.5	2.5	3.5	5.0	7.5	23	33	46	66
	0.5<m_n≤0.8	4.0	5.5	8.0	11	25	35	49	70
	0.8<m_n≤1.0	5.0	7.0	10	14	26	36	52	73
	1.0<m_n≤1.5	6.5	9.0	13	18	27	39	55	77
	1.5<m_n≤2.5	9.5	13	19	26	31	43	61	86
	2.5<m_n≤4.0	14	20	29	41	36	51	72	102
	4.0<m_n≤6.0	22	31	44	62	44	62	88	124
	6.0<m_n≤10	34	48	67	95	57	80	114	161
125<d≤280	0.2≤m_n≤0.5	2.5	3.5	5.5	7.5	30	42	60	85
	0.5<m_n≤0.8	4.0	5.5	8.0	11	31	44	63	89
	0.8<m_n≤1.0	5.0	7.0	10	14	33	46	65	92
	1.0<m_n≤1.5	6.5	9.0	13	18	34	48	68	97
	1.5<m_n≤2.5	9.5	13	19	27	37	53	75	106
	2.5<m_n≤4.0	16	21	29	41	43	61	86	121
	4.0<m_n≤6.0	22	31	44	62	51	72	102	144
	6.0<m_n≤10	34	48	67	95	64	90	127	180
280<d≤560	0.2≤m_n≤0.5	2.5	4.0	5.5	7.5	39	55	78	110
	0.5<m_n≤0.8	4.0	5.5	8.0	11	40	57	81	114
	0.8<m_n≤1.0	5.0	7.5	10	15	42	59	83	117
	1.0<m_n≤1.5	6.5	9.0	13	18	43	61	86	122
	1.5<m_n≤2.5	9.5	13	19	27	46	65	92	131
	2.5<m_n≤4.0	15	21	29	41	52	73	104	146
	4.0<m_n≤6.0	22	31	44	62	60	84	119	169
	6.0<m_n≤10	34	48	68	96	73	103	145	205

表 24-5　螺旋线总偏差 F_β　　（单位：μm）

分度圆直径 *d*/mm	齿宽 *b*/mm	精度等级			
		6	7	8	9
5<*d*≤20	4≤*b*≤10	8.5	12.0	17.0	24.0
	10<*b*≤20	9.5	14.0	19.0	28.0
	20<*b*≤40	11.0	16.0	22.0	31.0
	40<*b*≤80	13.0	19.0	26.0	37.0
20<*d*≤50	4≤*b*≤10	9.0	13.0	18.0	25.0
	10<*b*≤20	10.0	14.0	20.0	29.0
	20<*b*≤40	11.0	16.0	23.0	32.0
	40<*b*≤80	13.0	19.0	27.0	38.0
	80<*b*≤160	16.0	23.0	32.0	46.0
50<*d*≤125	4≤*b*≤10	9.5	13.0	19.0	27.0
	10<*b*≤20	11.0	15.0	21.0	30.0
	20<*b*≤40	12.0	17.0	24.0	34.0
	40<*b*≤80	14.0	20.0	28.0	39.0
	80<*b*≤160	17.0	24.0	33.0	47.0
	160<*b*≤250	20.0	28.0	40.0	56.0

分度圆直径 *d*/mm	齿宽 *b*/mm	精度等级			
		6	7	8	9
125<*d*≤280	4≤*b*≤10	10.0	14.0	20.0	29.0
	10<*b*≤20	11.0	16.0	22.0	32.0
	20<*b*≤40	13.0	18.0	25.0	36.0
	40<*b*≤80	15.0	21.0	29.0	41.0
	80<*b*≤160	17.0	25.0	35.0	49.0
	160<*b*≤250	20.0	29.0	41.0	58.0
280<*d*≤560	10≤*b*≤20	12.0	17.0	24.0	34.0
	20<*b*≤40	13.0	19.0	27.0	38.0
	40<*b*≤80	15.0	22.0	31.0	44.0
	80<*b*≤160	18.0	26.0	36.0	52.0
	160<*b*≤250	21.0	30.0	43.0	60.0
	250<*b*≤400	25.0	35.0	49.0	70.0

表 24-6　公法线长度 W_k^*（$m=1, \alpha=20°$）　　（单位：mm）

齿轮齿数 *z*	跨测齿数 *k*	公法线长度 W_k^*	齿轮齿数 *z*	跨测齿数 *k*	公法线长度 W_k^*	齿轮齿数 *z*	跨测齿数 *k*	公法线长度 W_k^*	齿轮齿数 *z*	跨测齿数 *k*	公法线长度 W_k^*	齿轮齿数 *z*	跨测齿数 *k*	公法线长度 W_k^*
			24	3	7.7165	47	6	16.8950	70	8	23.1213	93	11	32.2998
			25	3	7.7305	48	6	16.9090	71	8	23.1353	94	11	32.3136
			26	3	7.7445	49	6	16.9230	72	9	26.1015	95	11	32.3279
4	2	4.4842	27	4	10.7106	50	6	16.9370	73	9	26.1155	96	11	32.3419
5	2	4.4942	28	4	10.7246	51	6	16.9510	74	9	26.1295	97	11	32.3559
6	2	4.5122	29	4	10.7386	52	6	16.9660	75	9	26.1435	98	11	32.3699
7	2	4.5262	30	4	10.7526	53	6	16.9790	76	9	26.1575	99	12	35.3361
8	2	4.5402	31	4	10.7666	54	7	19.9452	77	9	26.1715	100	12	35.3500
9	2	4.5542	32	4	10.7806	55	7	19.9591	78	9	26.1855	101	12	35.3640
10	2	4.5683	33	4	10.7946	56	7	19.9731	79	9	26.1995	102	12	35.3780
11	2	4.5823	34	4	10.8086	57	7	19.9871	80	9	26.2135	103	12	35.3920
12	2	4.5963	35	4	10.8226	58	7	20.0011	81	10	29.1797	104	12	35.4060
13	2	4.6103	36	5	13.7888	59	7	20.0152	82	10	29.1937	105	12	35.4200
14	2	4.6243	37	5	13.8028	60	7	20.0292	83	10	29.2077	106	12	35.4340
15	2	4.6383	38	5	13.8168	61	7	20.0432	84	10	29.2217	107	12	35.4481
16	2	4.6523	39	5	13.8308	62	7	20.0572	85	10	29.2357	108	13	38.4142
17	2	4.6663	40	5	13.8448	63	8	23.0233	86	10	29.2497	109	13	38.4282
18	3	7.6324	41	5	13.8588	64	8	23.0373	87	10	29.2637	110	13	38.4422
19	3	7.6464	42	5	13.8728	65	8	23.0513	88	10	29.2777	111	13	38.4562
20	3	7.6604	43	5	13.8868	66	8	23.0653	89	10	29.2917	112	13	38.4702
21	3	7.6744	44	5	13.9008	67	8	23.0793	90	11	32.2579	113	13	38.4842
22	3	7.6884	45	6	16.8670	68	8	23.0933	91	11	32.2718	114	13	38.4982
23	3	7.7024	46	6	16.8810	69	8	23.1073	92	11	32.2858	115	13	38.5122

续表

齿轮齿数 z	跨测齿数 k	公法线长度 W_k^*	齿轮齿数 z	跨测齿数 k	公法线长度 W_k^*	齿轮齿数 z	跨测齿数 k	公法线长度 W_k^*	齿轮齿数 z	跨测齿数 k	公法线长度 W_k^*	齿轮齿数 z	跨测齿数 k	公法线长度 W_k^*
116	13	38.5262	133	15	44.6686	150	17	50.8109	167	19	56.9533	184	21	63.0956
117	14	41.4924	134	15	44.6826	151	17	50.8249	168	19	56.9673	185	21	63.1099
118	14	41.5064	135	16	47.6490	152	17	50.8389	169	19	56.9813	186	21	63.1236
119	14	41.5204	136	16	47.6627	153	18	53.8051	170	19	56.9953	187	21	63.1376
120	14	41.5344	137	16	47.6767	154	18	53.8191	171	20	59.9615	188	21	63.1516
121	14	41.5484	138	16	47.6907	155	18	53.8331	172	20	59.9754	189	22	66.1179
122	14	41.5624	139	16	47.7047	156	18	53.8471	173	20	59.9894	190	22	66.1318
123	14	41.5764	140	16	47.7187	157	18	53.8611	174	20	60.0034	191	22	66.1458
124	14	41.5904	141	16	47.7327	158	18	53.8751	175	20	60.0174	192	22	66.1598
125	14	41.6044	142	16	47.7408	159	18	53.8891	176	20	60.0314	193	22	66.1738
126	15	44.5706	143	16	47.7608	160	18	53.9031	177	20	60.0455	194	22	66.1878
127	15	44.5846	144	17	50.7270	161	18	53.9171	178	20	60.0595	195	22	66.2018
128	15	44.5986	145	17	50.7409	162	19	56.8833	179	20	60.0735	196	22	66.2158
129	15	44.6126	146	17	50.7549	163	19	56.8972	180	21	63.0397	197	22	66.2298
130	15	44.6266	147	17	50.7689	164	19	56.9113	181	21	63.0536	198	23	69.1961
131	15	44.6406	148	17	50.7829	165	19	56.9253	182	21	63.0676	199	23	69.2101
132	15	44.6546	149	17	50.7969	166	19	56.9393	183	21	63.0816	200	23	69.2241

注：1. 对标准直齿圆柱齿轮，公法线长度 $W_k=W_k^*m$, W_k^* 为 m=1mm、α=20°时的公法线长度。

2. 对变位直齿圆柱齿轮，当变位系数较小，$|x|<0.3$ 时，跨测齿数 k 不变，按照上表查出；而公法线长度 $W_k=(W_k^*+0.684x)m$，x 为变位系数；当变位系数 x 较大，$|x|>0.3$ 时，跨测齿数为 k'，可按下式计算：

$$k'=z\frac{\alpha_z}{180°}+0.5$$

式中

$$\alpha_z=\arccos\frac{2d\cos\alpha}{d_a+d_f}$$

而公法线长度为

$$W_k=[2.9521(k-0.5)+0.014z+0.684x]m$$

3. 斜齿轮的公法线长度 W_{nk} 在法面内测量，其值可按 $z'(z'=K\cdot z)$ 查表 24-6，其中 K 为与分度圆柱上齿的螺旋角β有关的假想齿数系数，见表 24-7。假想齿数常非整数，其小部分Δz 所对应的公法线长度ΔW_n^* 可查表 24-8。故总的公法线长度

$$W_{nk}=(W_k^*+\Delta W_n^*)m_n$$

式中，m_n 为法面模数；W_k^* 为与假想齿数 z'整数部分相对应的公法线长度，查表 24-6。

4. 例子：某一标准斜齿圆柱齿轮

$$m_n=2.5, \beta=12°44'26'', z=80$$

由表 24-7 插值得 K=1.07388，则

$$z'=zK=80\times1.07389=85.9112$$

查表 24-6，W_k^*=29.2357，查表 24-8，ΔW_n^*=0.0127，则

$$W_{nk}=(W_k^*+\Delta W_n^*)m_n=(29.2357+0.0127)\times2.5=73.121$$

跨齿数 k=10。

表 24-7　假想齿数系数 K(α_n=20°)

β/(°)	K	差值	β/(°)	K	差值	β/(°)	K	差值	β/(°)	K	差值
1	1.000	0.002	6	1.016	0.006	11	1.054	0.011	16	1.119	0.017
2	1.002	0.002	7	1.022	0.006	12	1.065	0.012	17	1.136	0.018
3	1.004	0.003	8	1.028	0.008	13	1.077	0.016	18	1.154	0.019
4	1.007	0.004	9	1.036	0.009	14	1.090	0.014	19	1.173	1.021
5	1.011	0.005	10	1.045	0.009	15	1.104	0.015	20	1.194	

注：对于β中间值的系数 K 和差值可按内插法求出。

表 24-8　公法线长度ΔW_n^*　(单位：mm)

$\Delta z'$	0.00	0.01	0.02	0.03	0.04	0.05	0.06	0.07	0.08	0.09
0.0	0.0000	0.0001	0.0003	0.0004	0.0006	0.0007	0.0008	0.0010	0.0011	0.0013
0.1	0.0014	0.0015	0.0017	0.0018	0.0020	0.0021	0.0022	0.0024	0.0025	0.0027
0.2	0.0028	0.0029	0.0031	0.0032	0.0034	0.0035	0.0036	0.0038	0.0039	0.0041
0.3	0.0042	0.0043	0.0045	0.0046	0.0048	0.0049	0.0051	0.0052	0.0053	0.0055
0.4	0.0056	0.0057	0.0059	0.0060	0.0061	0.0063	0.0064	0.0066	0.0067	0.0069
0.5	0.0070	0.0071	0.0073	0.0074	0.0076	0.0077	0.0079	0.0080	0.0081	0.0083
0.6	0.0084	0.0085	0.0087	0.0088	0.0089	0.0091	0.0092	0.0094	0.0095	0.0097
0.7	0.0098	0.0099	0.0101	0.0102	0.0104	0.0105	0.0106	0.0108	0.0109	0.0111
0.8	0.0112	0.0114	0.0115	0.0116	0.0118	0.0119	0.0120	0.0122	0.0123	0.0124
0.9	0.0126	0.0127	0.0129	0.0130	0.0132	0.0133	0.0135	0.0136	0.0137	0.0139

注：查取示例，$\Delta z'$=0.65 时，由上表查得ΔW_n^*=0.0091。

表 24-9　固定弦齿厚和弦齿高($\alpha=\alpha_n=20°, h_a^*=1$)　(单位：mm)

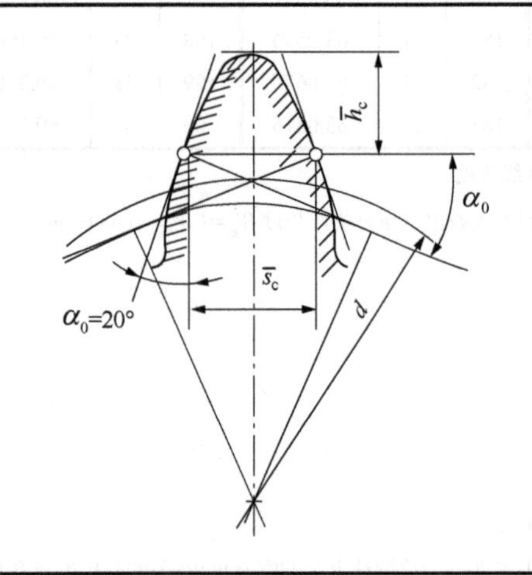

固定弦齿厚 $\overline{s}_c=1.387m$；固定弦齿高 $\overline{h}_c=0.7476m$

m	$\overline{s}_c$	$\overline{h}_c$	m	$\overline{s}_c$	$\overline{h}_c$
1	1.3871	0.7476	4	5.5482	2.9903
1.25	1.7338	0.9344	4.5	6.2417	3.3641
1.5	2.0806	1.1214	5	6.9353	3.7379
1.75	2.4273	1.3082	5.5	7.6288	4.1117
2	2.7741	1.4951	6	8.3223	4.4854
2.25	3.1209	1.6820	7	9.7093	5.2330
2.5	3.4677	1.8689	8	11.0964	5.9806
3	4.1612	2.2427	9	12.4834	6.7282
3.5	4.8547	2.6165	10	13.8705	7.4757

注：1. 对于标准斜齿圆柱齿轮，表中的模数 m 指的是法面模数；对于直齿圆锥齿轮，m 指的是大端模数。

2. 对于变位齿轮，其固定弦齿厚及弦齿高可按下式计算：$\overline{s}_c=1.3871m+0.6428xm$；$\overline{h}_c=0.7476m+0.883xm-\Delta ym$。式中：$x$、$\Delta y$ 分别为变位系数及齿高变动系数。

表 24-10　标准齿轮分度圆弦齿厚和弦齿高($m=m_n=1$, $\alpha^*=\alpha_n=20°$, $h_a^*=h_{an}^*=1$)　(单位：mm)

齿数 z	分度圆弦齿厚 $\overline{s}^*$	分度圆弦齿高 $\overline{h}_a^*$	齿数 z	分度圆弦齿厚 $\overline{s}^*$	分度圆弦齿高 $\overline{h}_a^*$	齿数 z	分度圆弦齿厚 $\overline{s}^*$	分度圆弦齿高 $\overline{h}_a^*$	齿数 z	分度圆弦齿厚 $\overline{s}^*$	分度圆弦齿高 $\overline{h}_a^*$
6	1.5529	1.1022	18	1.5688	1.0342	30	1.5701	1.0205	42	1.5704	1.0147
7	1.5508	1.0873	19	1.5690	1.0324	31	1.5701	1.0199	43	1.5705	1.0143
8	1.5607	1.0769	20	1.5692	1.0308	32	1.5702	1.0193	44	1.5705	1.0140
9	1.5628	1.0684	21	1.5694	1.0294	33	1.5702	1.0187	45	1.5705	1.0137
10	1.5643	1.0616	22	1.5695	1.0281	34	1.5702	1.0181	46	1.5705	1.0134
11	1.5654	1.0559	23	1.5696	1.0268	35	1.5702	1.0176	47	1.5705	1.0131
12	1.5663	1.0514	24	1.5697	1.0257	36	1.5703	1.0171	48	1.5705	1.0129
13	1.5670	1.0474	25	1.5698	1.0247	37	1.5703	1.0167	49	1.5705	1.0126
14	1.5675	1.0440	26	1.5698	1.0237	38	1.5703	1.0162	50	1.5705	1.0123
15	1.5679	1.0411	27	1.5699	1.0228	39	1.5703	1.0158	51	1.5706	1.0121
16	1.5683	1.0358	28	1.5700	1.0220	40	1.5704	1.0154	52	1.5706	1.0119
17	1.5686	1.0362	29	1.5700	1.0213	41	1.5704	1.0150	53	1.5706	1.0117

续表

齿数 z	分度圆弦齿厚 $\overline{s}^*$	分度圆弦齿高 $\overline{h}_a^*$	齿数 z	分度圆弦齿厚 $\overline{s}^*$	分度圆弦齿高 $\overline{h}_a^*$	齿数 z	分度圆弦齿厚 $\overline{s}^*$	分度圆弦齿高 $\overline{h}_a^*$	齿数 z	分度圆弦齿厚 $\overline{s}^*$	分度圆弦齿高 $\overline{h}_a^*$
54	1.5706	1.0114	76	1.5707	1.0081	98	1.5707	1.0063	120	1.5707	1.0052
55	1.5706	1.0112	77	1.5707	1.0080	99	1.5707	1.0062	121	1.5707	1.0051
56	1.5706	1.0110	78	1.5707	1.0079	100	1.5707	1.0061	122	1.5707	1.0051
57	1.5706	1.0108	79	1.5707	1.0078	101	1.5707	1.0061	123	1.5707	1.0050
58	1.5706	1.0106	80	1.5707	1.0077	102	1.5707	1.0060	124	1.5707	1.0050
59	1.5706	1.0105	81	1.5707	1.0076	103	1.5707	1.0060	125	1.5707	1.0049
60	1.5706	1.0102	82	1.5707	1.0075	104	1.5707	1.0059	126	1.5707	1.0049
61	1.5706	1.0101	83	1.5707	1.0074	105	1.5707	1.0059	127	1.5707	1.0049
62	1.5706	1.0100	84	1.5707	1.0074	106	1.5707	1.0058	128	1.5707	1.0048
63	1.5706	1.0098	85	1.5707	1.0073	107	1.5707	1.0058	129	1.5707	1.0048
64	1.5706	1.0097	86	1.5707	1.0072	108	1.5707	1.0057	130	1.5707	1.0047
65	1.5706	1.0095	87	1.5707	1.0071	109	1.5707	1.0057	131	1.5708	1.0047
66	1.5706	1.0094	88	1.5707	1.0070	110	1.5707	1.0056	132	1.5708	1.0047
67	1.5706	1.0092	89	1.5707	1.0069	111	1.5707	1.0056	133	1.5708	1.0047
68	1.5706	1.0091	90	1.5707	1.0068	112	1.5707	1.0055	134	1.5708	1.0046
69	1.5707	1.0090	91	1.5707	1.0068	113	1.5707	1.0055	135	1.5708	1.0046
70	1.5707	1.0088	92	1.5707	1.0067	114	1.5707	1.0054	140	1.5708	1.0044
71	1.5707	1.0087	93	1.5707	1.0067	115	1.5707	1.0054	145	1.5708	1.0042
72	1.5707	1.0086	94	1.5707	1.0066	116	1.5707	1.0053	150	1.5708	1.0041
73	1.5707	1.0085	95	1.5707	1.0065	117	1.5707	1.0053	齿条	1.5708	1.0000
74	1.5707	1.0084	96	1.5707	1.0064	118	1.5707	1.0053			
75	1.5707	1.0083	97	1.5707	1.0064	119	1.5707	1.0052			

注：1. 当 $m(m_n)\neq1$ 时，分度圆弦齿厚 $\overline{s}=\overline{s}^*m(\overline{s}_n=\overline{s}_n^*m_n)$；分度圆弦齿高 $\overline{h}_a=\overline{h}_a^*m(\overline{h}_{an}=\overline{h}_{an}^*m_n)$。

2. 对于斜齿圆柱齿轮和圆锥齿轮，本表也可以用，但要按照当量齿数 z_v 查取。

3. 如果当量齿数带小数，就要用比例插入法，把小数部分考虑进去。

表 24-11　中心距极限偏差 $\pm f_a$　（单位：μm）

精度等级		5～6	7～8	9～10
f_a		$\frac{1}{2}$IT7	$\frac{1}{2}$IT8	$\frac{1}{2}$IT9
中心距 a/mm	>80～120	17.5	27	43.5
	>120～180	20	31.5	50
	>180～250	23	36	57.5

表 24-12　任意直径 d_y 处齿厚计算式

测量位置 d_y	$d_y=d+2m_nx$
弦齿厚 s_{ync}	$s_{ync}=d_{yn}\sin\left(\frac{s_{yn}}{d_{yn}}\frac{180}{\pi}\right)$ 式中：$d_{yn}=d_y-d+\frac{d}{\cos^2\beta_b}$，$s_{yn}=s_{yt}\cos\beta_y$，$s_{yt}=d_y\left(\frac{sn}{d\cos\beta}+\mathrm{inv}\alpha_t-\mathrm{inv}\alpha_{yt}\right)$ $\cos\alpha_{yt}=\frac{d\cos\alpha_t}{d_y}$，$\tan\beta_y=\frac{d_y\tan\beta}{d}$，$\sin\beta_b=\sin\beta\cos\alpha_n$
弦齿顶高 h_{yc}	$h_{yc}=h_y+\frac{d_{yn}}{2}\left[1-\cos\left(\frac{s_{yn}}{d_{yn}}\frac{180}{\pi}\right)\right]$ 式中：$h_y=\frac{d_a-d_y}{2}$

注：1. 标准推荐在 $d_y=d+2m_nx$ 测量齿厚。

2. 本表中公式适用于用齿厚游标卡尺测量外齿轮的齿厚。

表 24-13　工业传动装置最小法向侧隙 J_{bnmin} 推荐值　　（单位：mm）

m_n	最小中心距 a_i					
	50	100	200	400	800	1600
1.5	0.09	0.11	—	—	—	—
2	0.10	0.12	0.15	—	—	—
3	0.12	0.14	0.17	0.24	—	—
5	—	0.18	0.21	0.28	—	—
8	—	0.24	0.27	0.34	0.47	—
12	—	—	0.35	0.42	0.55	—
18	—	—	—	0.54	0.67	0.94

注：表中数值是按公式 $J_{bnmin}=\frac{2}{3}(0.06+0.0005a_i+0.03m_n)$ 计算的。

表 24-14　齿厚公差 T_{sn}

齿厚公差/μm	$T_{sn}=2\tan\alpha_n\sqrt{F_r^2+b_r^2}$ 式中：F_r 为径向跳动公差，μm，见表 24-3；α_n 为法向压力角；b_r 为切齿径向进刀公差，μm				
齿轮精度等级		6	7	8	9
	b_r	1.26IT8	IT9	1.26IT9	IT10
分度圆直径/mm	18～30	41.58	52	65.52	84
	30～50	49.14	62	78.12	100
	50～80	57.96	74	93.24	120
	80～120	68.04	87	109.62	140
	120～180	79.38	100	126	160
	180～250	90.72	115	144.9	185
	250～315	102.06	130	163.8	210
	315～400	112.04	140	176.4	230
	400～500	122.22	155	195.3	250

表 24-15　齿厚偏差和公法线长度偏差　　（单位：μm）

大、小齿轮齿厚上偏差之和 $E_{sns1}+E_{sns2}=-2f_a\tan\alpha_n-\frac{j_{bnmin}+J_n}{\cos\alpha_n}$	
f_a	中心距偏差，见表 24-11
J_{bnmin}	最小法向侧隙，见表 24-13
J_n	齿轮和齿轮副的加工和安装误差对侧隙减少的补偿量 式中：$J_n=\sqrt{(f_{pt1}\cos\alpha_t)^2+(f_{pt2}\cos\alpha_t)^2+(F_{\beta1}\cos\alpha_n)^2+(F_{\beta2}\cos\alpha_n)^2+(f_{\Sigma\delta}\sin\alpha_n)^2+(f_{\Sigma\beta}\cos\alpha_n)^2}$ f_{pt1}、f_{pt2} 为小齿轮与大齿轮的基圆齿距偏差，μm，见表 24-3；
J_n	$F_{\beta1}$、$F_{\beta2}$ 为小齿轮与大齿轮的螺旋线总偏差，μm，见表 24-5； α_t、α_n 分别为端面和法面压力角； $f_{\Sigma\delta}$、$f_{\Sigma\beta}$ 为齿轮副轴线的平行度偏差，μm。 $f_{\Sigma\beta}=0.5\left(\frac{L}{b}\right)F_\beta$[①]，$f_{\Sigma\delta}=2f_{\Sigma\beta}$ L 为轴承跨距，mm；b 为齿宽，mm

续表

齿厚上偏差	将大、小齿轮齿厚上偏差之和分配给小齿轮和大齿轮，有两种方法： 方法一：等值分配，大、小齿轮齿厚上偏差相等，$E_{sns1}=E_{sns2}$； 方法二：不等值分配，大齿轮齿厚的减薄量大于小齿轮齿厚的减薄量，$\|E_{sns1}\|<\|E_{sns2}\|$	
齿厚下偏差	$E_{sni1}=E_{sns1}-T_{sn}$ $E_{sni2}=E_{sns2}-T_{sn}$	
公法线长度偏差	上偏差	$E_{bns}=E_{sns}\cos\alpha_n$
	下偏差	$E_{bni}=E_{sni}\cos\alpha_n$

注：①两齿轮分别计算，取小值。

表 24-16　齿轮轴线平行度偏差 f_Σ（摘自 GB/Z 18620.3—2008）

垂直平面内的偏差 $f_{\Sigma\beta}$	$f_{\Sigma\beta}=0.5(L/b)F_\beta$
轴线平面内的偏差 $f_{\Sigma\delta}$	$f_{\Sigma\delta}=2f_{\Sigma\beta}$

注：1. L 为较大的轴承跨距。
2. b 为齿宽。

表 24-17　齿坯公差及齿坯基准面径向和端面跳动公差　　（单位：μm）

齿轮精度等级			5	6	7	8	9	10
孔	尺寸公差 形状公差		IT5	IT6	IT7		IT8	
轴	尺寸公差 形状公差		IT5		IT6		IT7	
顶圆直径①			IT7	IT8			IT9	
基准面的径向跳动② 基准面的端面跳动	分度圆直径/mm	0～125	11		18		28	
		>125～400	14		22		36	
		>400～800	20		32		50	

齿坯公差应用示例：

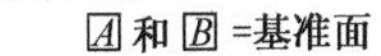

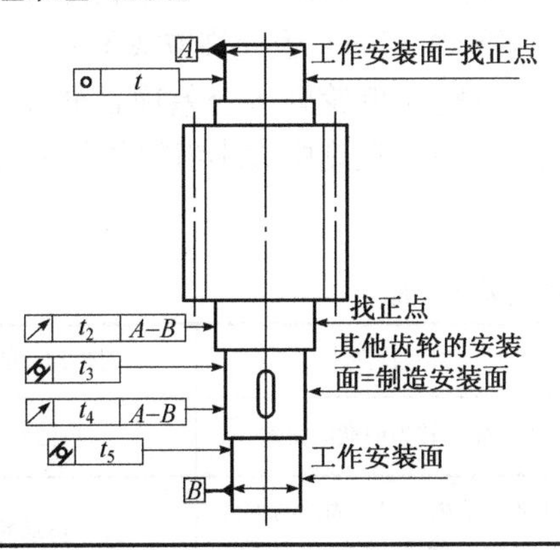

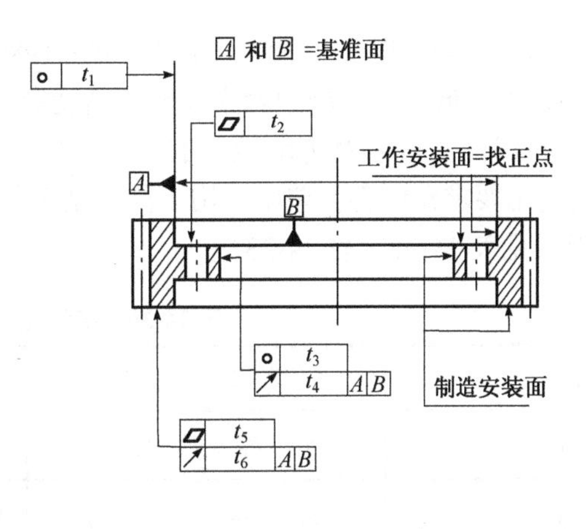

注：IT 为标准公差单位，数值见表 23-5。
①当顶圆不作测量齿厚的基准时，尺寸公差按 IT11 给定，但不大于 0.1m。
②当以顶圆作基准面时，本栏就指顶圆的径向跳动。

表 24-18　圆柱齿轮装配后的接触斑点　（单位：%）

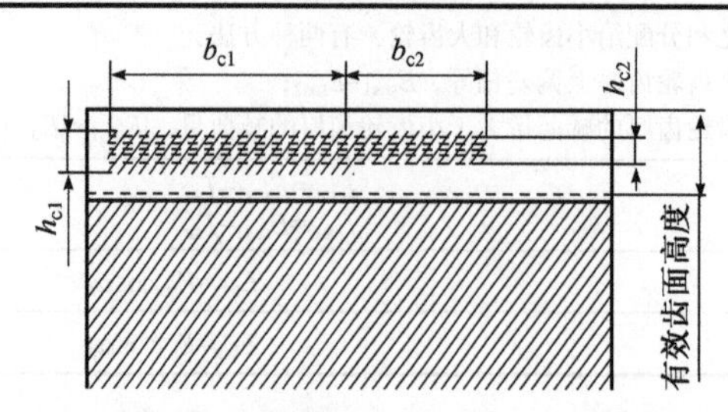

精度等级按 GB/T 10095—2008	b_{c1}占齿宽的百分数		h_{c1}占有效齿面高度的百分数		b_{c2}占齿宽的百分数		h_{c2}占有效齿面高度的百分数	
	直齿轮	斜齿轮	直齿轮	斜齿轮	直齿轮	斜齿轮	直齿轮	斜齿轮
4 级或更高	50		70	50	40		50	30
5 和 6	45		50	40	35		30	20
7 和 8	35		50	40	35		30	20
9 和 12	25		50	40	25		30	20

注：本表对齿廓和螺旋线修形的齿面不适用。

表 24-19　齿轮精度等级的标注方法

条件	标注示例	说明
齿轮的检验项目为同一精度等级	7GB 10095.1—2008 7GB 10095.2—2008	检验项目都为 7 级精度
齿轮的检验项目精度等级不一致	7 (F_β)、8 (F_p、f_{pt}、F_α) GB 10095.1—2008 8 (F_r) GB 10095.2—2008	F_β为 7 级精度；F_p、f_{pt}、F_α、F_r为 8 级精度

24.2　锥齿轮精度

渐开线锥齿轮精度国家标准(摘自 GB 11365—1989)对齿轮及齿轮副规定 12 个精度等级。1 级的精度最高，12 级的精度最低。齿轮副中两个齿轮的精度等级一般取成相同，也允许取成不同。

按照误差的特性及它们对传动性能的主要影响，将锥齿轮与齿轮副的公差项目分成三个公差组(表 24-20)，根据使用要求允许各公差组选用不同的精度等级。但对齿轮副中大小齿轮的同一公差组，应规定同一精度等级，见表 24-21～表 24-23。

表 24-20　锥齿轮各项公差的分组

公差组	公差与极限偏差项目	误差特性	对传动性能的主要影响
Ⅰ	F_i'、$F_{i\Sigma}''$、F_p、F_{pk}、F_r	以齿轮一转为周期的误差	传递运动的准确性
Ⅱ	f_i'、$f_{i\Sigma}''$、f_{zk}'、f_{pt}、f_c	在齿轮一周内，多次周期的重复出现的误差	传动的平稳性
Ⅲ	接触斑点	齿向线的误差	载荷分布的均匀性

注：F_i'为切向综合公差；F_p为齿距累积误差；F_{pk}为 k 个齿距累积公差；F_r为齿圈径向跳动公差；$F_{i\Sigma}''$为轴交角综合公差；f_i'为切向相邻齿综合公差；$f_{i\Sigma}''$为轴交角相邻齿综合公差；f_{zk}'为周期误差的公差；f_{pt}为齿距极限偏差；f_c为齿形相对误差的公差。

表 24-21　锥齿轮Ⅱ组精度等级的选择

Ⅱ组精度等级	直齿		非直齿	
	≤350HBW	>350HBW	≤350HBW	>350HBW
	圆周速度/(m/s)≤			
7	7	6	16	13
8	4	3	9	7
9	3	2.5	6	5

注：1. 表中的圆周速度按锥齿轮平均直径计算。
2. 此表不属于国家标准内容，仅供参考。

表 24-22　推荐的锥齿轮和锥齿轮传动检验项目

项目		精度等级		
		7	8	9
公差组	Ⅰ	F_p		F_r
	Ⅱ	f_{pt}		
	Ⅲ	接触斑点		
锥齿轮副	对锥齿轮	E_{ss}、E_{si}		
	对箱体	f_a		
	对传动	f_{AM}、f_a、E_Σ、j_{nmin}		
齿轮毛坯公差		齿坯顶锥母线跳动公差，基准端面跳动公差 外径尺寸极限偏差 齿坯轮冠距和顶锥角极限偏差		

F_r	齿圈径向跳动公差	表 24-23	f_a	轴间距极限偏差	表 24-26
F_p	齿距累积公差	表 24-24	f_{AM}	齿圈轴向位移极限偏差	表 24-26
f_{pt}	齿距极限偏差	表 24-23	E_Σ	轴交角极限偏差	表 24-26
E_{ss}	齿厚上偏差	表 24-32	j_{nmin}	最小法向侧隙	表 24-30
E_{si}	齿厚下偏差	$E_{si}=E_{ss}-T_s$	接触斑点		表 24-25
齿坯顶锥母线跳动公差		表 24-27	外径尺寸极限偏差		表 24-28
齿坯基准面跳动公差		表 24-27	齿坯轮冠距和顶锥角极限偏差		表 24-29

表 24-23　锥齿轮有关 F_r、$\pm f_{pt}$　　(单位：μm)

中点分度圆直径/mm		中点法向模数/mm	齿圈径向跳动公差 F_r			齿距极限偏差$\pm f_{pt}$		
			第Ⅰ组精度等级			第Ⅱ组精度等级		
			7	8	9	7	8	9
—	125	≥1～3.5	36	45	56	14	20	28
		>3.5～6.3	40	50	63	18	25	36
125	400	≥1～3.5	50	63	80	16	22	32
		>3.5～6.3	56	71	90	20	28	40

表 24-24　锥齿轮齿距累积公差值 F_P　　（单位：μm）

中点分度圆弧长 L/mm		第Ⅰ组精度等级		
大于	到	7	8	9
50	80	36	50	71
80	160	45	63	90
160	315	63	90	125
315	630	90	125	180

注：F_p按中点分度圆弧长 L(mm) 查表

$$L=\frac{\pi d_m}{2}=\frac{\pi m_{nm} z}{2\cos\beta}$$

式中，β为锥齿轮螺旋角；d_m为齿宽中点分度圆直径；m_{nm}为中点法向模数。

表 24-25　接触斑点

第Ⅲ组精度等级	7	8、9	第Ⅲ组精度等级	7	8、9
沿齿长方向/%	50～70	35～60	沿齿高方向/%	55～75	40～70

表 24-26　锥齿轮副检验安装误差项目±f_a、±f_{AM} 与±E_Σ　　（单位：μm）

中点锥距/mm		轴间距极限偏差±f_a			齿圈轴向位移极限偏差±f_{AM}								轴交角极限偏差±E_Σ				
		精度等级			分锥角/(°)		精度等级						小轮分锥角/(°)		最小法向侧隙种类		
							7		8		9						
							中点法向模数/mm										
大于	到	7	8	9	大于	到	≥1～3.5	>3.5～6.3	≥1～3.5	>3.5～6.3	≥1～3.5	>3.5～6.3	大于	到	d	c	b
—	50	18	28	36	—	20	20	11	28	16	40	22	—	15	11	18	30
					20	45	17	9.5	24	13	34	19	15	25	16	26	42
					45	—	7	4	10	5.6	14	8	25	—	19	30	50
50	100	20	30	45	—	20	67	38	95	53	140	75	—	15	16	26	42
					20	45	56	32	80	45	120	63	15	25	19	30	50
					45	—	24	13	34	17	48	26	25	—	22	32	60
100	200	25	36	55	—	20	150	80	200	120	300	160	—	15	19	30	50
					20	45	130	71	180	100	260	140	15	25	26	45	71
					45	—	53	30	75	40	105	60	25	—	32	50	80

注：1. 表中±f_a值用于无纵向修形的齿轮副。
2. 表中 f_{AM} 值用于α=20°的非修形齿轮。
3. 表中±E_Σ值用于α=20°的正交齿轮副；其公差带位置相对于零线，可以不对称或取在一侧。

表 24-27　齿坯顶锥母线跳动和基准端面跳动公差　　（单位：μm）

项目		尺寸范围		精度等级	
		大于	到	7、8	9
顶锥母线跳动公差	外径/mm	30	50	30	60
		50	120	40	80
		120	250	50	100
		250	500	60	120
基准端面跳动公差	基准端面直径/mm	30	50	12	20
		50	120	15	25
		120	250	20	30
		250	500	25	40

注：当三个公差组精度等级不同时，按最高的精度等级确定公差值。

表 24-28　齿坯尺寸公差

精度等级	7、8	9
轴径尺寸公差	IT6	IT7
孔径尺寸公差	IT7	IT8
外径尺寸极限偏差	0	0
	IT8	IT9

注：IT 为标准公差单位，数值见表 23-5。

表 24-29　齿坯轮冠距与顶锥角极限偏差

中点法向模数/mm	轮冠距极限偏差/mm	顶锥角极限偏差/(°)
>1.2～10	0 −75	+8 0

表 24-30　最小法向侧隙 j_{nmin} 值　(单位：μm)

中点锥距 R_m/mm		小轮分锥角/(°)		最小法向侧隙 j_{nmin} 值 最小法向侧隙种类		
大于	到	大于	到	b	c	d
—	50	—	15	58	36	22
		15	25	84	52	33
		25	—	100	62	39
50	100	—	15	84	52	33
		15	25	100	62	39
		25	—	120	74	46
100	200	—	15	100	62	39
		15	25	140	87	54
		25	—	160	100	63

注：1. 标准规定齿轮副的最小法向侧隙种类为 6 种：a、b、c、d、e 与 h，最小法向侧隙以 a 为最大，h 为零。最小法向侧隙的种类与精度等级无关。
2. 表中数值用于 α=20°的正交齿轮副。

表 24-31　齿厚公差 T_s 值　(单位：μm)

齿圈跳动公差		齿厚公差 T_s 值 法向侧隙公差种类		
大于	到	B	C	D
32	40	85	70	55
40	50	100	80	65
50	60	120	95	75
60	80	130	110	90
80	100	170	140	110

注：标准规定法向侧隙的公差种类为 A、B、C、D 和 H 五种。

表 24-32　锥齿轮有关 E_{ss} 值、$E_{s\Delta}$ 值及最大法向侧隙 j_{nmax}

(单位：μm)

中点法向模数/mm	齿厚上偏差 E_{ss} 基本值						最大法向侧隙 j_{nmax} 的制造误差补偿部分 $E_{s\Delta}$ 值																	
							第Ⅱ组精度等级																	
	中点分度圆直径/mm						7						8						9					
							中点分度圆直径/mm																	
	≤125			>125～400			≤125			>125～400			≤125			>125～400			≤125			>125～400		
	分锥角/(°)						分锥角/(°)																	
	≤20	>20～45	>45	≤20	>20～45	>45	≤20	>20～45	>45	≤20	>20～45	>45	≤20	>20～45	>45	≤20	>20～45	>45	≤20	>20～45	>45	≤20	>20～45	>45
>1～3.5	−20	−20	−22	−28	−32	−30	20	20	22	28	32	30	22	22	24	30	36	32	24	24	25	32	38	36
>3.5～6.3	−22	−22	−25	−32	−32	−30	22	22	25	32	32	30	24	24	28	36	36	32	25	25	30	38	38	36

	最小法向侧隙种类	第Ⅱ组精度等级		
		7	8	9
系数	d	2	2.2	—
	c	2.7	3.0	3.2
	b	3.8	4.2	4.6
最大法向侧隙 j_{nmax}	$j_{nmax}=(\lvert E_{ss1}+E_{ss2}\rvert+T_{s1}+T_{s2}+E_{s\Delta1}+E_{s\Delta2})\times\cos\alpha$			

注：各最小法向侧隙种类和各种精度等级齿轮的 E_{ss} 值，由本表查出基本值乘以系数得出。

表 24-33 锥齿轮精度等级及法向侧隙的标注方法

标注示例	说明
7 b GB 11365—1989	齿轮三个公差组精度同为 7 级，最小法向侧隙种类 b，法向侧隙公差种类 B
7 120 B GB 11365—1989	齿轮三个公差组精度同为 7 级，最小法向侧隙 120μm，法向侧隙公差种类 B
8-7-7 c C GB 11365—1989	齿轮第Ⅰ公差组精度为 8 级，第Ⅱ和第Ⅲ公差组精度为 7 级，最小法向侧隙种类 c，法向侧隙公差种类 C

24.3 圆柱蜗杆、蜗轮精度

GB/T 10089—2018 对蜗杆、蜗轮和蜗杆传动规定了 12 个精度等级，1 级精度最高，12 级精度最低。蜗杆和配对蜗轮的精度等级一般取为相同，也允许不同。可选择硬度高的钢制蜗杆的精度等级高于材质较软的配对蜗轮的精度等级，在磨合期蜗轮精度可以得到提高。

表 24-34 圆柱蜗杆、蜗轮和蜗杆传动的检验项目

<table>
<tr><th></th><th colspan="2">检验项目</th><th>数值</th><th>引用标准</th></tr>
<tr><td rowspan="5">蜗杆的检验项目</td><td colspan="2">蜗杆齿廓总偏差 $F_{\alpha 1}$</td><td rowspan="12">表 24-35</td><td rowspan="13">GB/T 10089—2018</td></tr>
<tr><td colspan="2">蜗杆轴向齿距偏差 f_{px}</td></tr>
<tr><td colspan="2">蜗杆相邻轴向齿距偏差 f_{ux}</td></tr>
<tr><td colspan="2">蜗杆径向跳动偏差 F_{r1}</td></tr>
<tr><td colspan="2">蜗杆导程偏差 F_{pz}</td></tr>
<tr><td rowspan="5">蜗轮的检验项目</td><td colspan="2">蜗轮齿廓总偏差 $F_{\alpha 2}$</td></tr>
<tr><td colspan="2">蜗轮单个齿距偏差 f_{p2}</td></tr>
<tr><td colspan="2">蜗轮齿距累积总偏差 F_{p2}</td></tr>
<tr><td colspan="2">蜗轮相邻轴向齿距偏差 f_{u2}</td></tr>
<tr><td colspan="2">蜗轮径向跳动偏差 F_{r1}</td></tr>
<tr><td rowspan="9">蜗杆副检验项目</td><td colspan="2">蜗杆副单面啮合偏差 F_i'</td></tr>
<tr><td colspan="2">蜗杆副单面一齿啮合偏差 f_i'</td></tr>
<tr><td colspan="2">接触斑点</td><td>表 24-36</td></tr>
<tr><td rowspan="3">中心距不可调</td><td>中心距偏差 f_a</td><td rowspan="3">表 24-37</td><td rowspan="6">GB/T 10089—1988</td></tr>
<tr><td>中间平面偏差 f_x</td></tr>
<tr><td>轴交角偏差 f_Σ</td></tr>
<tr><td colspan="2">侧隙</td><td>表 24-38</td></tr>
<tr><td colspan="2">齿厚</td><td>表 24-39，表 24-40</td></tr>
<tr><td colspan="2">齿坯公差</td><td>表 24-41，表 24-42</td></tr>
</table>

注：鉴于 GB/T 10089—2018 对蜗杆传动的侧隙及检验未作规定，引用 GB/T 10089—1988 的相关内容。GB/T 10089—1988 规定蜗杆的传动侧隙分为 8 种：a、b、c、d、e、f、g、h。a 种的最小法向侧隙值最大，其他依次减小，h 种为零。侧隙种类与精度等级无关。

表 24-35 蜗轮、蜗杆和蜗杆副各级精度偏差允许值(摘自 GB/T 10089—2018) (单位：μm)

精度等级	模数 $m_n(m_t)$ /mm	偏差允许值	分度圆直径 d/mm				
			≥10 ~ 50	>50 ~ 125	>125 ~ 280	>280 ~ 560	>560 ~ 1000
7	≥0.5 ~ 2.0	F_α	11.0				
		f_u	12.0	13.0	14.0	15.0	16.0
		f_p	9.0	10.0	11.0	12.0	13.0
		F_{p2}	25.0	33.0	41.0	47.0	53.0
		F_r	18.0	22.0	24.0	27.0	31.0
		F_i'	29.0	35.0	41.0	47.0	51.0
		f_i'	14.0	15.0	15.0	16.0	17.0
	>2.0 ~ 3.55	F_α	15.0				
		f_u	13.0	14.0	15.0	16.0	18.0
		f_p	10.0	11.0	12.0	13.0	14.0
		F_{p2}	31.0	39.0	47.0	55.0	61.0
		F_r	22.0	27.0	31.0	35.0	39.0
		F_i'	35.0	43.0	49.0	55.0	61.0
		f_i'	18.0	18.0	19.0	20.0	20.0
	>3.55 ~ 6.0	F_α	19.0				
		f_u	15.0	15.0	16.0	18.0	19.0
		f_p	12.0	12.0	13.0	14.0	15.0
		F_{p2}	33.0	43.0	51.0	59.0	67.0
		F_r	25.0	31.0	35.0	39.0	45.0
		F_i'	41.0	49.0	55.0	61.0	69.0
		f_i'	22.0	22.0	22.0	24.0	24.0
	>6.0 ~ 10	F_α	24.0				
		f_u	17.0	18.0	19.0	20.0	22.0
		f_p	14.0	14.0	15.0	16.0	17.0
		F_{p2}	35.0	45.0	55.0	63.0	71.0
		F_r	29.0	35.0	39.0	45.0	49.0
		F_i'	47.0	55.0	63.0	69.0	76.0
		f_i'	25.0	25.0	27.0	27.0	27.0
	>10 ~ 16	F_α	31.0				
		f_u	22.0	22.0	22.0	24.0	25.0
		f_p	17.0	17.0	18.0	19.0	20.0
		F_{p2}	37.0	49.0	59.0	67.0	76.0
		F_r	33.0	39.0	45.0	51.0	55.0
		F_i'	55.0	65.0	73.0	78.0	86.0
		f_i'	33.0	33.0	35.0	35.0	35.0
	偏差允许值 F_{p2}						
	测量长度/mm		15	25	45	75	125
	蜗杆轴向模数 m_x/mm		≥0.5 ~ 2	>2 ~ 3.55	>3.55 ~ 6	>6 ~ 10	>10 ~ 16
	蜗杆头数 z_1	1	9.0	11.0	13.0	17.0	22.0
		2	10.0	12.0	16.0	20.0	25.0
		3、4	11.0	14.0	18.0	24.0	29.0
		5、6	13.0	17.0	22.0	27.0	33.0
		>6	17.0	20.0	25.0	31.0	41.0

续表

精度等级	模数 $m_n(m_t)$ /mm	偏差允许值	分度圆直径 d/mm				
			≥10 ~ 50	>50 ~ 125	>125 ~ 280	>280 ~ 560	>560 ~ 1000
8	≥0.5 ~ 2.0	F_α	15.0				
		f_u	16.0	18.0	19.0	21.0	22.0
		f_p	12.0	14.0	15.0	16.0	18.0
		F_{p2}	36.0	47.0	58.0	66.0	74.0
		F_r	25.0	30.0	33.0	38.0	44.0
		F_i'	41.0	49.0	58.0	66.0	71.0
		f_i'	19.0	21.0	21.0	22.0	23.0
	>2.0 ~ 3.55	F_α	21.0				
		f_u	18.0	19.0	21.0	22.0	25.0
		f_p	14.0	15.0	16.0	18.0	19.0
		F_{p2}	44.0	55.0	66.0	77.0	85.0
		F_r	30.0	38.0	44.0	49.0	55.0
		F_i'	49.0	60.0	69.0	77.0	85.0
		f_i'	25.0	25.0	26.0	27.0	27.0
	>3.55 ~ 6.0	F_α	26.0				
		f_u	21.0	21.0	22.0	25.0	26.0
		f_p	16.0	16.0	18.0	19.0	21.0
		F_{p2}	47.0	60.0	71.0	82.0	93.0
		F_r	36.0	44.0	49.0	55.0	63.0
		F_i'	58.0	69.0	77.0	85.0	96.0
		f_i'	30.0	30.0	30.0	33.0	33.0
	>6.0 ~ 10	F_α	33.0				
		f_u	23.0	25.0	26.0	27.0	30.0
		f_p	19.0	19.0	21.0	22.0	23.0
		F_{p2}	49.0	63.0	77.0	88.0	99.0
		F_r	41.0	49.0	55.0	63.0	69.0
		F_i'	66.0	77.0	88.0	96.0	107.0
		f_i'	36.0	36.0	38.0	38.0	38.0
	>10 ~ 16	F_α	44.0				
		f_u	30.0	30.0	30.0	33.0	36.0
		f_p	23.0	23.0	25.0	26.0	27.0
		F_{p2}	52.0	69:0	82.0	93.0	107.0
		F_r	47.0	55.0	63.0	71.0	77.0
		F_i'	77.0	91.0	102.0	110.0	121.0
		f_i'	47.0	47.0	49.0	49.0	49.0
	偏差允许值 F_{p2}						
	测量长度/mm		15	25	45	75	125
	蜗杆轴向模数 m_x/mm		≥0.5 ~ 2	>2 ~ 3.55	>3.55 ~ 6	>6 ~ 10	>10 ~ 16
	蜗杆头数 z_1	1	12.0	15.0	18.0	23.0	30.0
		2	14.0	16.0	22.0	27.0	36.0
		3、4	15.0	19.0	25.0	33.0	41.0
		5、6	18.0	23.0	30.0	38.0	47.0
		>6	23.0	27.0	36.0	44.0	58.0

续表

精度等级	模数 $m_n(m_t)$ /mm	偏差允许值	分度圆直径 d/mm				
			≥10 ~ 50	>50 ~ 125	>125 ~ 280	>280 ~ 560	>560 ~ 1000
9	≥0.5 ~ 2.0	F_α	21.0				
		f_u	23.0	25.0	27.0	29.0	31.0
		f_p	17.0	19.0	21.0	23.0	25.0
		F_{p2}	50.0	65.0	81.0	92.0	104.0
		F_r	35.0	42.0	46.0	54.0	61.0
		F_i'	58.0	69.0	81.0	92.0	100.0
		f_i'	27.0	29.0	29.0	31.0	33.0
	>2.0 ~ 3.55	F_α	29.0				
		f_u	25.0	27.0	29.0	31.0	35.0
		f_p	19.0	21.0	23.0	25.0	27.0
		F_{p2}	61.0	77.0	92.0	108.0	119.0
		F_r	42.0	54.0	61.0	69.0	77.0
		F_i'	69.0	85.0	96.0	108.0	119.0
		f_i'	35.0	35.0	36.0	38.0	38.0
	>3.55 ~ 6.0	F_α	36.0				
		f_u	29.0	29.0	31.0	35.0	36.0
		f_p	23.0	23.0	25.0	27.0	29.0
		F_{p2}	65.0	85.0	100.0	115.0	131.0
		F_r	50.0	61.0	69.0	77.0	88.0
		F_i'	81.0	96.0	108.0	119.0	134.0
		f_i'	42.0	42.0	42.0	46.0	46.0
	>6.0 ~ 10	F_α	46.0				
		f_u	33.0	35.0	36.0	38.0	42.0
		f_p	27.0	27.0	29.0	31.0	33.0
		F_{p2}	69.0	88.0	108.0	123.0	138.0
		F_r	58.0	69.0	77.0	88.0	96.0
		F_i'	92.0	108.0	123.0	134.0	150.0
		f_i'	50.0	50.0	54.0	54.0	54.0
	>10 ~ 16	F_α	61.0				
		f_u	42.0	42.0	42.0	46.0	50.0
		f_p	33.0	33.0	35.0	36.0	38.0
		F_{p2}	73.0	96.0	115.0	131.0	150.0
		F_r	65.0	77.0	88.0	100.0	108.0
		F_i'	108.0	127.0	142.0	154.0	169.0
		f_i'	65.0	65.0	69.0	69.0	69.0
	偏差允许值 F_{p2}						
	测量长度/mm		15	25	45	75	125
	蜗杆轴向模数 m_x/mm		≥0.5 ~ 2	>2 ~ 3.55	>3.55 ~ 6	>6 ~ 10	>10 ~ 16
	蜗杆头数 z_1	1	17.0	21.0	25.0	33.0	42.0
		2	19.0	23.0	31.0	38.0	50.0
		3、4	21.0	27.0	35.0	46.0	58.0
		5、6	25.0	33.0	42.0	54.0	65.0
		>6	33.0	38.0	50.0	61.0	81.0

注：1. F_i'、f_i'以蜗杆分度圆直径 d_1 查取。

2.下标 x 表示蜗杆，下标 2 表示涡轮；蜗杆、蜗轮同时有的，无下标。

表 24-36　传动接触斑点(摘自 GB/T 10089—2018)

精度等级	接触面积和百分比/%		接触位置
	沿齿高不小于	沿齿长不小于	
7 和 8	55	50	接触斑点痕迹应偏于啮出端，但不允许在齿顶和啮入、啮出端的棱边接触
9	45	40	

注：采用修形齿面的蜗杆传动，接触斑点的要求可不受本标准规定的限制。

表 24-37　传动有关极限偏差 f_a、f_x 及 f_Σ　(单位：μm)

传动中心距 a/mm	传动中心距极限偏差 $\pm f_a$			传动中间平面极限偏差 $\pm f_x$			蜗轮宽度 b_2/mm	传动轴交角极限偏差 $\pm f_\Sigma$		
	精度等级							精度等级		
	7	8	9	7	8	9		7	8	9
>50～80	37		60	30		48	≤30	12	17	24
>80～120	44		70	36		56	>30～50	14	19	28
>120～180	50		80	40		64	>50～80	16	22	32
>180～250	58		92	47		74	>80～120	19	24	36

注：本表为 GB/T 10089—1988 内容，仅对中心距不可调的蜗杆传动检验。

表 24-38　传动的最小法向侧隙 j_{nmin}　(单位：μm)

传动中心距 a/mm	侧隙种类		
	b	c	d
>30～50	100	62	39
>50～80	120	74	46
>80～120	140	87	54
>120～180	160	100	63
>180～250	180	115	72

注：1. 本表为 GB/T 10089—1988 内容。
　　2. 传动的最小圆周侧隙 $j_{tmin} \approx j_{nmin}/\cos\gamma' \cdot \cos\alpha_n$。式中：$\gamma'$ 为蜗杆节圆柱导程角；α_n 为蜗杆法向齿形角。

表 24-39　蜗轮、蜗杆的齿厚偏差　(单位：μm)

蜗杆齿厚上偏差 E_{ss1}	$E_{ss1}=-(j_{nmin}/\cos\alpha_n+E_{s\Delta})$	蜗轮齿厚上偏差 E_{ss2}	$E_{ss2}=0$
蜗杆齿厚下偏差 E_{si1}	$E_{si1}=E_{ss1}-T_{s1}$	蜗轮齿厚下偏差 E_{si2}	$E_{si2}=-T_{s2}$

蜗杆齿厚上偏差(E_{ss1})中的制造误差补偿部分 $E_{s\Delta}$

传动中心距 a/mm	精度等级											
	7				8				9			
	模数 m/mm											
	≥1～3.5	>3.5～6.3	>6.3～10	>10～16	≥1～3.5	>3.5～6.3	>6.3～10	>10～16	≥1～3.5	>3.5～6.3	>6.3～10	>10～16
>50～80	50	58	65	—	58	75	90	—	90	100	120	—
>80～120	56	63	71	80	63	78	90	110	95	105	125	160
>120～180	60	68	75	85	68	80	95	115	100	110	130	165
>180～250	71	75	80	90	75	85	100	115	110	120	140	170

注：1. 本表为 GB/T 10089—1988 内容。
　　2. T_{s1}、T_{s2} 分别为蜗杆和蜗轮齿厚公差，见表 24-40。

表 24-40　蜗杆齿厚公差 T_{s1} 和蜗轮齿厚公差 T_{s2}　　（单位：μm）

蜗杆分度圆直径 d_1	蜗轮分度圆直径 d_2/mm	模数 m/mm	蜗杆齿厚公差 T_{s1}			蜗轮齿厚公差 T_{s2}		
			精度等级					
			7	8	9	7	8	9
任意	>125～400	≥1～3.5	45	53	67	100	120	140
		>3.5～6.3	56	71	90	120	140	170
		>6.3～10	71	90	110	130	160	190
		>10～16	95	120	150	140	170	210

注：1. 本表为 GB/T 10089—1988 内容。

2. 当传动最大法向侧隙 j_{nmax} 无要求时，允许 T_{s1} 增大，最大不超过表中值的两倍。

3. 在最小法向侧隙能保证的条件下，T_{s2} 公差带允许采用对称分布。

表 24-41　蜗杆、蜗轮齿坯尺寸和形状公差

精度等级		7	8	9
孔	尺寸公差	IT7		IT8
	形状公差	IT6		IT7
轴	尺寸公差	IT6		IT7
	形状公差	IT5		IT6
齿顶圆直径公差		IT8		IT9

注：1. 本表为 GB/T 10089—1988 内容。

2. 当齿顶圆不作测量齿厚基准时，尺寸公差按 IT11 确定，但不得大于 0.1mm。

表 24-42　蜗杆、蜗轮齿坯基准面径向和端面跳动公差　　（单位：μm）

基准面直径 d/mm	精度等级	
	7, 8	9
≤31.5	7	10
>31.5～63	10	16
>63～125	14	22
>125～400	18	28
>400～800	22	36

注：1. 本表为 GB/T 10089—1988 内容。

2. 当以齿顶圆作为测量基准时，也即为蜗杆、蜗轮的齿坯基准面。

第25章 电 动 机

表 25-1 Y 系列(IP44)三相异步电动机技术数据

<table>
<tr><th rowspan="2">型号</th><th rowspan="2">额定功率/kW</th><th colspan="4">满载时</th><th rowspan="2">堵转电流/额定电流</th><th rowspan="2">堵转转矩/额定转矩</th><th rowspan="2">最大转矩/额定转矩</th><th rowspan="2">飞轮力矩[①]/(N · m²)</th><th rowspan="2">质量[①]/kg</th></tr>
<tr><th>转速[①]/(r · min⁻¹)</th><th>电流[①]/A</th><th>效率/%</th><th>功率因数 cosφ</th></tr>
<tr><td colspan="11">同步转速 3000 r/min (2 极)</td></tr>
<tr><td>Y801-2</td><td>0.75</td><td rowspan="2">2830</td><td>1.81</td><td>75</td><td>0.84</td><td>6.5</td><td rowspan="6">2.2</td><td rowspan="10">2.3</td><td>0.0075</td><td>17</td></tr>
<tr><td>Y802-2</td><td>1.1</td><td>2.52</td><td>77</td><td>0.86</td><td rowspan="11">7.0</td><td>0.0090</td><td>18</td></tr>
<tr><td>Y90S-2</td><td>1.5</td><td rowspan="2">2840</td><td>3.44</td><td>78</td><td>0.85</td><td>0.012</td><td>22</td></tr>
<tr><td>Y90L-2</td><td>2.2</td><td>4.74</td><td>80.5</td><td>0.86</td><td>0.014</td><td>25</td></tr>
<tr><td>Y100L-2</td><td>3.0</td><td>2880</td><td>6.39</td><td>82</td><td rowspan="2">0.87</td><td>0.029</td><td>34</td></tr>
<tr><td>Y112M-2</td><td>4.0</td><td>2890</td><td>8.17</td><td rowspan="2">85.5</td><td>0.055</td><td>45</td></tr>
<tr><td>Y132S1-2</td><td>5.5</td><td rowspan="2">2900</td><td>11.1</td><td rowspan="4">0.88</td><td rowspan="6">2.0</td><td>0.109</td><td>67</td></tr>
<tr><td>Y132S2-2</td><td>7.5</td><td>15.0</td><td>86.2</td><td>0.126</td><td>72</td></tr>
<tr><td>Y160M1-2</td><td>11</td><td rowspan="3">2930</td><td>21.8</td><td>87.2</td><td>0.377</td><td>115</td></tr>
<tr><td>Y160M2-2</td><td>15</td><td>29.4</td><td>88.2</td><td>0.449</td><td>125</td></tr>
<tr><td>Y160L-2</td><td>18.5</td><td>35.5</td><td rowspan="2">89</td><td rowspan="2">0.89</td><td rowspan="2">2.2</td><td>0.550</td><td>147</td></tr>
<tr><td>Y180M-2</td><td>22</td><td>2940</td><td>42.2</td><td>0.750</td><td>173</td></tr>
<tr><td colspan="11">同步转速 1500 r/min (4 极)</td></tr>
<tr><td>Y801-4</td><td>0.55</td><td rowspan="2">1390</td><td>1.51</td><td>73</td><td rowspan="2">0.76</td><td rowspan="2">6.0</td><td>2.4</td><td rowspan="11">2.3</td><td>0.018</td><td>17</td></tr>
<tr><td>Y802-4</td><td>0.75</td><td>2.01</td><td>74.5</td><td rowspan="3">2.3</td><td>0.021</td><td>17</td></tr>
<tr><td>Y90S-4</td><td>1.1</td><td rowspan="2">1400</td><td>2.75</td><td>78</td><td>0.78</td><td>6.5</td><td>0.021</td><td>25</td></tr>
<tr><td>Y90L-4</td><td>1.5</td><td>3.65</td><td>79</td><td>0.79</td><td>6.5</td><td>0.027</td><td>26</td></tr>
<tr><td>Y100L1-4</td><td>2.2</td><td rowspan="2">1430</td><td>5.03</td><td>81</td><td>0.82</td><td rowspan="9">7.0</td><td rowspan="7">2.2</td><td>0.054</td><td>34</td></tr>
<tr><td>Y100L2-4</td><td>3.0</td><td>6.82</td><td>82.5</td><td>0.81</td><td>0.067</td><td>35</td></tr>
<tr><td>Y112M-4</td><td>4.0</td><td rowspan="3">1440</td><td>8.77</td><td>84.5</td><td>0.82</td><td>0.095</td><td>47</td></tr>
<tr><td>Y132S-4</td><td>5.5</td><td>11.6</td><td>85.5</td><td>0.84</td><td>0.214</td><td>68</td></tr>
<tr><td>YI32M-4</td><td>7.5</td><td>15.4</td><td>87</td><td>0.85</td><td>0.296</td><td>79</td></tr>
<tr><td>Y160M-4</td><td>11</td><td rowspan="2">1460</td><td>22.6</td><td>88</td><td>0.84</td><td>0.747</td><td>122</td></tr>
<tr><td>Y160L-4</td><td>15</td><td>30.3</td><td>88.5</td><td>0.85</td><td>0.918</td><td>142</td></tr>
<tr><td>Y180M-4</td><td>18.5</td><td rowspan="2">1470</td><td>35.9</td><td>91</td><td rowspan="2">0.86</td><td rowspan="2">2.0</td><td rowspan="2">2.2</td><td>1.39</td><td>174</td></tr>
<tr><td>Y180L-4</td><td>22</td><td>42.5</td><td>91.5</td><td>1.58</td><td>192</td></tr>
</table>

续表

型号	额定功率/kW	满载时				堵转电流/额定电流	堵转转矩/额定转矩	最大转矩/额定转矩	飞轮力矩[①] /(N·m²)	质量[①] /kg
		转速[①] /(r·min⁻¹)	电流[①] /A	效率/%	功率因数 cosφ					
同步转速 1000r/min (6 极)										
Y90S-6	0.75	910	2.3	72.5	0.70	5.5	2.0	2.2	0.029	23
Y90L-6	1.1		3.2	73.5	0.72				0.035	25
Y100L-6	1.5	940	4	77.5	0.74	6.0			0.069	33
Y112M-6	2.2		5.0	80.5					0.138	45
Y132S-6	3.0	960	7.23	83	0.76	6.5			0.286	63
Y132M1-6	4.0		9.40	84	0.77				0.357	73
Y132M2-6	5.5		12.6	85.3	0.78				0.449	84
Y160M-6	7.5	970	17.0	86				2.0	0.881	119
Y160L-6	11		24.6	87					1.16	147
Y180L-6	15		31.4	89.5	0.81				2.07	195
Y200L1-6	18.5		37.7	89.8	0.83		1.8		3.15	220
Y200L2-6	22		44.6	90.2					3.60	250
同步转速 750r/min (8 极)										
Y132S-8	2.2	710	5.81	81	0.71	5.5	2.0	2.0	0.314	63
Y132M-8	3.0		7.72	82	0.72				0.395	79
Y160M1-8	4.0	720	9.91	84	0.73	6.0			0.753	118
Y160M2-8	5.5		13.3	85	0.74				0.931	119
Y160L-8	7.5		17.7	86	0.75	5.5			1.26	145
Y180L-8	11	730	24.8	87.5	0.77	6.0	1.7		2.03	184
Y200L-8	15		34.1	88	0.76		1.8		3.39	250
Y225S-8	18.5		41.3	89.5			1.7		4.91	266
Y225M-8	22		47.6	90	0.78		1.8		5.47	292

注：本表为 JB/T 10391—2008 内容。

① 非标准内容，仅供参考。

表 25-2　Y 系列(IP44)三相异步电动机的外形及安装尺寸

机座号80~132　　机座号160~315　　机座号80~315

机座号	极数	安装尺寸及公差/mm																		外形尺寸/mm				
		A	*A*/2	*B*	*C*		*D*		*E*		*F*		*G*①		*H*		*K*②			*AB*	*AC*	*AD*	*HD*	*L*
		基本尺寸	基本尺寸	基本尺寸	基本尺寸	极限偏差	基本尺寸	极限偏差	基本尺寸	极限偏差	基本尺寸	极限偏差	基本尺寸	极限偏差	基本尺寸	极限偏差	基本尺寸	极限偏差	位置度公差					
80M	2、4	125	62.5	100	50	±1.5	19	+0.009 −0.004	40	±0.31	6	0 −0.030	15.5	0 −0.10	80	0 −0.5	10	+0.36 0	$\phi1.0$Ⓜ	165	175	150	175	290
90S	2、4、6	140	70	100	56		24		50		8	0 −0.036	20	0 −0.20	90					180	195	160	195	315
90L				125																				340
100L		160	80	140	63	±2.0	28		60	±0.37			24		100		12	+0.43 0		205	215	180	245	380
112M		190	95	140	70										112					245	240	190	265	400
132S	2、4、6、8	216	108	140	89		38	+0.018 +0.002	80		10		33		132					280	275	210	315	475
132M				178																				515
160M		254	127	210	108	±3.0	42		110	±0.43	12	0 −0.043	37		160		14.5		$\phi1.2$Ⓜ	330	335	265	385	605
160L				254																				650
180M		279	139.5	241	121		48				14		42.5		180					335	380	285	430	670
180L				279																				710
220L		318	159	305	133		55	+0.030 +0.011			16		49		200		18.5	+0.52 0		395	420	315	475	775

注：本表为 JB/T 10391—2008 内容。

① $G=D-GE$，GE的极限偏差对机机座号 80 为$\begin{pmatrix}+0.10\\0\end{pmatrix}$，其余为$\begin{pmatrix}+0.20\\0\end{pmatrix}$。

② K 孔的位置度公差以轴伸的轴线为基准。

第4篇

参考图例

第 26 章　减速器装配工作图

单级圆柱齿轮减速器(图 26-1)
单级圆柱齿轮减速器(焊接箱体)(图 26-2)
双级圆柱齿轮减速器(图 26-3)
圆锥-圆柱齿轮减速器(Ⅰ)(图 26-4)
圆锥-圆柱齿轮减速器(Ⅱ)(图 26-5)
蜗杆减速器(Ⅰ)(图 26-6)
蜗杆减速器(Ⅱ)(图 26-7)

第 27 章　箱体零件工作图

双级圆柱齿轮减速器箱盖(图 27-1)
双级圆柱齿轮减速器箱座(图 27-2)
圆锥-圆柱齿轮减速器箱盖(图 27-3)
圆锥-圆柱齿轮减速器箱座(图 27-4)
蜗杆减速器箱盖(图 27-5)
蜗杆减速器箱座(图 27-6)

第 28 章　轴和轮类零件工作图

轴(图 28-1)
圆柱齿轮轴(图 28-2)
圆柱齿轮(图 28-3)
锥齿轮轴(图 28-4)
锥齿轮(图 28-5)
蜗杆(图 28-6)
蜗轮(图 28-7)
蜗轮轮芯(图 28-8)
蜗轮轮缘(图 28-9)

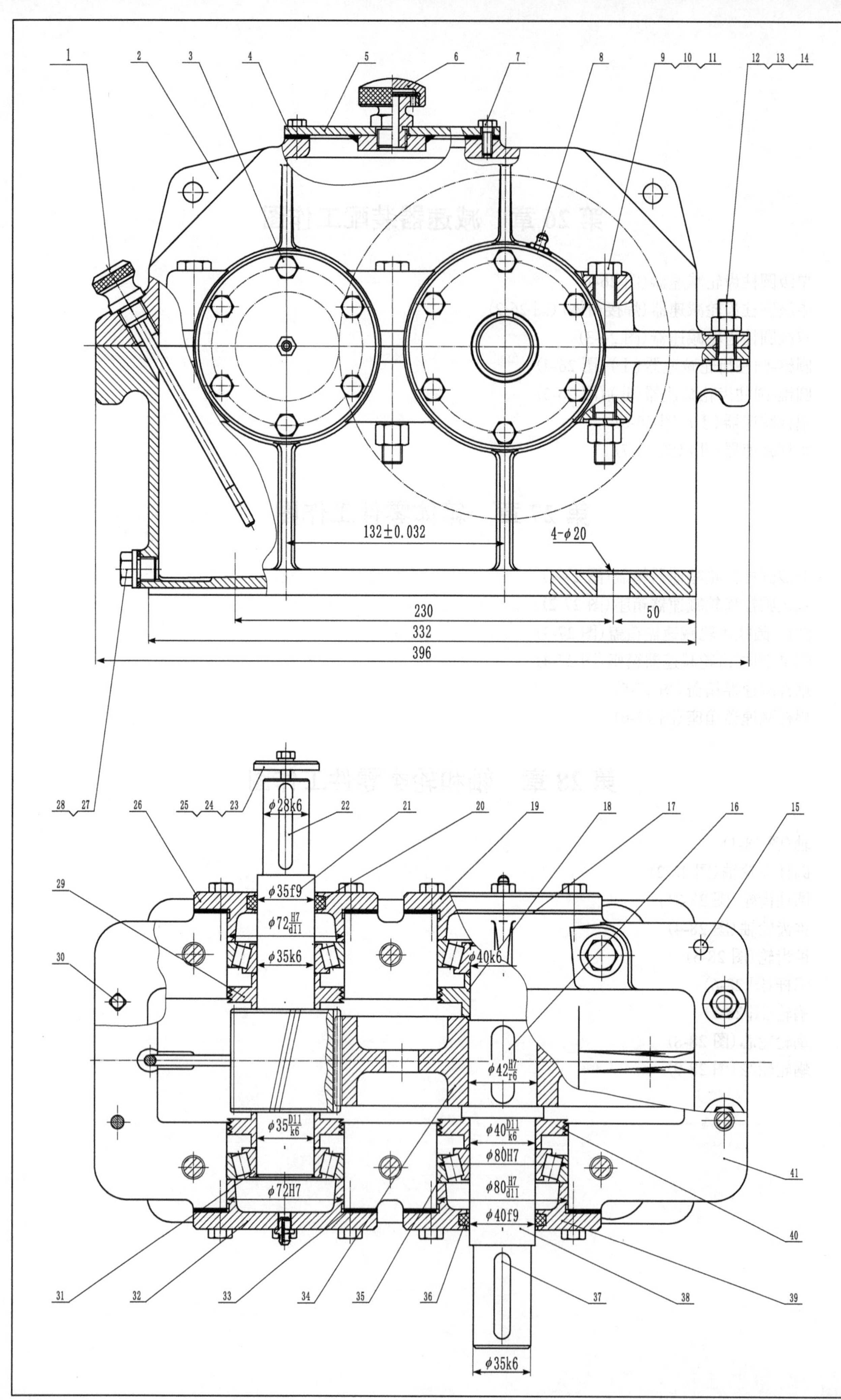
1
2
3
4
5
6
7
8
9
10
11
12
13
14
132±0.032
4-φ20
230
50
332
396
28
27
26
25
24
23
22
21
20
19
18
17
16
15
29
30
φ28k6
φ35f9
φ72$\frac{H7}{d11}$
φ35k6
φ40k6
φ42$\frac{H7}{r6}$
φ35$\frac{D11}{k6}$
φ40$\frac{D11}{k6}$
φ80H7
φ80$\frac{H7}{d11}$
φ72H7
φ40f9
φ35k6
41
40
31
32
33
34
35
36
37
38
39

图 26-1　单级圆柱

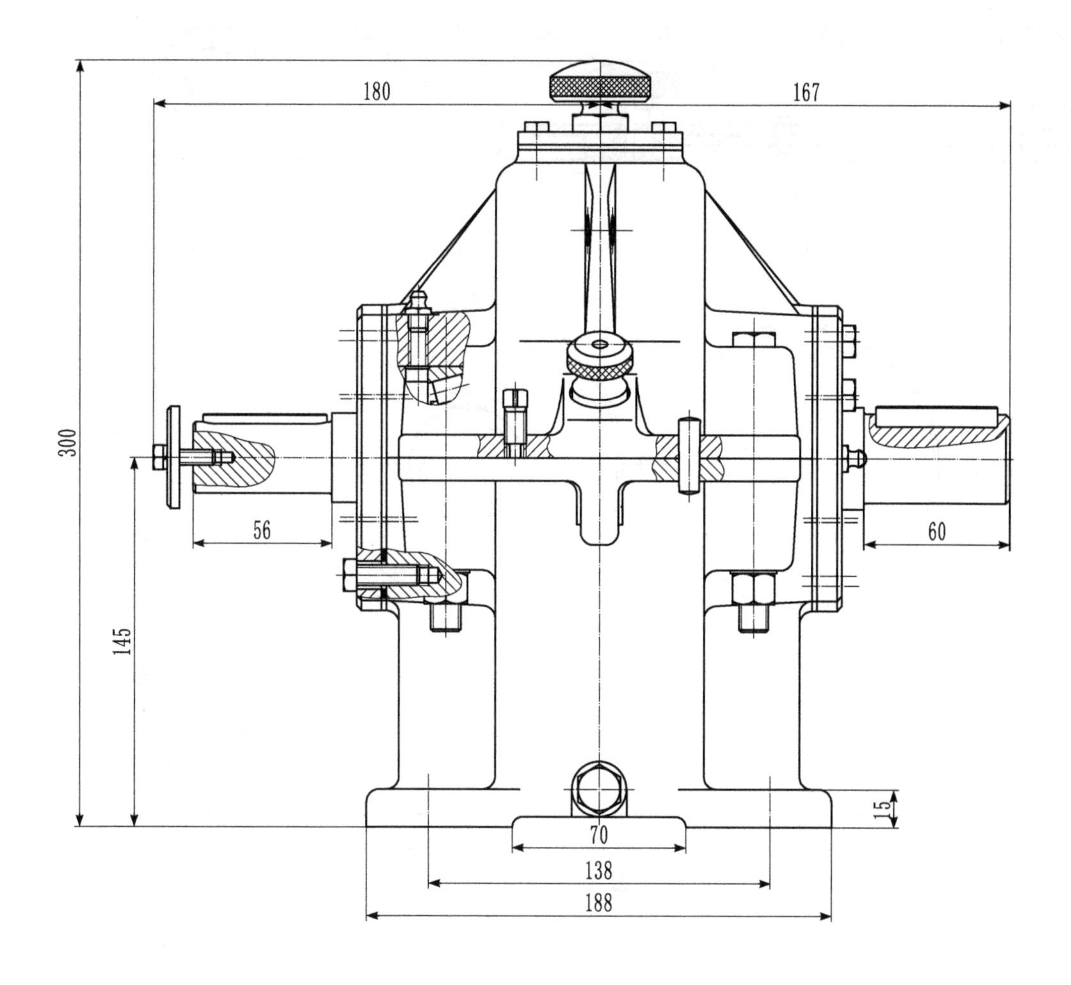

技术特性

输入功率/kW	入轴转速/(r/min)	效率	传动比	传动特性				
				m_n	β	齿数		精度等级
2.76	384	0.95	3.14	2	12°14'20"	z_1	31	8 GB/T 10095.1—2008 8 GB/T 10095.2—2008
						z_2	98	8 GB/T 10095.1—2008 8 GB/T 10095.2—2008

技术条件

1. 装配前箱体与其他铸件不加工面应清理干净，除去毛刺毛边，并浸涂防锈漆。
2. 零件在装配前用煤油清洗，轴承用汽油清洗干净，晾干后配合表面应涂油。
3. 减速器剖分面、各接触面以及密封处均不允许漏油、渗油，箱体剖分面允许涂以密封胶或水玻璃，不允许使用其他任何填料。
4. 齿轮装配后应用涂色法检查接触斑点，圆柱齿轮沿齿高不小于30%，沿齿长不小于50%，齿侧间隙为：j_{nmin}=0.16mm。
5. 调整、固定轴承时应留有轴向游0.05~0.1mm。
6. 减速器内装220中负荷工业齿轮油，油量达到规定的深度。
7. 箱体内壁涂耐油油漆，减速器外表面涂深灰色油漆。
8. 按试验规程进行试验。

序号	代号	名称	数量	材料	单件重量	总计重量	备注
41	DJYZ-20	箱座	1	HT200			
40	DJYZ-19	挡油盘	1	Q235A			
39	DJYZ-18	透盖	1	HT200			
38	DJYZ-17	轴	1	45			
37	GB/T 1096-2003	键10×50	1	45			
36	FZ/T 92010-1991	毡圈 40	1				外购
35	GB/T 297-2015	圆锥滚子轴承30208	2				外购
34	DJYZ-16	齿轮	1	45			
33	DJYZ-15	调整垫片	2	08F			成组
32	DJYZ-14	闷盖	1	HT200			成组
31	GB/T297-2015	圆锥滚子轴承30207	2				外购
30	GB/T85-2018	启箱螺钉 M8×35	1	22H			外购
29	DJYZ-13	挡油盘	2	Q235A			
28	DJYZ-10	螺塞M14×1.5	1	Q235A			
27	DJYZ-11	垫片	1	石棉橡胶板			
26	DJYZ-12	透盖	1	HT200			
25	GB/T 892-1986	挡圈 B35	1	Q235A			
24	GB93-1987	垫圈6	1	65Mn			外购
23	GB/T 5783-2016	螺栓M6×25	1	8.8			外购
22	GB/T 1096-2003	键8×50	1	45			外购
21	DJYZ-09	齿轮轴	1	45			
20	FZ/T92010-1991	毡圈 35	1				外购
19	DJYZ-08	闷盖	1	HT200			
18	DJYZ-07	挡油盘	1	Q235A			
17	DJYZ-06	调整垫片	2	08F			成组
16	GB/T 1096-2003	键12×45	1	45			外购
15	GB/T 117-2000	销8×30	2	45			外购
14	GB/T 93-1987	垫圈10	2	62Mn			外购
13	GB/T 6170-2015	螺母M10	2	8			外购
12	GB/T 5782-2016	螺栓M10×40	2	8.8			外购
11	GB/T 93--1987	垫圈12	6	65Mn			外购
10	GB/T 6170-2015	螺母M12	6	8			外购
9	GB/T 5782-2016	螺栓M12×110	6	8.8			外购
8	JB/T 7940.1-1995	油杯M6×1	4				外购
7	GB/T 5783-2016	螺栓M6×16	4	4.6			外购
6	DJYZ-05	通气器M18×1.5	1	组件			
5	DJYZ-04	视孔盖	1	Q235A			
4	DJYZ-03	垫片	1	软钢纸板			
3	GB/T 5783-2016	螺栓M8×25	24	8.8			外购
2	DJYZ-02	箱盖	1	HT200			
1	DJYZ-01	油标尺	1	Q235A			

标记	处数	分区	更改文件号	签名	年、月、日	装配图			东北大学
设计			标准化			阶段标记	重量	比例	单级圆柱齿轮减速器
								1:1	DJYZ-00
审核									
工艺			批准			共　张　第　张			

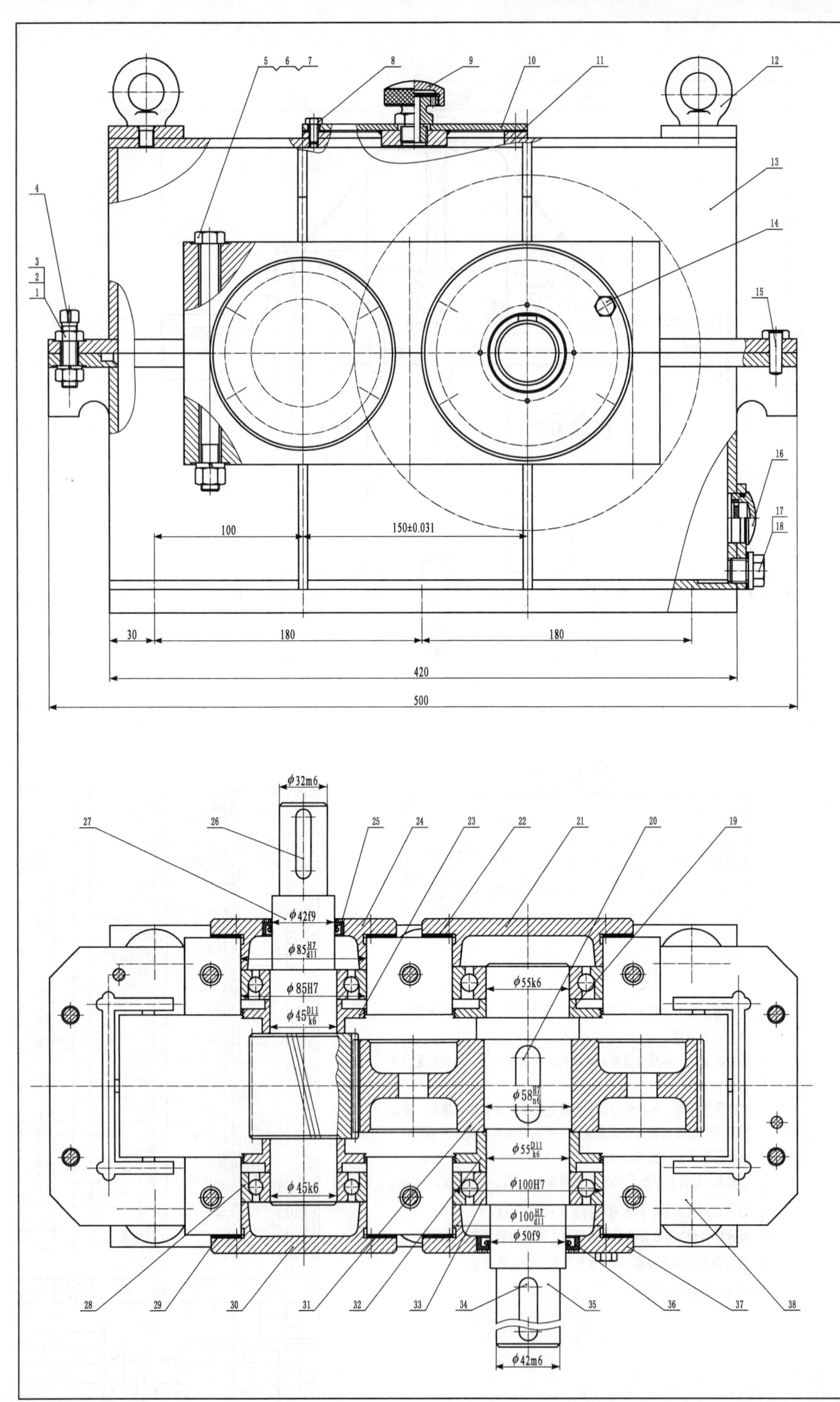

1
2
3
4
5 6 7
8
9
10
11
12
13
14
15
16
17
18
100
150±0.031
30
180
180
420
500
φ32m6
φ42f9
φ85$\frac{H7}{d11}$
φ85H7
φ45$\frac{D11}{k6}$
φ55k6
φ58$\frac{H7}{n6}$
φ55$\frac{D11}{k6}$
φ45k6
φ100H7
φ100$\frac{H7}{d11}$
φ50f9
φ42m6
19
20
21
22
23
24
25
26
27
28
29
30
31
32
33
34
35
36
37
38

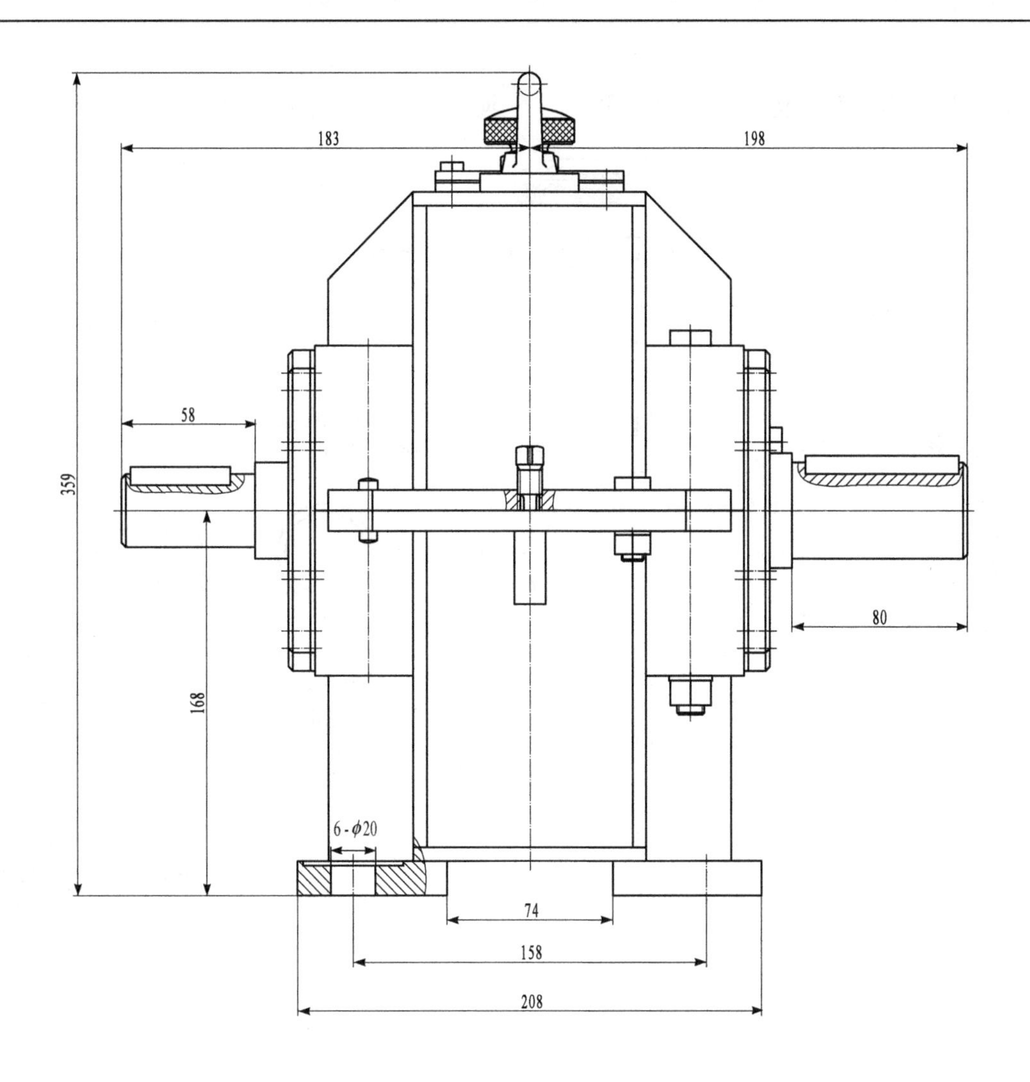

技术特性

输入功率/kW	入轴转速/(r/min)	效率	总传动比	传动特性				
				m_n	β	齿数		精度等级
4.06	960	0.96	3.39	2	14°50'06"	z_1	33	8 GB/T 10095.1—2008 8 GB/T 10095.2—2008
						z_2	112	8 GB/T 10095.1—2008 8 GB/T 10095.2—2008

技术条件

1.装配前，箱体与其他铸件不加工面应清理干净，除去毛边毛刺，并浸涂防锈漆。

2.零件在装配前用煤油清洗，轴承用汽油清洗干净，凉干后配合表面应涂油。

3.减速器剖分面、各接触面及密封处均不允许漏油、渗油，箱体剖分面允许涂以密封胶或水玻璃，不允许使用其他填料。

4.齿轮装配后应用涂色法检查接触斑点，圆柱齿轮沿齿高不小于30%，沿齿长不小于50%，齿侧间隙 j_{nmin}=0.160mm。

5.调整、固定轴承时留有轴向游隙0.04～0.07mm。

6.减速器内装220中负荷齿轮油，油量达到规定的深度。

7.箱体内壁涂耐油油漆，减速器外表面涂灰色油漆。

8.按试验规程进行试验。

序号	代号	名称	数量	材料	单件重量	总计重量	备注
38		箱座	1	45			
37		透盖	1	HT200			
36	GB/T 13871.1-2007	唇形密封圈FB050068	1				外购
35		轴	1	45			
34	GB/T 1096-2003	键12×70	1	45			
33	GB/T 292-2007	滚动轴承7211AC	2				外购
32		挡油盘	1	Q235A			
31		齿轮	1	45			
30		闷盖	1	HT200			
29		调整垫片	2	08F			成组
28	GB/T 292-2007	滚动轴承7209AC	2				外购
27		齿轮轴	1	45			
26	GB/T 1096-2003	键10×45	1	45			
25	GB/T 13871.1-2007	唇形密封圈FB042055	1				外购
24		透盖	1	HT200			
23		挡油盘	2	Q235A			
22		调整垫片	2	08F			成组
21		闷盖	1	HT200			
20	GB/T 1096-2003	键16×50	1	45			
19		挡油盘	1	Q235A			
18		螺塞M16×1.5	1	Q235A			外购
17		油封垫	1	石棉橡胶板			
16	JB/T 7941.1-1995	油标A20	1	Q235A			
15	GB/T 117-2000	销8×28	2	45			外购
14	GB/T 5783-2016	螺栓M8×25	24	8.8			外购
13		箱盖	1	45			
12	GB/T 825-1988	吊环螺钉M10	2	20			外购
11		垫片	1	软钢纸板			
10		视孔盖	1	Q235A			
9		通气器M18×1.5	1	组件			
8	GB/T 5783-2016	螺栓M6×12	4	4.6			外购
7	GB/T 93-1987	垫圈12	6	65Mn			外购
6	GB/T 6170-2015	螺母M12	6	8			外购
5	GB/T 5782-2016	螺栓M12×160	6	8.8			外购
4	GB/T 85-2018	启箱螺钉M10×30	1	33H			外购
3	GB/T 93-1987	垫圈10	4	62Mn			外购
2	GB/T 6170-2015	螺母M10	4	8			外购
1	GB/T 5783-2016	螺栓M10×40	4	8.8			外购

标记	处数	分区	更改文件号	签名	年、月、日	装配图	东北大学
设计			标准化			阶段标记 / 重量 / 比例 1:1	单级圆柱齿轮减速器
审核							（图样代号）
工艺			批准			共　张　第　张	

减速器(焊接箱体)

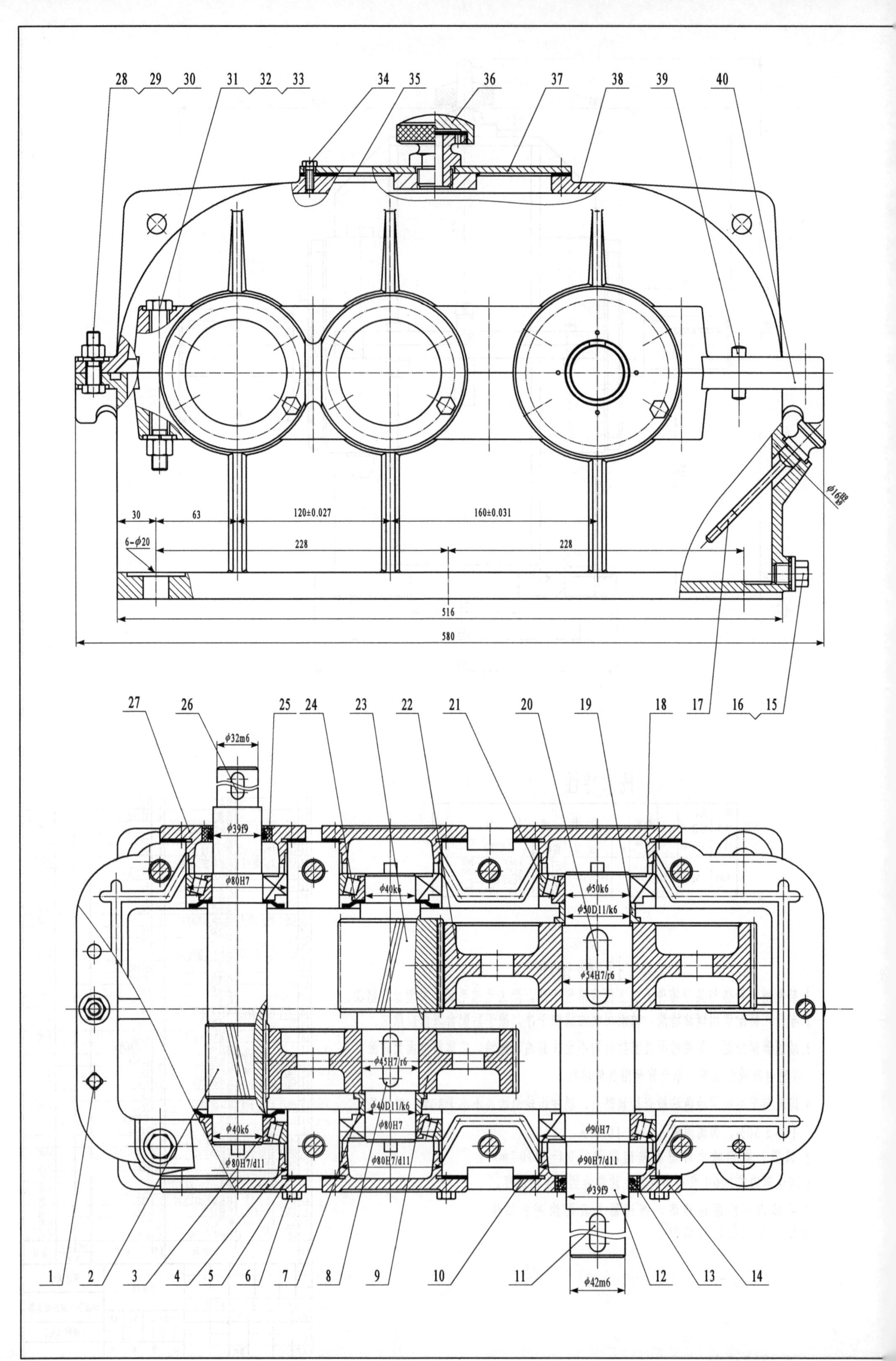
28 29 30 31 32 33 34 35 36 37 38 39 40
30
63
120±0.027
160±0.031
6-φ20
228
228
516
580
φ16H9
27 26 25 24 23 22 21 20 19 18 17 16 15
φ32m6
φ39f9
φ80H7
φ40k6
φ50k6
φ50D11/k6
φ54H7/r6
φ45H7/r6
φ40D11/k6
φ80H7
φ40k6
φ80H7/d11
φ80H7/d11
φ90H7
φ90H7/d11
φ39f9
φ42m6
1 2 3 4 5 6 7 8 9 10 11 12 13 14

图 26-3 双级圆柱

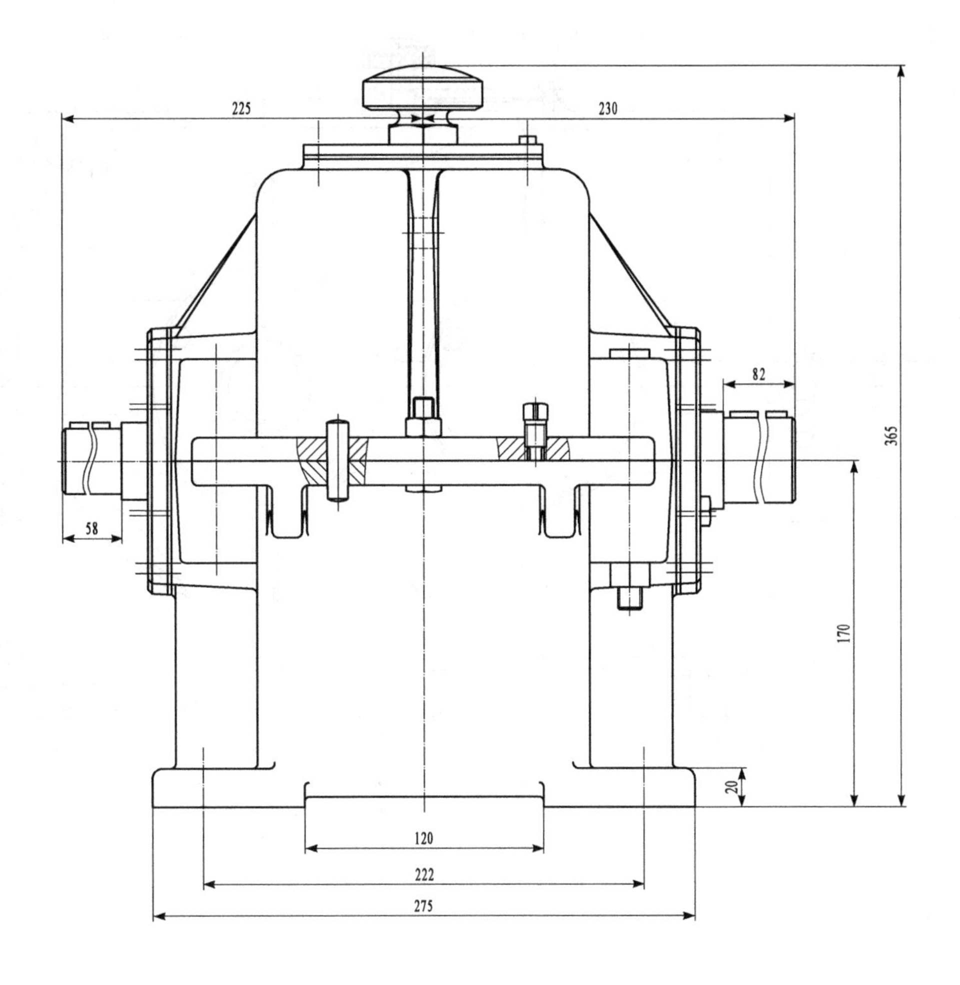

技术特性

输入功率/kW	入轴转速/(r/min)	效率	总传动比	传动特性									
				第一级					第二级				
				m_n	β	齿数		精度等级	m_n	β	齿数		精度等级
4.95	960	0.87	13.77	2	12°50'19"	z_1	22	8 GB/T 10095.1-2008 8 GB/T 10095.2-2008	2	14°21'41"	z_1	37	8 GB/T 10095.1-2008 8 GB/T 10095.2-2008
						z_2	95	8 GB/T 10095.1-2008 8 GB/T 10095.2-2008			z_2	118	8 GB/T 10095.1-2008 8 GB/T 10095.2-2008

技术条件

1.装配前，箱体与其他铸件不加工面应清理干净，除去毛边毛刺，并浸涂防锈漆。

2.零件在装配前用煤油清洗，轴承用汽油清洗干净，凉干后配合表面应涂油。

3.减速器剖分面、各接触面及密封处均不允许漏油、渗油，箱体剖分面允许涂以密封胶或水玻璃，不允许使用其他填料。

4.齿轮装配后应用涂色法检查接触斑点，圆柱齿轮沿齿高不小于30%，沿齿长不小于50%，齿侧间隙为：第一级 j_{nmin}=0.140mm，第二级 j_{nmin}=0.160mm。

5.调整、固定轴承时留有轴向游隙0.05～0.1mm。

6.减速器内装220中负荷齿轮油，油量达到规定的深度。

7.箱体内壁涂耐油油漆，减速器外表面涂灰色油漆。

8.按试验规程进行试验。

序号	代号	名称	数量	材料	单件重量	总计重量	备注
40	SJYZ-21	箱座	1	HT150			
39	GT/T 117-2000	销10×35	2	35			
38	SJYZ-20	箱盖	1	HT150			外购
37	SJYZ-19	视孔盖	1	Q235			
36	无图	通气器M27×1.5	1	组合件			外购
35	SJYZ-18	垫片	1	石棉橡胶板			
34	GT/T 5783-2016	螺栓M6×20	4	4.6			外购
33	GT/T 6170-2015	螺母M10	8	8			外购
32	GT/T 93-1987	垫圈12	8	65Mn			外购
31	GT/T 5782-2016	螺栓M12×120	8	8.8			外购
30	GT/T 6170-2015	螺母M10	2	8			外购
29	GT/T 93-1987	垫圈10	2	65Mn			外购
28	GT/T 5782-2016	螺栓M10×40	2	8.8			外购
27	SJYZ-17	透盖2	1	HT150			
26	GB/T 1096-2003	键10×50	1	45			外购
25	GB/T 13871.1-2007	唇形密封圈 B032052	1				外购
24	SJYZ-16	挡油盘	3	Q235			
23	SJYZ-15	中间轴	1	45			
22	SJYZ-14	圆柱齿轮	1	45			
21	GB/T 297-2015	圆锥滚子轴承30210	2	组件			外购
20	GB/T 1096-2003	键16×56	1	45			外购
19	SJYZ-13	轴套	1	Q235			
18	SJYZ-12	闷盖	1	HT150			
17	SJYZ-11	油标尺 M16	1	Q235			
16	SJYZ-10	油封垫	1	石棉橡胶板			
15	SJYZ-09	螺塞 M20×1.5	1	Q235			
14	SJYZ-08	透盖1	1	HT150			
13	GB/T 13871.1-2007	唇形密封圈 B045065	1				外购
12	SJYZ-07	轴	1	40Cr			
11	GB/T 1096-2003	键12×70	1	45			外购
10	SJYZ-06	调整垫片	2	08F			
9	SJYZ-05	高速级大齿轮	1	45			
8	GB/T 1096-2003	键12×40	1	45			外购
7	SJYZ-04	轴套	1	45			
6	GT/T 5783-2016	螺栓M8×25	36	8.8			外购
5	SJYZ-03	调整垫片	4	08F			成组
4	SJYZ-02	闷盖	3	HT150			
3	GB/T 297-2015	圆锥滚子轴承30208	4	组件			外购
2	SJYZ-01	圆柱齿轮轴	1	40Cr			
1	GB/T 85-2018	起箱螺钉M10×35	1	33H			外购

标记	处数	分区	更改文件号	签名	年、月、日	装配图			东北大学
设计			标准化			阶段标记	重量	比例	双级圆柱齿轮减速器
								1:1	SJYZ-00
审核									
工艺			批准			共 张 第 张			

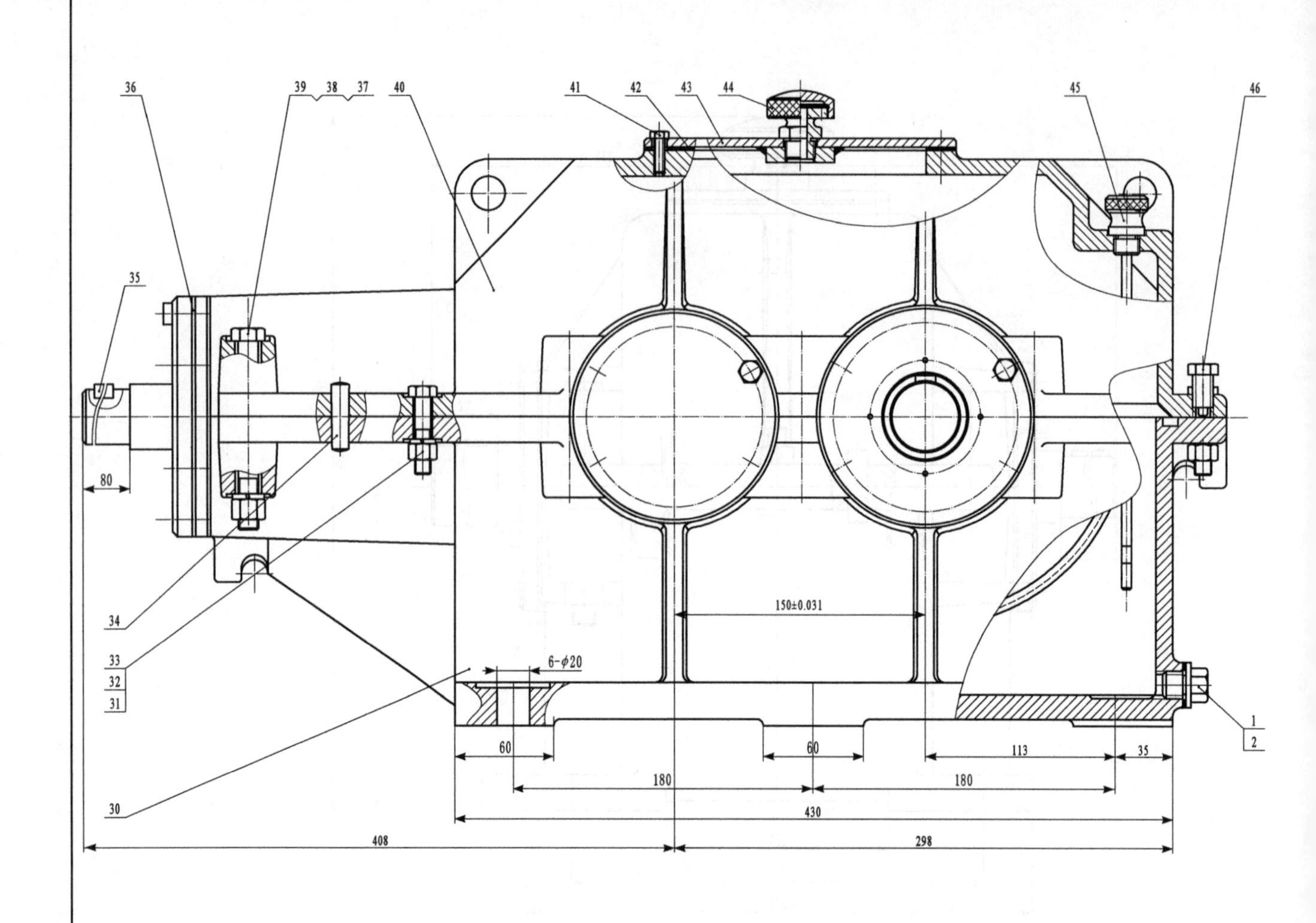

36
39 38 37
40
41
42
43
44
45
46
35
80
34
33
32
31
30
150±0.031
6-φ20
1
2
60
60
113
35
180
180
430
408
298

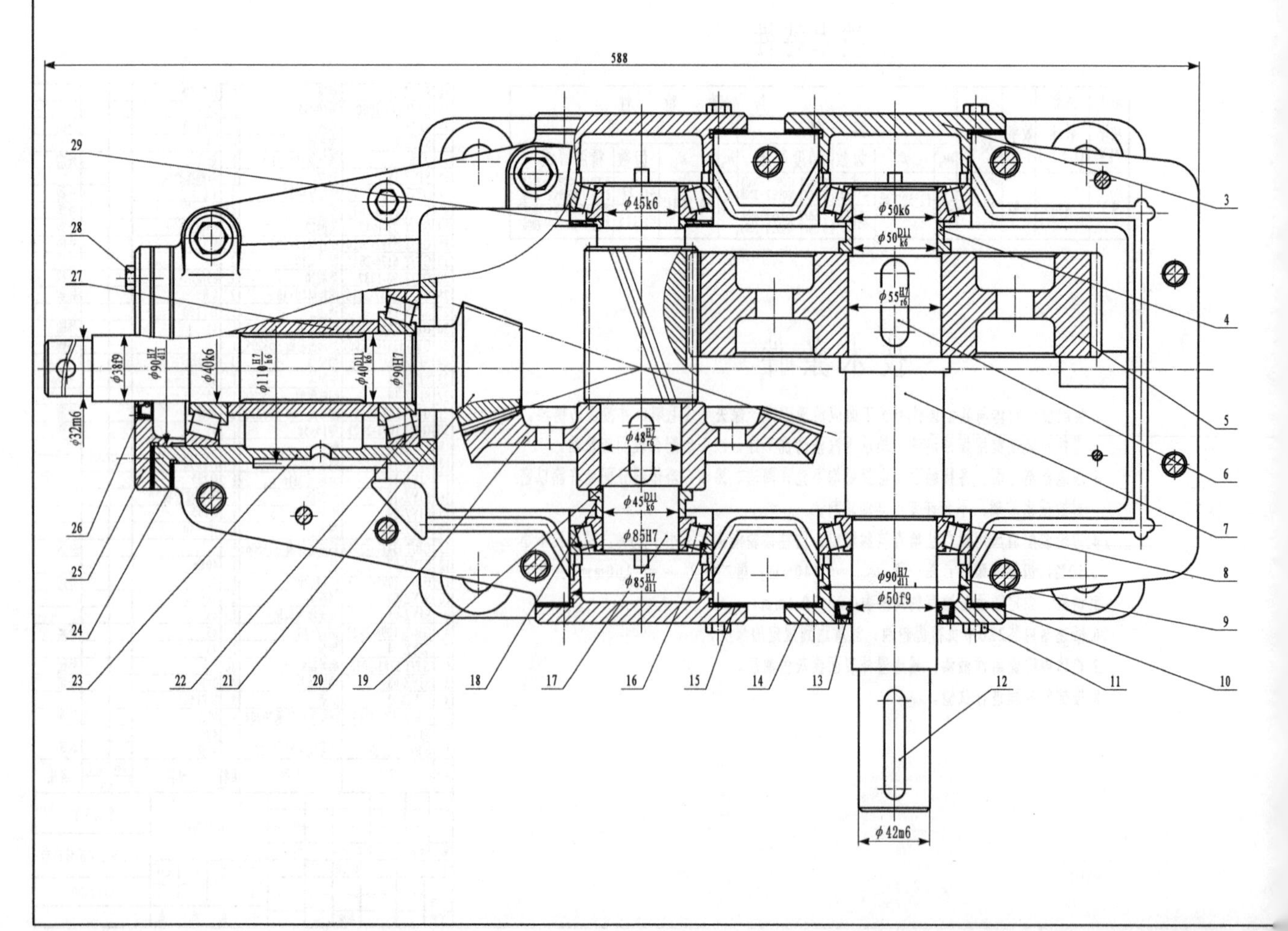

588
29
28
27
φ45k6
φ50k6
φ50 D11/k6
φ55 H7/r6
φ38f9
φ90 H7/d11
φ40k6
φ110 H7/h6
φ40 D11/k6
φ90H7
φ32m6
φ48 H7/r6
φ45 D11/k6
φ85H7
φ85 H7/d11
φ90 H7/d11
φ50f9
φ42m6
3
4
5
6
7
8
9
10
11
12
13
14
15
16
17
18
19
20
21
22
23
24
25
26

图 26-4 圆锥-圆柱

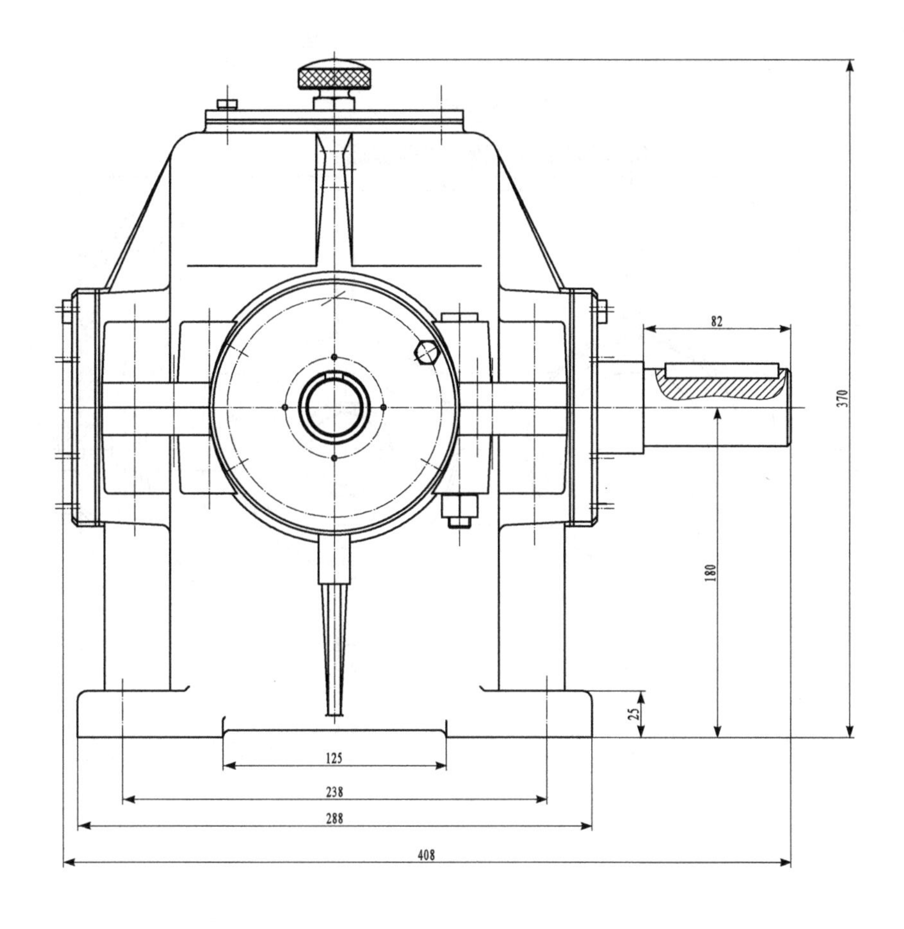

技术特性

输入功率/kW	入轴转速/(r/min)	效率	总传动比	传动特性								
				第一级				第二级				
				m_n	齿数		精度等级	m_n	β	齿数		精度等级
3.93	960	0.86	11.7	2.5	z_1	28	8c-GB/T 11365-1989	3	11°28'42''	z_1	20	8 GB/T 10095.1-2008 8 GB/T 10095.2-2008
					z_2	84				z_2	78	8 GB/T 10095.1-2008 8 GB/T 10095.2-2008

技术要求

1.装配前，轴承用汽油清洗，其余所有零件装配前用煤油清洗。

2.箱体内壁涂耐油油漆，减速器外表面涂灰色油漆。

3.减速器剖分面、各接触面及密封处均不允许漏油、渗油，箱体剖分面允许涂以密封胶或水玻璃，不允许使用其他任何填料。

4.调整、固定轴承时应留有轴向游隙0.05～0.10mm。

5.用涂色法检查接触斑点，圆柱齿轮沿齿长不小于50%。沿齿高不小于30%，锥齿轮沿齿长不小于50%，沿齿高不小于55%。

6.锥齿轮侧隙j_{nmin}=0.062mm，圆柱齿轮侧隙j_{nmin}=0.160mm。侧隙用压铅法检查，所用铅丝直径不得大于 最小侧隙的两倍。

7.减速器内装220中负荷工业齿轮油，油量达到规定深度。

8.按试验规程进行试验。

9.齿圈轴向位移极限偏f_{AM1}=±0.095mm，f_{AM2}=±0.034mm。

10.轴间距极限偏差f_a=±0.03mm。

11.轴交角极限偏差E_Σ=±0.030mm。

序号	代号	名称	数量	材料	单件重量	总计重量	备注
46	GB/T 85—2018	启箱螺钉M10×35	1	33H			外购
45		油标尺	1	Q235A			
44		通气器	1	组件			外购
43		视孔盖	1	Q235A			
42		垫片	1	石棉橡胶板			
41	GB/T 5783—2016	螺栓M6×20	4	4.6			外购
40		箱盖	1	HT200			
39	GB/T 5782—2016	螺栓M12×120	8	8.8			外购
38	GB/T 6170—2015	螺母M12	8	8			外购
37	GB/T 93—1987	垫圈12	8	65Mn			外购
36		调整垫片	1	08F			成组
35	GB/T 1096—2003	键10×63	1	45			外购
34	GB/T 117—2000	销10×40	2	35			外购
33	GB/T 5782—2016	螺栓M10×45	4	8.8			外购
32	GB/T 93—1987	垫圈10	4	65Mn			外购
31	GB/T 6170—2015	螺母M10	4	8			外购
30		箱座	1	HT200			
29		挡油盘	1	Q235A			
28	GB/T 5783—2016	螺栓M8×30	6	8.8			外购
27		轴套	1	Q235A			
26	GB/T 13871.1—2007	唇形密封圈 B038058	2				外购
25		透盖	1	HT150			
24		调整垫片	2	08F			
23		套杯	1	HT200			
22	GB/T 297—2015	圆锥滚子轴承30308	2	组件			外购
21		小锥齿轮轴	1	40Cr			
20		大锥齿轮	1	45			
19	GB/T 1096—2003	键14×40	1	45			外购
18		轴套	1	Q235A			
17		轴	1	45			
16	GB/T 297—2015	圆锥滚子轴承30209	2	组件			外购
15		调整垫片	2	08F			成组
14		透盖	2	HT150			
13	GB/T 13871.1—2007	唇形密封圈 B050068	1				外购
12	GB/T 1096—2003	键12×70	1	45			外购
11	GB/T 5783—2016	螺栓M8×25	24	8.8			外购
10		调整垫片	2	08F			成组
9		透盖	1	HT150			
8	GB/T 297—2015	圆锥滚子轴承30210	2	组件			外购
7		轴	1	45			
6	GB/T 1096-2003	键16×50	1	45			外购
5		大斜齿轮	1	45			
4		轴套	1	Q235			
3		闷盖	1	HT150			
2		油封垫	1	石棉橡胶板			
1		螺塞M20×1.5	1	Q235A			

标记	处数	分区	更改文件号	签名	年、月、日	装配图			东北大学
设计			标准化			阶段标记	重量	比例	圆锥-圆柱齿轮减速器
								1:1	(图样代号)
审核									
工艺			批准			共 张 第 张			

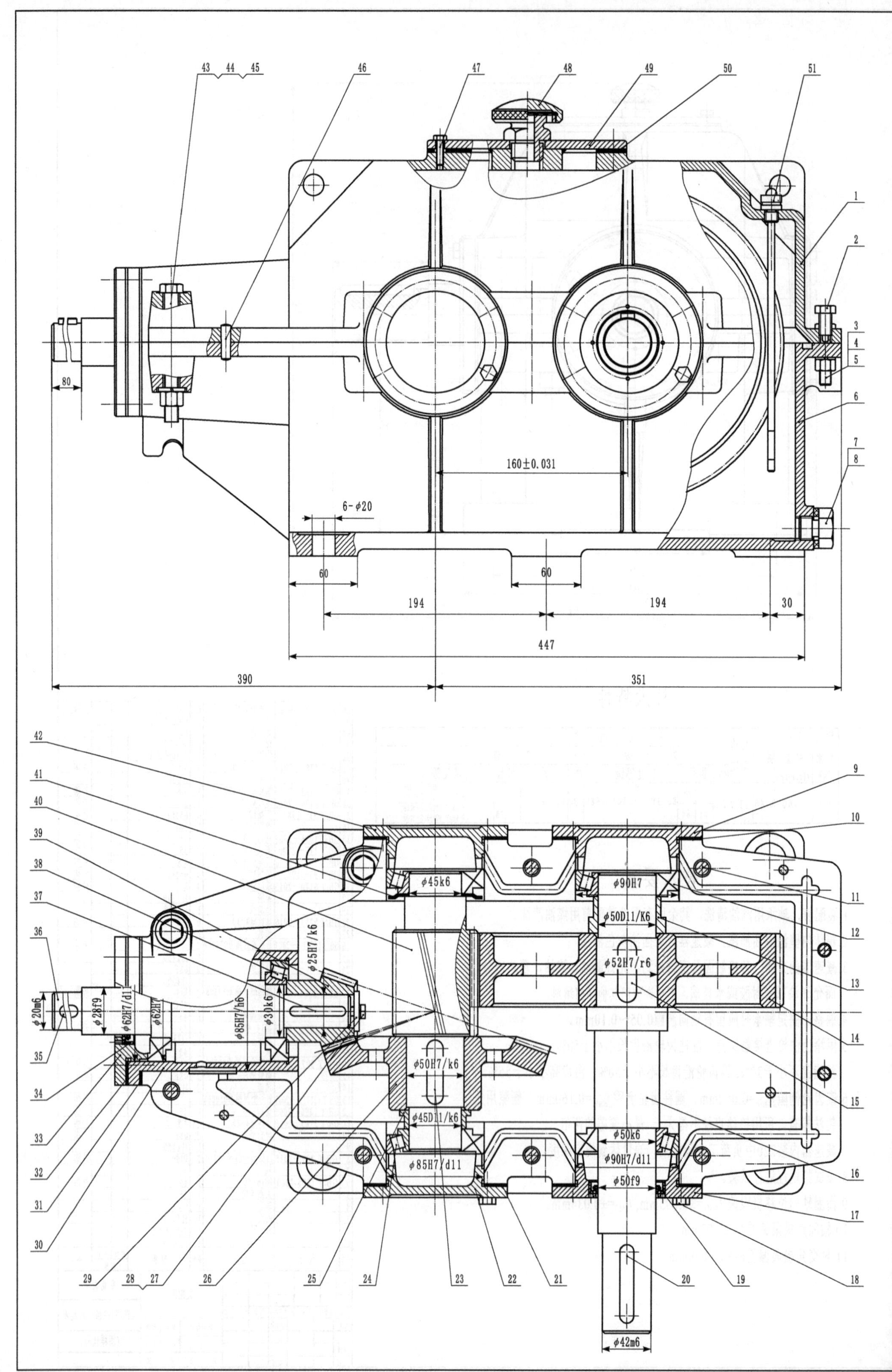

43 44 45
46
47
48
49
50
51
1
2
3
4
5
6
7
8
80
160±0.031
6-φ20
60
60
194
194
30
447
390
351
42
41
40
39
38
37
36
35
34
33
32
31
30
9
10
11
12
13
14
15
16
17
18
φ45k6
φ90H7
φ50D11/K6
φ52H7/r6
φ25H7/k6
φ30k6
φ85H7/h6
φ62H7/d11
φ28f9
φ20m6
φ50H7/k6
φ45D11/k6
φ85H7/d11
φ50k6
φ90H7/d11
φ50f9
φ42m6
29 28 27 26 25 24 23 22 21 20 19

图 26-5 圆锥-圆柱齿

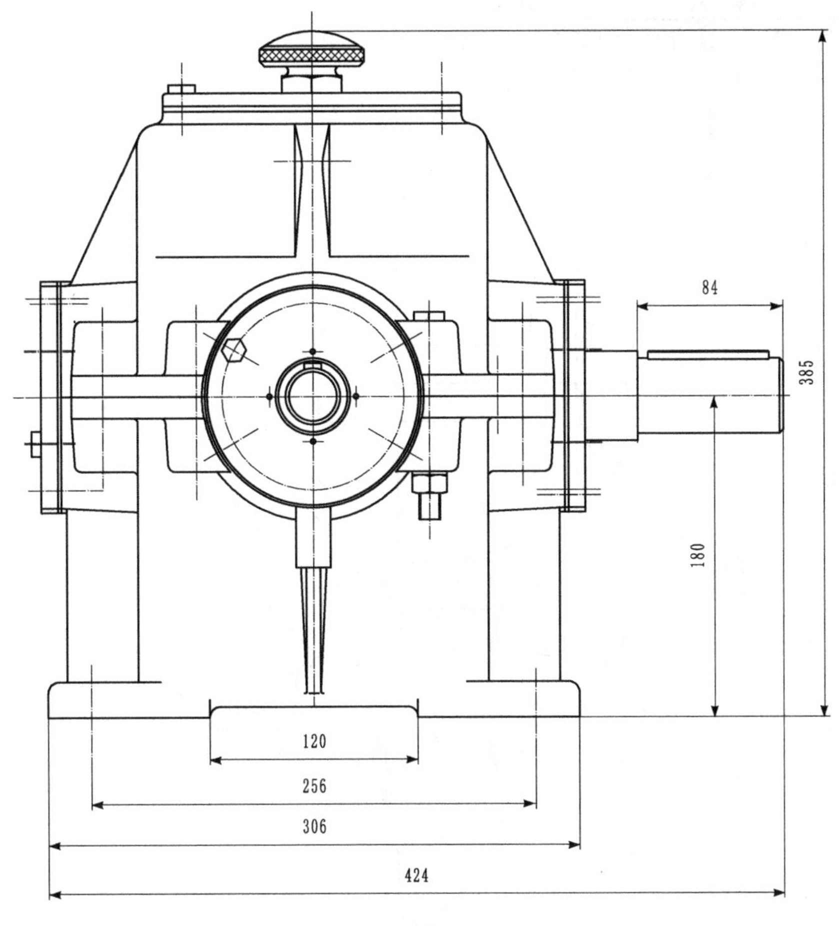

技术特性

输入功率/kW	入轴转速/(r/min)	效率	总传动比	传动特性								
				第一级				第二级				
				m_n	齿数		精度等级	m_n	β	齿数		精度等级
3.96	960	0.86	11.86	3	z_1	21	8b-GB/T 11365—1989	3	10°08'30"	z_1	22	8 GB/T 10095.1-2008 8 GB/T 10095.2-2008
					z_2	66				z_2	83	8 GB/T 10095.1-2008 8 GB/T 10095.2-2008

技术要求

1.装配前，轴承用汽油清洗，其余所有零件装配前用煤油清洗。

2.箱体内壁涂耐油油漆，减速器外表面涂灰色油漆。

3.减速器剖分面、各接触面及密封处均不允许漏油、渗油，箱体剖分面允许涂以密封胶或水玻璃。

4.调整、固定轴承时应留有轴向游隙：高速轴轴承0.04～0.07mm，其余轴承0.05～0.10mm。

5.用涂色法检查接触斑点，圆柱齿轮沿齿长不小于50%，沿齿高不小于30%，锥齿轮沿齿长不小于50%，沿齿高不小于55%。

6.锥齿轮侧隙j_{nmin}=0.1mm，圆柱齿轮侧隙j_{nmin}=0.160mm。侧隙用压铅法检查，所用铅丝直径不得大于 最小侧隙的两倍。

7.减速器内装220中负荷工业齿轮油，油量达到规定深度。

8.按试验规程进行试验。

9.齿圈轴向位移极限偏 f_{AM1}=±0.095mm,f_{AM2}=±0.034mm。

10.轴间距极限偏差f_a=±0.03mm。

11.轴交角极限偏差E_Σ=±0.019mm。

序号	代号	名称	数量	材料	单件重量	总计重量	备注
51	YZYZ-27	油标尺	1	Q235A			
50	YZYZ-26	垫片	1	石棉橡胶板			
49	YZYZ-25	视孔盖	1	Q235A			
48	YZYZ-24	通气器	1	组件			
47	GB/T 5783-2016	螺栓M6×20	4	4.6			外购
46	GB/T 117-2000	销10×40	2	35			外购
45	GB/T 6170-2015	螺母M12	8	8			外购
44	GB/T 93-1987	垫圈12	8	65Mn			外购
43	GB/T 5782-2016	螺栓M12×120	8	8.8			外购
42	YZYZ-23	闷盖	1	HT150			
41	YZYZ-22	挡油盘	1	Q235A			
40	YZYZ-21	中间轴	1	45			
39	YZYZ-20	小锥齿轮	1	45			
38	GB/T 297-2015	圆锥滚子轴承30209	2	组件			外购
37	GB/T 1096-2003	键8×50	1	45			外购
36	YZYZ-19	输入轴	1	45			
35	GB/T 1096-2003	键10×70	1	45			
34	GB/T 13871.1-2007	密封圈B040055	1				外购
33	YZYZ-18	透盖	1	HT150			
32	YZYZ-17	调整垫片	2	08F			成组
31	YZYZ-16	调整垫片	2	08F			成组
30	YZYZ-15	套杯	1	HT200			
29	GB/T 892-1986	挡圈B32	1	Q235A			外购
28	GB/T 93-1987	垫圈8	1	65Mn			外购
27	GB/T 5783-2016	螺栓M8×20	1	45			外购
26	YZYZ-14	大椎齿轮	1	45			
25	YZYZ-13	轴套	1	Q235A			
24	GB/T 297-2015	圆锥滚子轴承30209	2	组件			
23	GB/T 1096-2003	键14×56	1	45			外购
22	YZYZ-12	透盖	1	HT150			
21	YZYZ-11	调整垫片	2	08F			成组
20	GB/T 1096-2003	键12×70	1	45			外购
19	GB/T 13871.1-2007	密封圈B050068	1				外购
18	GB/T 5783-2016	螺栓M8×25	30	8.8			外购
17	YZYZ-10	透盖	1	HT150			
16	YZYZ-09	输出轴	1	45			
15	GB/T 1096-2003	键16×56	1	45			外购
14	YZYZ-08	圆柱齿轮	1	45			
13	YZYZ-07	轴套	1	Q235A			
12	GB/T 297-2015	圆锥滚子轴承30210	2	组件			外购
11	GB/T 5782-2016	螺栓M12×120	8	8.8			外购
10	YZYZ-06	调整垫片	2	08F			成组
9	YZYZ-05	闷盖	1	HT150			
8	YZYZ-04	螺塞M20×1.5	1	Q235A			
7	YZYZ-03	油封垫片	1	石棉橡胶板			
6	YZYZ-02	箱座	1	HT200			
5	GB/T 93-1987	垫圈10	2	65Mn			外购
4	GB/T 6170-2015	螺母 M10	2	8			外购
3	GB/T 5782-2016	螺栓M10×40	2	8.8			外购
2	GB/T 85-2018	启箱螺钉M10×35	1	33H			外购
1	YZYZ-01	箱盖	1	HT200			

标记	处数	分区	更改文件号	签名	年、月、日	装配图			东北大学
设计			标准化			阶段标记	重量	比例	圆锥-圆柱齿轮减速器
								1:1	YZYZ-00
审核									
工艺			批准			共 张 第 张			

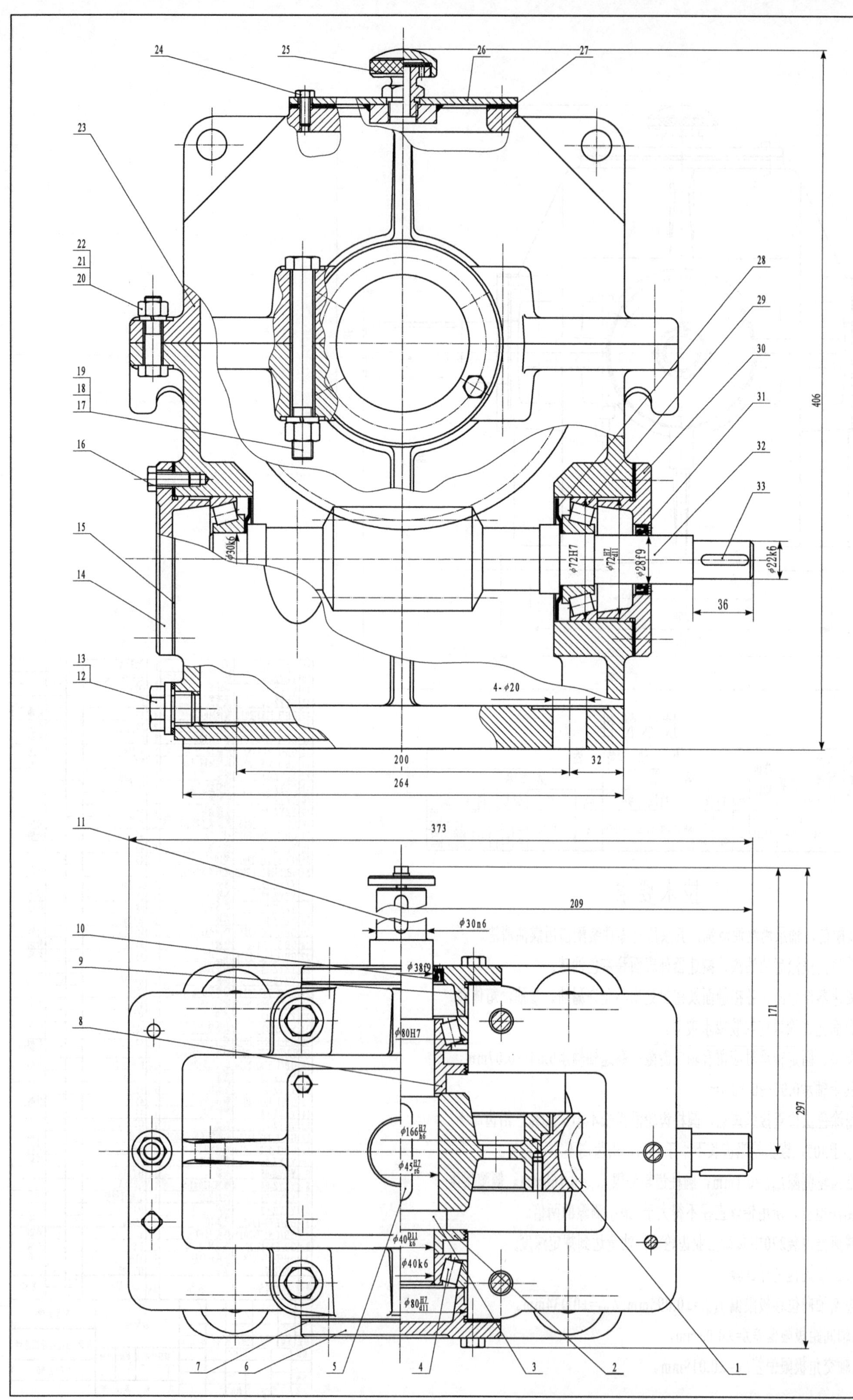

1
2
3
4
5
6
7
8
9
10
11
12
13
14
15
16
17
18
19
20
21
22
23
24
25
26
27
28
29
30
31
32
33
406
φ30k6
φ72H7
φ28f9
φ22k6
36
4-φ20
200
32
264
373
209
φ30n6
φ38f9
φ80H7
φ166 H7/k6
φ45 H7/r6
φ40 D11/k6
φ40k6
φ80 H7/d11
171
297

图 26-6 蜗杆

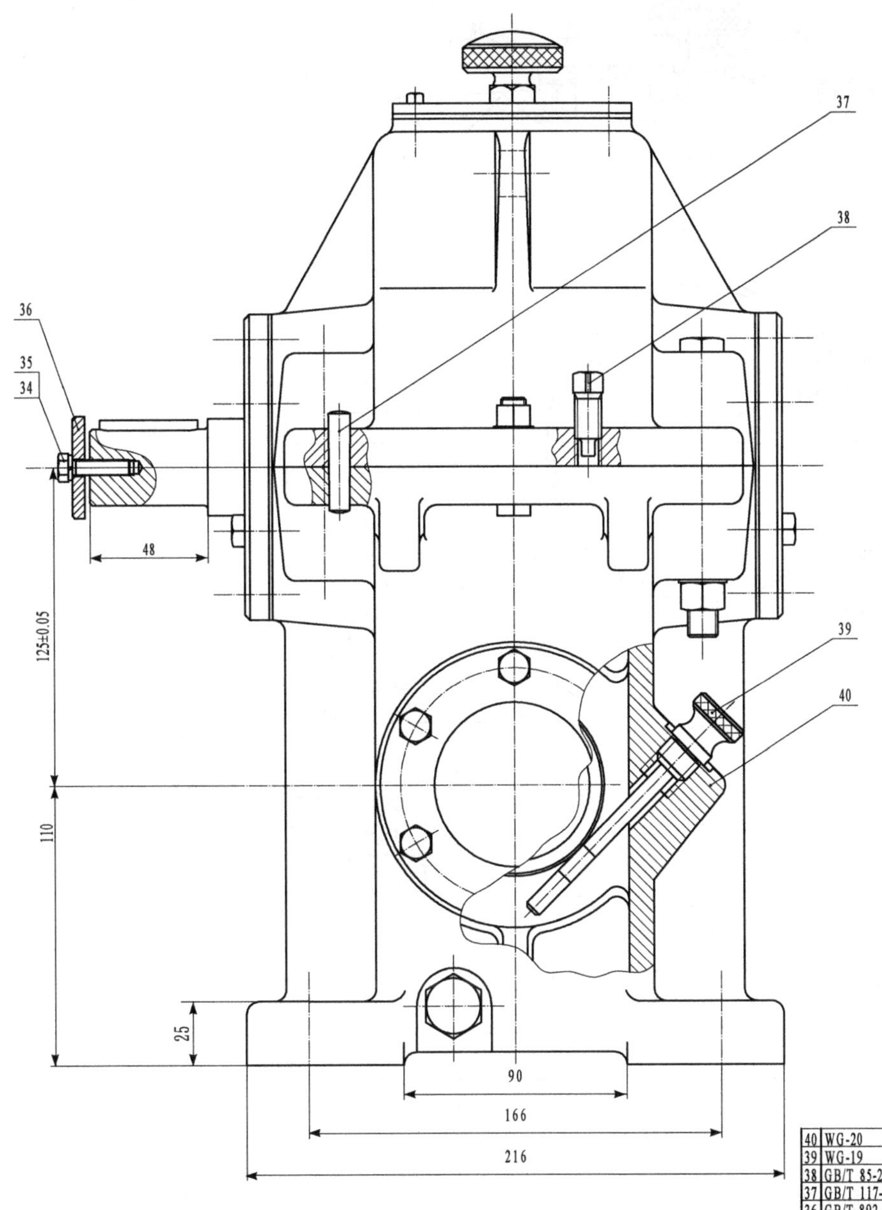

技术特性

输入功率/ kW	入轴转速 /(r/min)	传动比	效率	精度等级
1.096	1400	20.5	0.76	8c GB 10089—1988

技术条件

1. 装配前，轴承用汽油清洗，所有零件装配前用煤油清洗，箱体内壁涂耐油油漆，减速器外表面涂绿色油漆。
2. 减速器剖分面、各接触面及密封处均不允许漏油、渗油，箱体剖分面允许涂密封胶或水玻璃,不允许使用其他任何填料。
3. 调整、固定轴承时应留有轴向游隙：蜗轮轴承0.05～0.10mm，蜗杆轴承0.04～0.07mm。
4. 用涂色法检查接触斑点，沿齿长不小于50%，沿齿高不小于55%。
5. 啮合侧隙用压铅法检查，保证侧隙不小于0.100mm，所用铅丝直径不得大于最小侧隙的两倍。
6. 减速器内装320W中负荷工业齿轮油，油量达到规定深度。
7. 装配后应按试验规程进行试验。
8. 传动轴交角极限偏差f_{Σ}=±0.019mm。
9. 传动中间平面极限偏差f_{X}=±0.040mm。

序号	代号	名称	数量	材料	单件重量	总计重量	备注
40	WG-20	箱座	1	HT200			
39	WG-19	油标尺	1	Q235A			
38	GB/T 85-2018	起箱螺钉M10×35	1	33H			外购
37	GB/T 117-2000	销8×40	2	35			外购
36	GB/T 892-1986	挡圈B40	1	Q235A			外购
35	GB/T 5783-2016	螺栓M6×25	1	8.8			外购
34	GB/T 93-1987	垫圈 6	1	65Mn			外购
33	GB/T 1096-2003	键6×28	1	45			外购
32	WG-18	蜗杆 m=5 z_1=2	1	45			
31	GB/T 13871.1-2007	唇形密封圈FB028047	1				外购
30	WG-17	透盖	1	HT150			
29	GB/T 297-2015	圆锥滚子轴承30306	2				外购
28	WG-16	溅油盘	2	Q235A			
27	WG-15	垫片	1	石棉橡胶板			
26	WG-14	视孔盖	1	Q235A			
25	WG-13	通气器	1	组件			外购
24	GB/T 5783-2016	螺栓 M6×16	4	4.6			外购
23	WG-12	箱盖	1	HT200			
22	GB/T 6170-2015	螺母 M10	2	8			外购
21	GB/T 93-1987	垫圈 10	2	65Mn			外购
20	GB/T 5782-2016	螺栓 M10×40	2	8.8			外购
19	GB/T 93-1987	垫圈 12	4	65Mn			外购
18	GB/T 5782-2016	螺栓 M12×110	4	8.8			外购
17	GB/T 6170-2015	螺母 M12	4	8			外购
16	GB/T 5783-2016	螺栓 M8×25	24	8.8			外购
15	WG-11	调整垫片	2	08F			成组
14	WG-10	闷盖	1	HT150			
13	WG-09	油封垫圈	1	石棉橡胶板			
12	WG-08	螺塞M20×1.5	1	Q235A			
11	GB/T 1096-2003	键 8×40	1	45			外购
10	GB/T 13871.1-2007	唇形密封圈FB038058	1				外购
9	WG-07	透盖	1	HT150			
8	WG-06	挡油盘	1	Q235A			
7	WG-05	垫片	2	08F			成组
6	WG-04	闷盖	1	HT150			
5	GB/T 1096-2003	键14×56	1	45			外购
4	GB/T 297-2015	圆锥滚子轴承30208	2	组件			外购
3	WG-03	轴	1	45			
2	WG-02	挡油盘	1	Q35A			
1	WG-01	蜗轮 m=5 z_2=41	1	组件			

标记	处数	分区	更改文件号	签名	年、月、日	装配图	东北大学
设计		标准化		阶段标记	重量	比例 1:1	蜗杆减速器
审核							WG-00
工艺		批准		共 张 第 张			

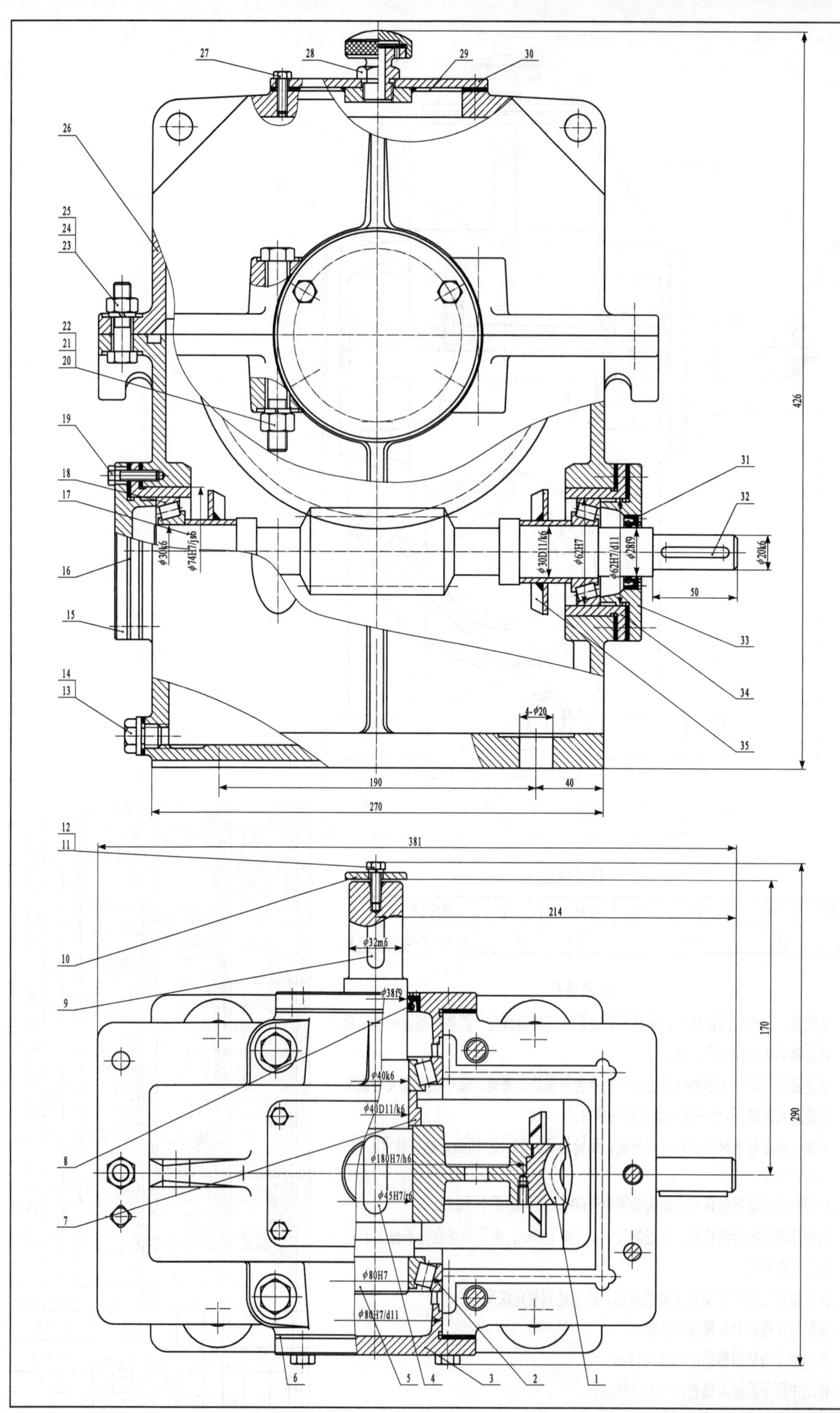
27
28
29
30
26
25
24
23
22
21
20
19
18
17
16
15
14
13
31
32
33
34
35
φ30k6
φ74H7/js6
φ30D11/k6
φ62H7
φ62H7/d11
φ28f9
φ20k6
50
4-φ20
426
190
40
270
12
11
381
10
9
8
7
6
5
4
3
2
1
φ32m6
φ38f9
φ40k6
φ40D11/k6
φ180H7/h6
φ45H7/r6
φ80H7
φ80H7/d11
214
170
290

图 26-7 蜗杆

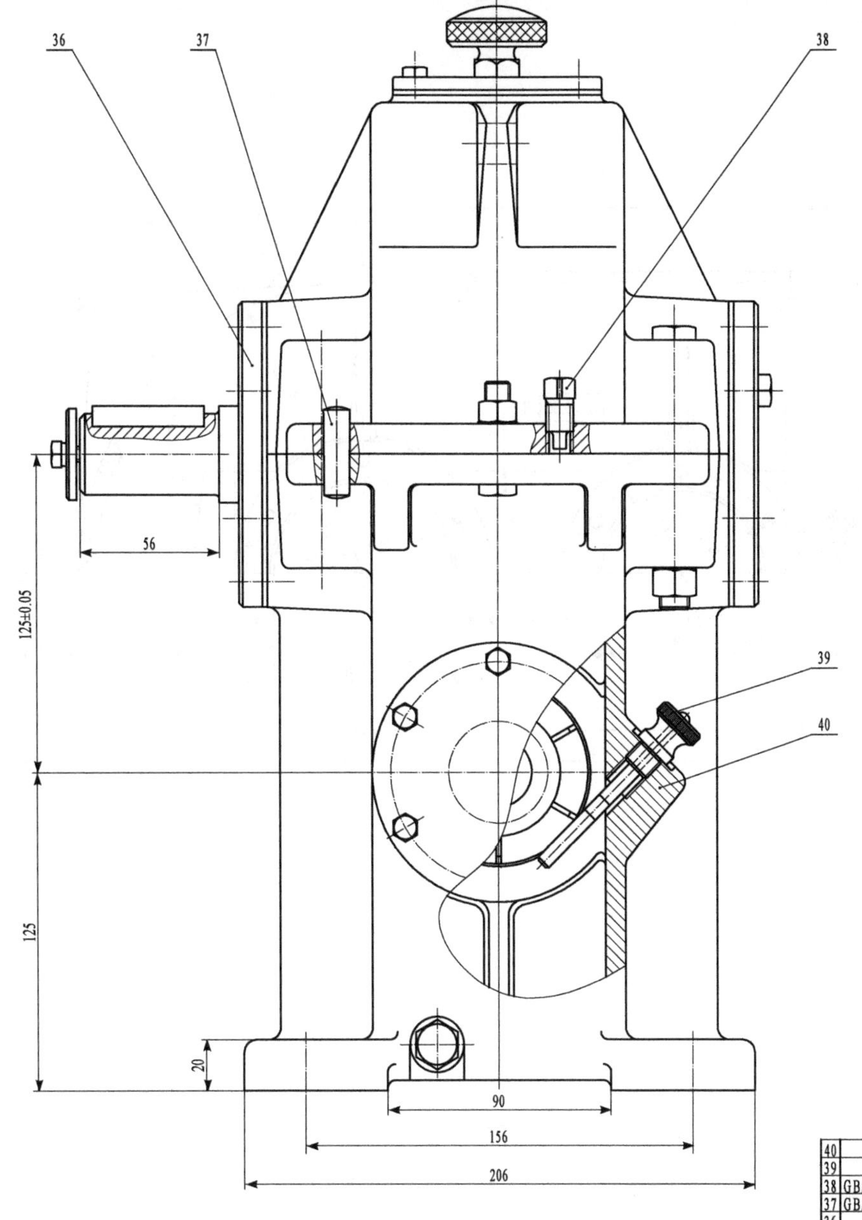

技术特性

输入功率/ kW	入轴转速 /(r/min)	传动比	效率	精度等级
1.435	1400	21	0.73	8b GB10089-1988

技术条件

1. 装配前，轴承用汽油清洗，所有零件装配前用煤油清洗，箱体内壁涂耐油油漆，减速器外表面涂绿色油漆。
2. 减速器剖分面、各接触面及密封处均不允许漏油、渗油，箱体剖分面允许涂密封胶或水玻璃，不允许使用其他任何填料。
3. 调整、固定轴承时应留有轴向游隙：蜗轮轴承0.05～0.10mm，蜗杆轴承0.04～0.07mm。
4. 用涂色法检查接触斑点，沿齿长不小于50%，沿齿高不小于55%。
5. 啮合侧隙用压铅法检查，保证侧隙不小于0.160mm，所用铅丝直径不得大于最小侧隙的两倍。
6. 减速器内装320号中负荷工业齿轮油，油量达到规定深度。
7. 装配后应按试验规程进行试验。
8. 传动轴交角极限偏差f_{Σ}=±0.019mm。
9. 传动中间平面极限偏差f_{x}=±0.040mm。

序号	代号	名称	数量	材料	单件重量	总计重量	备注
40		箱座	1	Q235A			
39		油标尺	1	Q235A			
38	GB/T 85-2018	起箱螺钉M10×35	1	33H			外购
37	GB/T 117-2000	销10×36	2	35			外购
36		通盖	1	HT200			
35		溅油盘	1	HT150			
34		套杯	2	HT150			
33		透盖	1	HT150			
32	GB/T 1096-2003	键6×40	1	45			外购
31	GB/T 13871.1-2007	唇形密封圈FB028047	1				外购
30		视孔盖	1	Q235A			
29		垫片	1	石棉橡胶板			
28		通气器	1	组件			外购
27	GB/T 5783-2016	螺栓M6×20	4	4.6			外购
26		箱盖	1	HT200			
25	GB/T 6170-2015	螺母M10	2	8			外购
24	GB/T 93-1987	垫圈10	2	65Mn			外购
23	GB/T 5782-2016	螺栓M10×40	2	8.8			外购
22	GB/T 6170-2015	螺母M12	4	8			外购
21	GB/T 93-1987	垫圈12	4	65Mn			外购
20	GB/T 5782-2016	螺栓M12×110	4	8.8			外购
19	GB/T 5783-2016	螺栓M8×25	24	8.8			外购
18	GB/T 297-2015	圆锥滚子轴承30206	2				外购
17		蜗杆m=5 z=2	1	45			
16		调整垫片	2	08F			成组
15		闷盖	1	HT150			
14		油封垫圈	1	石棉橡胶板			
13		螺塞M14×1.5	1	Q235A			
12	GB/T 93-1987	垫圈6	1	65Mn			外购
11	GB/T 5783-2016	螺栓M6×20	1	8.8			外购
10	GB/T 892-1986	挡圈 B45	1	Q235A			外购
9	GB/T 1096-2003	键10×45	1	45			外购
8	GB/T 13871.1-2007	唇形密封圈FB038055	1				外购
7		轴套	1	Q235A			
6		调整垫片	2	08F			成组
5		轴	1	45			
4	GB/T 1096-2003	键14×45	1	45			外购
3		闷盖	1	HT150			
2	GB/T 297-2015	圆锥滚子轴承30208	2				外购
1		蜗轮 m=5 z=41	1				组合体

标记	处数	分区	更改文件号	签名	年、月、日	装配图	东北大学
设计			标准化			阶段标记 / 重量 / 比例 1:1	蜗杆减速器
审核							(图样代号)
工艺			批准			共 张 第 张	

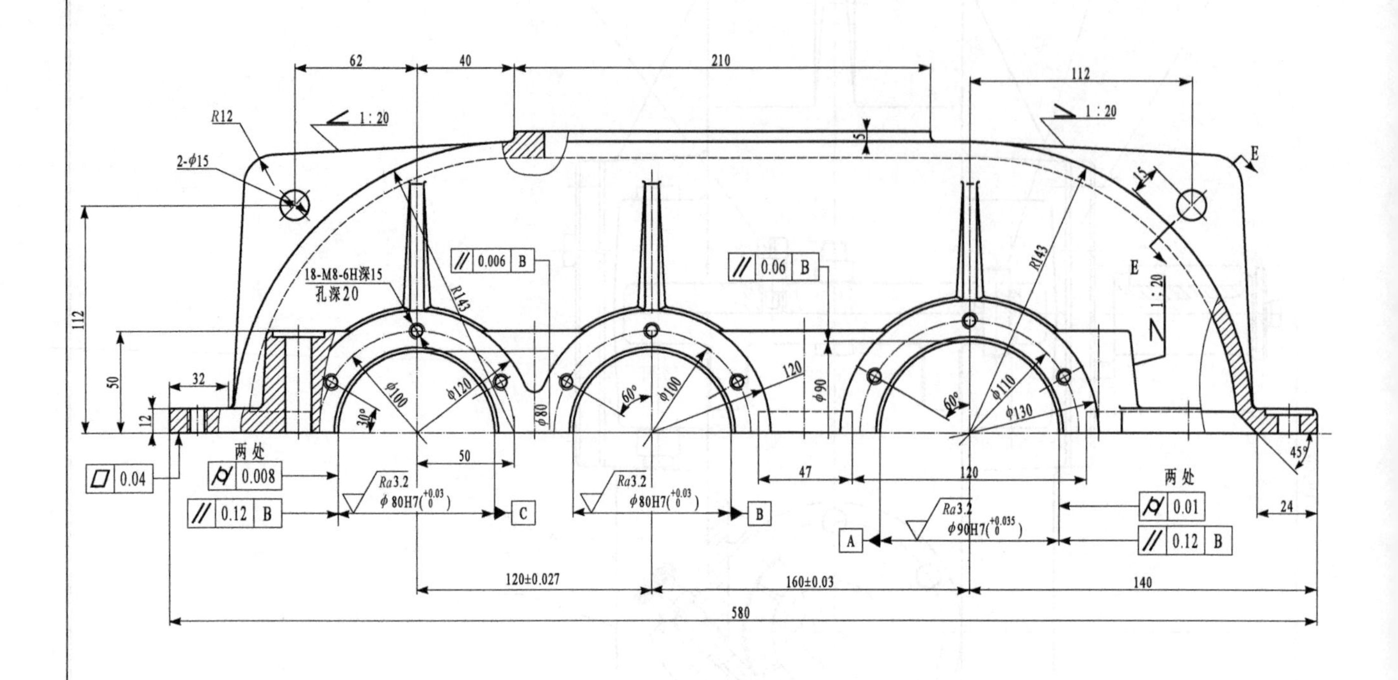

62
40
210
112
R12
1:20
2-φ15
E
112
50
32
12
18-M8-6H深15
孔深20
0.006 B
0.06 B
R143
φ100
φ120
φ80
φ90
φ110
φ130
120
60°
30°
45°
两处
0.04
0.008
0.12 B
Ra3.2
φ80H7(+0.03 0)
C
B
Ra3.2
φ90H7(+0.035 0)
A
50
47
120
0.01
24
120±0.027
160±0.03
140
580

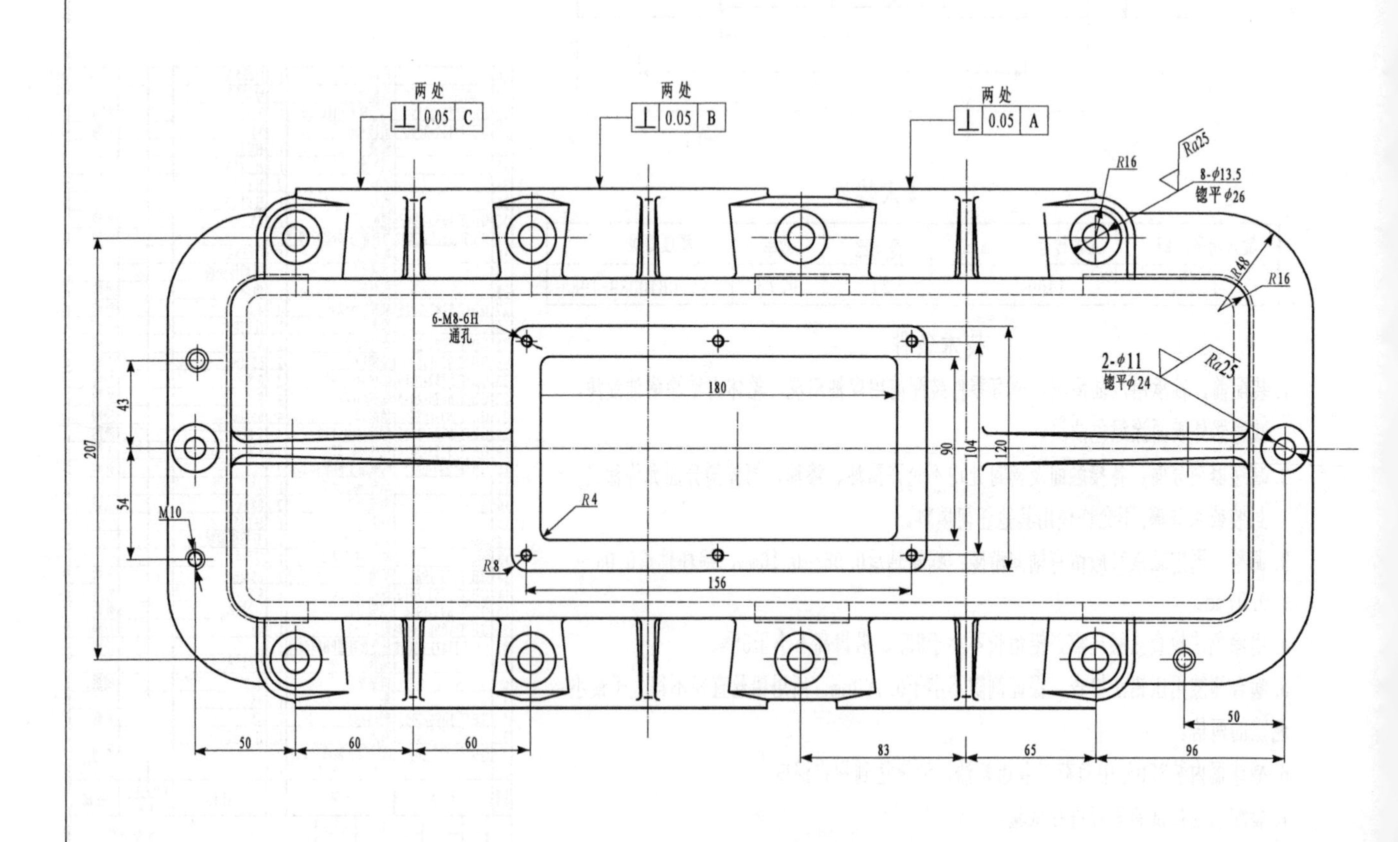

两处
0.05 C
0.05 B
0.05 A
R16
Ra25
8-φ13.5
锪平φ26
R48
6-M8-6H
通孔
180
2-φ11
锪平φ24
207
43
54
90
104
120
R4
M10
R8
156
50
60
83
65
96

图 27-1　双级圆柱齿

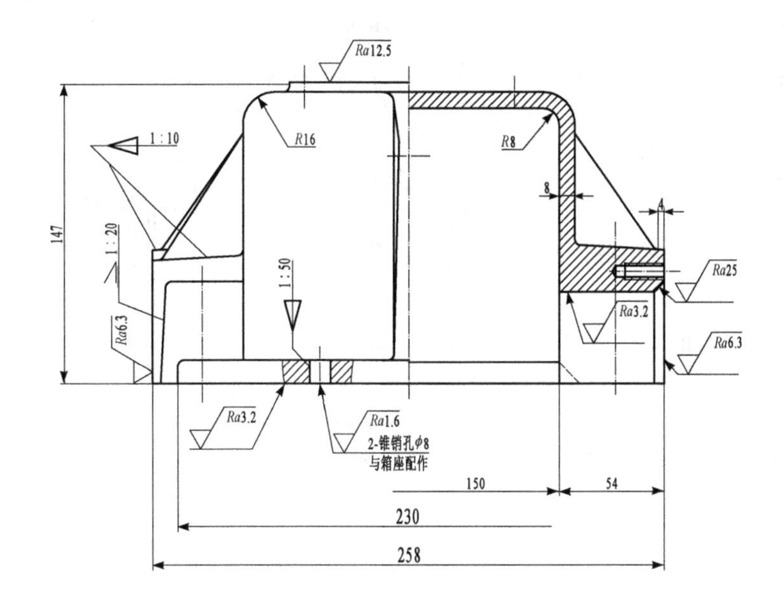

E-E旋转

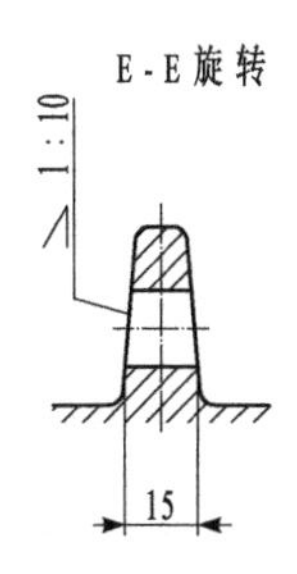

技术要求

1.箱盖铸成后，应进行清砂，并进行时效处理。

2.箱盖和箱座合箱后，边缘应平齐，相互错位每边不大于1mm。

3.应仔细检查箱座和箱盖剖分面的密合性，用0.05mm塞尺塞入深度应不大于剖分面宽度的三分之一，用涂色检查接触面积达到每平方厘米不少于1个接触点。

4.箱盖和箱座合箱后，先打上定位销，联接后再镗孔。

5.轴承孔中心线与剖分面不重合度应小于0.15mm。

6.未注明的铸造圆角半径R=4～8mm.

7.未注明的倒角为C2。

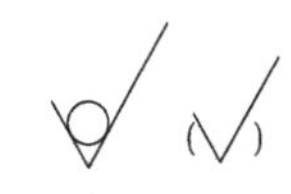

标记	处数	分区	更改文件号	签名	年、月、日	HT150			东北大学
设计			标准化			阶段标记	重量	比例	箱盖
审核								1:1	SJYZ-20
工艺			批准			共 张 第 张			

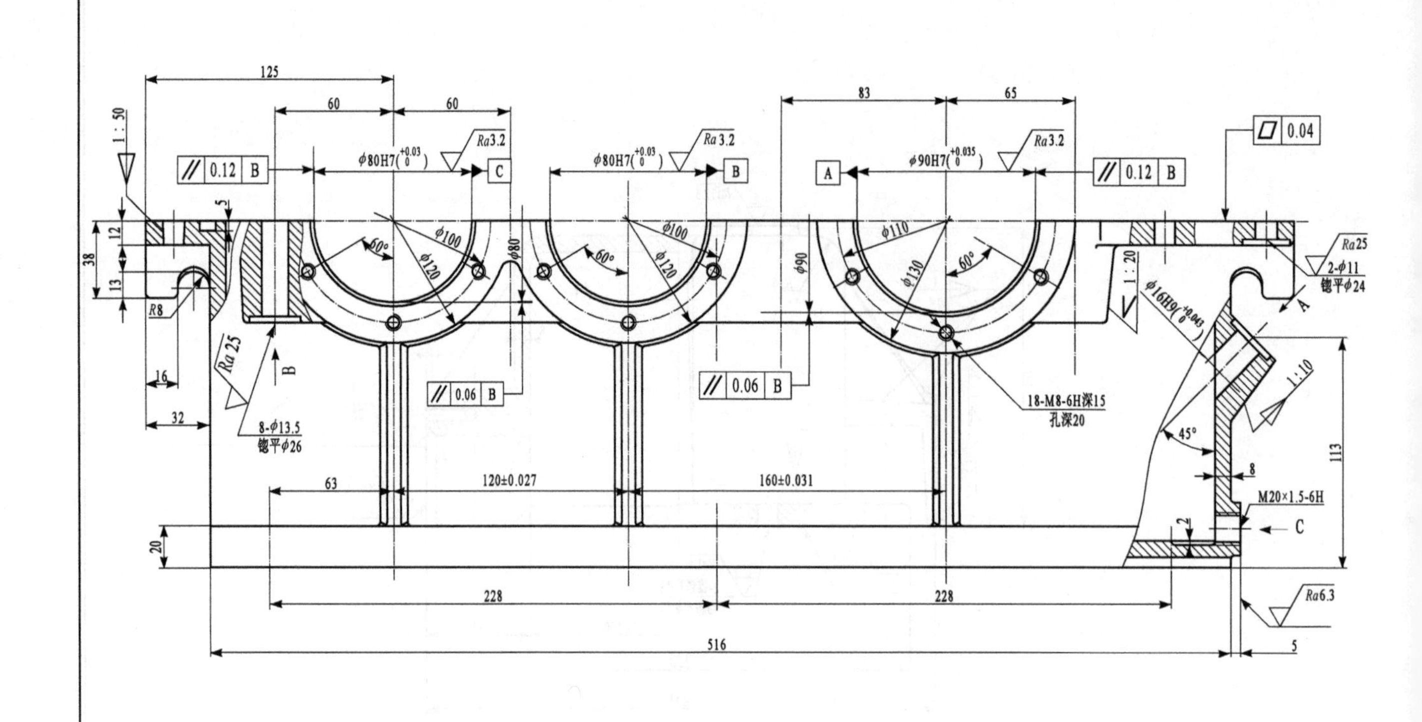

125
60
60
83
65
1 : 50
φ80H7($^{+0.03}_{0}$)
Ra3.2
φ80H7($^{+0.03}_{0}$)
Ra3.2
φ90H7($^{+0.035}_{0}$)
Ra3.2
0.12 B
C
B
A
0.12 B
0.04
12
38
13
5
R8
16
32
Ra 25
B
8-φ13.5
锪平φ26
60°
φ100
φ120
φ80
60°
φ100
φ120
φ110
φ130
60°
φ90
0.06 B
0.06 B
18-M8-6H深15
孔深20
Ra25
2-φ11
锪平φ24
1 : 20
φ16H9($^{+0.043}_{0}$)
A
1 : 10
45°
113
8
M20×1.5-6H
C
2
63
120±0.027
160±0.031
20
228
228
516
5
Ra6.3

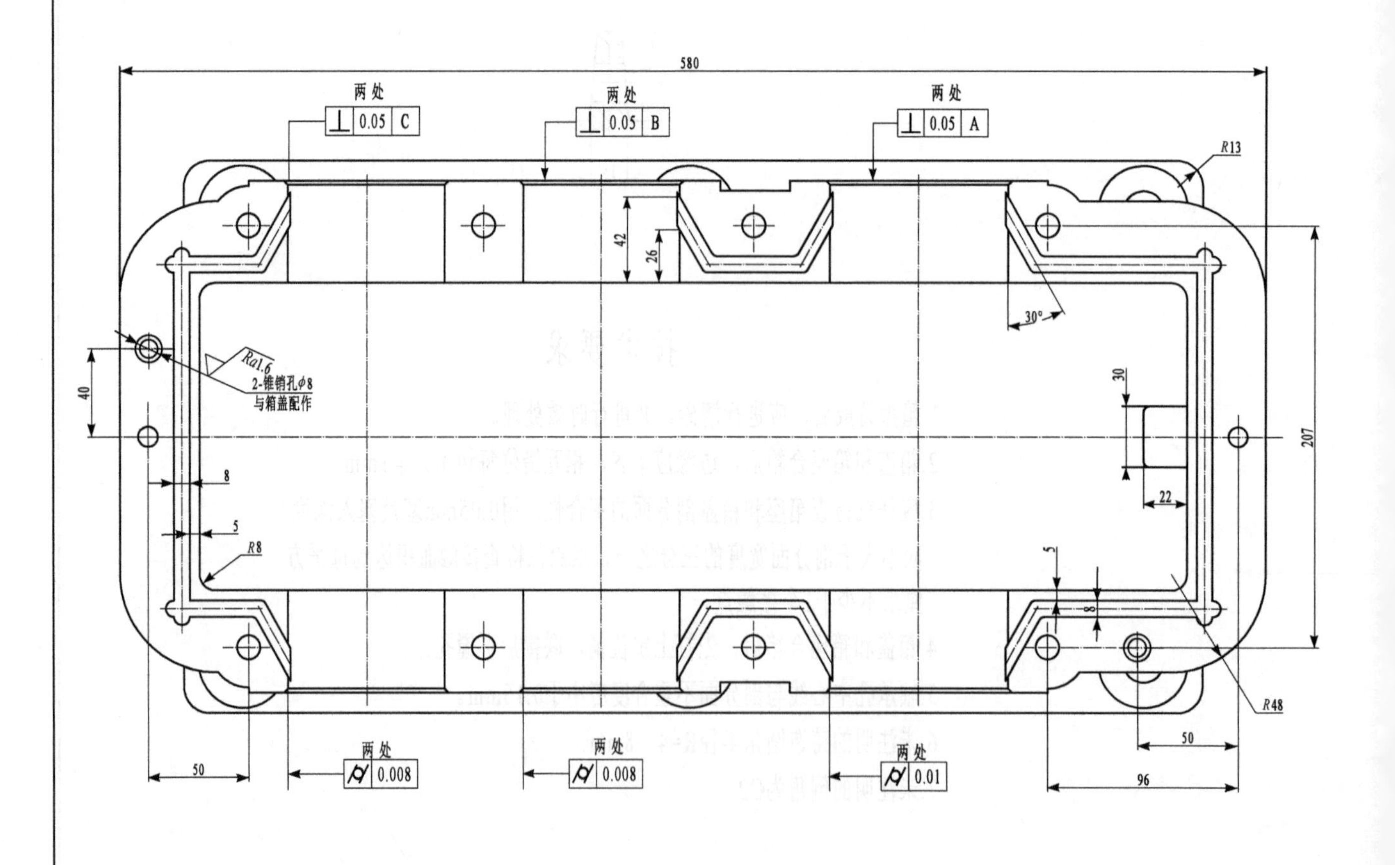

580
两处
0.05 C
两处
0.05 B
两处
0.05 A
R13
42
26
30°
Ra1.6
2-锥销孔φ8
与箱盖配作
40
8
5
R8
30
207
22
5
8
R48
50
两处
0.008
两处
0.008
两处
0.01
50
96

图 27-2 双级圆柱齿

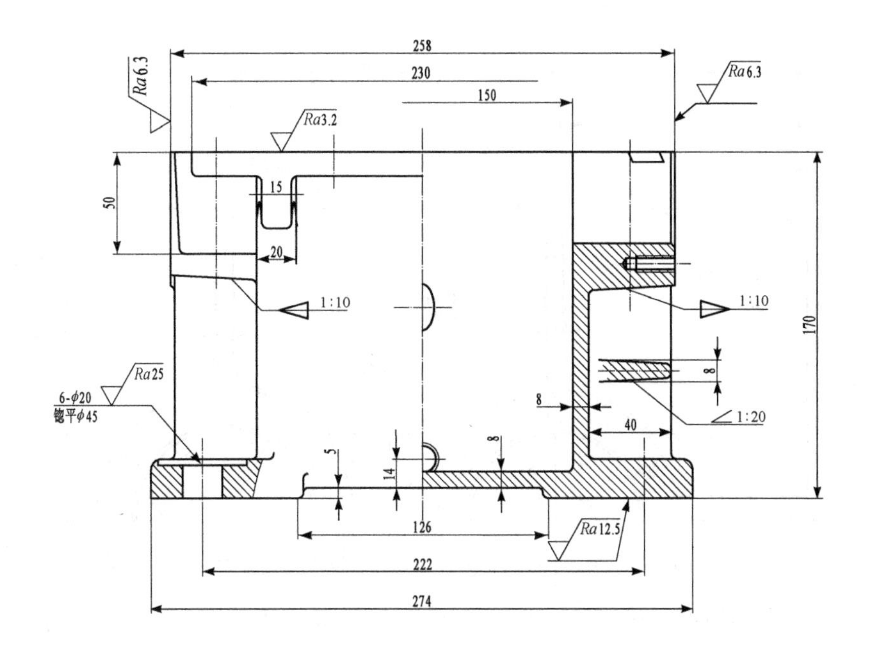

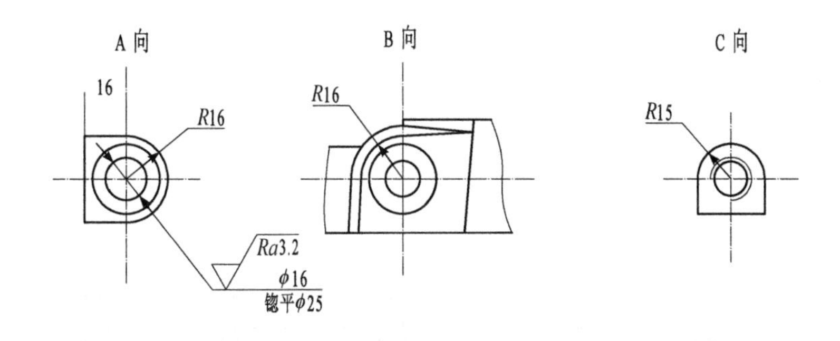

技术要求

1.箱盖铸成后，应进行清砂，并进行时效处理。

2.箱盖和箱座合箱后，边缘应平齐，相互错位每边不大于1mm。

3.应仔细检查箱座和箱盖剖分面的密合性，用0.05mm塞尺塞入深度应不大于剖分面宽度的三分之一，用涂色检查接触面积达到每平方厘米不少于一个斑点。

4.箱盖和箱座合箱后，先打上定位销，连接后再镗孔。

5.轴承孔中心线与剖分面不重合度应小于0.15mm。

6.未注明的铸造圆角半径R=4～8mm。

7.未注明的倒角为C2。

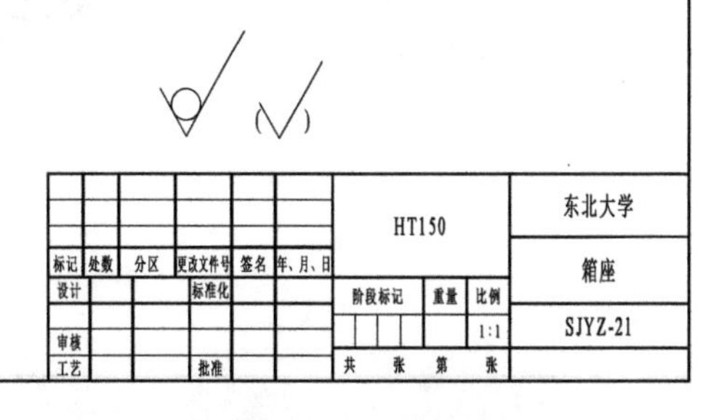

HT150
东北大学
箱座
SJYZ-21
标记
处数
分区
更改文件号
签名
年、月、日
设计
标准化
阶段标记
重量
比例
1:1
审核
工艺
批准
共 张 第 张

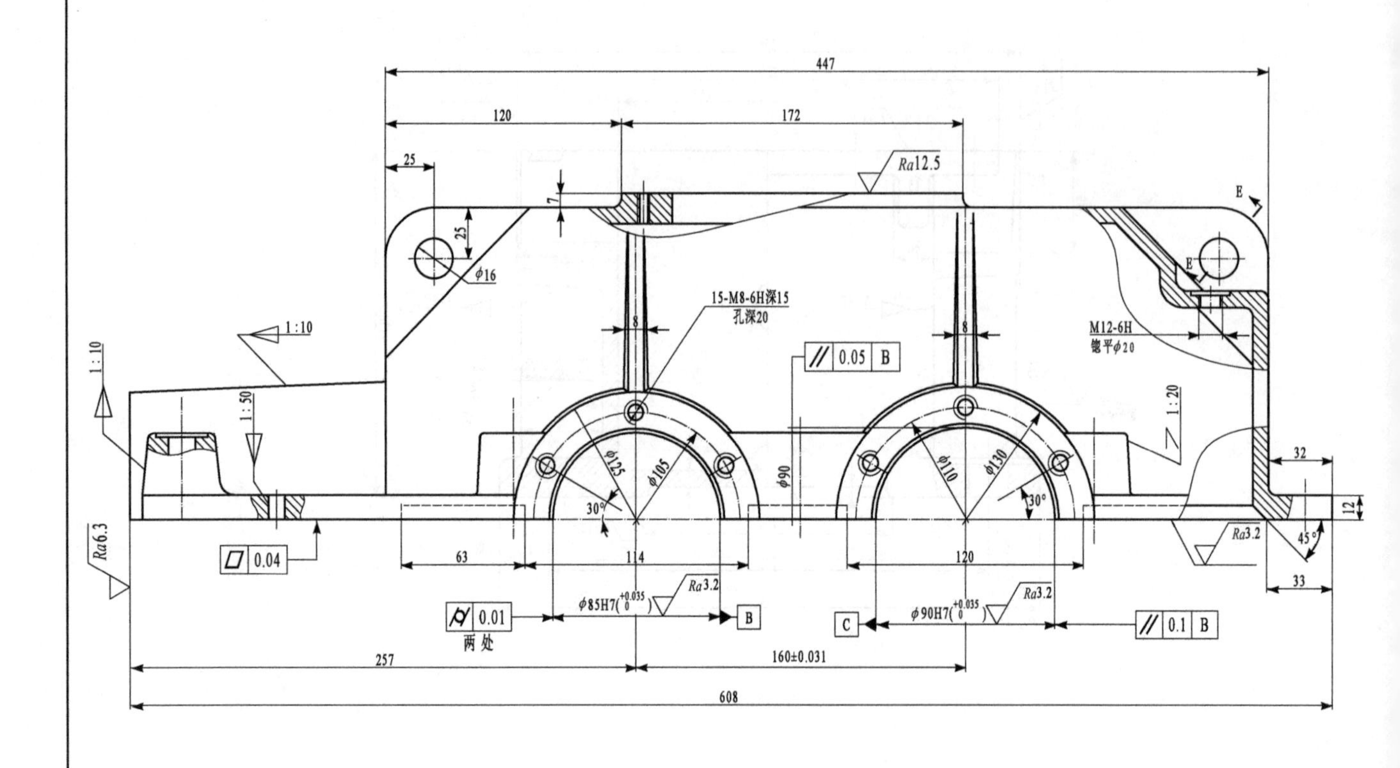
447
120
172
25
Ra12.5
15-M8-6H深15
孔深20
M12-6H
锪平φ20
1:10
1:50
1:20
0.05 B
φ125
φ105
φ90
φ110
φ130
30°
0.04
63
114
120
32
12
Ra3.2
Ra6.3
33
φ85H7($^{+0.035}_{0}$)
φ90H7($^{+0.035}_{0}$)
0.01
两处
0.1 B
257
160±0.031
608

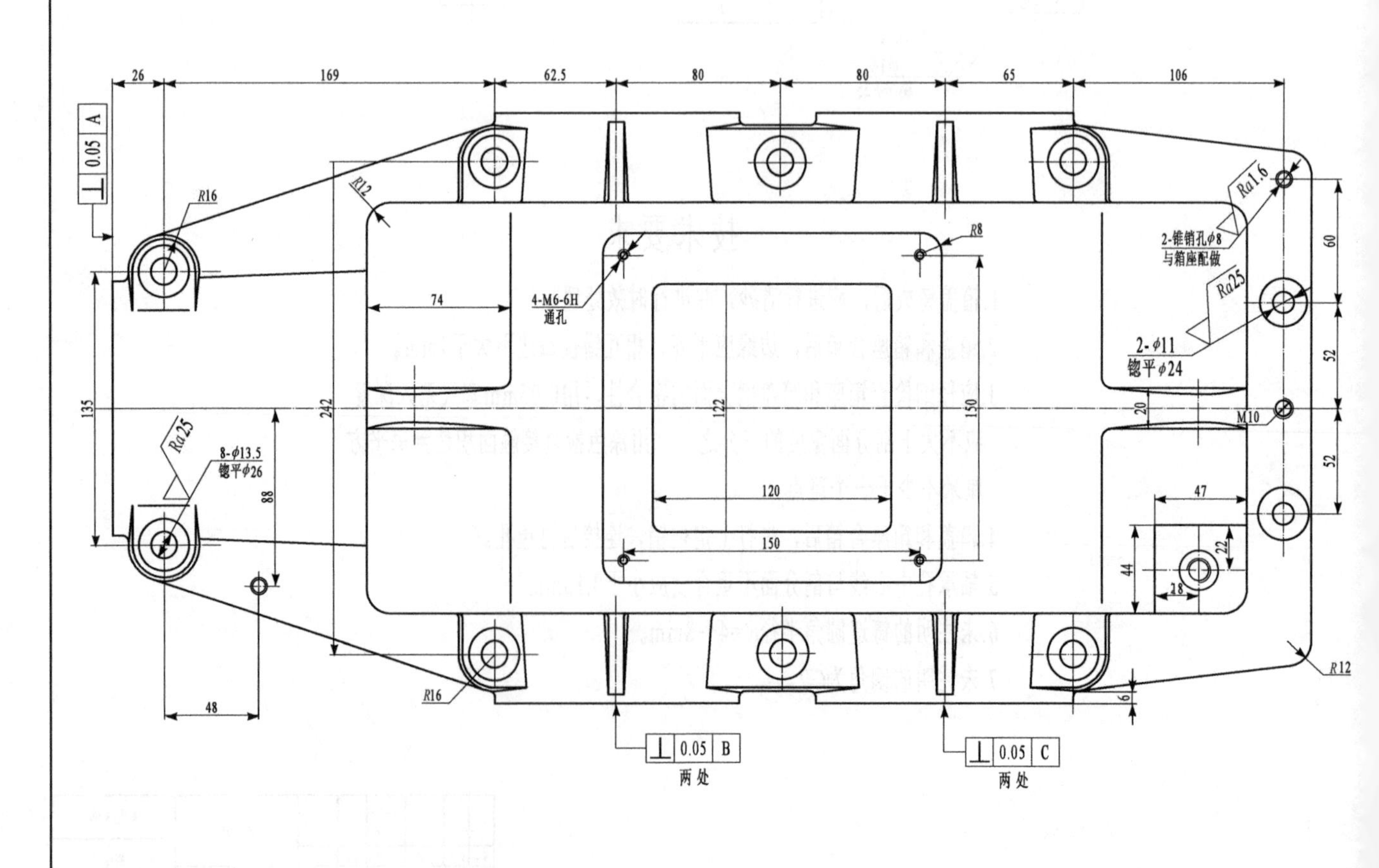
26
169
62.5
80
80
65
106
0.05 A
R16
R12
R8
4-M6-6H
通孔
74
2-锥销孔φ8
与箱座配做
Ra1.6
Ra25
2-φ11
锪平φ24
M10
60
52
20
52
135
242
122
150
120
150
8-φ13.5
锪平φ26
88
47
22
44
28
48
R16
R12
6
0.05 B
两处
0.05 C
两处

图 27-3 圆锥-圆柱齿

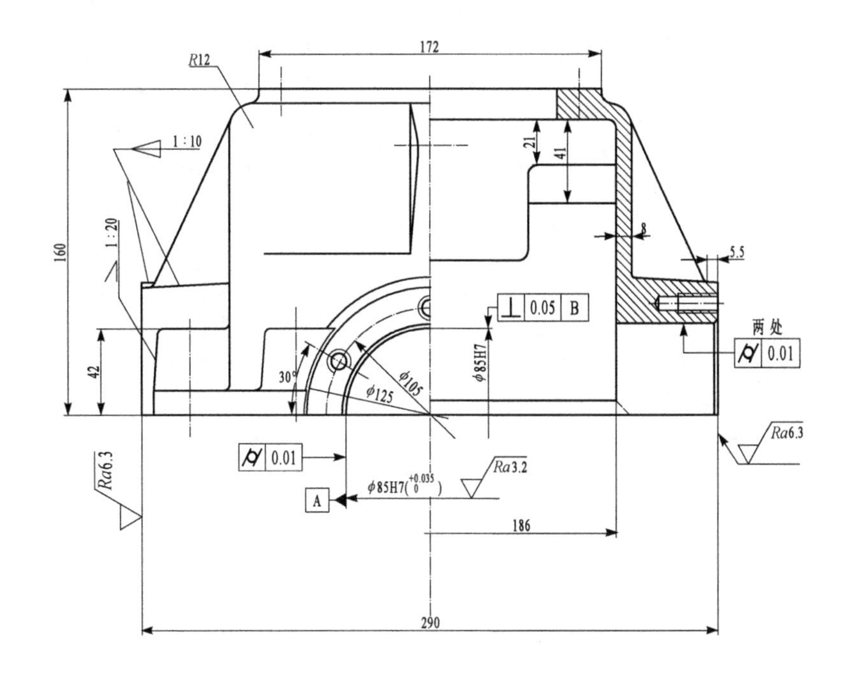

E-E旋转

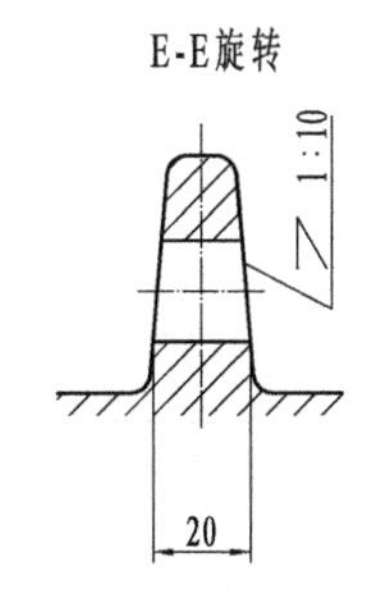

技术要求

1.箱盖铸成后，应进行清砂，并进行时效处理。

2.箱盖和箱座合箱后，边缘应平齐，相互错位每边不大于1mm。

3.应仔细检查箱座和箱盖剖分面的密合性，用0.05mm塞尺塞入深度应不大于剖分面宽度的三分之一，用涂色检查接触面积达到每平方厘米不少于一个斑点。

4.箱盖和箱座合箱后，先打上定位销，连接后再镗孔。

5.轴承孔中心线与剖分面不重合度应小于0.15mm。

6.未注明的铸造圆角半径R=4～8mm。

7.未注明的倒角为C2。

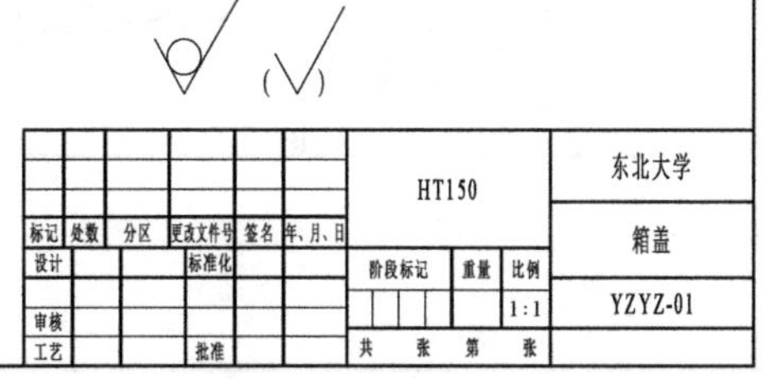

HT150
东北大学
箱盖
YZYZ-01
标记 处数 分区 更改文件号 签名 年、月、日
设计 标准化
审核
工艺 批准
阶段标记 重量 比例
1:1
共 张 第 张

轮减速器箱盖

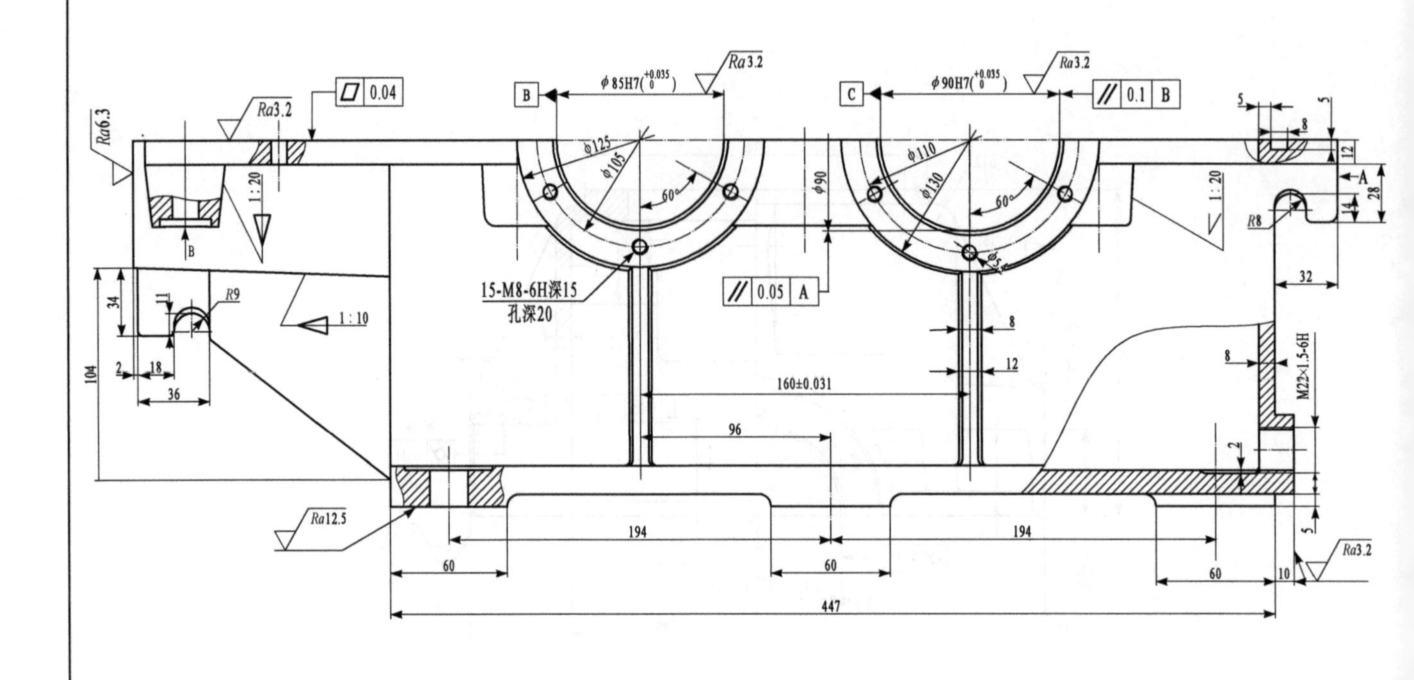
Ra6.3
Ra3.2
0.04
B
φ85H7($^{+0.035}_{0}$)
Ra3.2
C
φ90H7($^{+0.035}_{0}$)
Ra3.2
0.1 B
φ125
φ105
60°
φ110
φ130
60°
φ90
1:20
1:20
1:10
R9
R8
15-M8-6H深15
孔深20
0.05 A
160±0.031
96
194
194
60
60
60
447
M22×1.5-6H
Ra12.5
Ra3.2
104
34
36
18
32

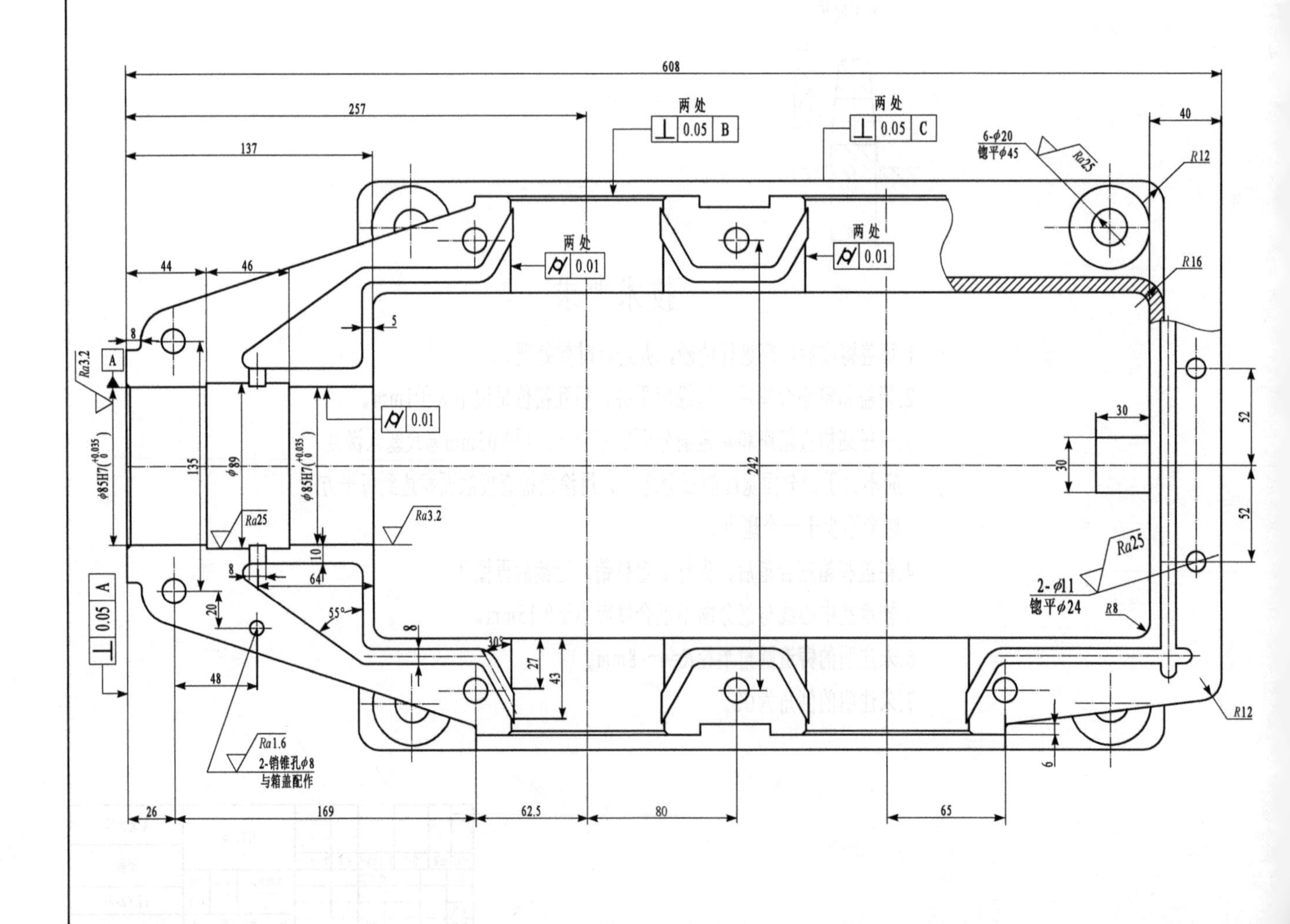
608
257
137
两处
0.05 B
两处
0.05 C
40
6-φ20
锪平φ45
Ra25
R12
两处
0.01
两处
0.01
R16
44
46
Ra3.2
A
φ85H7($^{+0.035}_{0}$)
135
φ89
φ85H7($^{+0.035}_{0}$)
0.01
Ra25
Ra3.2
242
30
30
52
52
Ra25
2-φ11
锪平φ24
R8
R12
0.05 A
55°
64
48
Ra1.6
2-销锥孔φ8
与箱盖配作
26
169
62.5
80
65

图 27-4 圆锥-圆柱齿

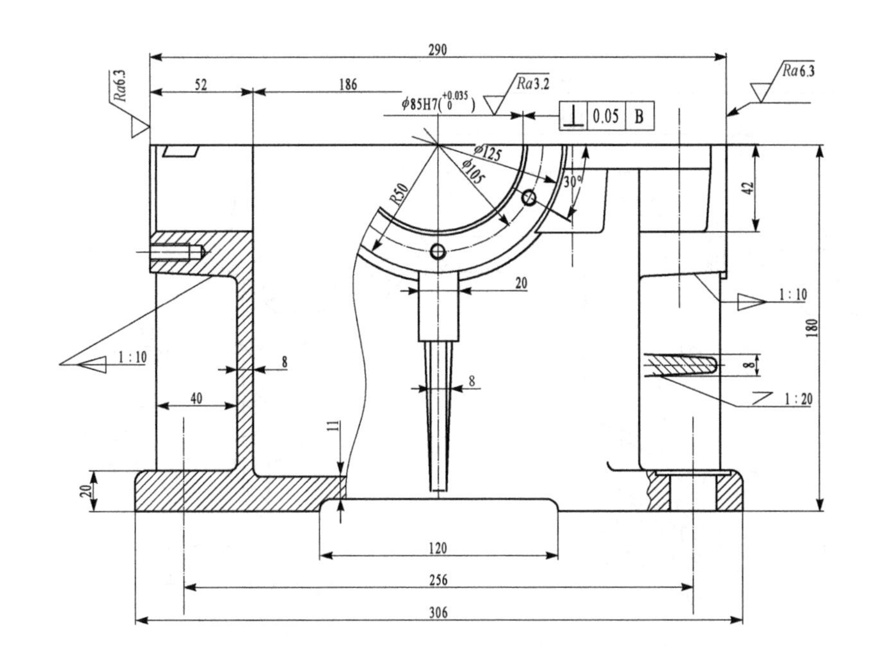

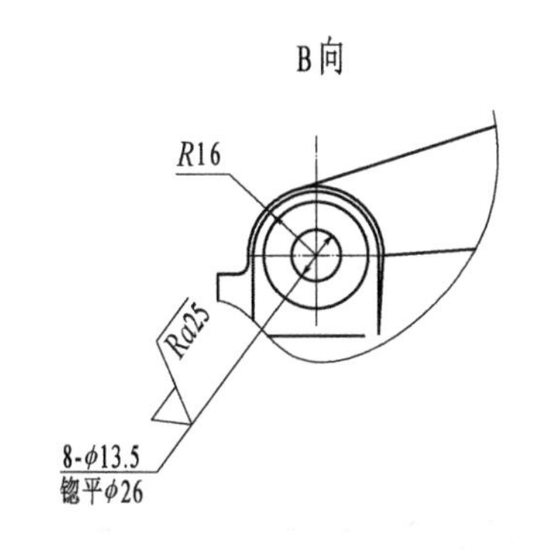

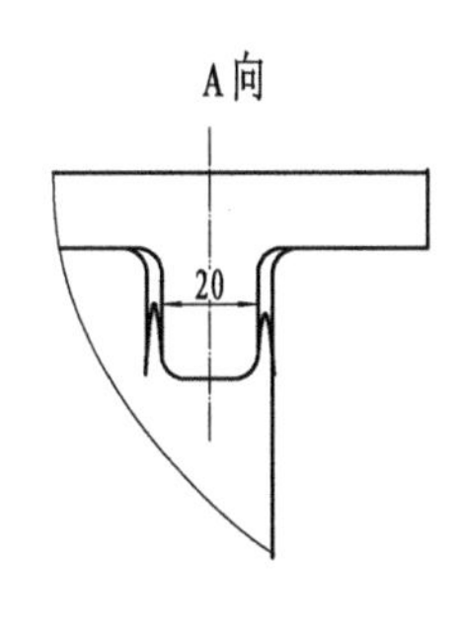

技术要求

1.箱盖铸成后，应进行清砂，并进行时效处理。

2.箱盖和箱座合箱后，边缘应平齐，相互错位每边不大于1mm。

3.应仔细检查箱座和箱盖剖分面的密合性，用0.05mm塞尺塞入深度应不大于剖分面宽度的三分之一，用涂色检查接触面积达到每平方厘米不少于一个斑点。

4.箱盖和箱座合箱后，先打上定位销，连接后再镗孔。

5.轴承孔中心线与剖分面不重合度应小于0.15mm。

6.未注明的铸造圆角半径R=4～8mm。

7.未注明的倒角为C2。

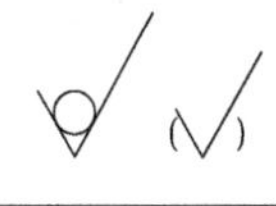

标记	处数	分区	更改文件号	签名	年、月、日	HT150			东北大学
设计			标准化			阶段标记	重量	比例	箱座
审核								1:1	YZYZ-02
工艺			批准			共 张	第 张		

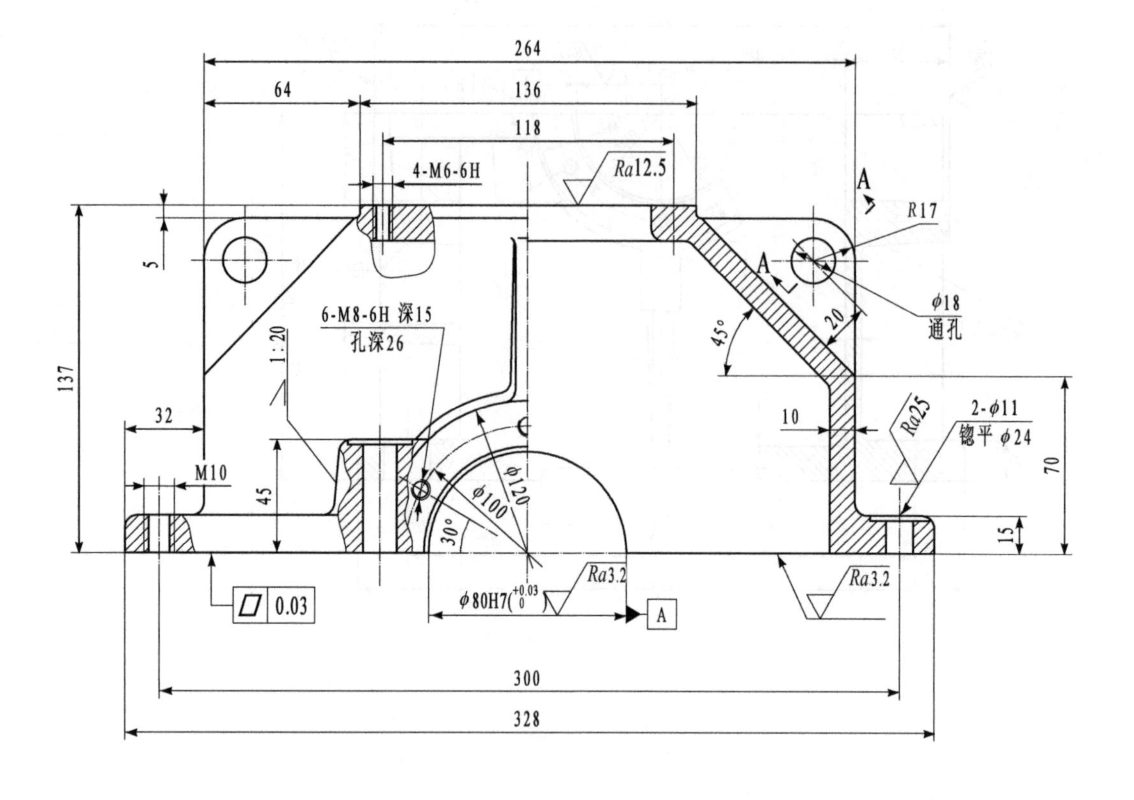
264
64
136
118
4-M6-6H
Ra12.5
A
R17
5
137
6-M8-6H 深15
孔深26
1:20
A
φ18
通孔
20
45°
32
10
Ra25
2-φ11
锪平 φ24
70
M10
45
φ120
φ100
30°
15
0.03
φ80H7
Ra3.2
A
Ra3.2
300
328

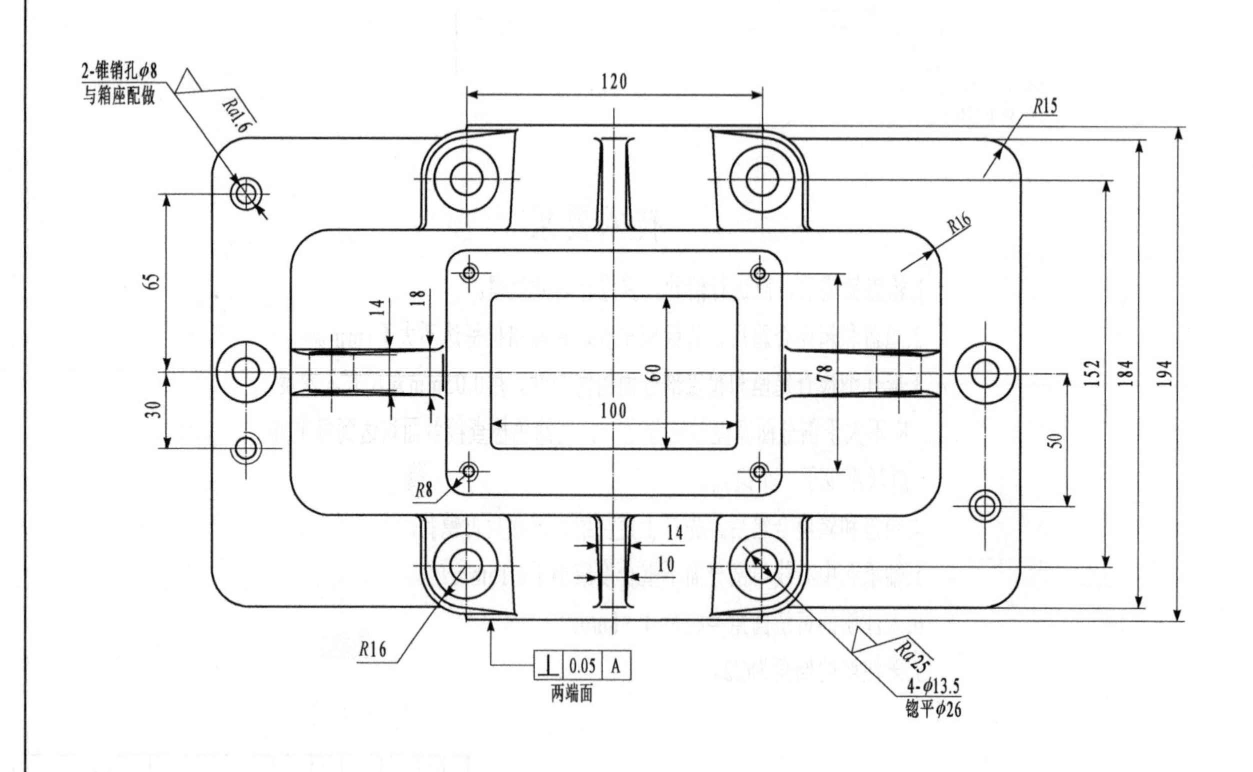
2-锥销孔φ8
与箱座配做
Ra1.6
120
R15
R16
65
14
18
60
78
152
184
194
100
30
50
R8
14
10
R16
0.05
A
两端面
Ra25
4-φ13.5
锪平φ26

图 27-5 蜗杆减

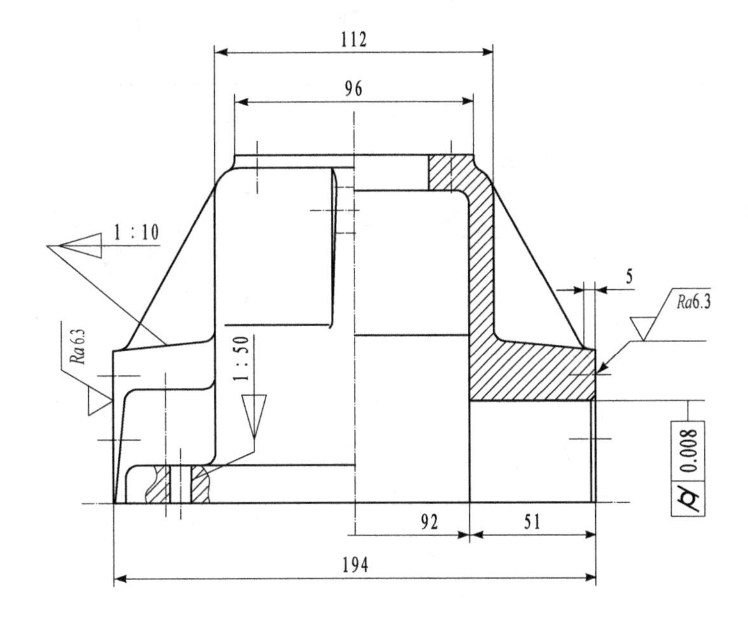

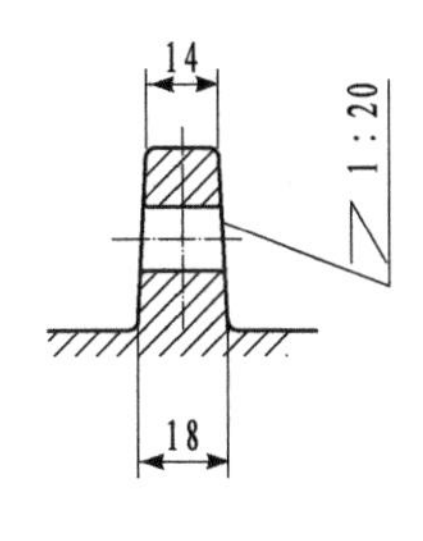

A-A 旋转

技术要求

1.箱盖铸成后，应进行清砂，并进行时效处理。

2.箱盖和箱座合箱后，边缘应平齐，相互错位每边不大于1mm。

3.应仔细检查箱座和箱盖剖分面的密合性，用0.05mm塞尺塞入深度应不大于剖分面宽度的三分之一，用涂色检查接触面积达到每平方厘米不少于一个斑点。

4.箱盖和箱座合箱后，先打上定位销，连接后再镗孔。

5.轴承孔中心线与剖分面不重合度应小于0.15mm。

6.未注明的铸造圆角半径R=4～8mm。

7.未注明的倒角为C2。

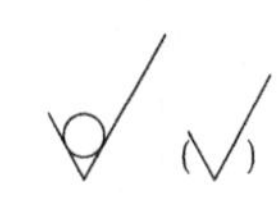

标记	处数	分区	更改文件号	签名	年、月、日	HT150			东北大学
设计			标准化			阶段标记	重量	比例	箱盖
								1:1	WG-12
审核									
工艺			批准			共 张		第 张	

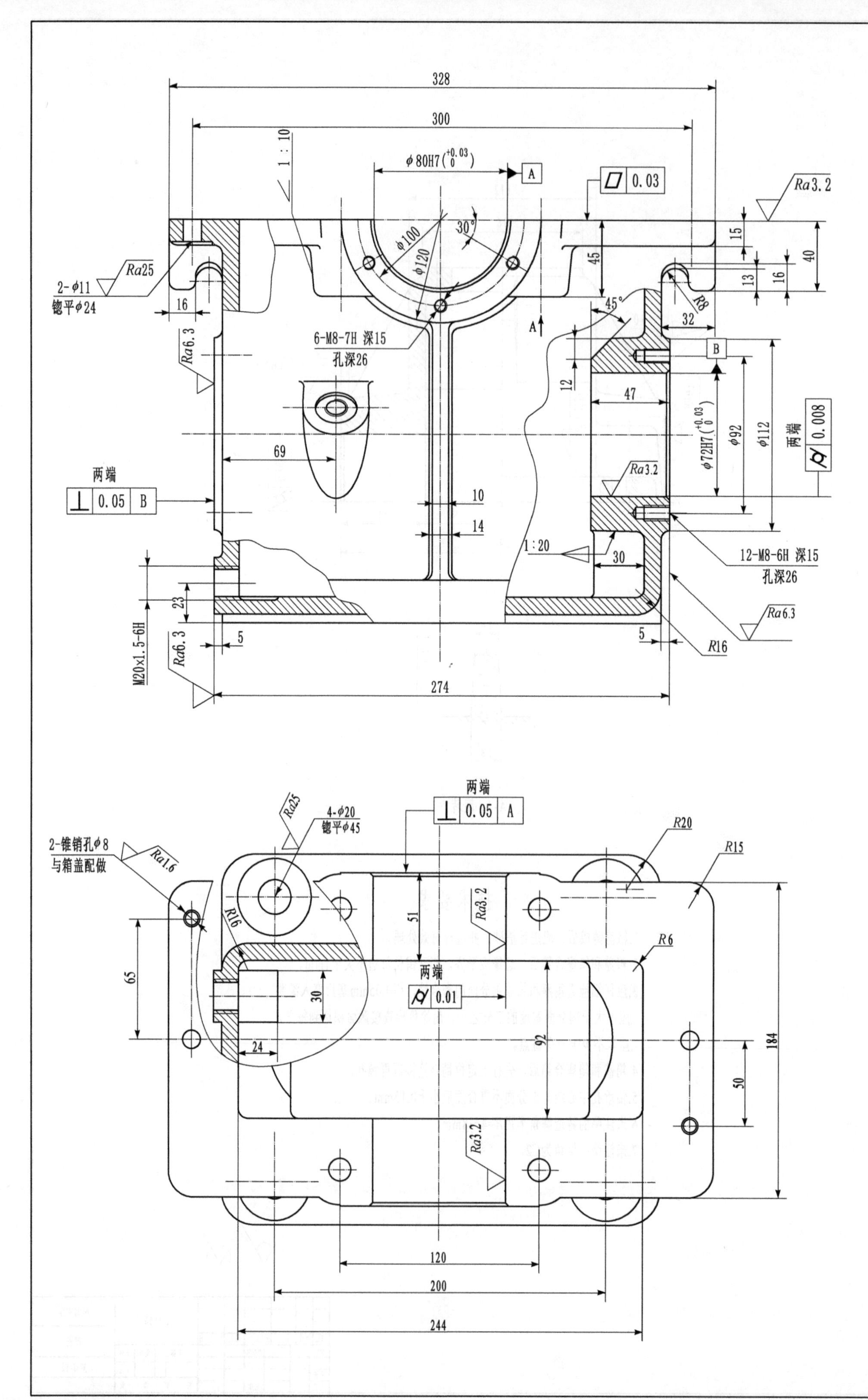
328
300
1 : 10
φ80H7($^{+0.03}_{0}$)
A
0.03
Ra3.2
φ100
φ120
30°
45
15
40
16
13
R8
2-φ11
锪平φ24
Ra25
16
45°
32
A
6-M8-7H 深15
孔深26
B
Ra6.3
12
47
φ72H7($^{+0.03}_{0}$)
φ92
φ112
两端
0.008
69
Ra3.2
两端
0.05
B
10
14
1 : 20
30
12-M8-6H 深15
孔深26
23
Ra6.3
M20×1.5-6H
Ra6.3
5
5
R16
274
两端
0.05
A
Ra25
4-φ20
锪平φ45
2-锥销孔φ8
与箱盖配做
Ra1.6
R20
R15
51
Ra3.2
R16
R6
65
两端
0.01
30
24
92
184
50
Ra3.2
120
200
244

图 27-6 蜗杆减

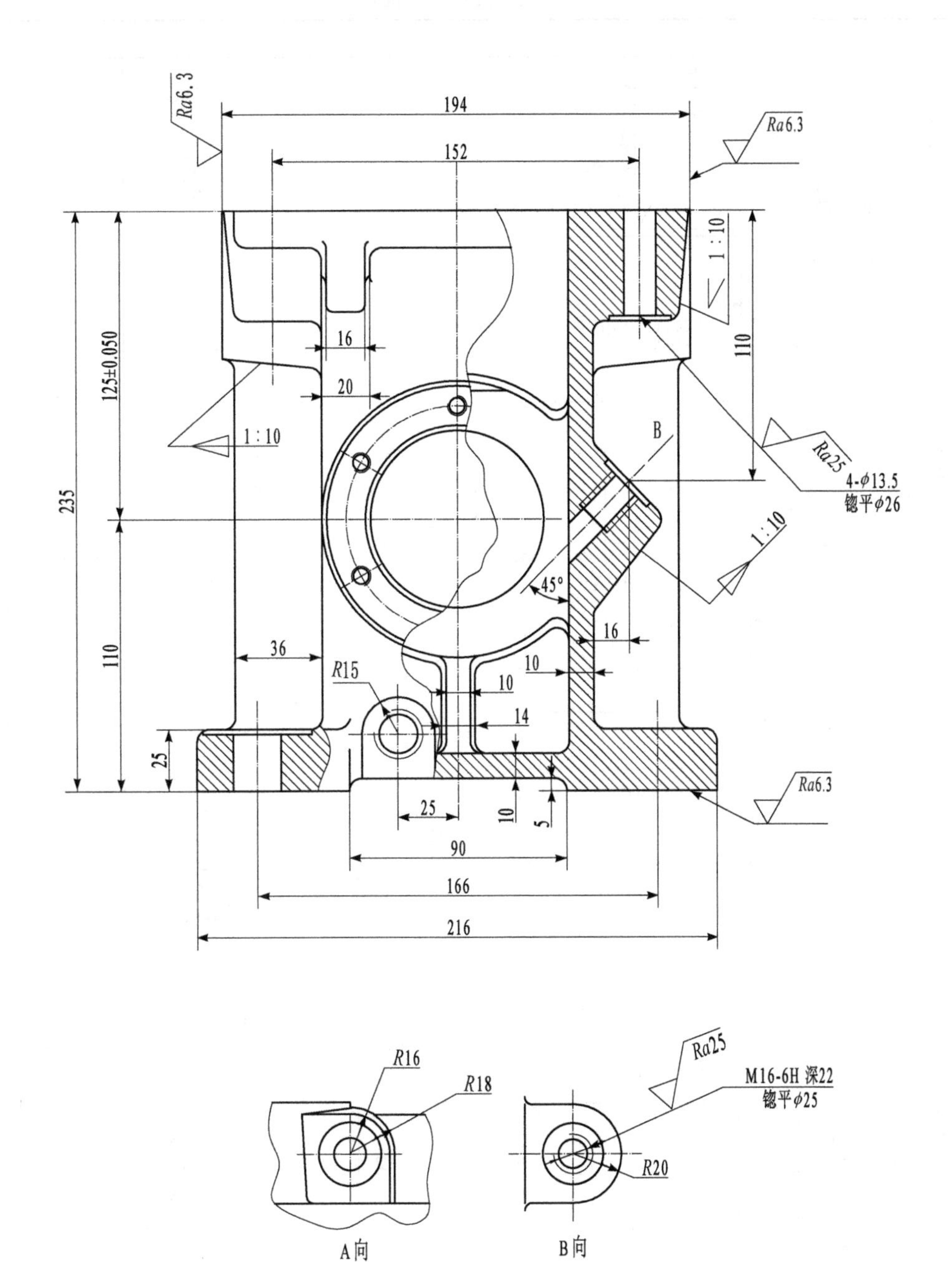

技术要求

1.箱盖铸成后，应进行清砂，并进行时效处理。

2.箱盖和箱座合箱后，边缘应平齐，相互错位每边不大于1mm。

3.应仔细检查箱座和箱盖剖分面的密合性，用0.05mm塞尺塞入深度应不大于剖分面宽度的三分之一，用涂色检查接触面积达到每平方厘米不少于一个斑点。

4.箱盖和箱座合箱后，先打上定位销，连接后再镗孔。

5.轴承孔中心线与剖分面不重合度应小于0.15mm。

6.未注明的铸造圆角半径R=4～8mm。

7.未注明的倒角为C2。

8.传动轴交角极限偏差f_{Σ}=±0.019mm。

标记	处数	分区	更改文件号	签名	年、月、日	HT150			东北大学
设计			标准化			阶段标记	重量	比例	箱座
								1:1	WG-20
审核									
工艺			批准			共 张		第 张	

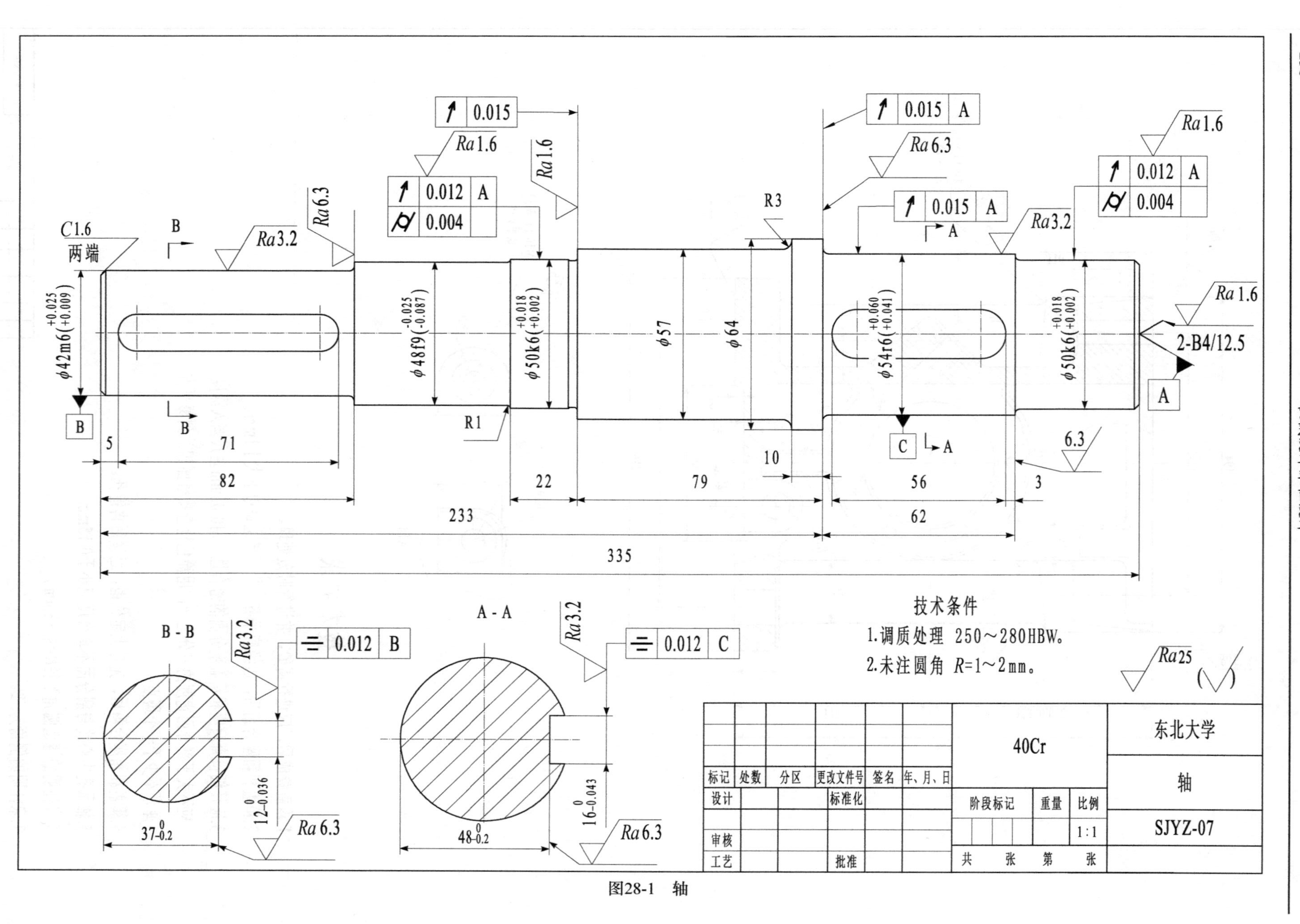

C1.6
两端
2-B4/12.5
B - B
A - A
335
233
技术条件
1.调质处理 250～280HBW。
2.未注圆角 R=1～2mm。
40Cr
东北大学
轴
SJYZ-07
标记
处数
分区
更改文件号
签名
年、月、日
设计
标准化
审核
工艺
批准
阶段标记
重量
比例
1:1
共 张 第 张

图28-1　轴

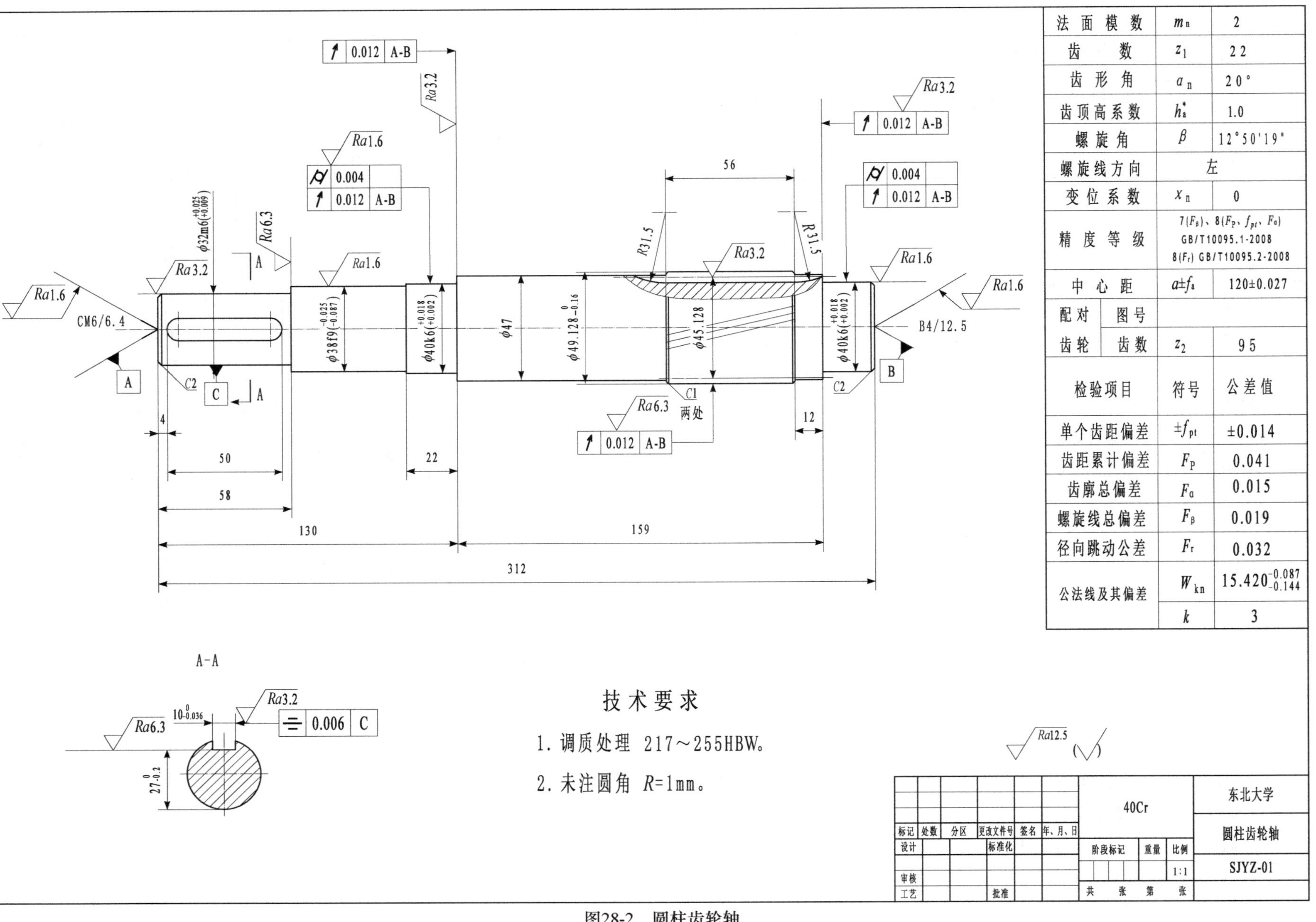

法面模数	m_n	2
齿数	z_1	22
齿形角	α_n	20°
齿顶高系数	h_a^*	1.0
螺旋角	β	12°50'19"
螺旋线方向	左	
变位系数	x_n	0
精度等级	7(F_β)、8(F_p、f_{pt}、F_α) GB/T10095.1-2008 8(F_r) GB/T10095.2-2008	
中心距	$a \pm f_a$	120±0.027
配对齿轮 图号		
配对齿轮 齿数	z_2	95
检验项目	符号	公差值
单个齿距偏差	$\pm f_{pt}$	±0.014
齿距累计偏差	F_p	0.041
齿廓总偏差	F_α	0.015
螺旋线总偏差	F_β	0.019
径向跳动公差	F_r	0.032
公法线及其偏差	W_{kn}	$15.420^{-0.087}_{-0.144}$
	k	3

图28-2　圆柱齿轮轴

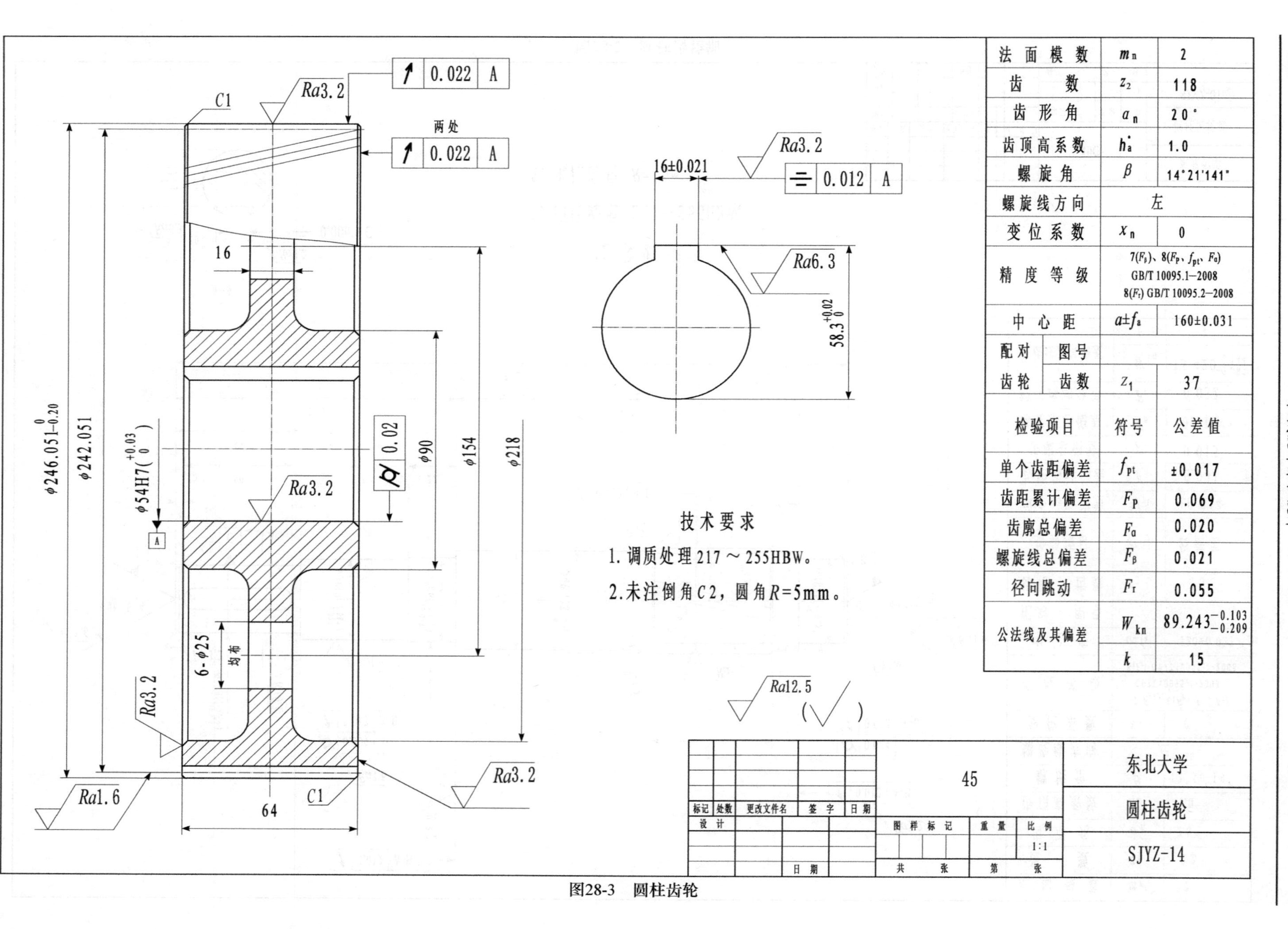

法面模数		m_n	2
齿数		z_2	118
齿形角		α_n	20°
齿顶高系数		h_a^*	1.0
螺旋角		β	14°21'141"
螺旋线方向		左	
变位系数		x_n	0
精度等级		7(F_β)、8(F_p、f_{pt}、F_α) GB/T 10095.1—2008 8(F_r) GB/T 10095.2—2008	
中心距		$a\pm f_a$	160±0.031
配对齿轮	图号		
	齿数	z_1	37
检验项目		符号	公差值
单个齿距偏差		f_{pt}	±0.017
齿距累计偏差		F_p	0.069
齿廓总偏差		F_α	0.020
螺旋线总偏差		F_β	0.021
径向跳动		F_r	0.055
公法线及其偏差		W_{kn}	89.243$^{-0.103}_{-0.209}$
		k	15

图28-3　圆柱齿轮

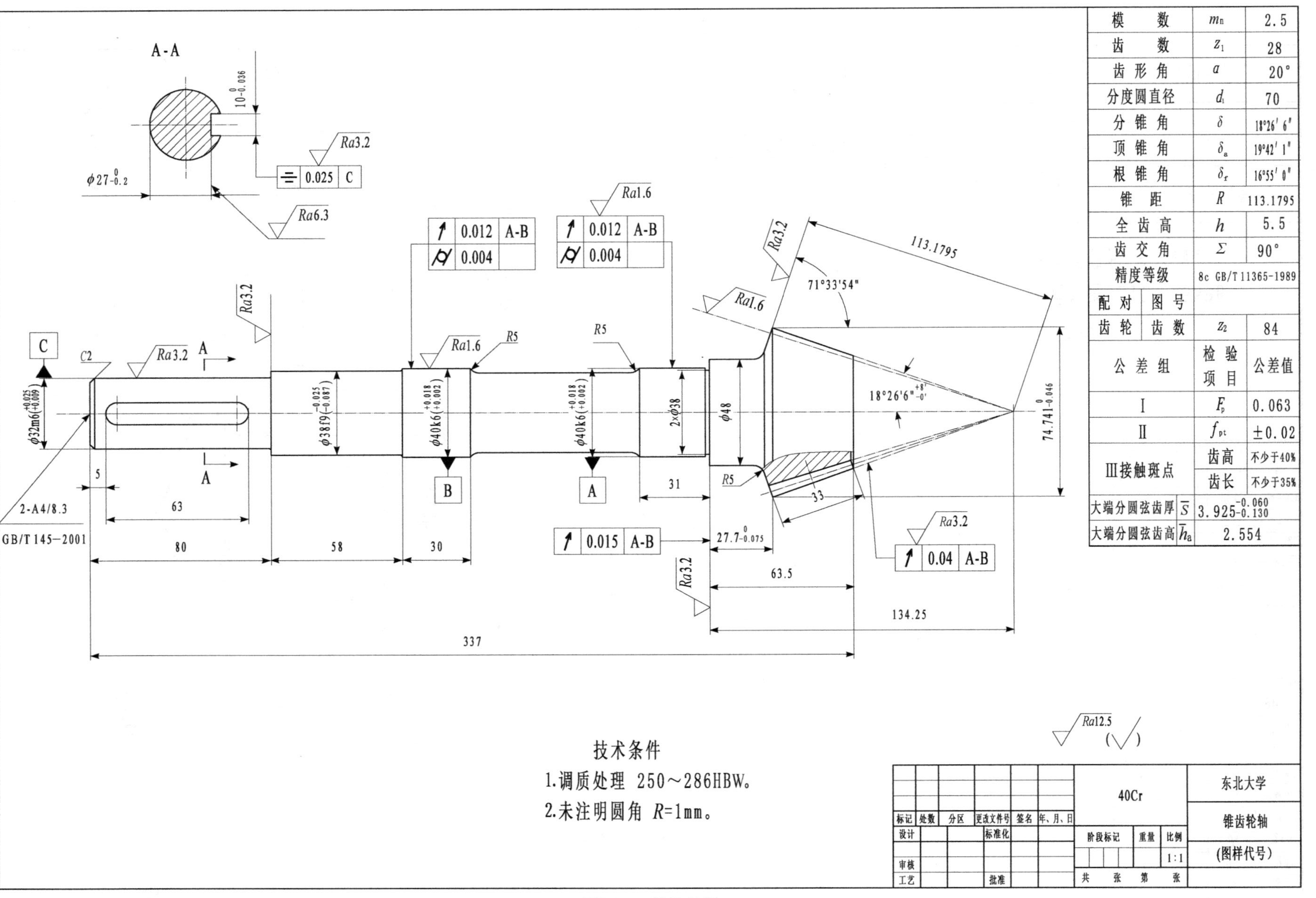

A-A
$10_{-0.036}^{0}$
$\phi 27_{-0.2}^{0}$
Ra3.2
0.025 C
Ra6.3
0.012 A-B
0.004
Ra1.6
Ra3.2
113.1795
71°33'54"
Ra1.6
C
C2
Ra3.2
A
R5
$\phi 32m6(^{+0.025}_{+0.009})$
$\phi 38f9(^{-0.025}_{-0.087})$
$\phi 40k6(^{+0.018}_{+0.002})$
2×φ38
φ48
$18°26'6''^{+8'}_{-0'}$
$74.741_{-0.046}^{0}$
B
A
5
63
2-A4/8.3
GB/T 145—2001
31
R5
33
0.015 A-B
$27.7_{-0.075}^{0}$
0.04 A-B
80
58
30
63.5
134.25
337
模数　m_n　2.5
齿数　z_1　28
齿形角　α　20°
分度圆直径　d_1　70
分锥角　δ　18°26′6″
顶锥角　δ_a　19°42′1″
根锥角　δ_f　16°55′0″
锥距　R　113.1795
全齿高　h　5.5
齿交角　Σ　90°
精度等级　8c GB/T11365-1989
配对齿轮　图号
齿数　z_2　84
公差组　检验项目　公差值
Ⅰ　F_p　0.063
Ⅱ　f_{pt}　±0.02
Ⅲ接触斑点　齿高　不少于40%
齿长　不少于35%
大端分圆弦齿厚　$\bar{S}$　$3.925_{-0.130}^{-0.060}$
大端分圆弦齿高　$\bar{h}_a$　2.554
技术条件
1.调质处理 250～286HBW。
2.未注明圆角 R=1mm。
Ra12.5
40Cr
东北大学
锥齿轮轴
(图样代号)
1:1

图28-4　锥齿轮轴

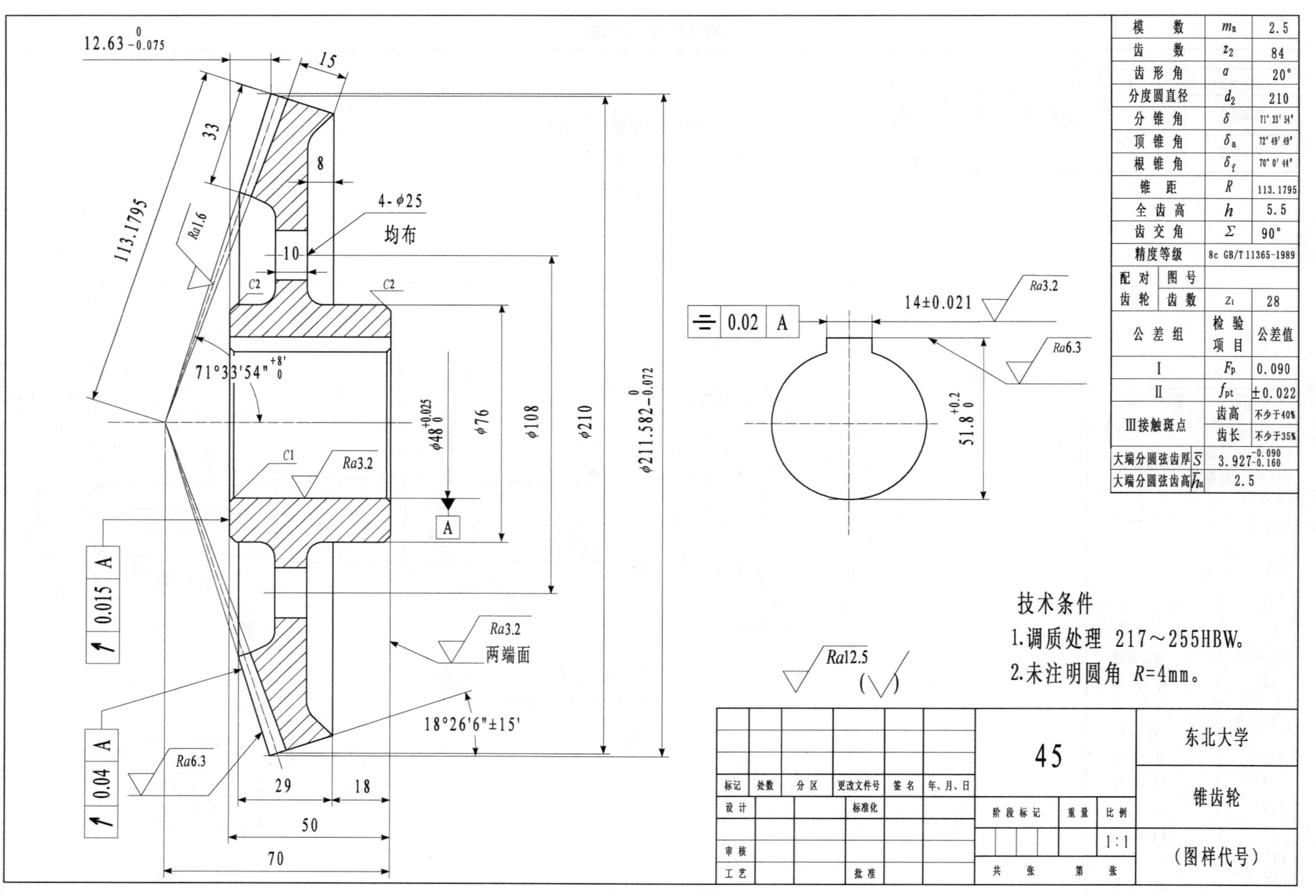

模数 m_n 2.5
齿数 z_2 84
齿形角 α 20°
分度圆直径 d_2 210
分锥角 δ 71°33'54"
顶锥角 δ_a 72°49'49"
根锥角 δ_f 70°0'44"
锥距 R 113.1795
全齿高 h 5.5
齿交角 Σ 90°
精度等级 8c GB/T11365-1989
配对齿轮 图号
齿数 z_1 28
公差组 检验项目 公差值
I F_p 0.090
II f_{pt} ±0.022
III接触斑点 齿高 不少于40%
齿长 不少于35%
大端分圆弦齿厚 $\bar{S}$ $3.927^{-0.090}_{-0.160}$
大端分圆弦齿高 $\bar{h}_a$ 2.5
技术条件
1.调质处理 217～255HBW。
2.未注明圆角 R=4mm。
Ra12.5
Ra3.2
两端面
Ra6.3
Ra1.6
14±0.021
$51.8^{+0.2}_{0}$
0.02 A
$\phi211.582^{0}_{-0.072}$
$\phi210$
$\phi108$
$\phi76$
$\phi48^{+0.025}_{0}$
A
4-ϕ25
均布
18°26'6"±15'
$71°33'54"^{+8'}_{0}$
113.1795
$12.63^{0}_{-0.075}$
33
15
8
10
29
18
50
70
C1
C2
0.015 A
0.04 A
45
东北大学
锥齿轮
(图样代号)
标记 处数 分区 更改文件号 签名 年、月、日
设计 标准化
审核
工艺 批准
阶段标记 重量 比例
1:1
共 张 第 张

图28-5　锥齿轮

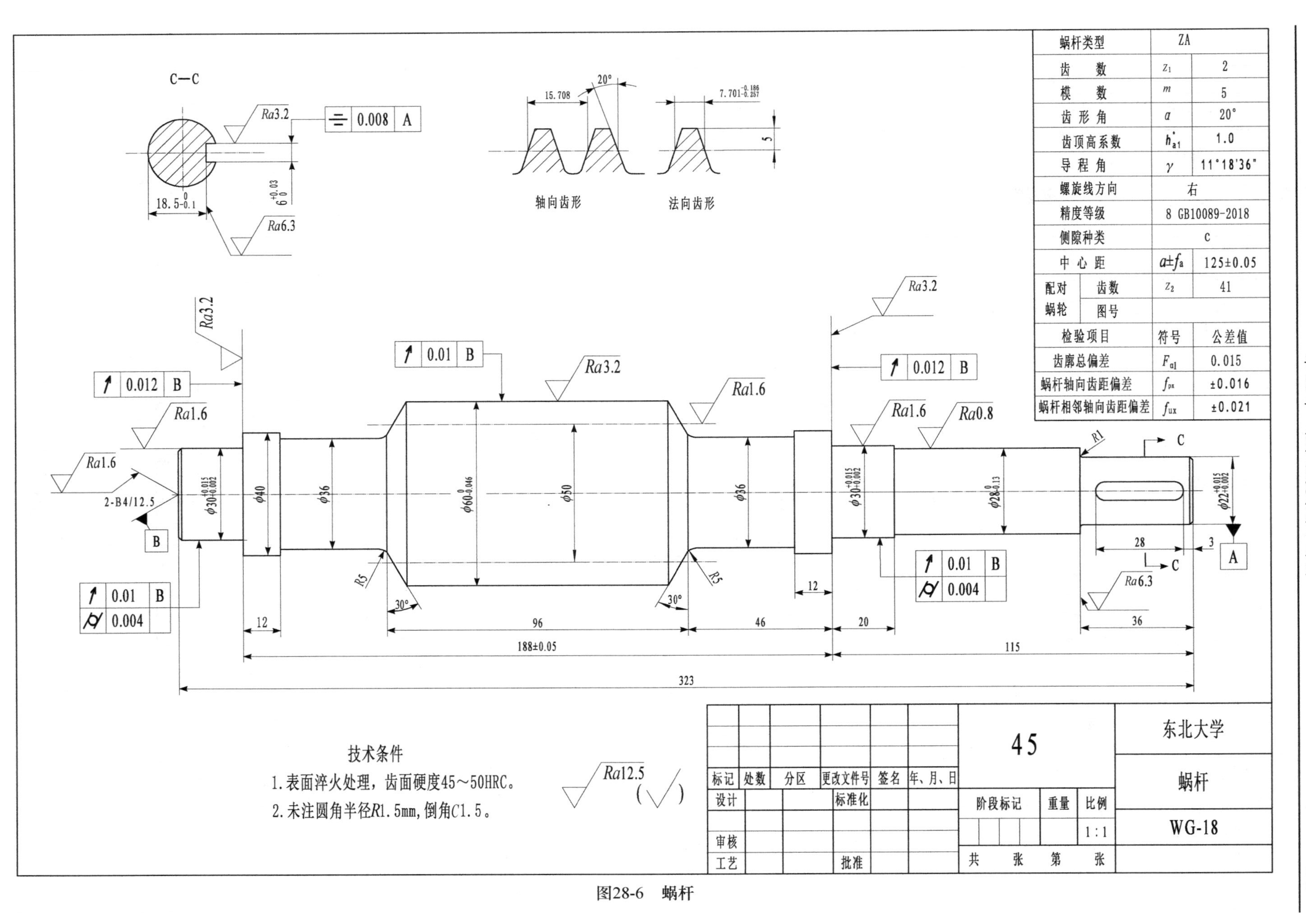

蜗杆类型		ZA
齿　数	z_1	2
模　数	m	5
齿形角	α	20°
齿顶高系数	h_{a1}^*	1.0
导程角	γ	11°18′36″
螺旋线方向		右
精度等级		8 GB10089-2018
侧隙种类		c
中心距	$a \pm f_a$	125±0.05
配对蜗轮 齿数	z_2	41
配对蜗轮 图号		
检验项目	符号	公差值
齿廓总偏差	$F_{\alpha 1}$	0.015
蜗杆轴向齿距偏差	f_{px}	±0.016
蜗杆相邻轴向齿距偏差	f_{ux}	±0.021

图28-6　蜗杆

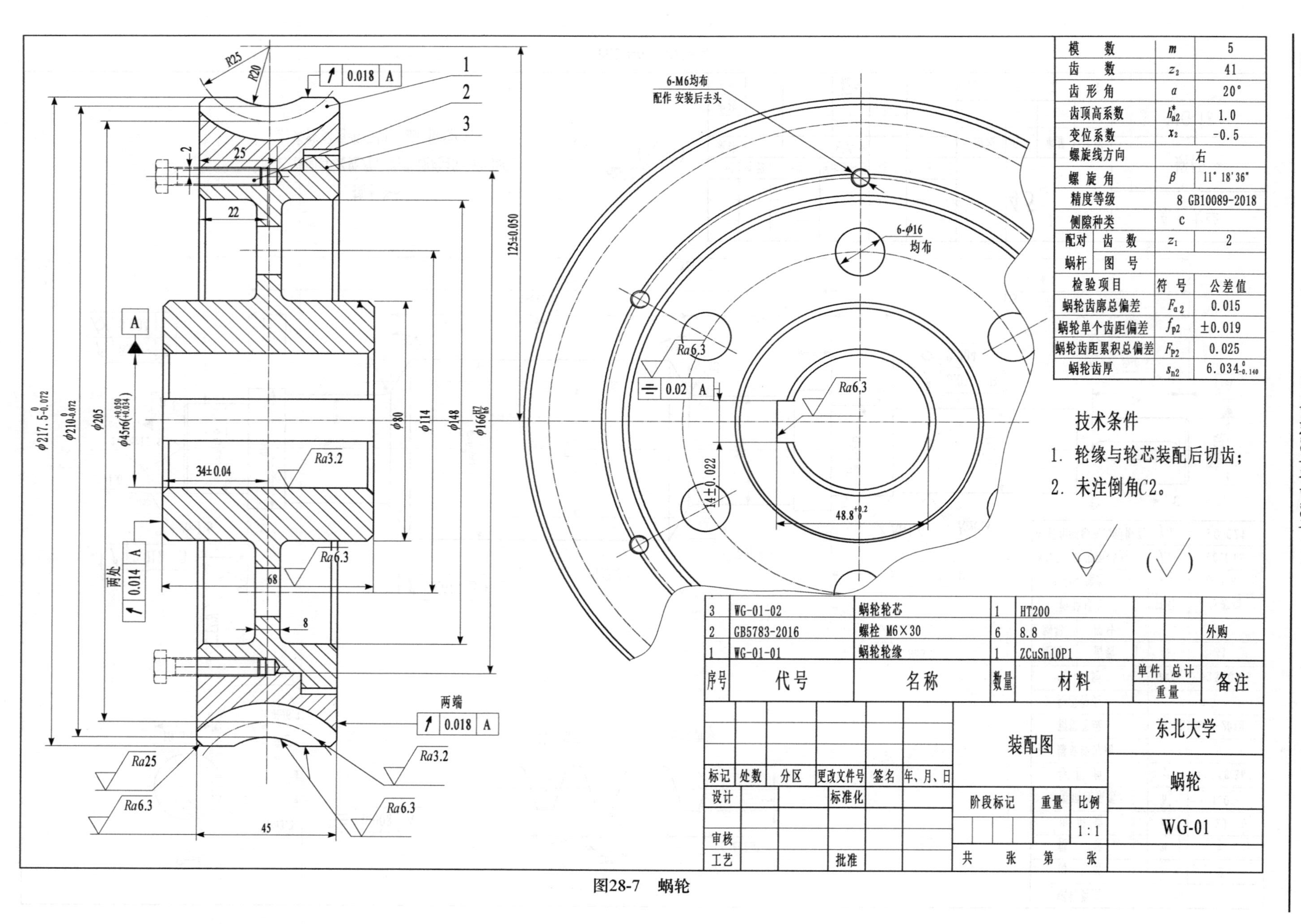

模数 m 5
齿数 z_2 41
齿形角 α 20°
齿顶高系数 h^*_{a2} 1.0
变位系数 x_2 -0.5
螺旋线方向 右
螺旋角 β 11°18′36″
精度等级 8 GB10089-2018
侧隙种类 c
配对蜗杆 齿数 z_1 2
图号
检验项目 符号 公差值
蜗轮齿廓总偏差 $F_{\alpha 2}$ 0.015
蜗轮单个齿距偏差 f_{p2} ±0.019
蜗轮齿距累积总偏差 F_{p2} 0.025
蜗轮齿厚 s_{n2} $6.034^{0}_{-0.140}$
技术条件
1. 轮缘与轮芯装配后切齿；
2. 未注倒角C2。
6-M6均布
配作 安装后去头
6-φ16 均布
48.8
14±0.022
125±0.050
φ166H7/k6
φ148
φ114
φ80
φ45r6
φ205
φ210
φ217.5
R25
R20
34±0.04
两处
两端
3 WG-01-02 蜗轮轮芯 1 HT200
2 GB5783-2016 螺栓 M6×30 6 8.8 外购
1 WG-01-01 蜗轮轮缘 1 ZCuSn10P1
序号 代号 名称 数量 材料 单件 总计 重量 备注
装配图
东北大学
蜗轮
WG-01
比例 1:1

图28-7 蜗轮

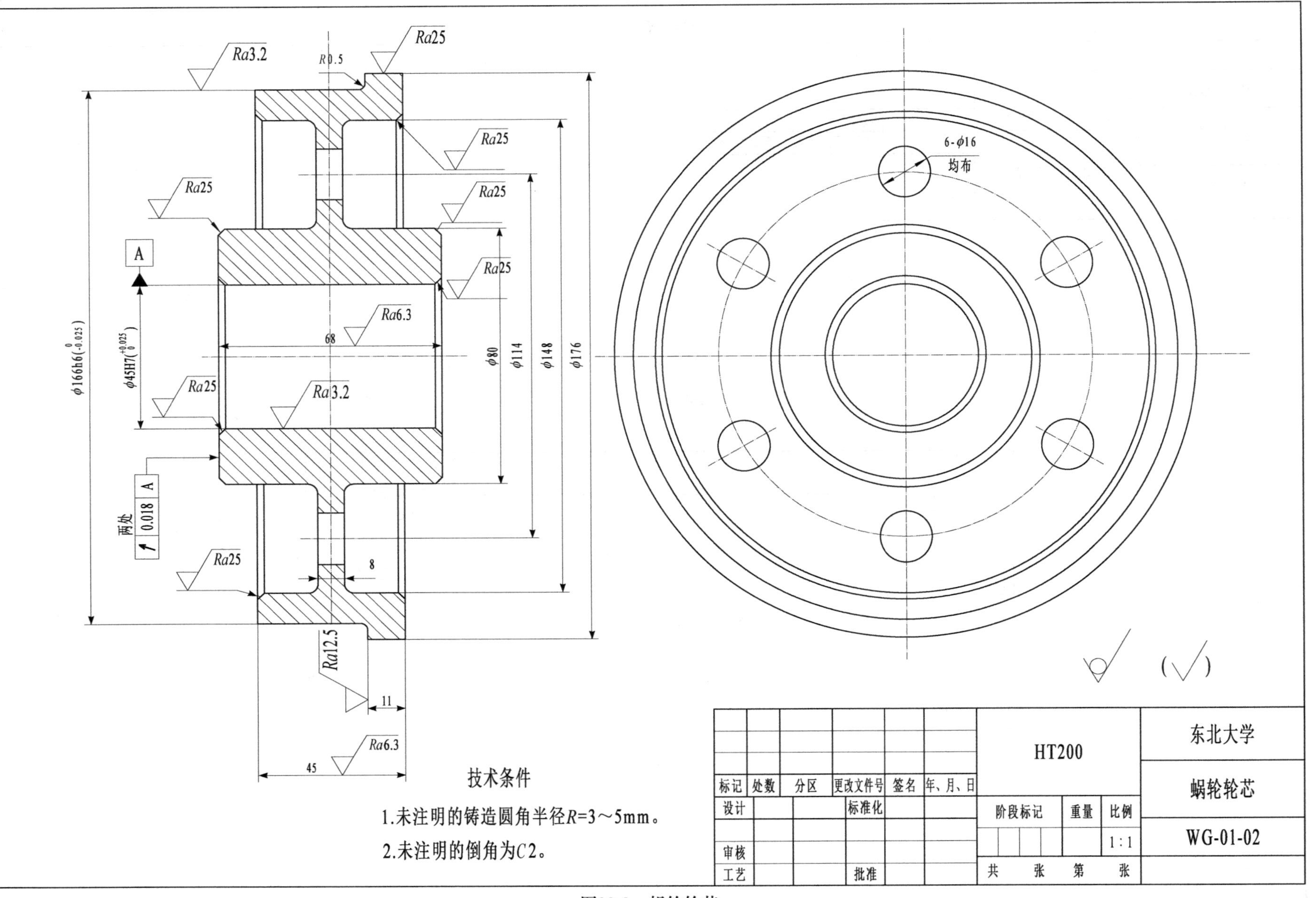
Ra3.2
R0.5
Ra25
Ra25
Ra25
Ra25
Ra25
A
Ra6.3
68
ϕ166h6($^{0}_{-0.025}$)
ϕ45H7($^{+0.025}_{0}$)
ϕ80
ϕ114
ϕ148
ϕ176
Ra25
Ra3.2
A
0.018
两处
Ra25
8
Ra12.5
11
Ra6.3
45
6-ϕ16
均布
技术条件
1.未注明的铸造圆角半径R=3～5mm。
2.未注明的倒角为C2。
标记
处数
分区
更改文件号
签名
年、月、日
设计
标准化
审核
工艺
批准
HT200
阶段标记
重量
比例
1:1
共　张　第　张
东北大学
蜗轮轮芯
WG-01-02

图28-8　蜗轮轮芯

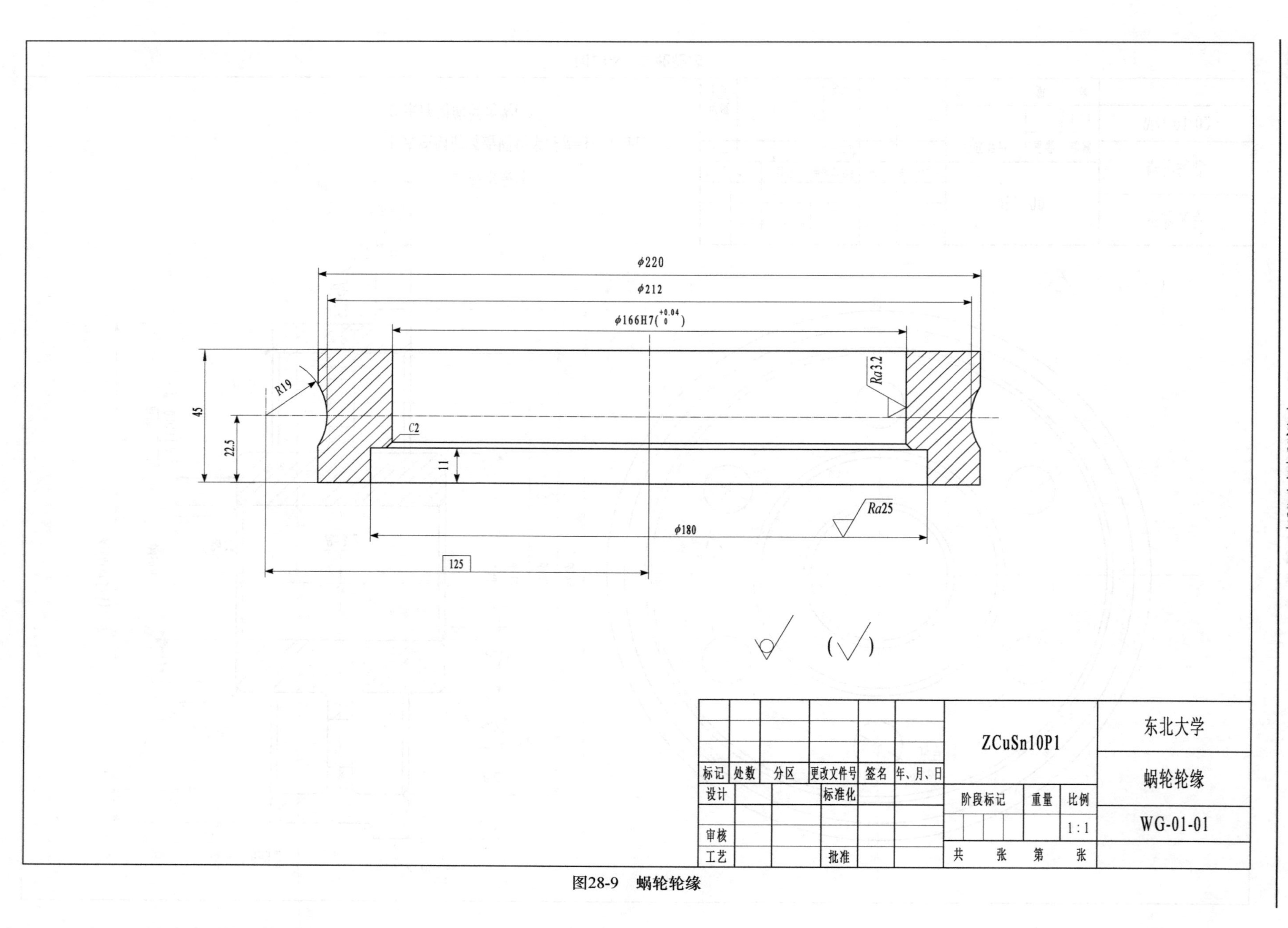
φ220
φ212
φ166H7(+0.04 0)
R19
45
22.5
C2
11
Ra3.2
Ra25
φ180
125
ZCuSn10P1
东北大学
蜗轮轮缘
WG-01-01
标记
处数
分区
更改文件号
签名
年、月、日
设计
标准化
阶段标记
重量
比例
1:1
审核
工艺
批准
共　张　第　张

图28-9　蜗轮轮缘

附录

机械设计课程设计题目

为方便教学工作，本书给出了一些课程设计题目，共 6 种类型，70 组数据。每种类型以汉语拼音字母表示题目类型，其后边的数字表示该类型题目的序号，具体题目的类型代号意义如下：

ZDL——单级圆柱齿轮减速器和一级链传动；

ZDD —单圆柱齿轮减速器和一级 V 带传动；

ZL——两级圆柱齿轮减速器；

ZZ——锥-圆柱齿轮减速器；

WD ——单级蜗杆减速器；

NGW——行星齿轮减速器。

ZDL 型题目

题目名称：设计胶带输送机的传动装置

工作条件

	A	*B*	*C*
工作年限	8	10	15
工作班制	2	2	1
工作环境	清洁	多灰尘	灰尘较多
载荷性质	平稳	稍有波动	轻微冲击
生产批量	小批	小批	单件

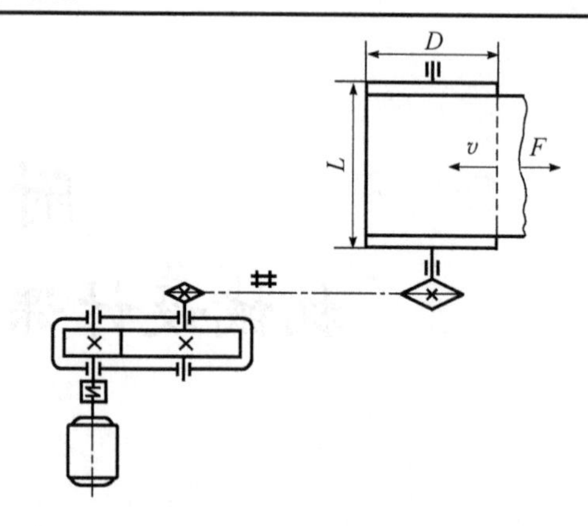

技术数据

题号	滚筒圆周力 F/N	带速 v/(m·s^{-1})	滚筒直径 D/mm	滚筒长度 L/mm	题号	滚筒圆周力 F/N	带速 v/(m·s^{-1})	滚筒直径 D/mm	滚筒长度 L/mm
ZDL—1	1500	1.5	280	400	ZDL—6	2000	1.8	320	500
ZDL—2	1500	1.6	300	500	ZDL—7	2000	2.0	300	400
ZDL—3	1600	1.6	320	400	ZDL—8	2200	1.5	280	500
ZDL—4	1800	1.5	300	500	ZDL—9	2200	1.8	300	400
ZDL—5	1800	1.8	300	400	ZDL—10	2400	1.8	320	500

ZDD 型题目

题目名称：设计胶带输送机的传动装置

工作条件

	A	*B*	*C*
工作年限	8	10	15
工作班制	2	2	1
工作环境	清洁	多灰尘	灰尘较少
载荷性质	平稳	稍有波动	轻微冲击
生产批量	小批	小批	单件

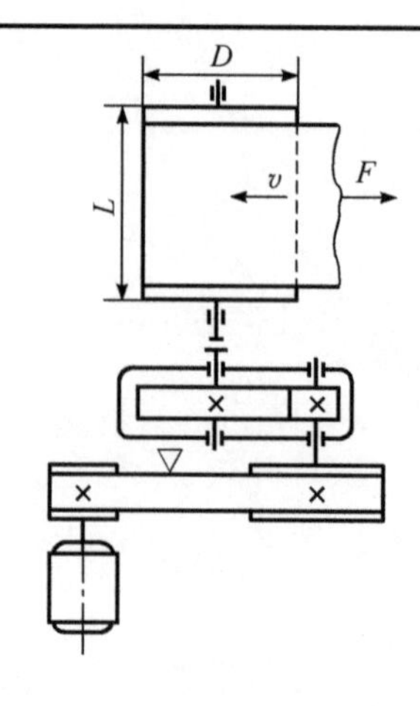

续表

技术数据

题号	滚筒圆周力 F/N	带速 $v/(\mathrm{m\cdot s^{-1}})$	滚筒直径 D/mm	滚筒长度 L/mm	题号	滚筒圆周力 F/N	带速 $v/(\mathrm{m\cdot s^{-1}})$	滚筒直径 D/mm	滚筒长度 L/mm
ZDD—1	900	2.3	400	500	ZDD—6	1100	2.0	320	600
ZDD—2	900	2.5	400	600	ZDD—7	1200	2.0	400	500
ZDD—3	1000	2.0	500	500	ZDD—8	1200	2.1	400	600
ZDD—4	1000	2.2	500	600	ZDD—9	1400	1.8	320	500
ZDD—5	1100	2.2	320	500	ZDD—10	1500	1.6	250	600

ZL 型题目

题目名称：设计胶带输送机的传动装置

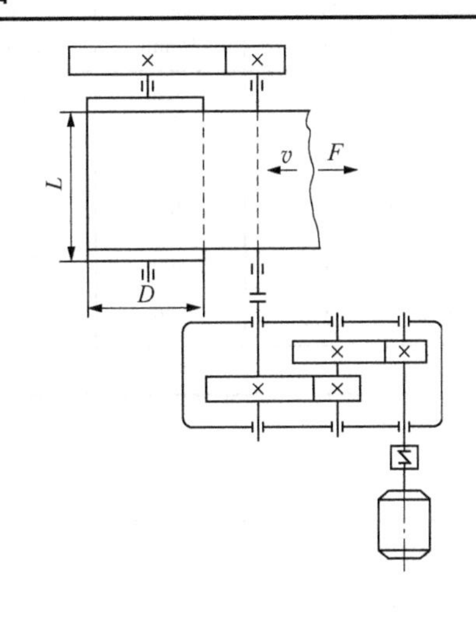

工作条件

	A	B	C
工作年限	8	10	15
工作班制	2	2	1
工作环境	清洁	多灰尘	灰尘较少
载荷性质	平稳	稍有波动	轻微冲击
生产批量	小批	小批	单件

技术数据

题号	滚筒圆周力 F/N	带速 $v/(\mathrm{m\cdot s^{-1}})$	滚筒直径 D/mm	滚筒长度 L/mm	题号	滚筒圆周力 F/N	带速 $v/(\mathrm{m\cdot s^{-1}})$	滚筒直径 D/mm	滚筒长度 L/mm
ZL—1	12000	0.26	450	800	ZL—11	16000	0.25	400	850
ZL—2	12000	0.28	450	850	ZL—12	17000	0.24	450	900
ZL—3	13000	0.26	450	800	ZL—13	17000	0.25	450	800
ZL—4	13000	0.28	500	850	ZL—14	18000	0.24	400	900
ZL—5	14000	0.26	450	900	ZL—15	18000	0.25	400	1000
ZL—6	14000	0.28	500	900	ZL—16①	40000	0.25	450	1000
ZL—7	15000	0.24	450	900	ZL—17①	42000	0.25	450	1000
ZL—8	15000	0.25	450	900	ZL—18①	44000	0.26	450	1000
ZL—9	15000	0.26	450	800	ZL—19①	46000	0.26	450	1000
ZL—10	16000	0.24	400	850	ZL—20①	48000	0.24	400	1000

注：①此题号数据为硬齿面数据。

ZZ 型题目

题目名称：设计胶带输送机的传动装置

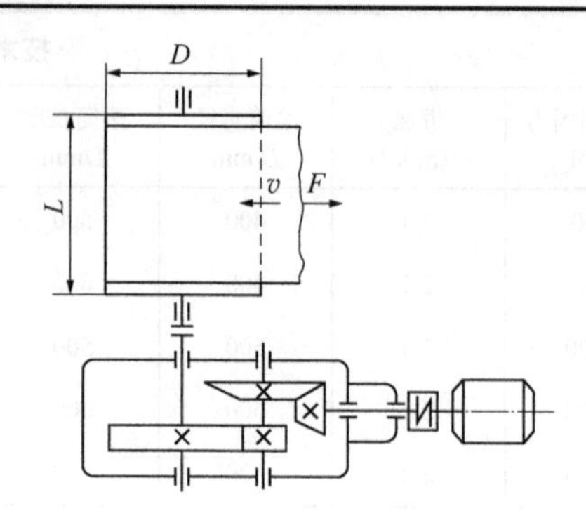

工作条件

	A	B	C
工作年限	8	10	15
工作班制	2	2	1
工作环境	清洁	多灰尘	灰尘较少
载荷性质	平稳	稍有波动	轻微冲击
生产批量	小批	小批	单件

技术数据

题号	滚筒圆周力 F/N	带速 v/(m·s⁻¹)	滚筒直径 D/mm	滚筒长度 L/mm	题号	滚筒圆周力 F/N	带速 v/(m·s⁻¹)	滚筒直径 D/mm	滚筒长度 L/mm
ZZ—1	2400	1.2	280	600	ZZ—6	2700	1.3	300	750
ZZ—2	2500	1.3	300	650	ZZ—7	2800	1.2	280	700
ZZ—3	2600	1.2	280	600	ZZ—8	2800	1.3	300	750
ZZ—4	2600	1.3	300	650	ZZ—9	2900	1.2	280	700
ZZ—5	2700	1.2	280	700	ZZ—10	3000	1.3	300	750

WD 型题目

题目名称：设计胶带输送机的传动装置

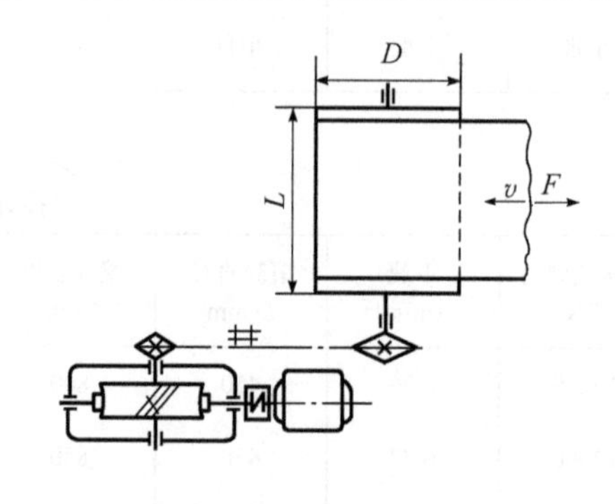

工作条件

	A	B	C
工作年限	8	10	15
工作班制	2	2	1
工作环境	清洁	多灰尘	灰尘较少
载荷性质	平稳	稍有波动	轻微冲击
生产批量	小批	小批	单件

技术数据

题号	滚筒圆周力 F/N	带速 v/(m·s⁻¹)	滚筒直径 D/mm	滚筒长度 L/mm	题号	滚筒圆周力 F/N	带速 v/(m·s⁻¹)	滚筒直径 D/mm	滚筒长度 L/mm
WD—1	1500	0.50	250	400	WD—6	2000	0.50	300	400
WD—2	1600	0.45	250	450	WD—7	2100	0.60	320	450
WD—3	1700	0.50	280	400	WD—8	2200	0.50	300	400
WD—4	1800	0.50	280	450	WD—9	2300	0.60	320	450
WD—5	1900	0.45	300	400	WD—10	2400	0.50	300	400

NGW 型题目

题目名称：设计胶带输送机的传动装置

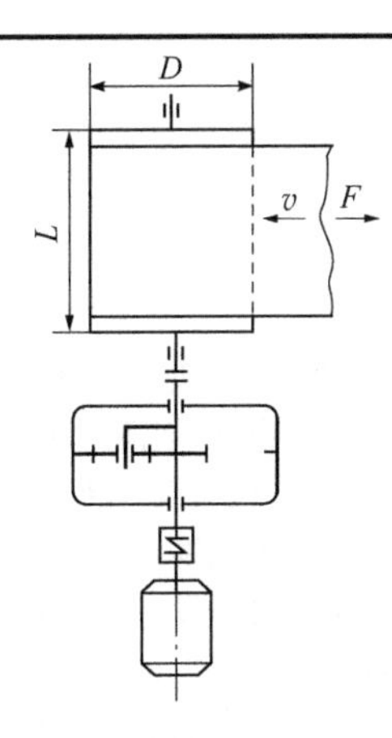

工作条件

	A	B	C
工作年限	8	10	15
工作班制	2	2	1
工作环境	清洁	多灰尘	灰尘较少
载荷性质	平稳	稍有波动	轻微冲击
生产批量	小批	小批	单件

技术数据

题号	滚筒圆周力 F/N	带速 v/(m·s^{-1})	滚筒直径 D/mm	滚筒长度 L/mm	题号	滚筒圆周力 F/N	带速 v/(m·s^{-1})	滚筒直径 D/mm	滚筒长度 L/mm
NGW—1	500	2.0	300	400	NGW—6	630	1.60	250	400
NGW—2	530	1.9	300	400	NGW—7	650	1.55	250	450
NGW—3	560	1.8	300	450	NGW—8	670	1.50	250	400
NGW—4	600	1.7	260	400	NGW—9	680	1.45	240	400
NGW—5	620	1.65	260	450	NGW—10	700	1.40	240	400

参 考 文 献

蔡春源, 1994. 机械零件设计手册. 3 版. 北京: 冶金工业出版社.
鄂中凯, 王金, 1992. 机械设计课程设计. 沈阳: 东北工学院出版社.
巩云鹏, 田万禄, 张伟华, 等, 2007. 机械设计课程设计. 北京: 科学出版社.
黄世清, 王世佐, 1991. 计算机辅助机械零件设计. 上海: 上海交通大学出版社.
卢左潮, 黎桂英, 1991. 计算机辅助机械设计. 武汉: 华中理工大学出版社.
孙德志, 张伟华, 2006. 机械设计基础课程设计. 2 版. 北京: 科学出版社.
孙志礼, 闫玉涛, 田万禄, 2015. 机械设计. 2 版. 北京: 科学出版社.
王金, 张锡安, 1991. 机械设计程序设计. 沈阳: 东北工学院出版社.
闻邦椿, 2018. 机械零件设计手册. 6 版. 北京: 机械工业出版社.